流动显示技术与应用
（第2版）

Flow Visualization

Techniques and Examples
Second Edition

［美］A. J. 斯密茨（A. J. Smits）
［新加坡］T. T. 利姆（T. T. Lim）　主编
高丽敏　赵磊　杨冠华　葛宁　译
周强　审校

国防工业出版社
·北京·

著作权合同登记　图字:军-2018-013 号

图书在版编目(CIP)数据

流动显示技术与应用:第 2 版/(美)A. J. 斯密茨
(A. J. Smits),(新加坡)T. T. 利姆(T. T. Lim)主编;
高丽敏等译. —北京:国防工业出版社,2020.12
书名原文:Flow Visualization:Techniques and
Examples(Second Editon)
ISBN 978-7-118-12027-1

Ⅰ.①流… Ⅱ.①A… ②T… ③高… Ⅲ.①流动显示
Ⅳ.①O354

中国版本图书馆 CIP 数据核字(2020)第 196300 号

※

图防工业出版社出版发行

(北京市海淀区紫竹院南路 23 号　邮政编码 100048)
天津嘉恒印务有限公司印刷
新华书店经售

*

开本 710×1000　1/16　插页 20　印张 20　　字数 372 千字
2020 年 12 月第 1 版第 1 次印刷　印数 1—2000 册　定价 119.00 元

(本书如有印装错误,我社负责调换)

国防书店:(010)88540777　　　书店传真:(010)88540776
发行业务:(010)88540717　　　发行传真:(010)88540762

译者序

随着科学技术的迅速发展,用来研究和改进流动过程的流体实验测量水平得到了快速提高。流动显示技术(flow visualization)在人们研究流体过程中逐步发展起来,它使空气或水等流体的流动变得肉眼可见,让人们能够直观地观察各种流动现象。流动显示技术最早可以追溯到1883年的雷诺实验,至今已经发展了100多年,在流体力学、空气动力学、燃烧学、航空航天工程等方面都得到了广泛应用。由于实验环境与实验目的的不同,在深入了解和系统掌握各项流动显示技术的基础上,针对特定情况选择适宜方法和对策是至关重要的。

本书主要介绍了在流体力学实验研究中,多种流动可视化实验的实现原理及其应用实例。结合每种流动可视化方法,重点对已建立和实现的实验系统的组成,以及实验流程和实验结果处理方法等进行了详细介绍。本书侧重于多种流动显示技术的介绍和实践,突出了几种技术在特定情况的实用性和可操作性,并阐述了研究人员可能会遇到的问题,是已出版的众多流动显示技术专著中少见的版本。本书聚焦于当前先进的流动显示技术,展现了该领域中当前国际先进的实验手段和技术水平,对国内从事流体力学实验研究的科研群体具有巨大的指导、借鉴和启发意义。本书提及到的一些实验方法较为新颖,对我国航空、航天和航海以及其他与流体力学密切相关的武器装备领域的基础实验研究具有重要指导意义。

译者期望本书中文版能够为国内从事流动显示相关研究与工作的同仁提供便利的参考和借鉴。郭彦超、李瑞宇、高天宁、郑天龙、田林川、徐浩亮、连波研究生对本书的出版给予了支持,周强高工认真审阅了全文译稿,提出了许多宝贵意见。他们对本书倾注的热情和支持令人感动。

本书中文版的顺利出版发行,离不开国防工业出版社的大力支持和帮助,译者在此表示衷心感谢。流动可视化涵盖范围广泛,因译者学识所限,书中翻译错误或不当之处在所难免,恳请读者不吝指正。

译者

2020. 6

前言

　　流动显示技术(flow visualization)是流动分析中最有效的工具之一,对于提高我们对复杂流体流动的理解至关重要。实际上,流体力学领域的一些重大发现是借助流动可视化技术实现的。

　　本书旨在为即将开展流动可视化研究的工作者提供知识储备。虽然它主要是为机械、航空航天、土木工程以及海洋学和物理学领域的学生和研究人员编写的,但我们希望包括医学领域在内的其他研究人员也能发现本书有很大价值。我们也希望本书在深度和广度上能够为那些在流动可视化方面经验不足及有相当经验的研究人员提供参考。为了全面地了解流动现象,通常需要定量测量来补充流动可视化技术。流动成像中最令人激动的进步之一是部分流动可视化技术可以提供定量结果,如粒子红外测速(PIV)和分子标记测速(MTV)等。我们在本书中重点介绍了这种两用方法。

　　本书分为两个主要部分。第一部分由 12 章组成,每章介绍不同的流动显示技术。第 1 章介绍使用临界点理论解释流动可视化结果,它对于每位读者都是必要的,因为它强调了在解释流动可视化结果时一些可能出现的问题。其余章节专门讨论和实现特定的流动可视化技术:第 2 章,氢气泡显示技术;第 3 章,染色剂和烟雾显示技术;第 4 章,分子标记速度测量与温度测量技术;第 5 章,气相流动平面成像;第 6 章,数字粒子图像测速技术;第 7 章,热致变色液晶的表面温度测量;第 8 章,压力敏感与剪切敏感涂料;第 9 章,可压缩流动的流动显示方法;第 10、11章,三维和四维成像技术;第 12 章,高梯度可压缩流动数值显示的可视化、特征提取与量化。它们都是由流动可视化领域公认的专家撰写的。第二部分由来自世界各地的学术带头人员拍摄的一系列流动图像组成。这些插图给出了本书介绍的技术的一些例子和部分著名流动现象的高质量图像。

　　流动可视化涵盖范围广泛,本书当然不可能将所有主题全部包含,主题的选择也许会引起争议,也会存在许多遗漏。对于本书中的任何问题和遗漏,作者深表歉意。

　　最后，我们想借此机会对本书中所有分享流动可视化专业知识的作者们表示感谢，感谢他们的辛勤工作与特殊贡献。本书的完成离不开他们，我们希望他们对本书感到满意。

Alexander J. Smits

美国普林斯顿

T. T. Lim

新加坡

目录

第1章
诠释流动显示

A. E. Perry, M. S. Chong[1]

1.1 简介

对流体流动模式(流型)的成功诠释是研究与理解复杂三维涡旋运动和湍流物理机理的重要方法。这些流型可以以多种方式展现。可以是注入染料或烟雾的流场图像,也可以是播撒散布于流体中微粒的长曝光图像;可以是二维或三维的流动,也可以是复杂三维流场的截面;还可以是单张图像或一组序列图像。流动可以是稳定的或不稳定的,其流型可以是由热线测量获得且条件平均处理的矢量场,也可以是采用数字化粒子图像测速技术获得的矢量场。这些流型甚至可以通过数值计算人为地构造出来。无论采用何种技术生成流型,最终以产生一个或者多个流型图像结束。正是通过对这些流型图像的诠释,才能深入理解其流场形成的物理机理。成功解释这些流型,需全面理解定常和非定常流动中的迹线、脉线及流线,并以一个形式化分类方法清晰明确地描述流场。

1.2 流型中的临界点

流线所描述的流型包括流线斜率不确定且速度为零的特殊点。这些特殊点称为"临界点"或"驻点",是流型的突出特征。因为流线的连接方式是有限的,只要给定这些特殊点的分布及其类型,即能推断出其余的流场及其几何与拓扑结构。随后会给出一些此类图例。

观察者所见的流线场或速度矢量场特性取决于观察者自身的速度。如果处于

---

① Departmeat of Mechanical Engineering University of Melbourne.

Parkville, VIC 3010, Australia.

非旋转状态的观察者与流体质点一起运动,则会在质点位置存在一个临界点,且在瞬时包围质点与观察者的区域内,流体流动大多数情况下可描述为一阶方程:

$$u_i = A_{ij}x_j \qquad (1.1)$$

式中:x_j 为相对于流体质点和观察者的坐标位置;u_i 为流体流动速度;A_{ij} 为速度梯度张量,即有

$$A_{ij} = \frac{\partial u_i}{\partial x_j} = A \qquad (1.2)$$

根据 Chong 等人(1989,1990)的研究,这种流线谱的几何形态可由下列特征方程中 A_{ij} 的特定不变量来进行分类:

$$\lambda^3 + P\lambda^2 + Q\lambda + R = 0 \qquad (1.3)$$

其中,P、Q 和 R 为张量不变量,分别表示为

$$P = - \text{trace}(A) \qquad (1.4)$$

$$Q = \frac{1}{2}(P^2 - \text{trace}(A^2)) \qquad (1.5)$$

$$R = - \det(A) \qquad (1.6)$$

对于不可压缩流动,由连续性可得 $P=0$,且有

$$\lambda^3 + Q\lambda + R = 0 \qquad (1.7)$$

用来确定局部流型拓扑的特征值 λ 取决于不变量 Q 和 R。实际上,图 1.1 所示的 $R - Q$ 平面可按照流态拓扑分为多个不同区域。

A_{ij} 的判别式可定义为

$$D = \frac{27}{4}R^2 + Q^3 \qquad (1.8)$$

将具有复特征值的流动与所有具有实特征值的流动区分开来的边界为

$$D = 0 \qquad (1.9)$$

$D>0$ 时,特征方程(1.3)的特征值 λ 有一个实根和两个虚根,这些点称为焦点。若 $D<0$ 时,特征值 λ 全部为实根,根据 Chong 等人(1990)所采用的术语,此时对应的流型称为节点/鞍点/鞍点(node/saddle/saddle)。图 1.1 的标注文字对于这些区域进行了完整的描述。

速度梯度张量可分成两个部分:

$$A_{ij} = S_{ij} + W_{ij} \qquad (1.10)$$

式中:S_{ij} 为应变张量的对称比;W_{ij} 为旋转张量的反对称比。可分别表示为

$$S_{ij} = \frac{1}{2}\left(\frac{\partial u_i}{\partial x_j} + \frac{\partial u_j}{\partial x_i}\right) \qquad (1.11)$$

$$W_{ij} = \frac{1}{2}\left(\frac{\partial u_i}{\partial x_j} - \frac{\partial u_j}{\partial x_i}\right) \qquad (1.12)$$

可以发现,在 $D=0$ 曲线以上的区域,旋转张量占主导,优于应变张量速率;曲

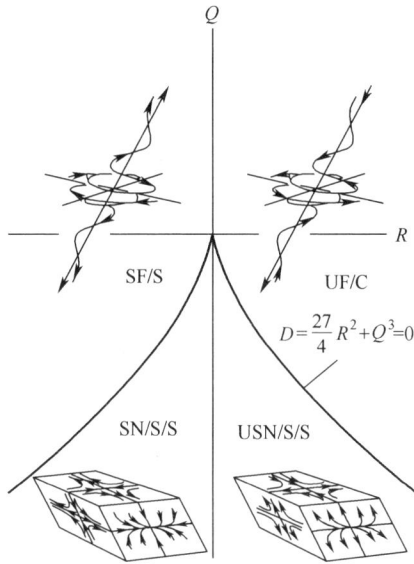

图 1.1　R – Q 平面可能的非简并拓扑结构
稳定会聚/延伸(SF/S)($D>0$ 且 $R<0$);不稳定会聚/收敛(UF/C)($D>0$ 且 $R>0$);
稳定节点/鞍点/鞍点(SN/S/S)($D<0$ 且 $R<0$);不稳定节点/鞍点/鞍点(USN/S/S)($D<0$ 且 $R>0$)。
其中,稳定是指时间的箭头指向原点;不稳定是指时间的箭头远离原点。

线以下的区域,应变张量占主导。曾有人建议将涡核归于 $D=0$ 曲线以上的区域。但是,涡核的定义一直备受争议。多年来,许多研究者陷入这场争论,例如 Truesdell(1954)、Cantwell(1979)、Lugt(1979)、Dallmann(1983)、Vollmers(1983)、Chong 等人(1989,1990)、Robinson(1991)、Perry 和 Chong(1994)、Soria 和 Cantwell(1994)以及 Jeong 和 Hussain(1995)等,这仅是其中一部分。然而,在研究诸如湍流这样的复杂流动过程中,确定具有焦点的流动区域是十分有益的,其方法随后予以讨论。通俗易懂的表述方式能够更好地描述这一过程的物理机理:图 1.1 左上部分的流型可视作"螺旋延伸",右上部分的流型可称为"螺旋压缩",左下部分的流型为"延伸",右下部分为"压缩"。这些临界点所处的平面包括了解的轨线(流线),因而称为特征向量平面。图 1.1 上部的流型有焦点的平面只有一个,并存在一个实特征向量且迹线以螺旋方式渐进缠绕;下部的流型拥有三个包含解的轨迹的平面。这些流型具有非正交的特征向量平面。如果旋转张量存在,则这种非正交性总会发生。如果旋转张量等于零,即无旋流动,则特征向量平面是正交的。当然,这种情况只是在考虑泰勒级数展开式首项时才会出现(Perry,Chong,1986,1987),且此时存在着接触到靠近临界点的特征向量平面的迹线,但对于较大 x_j 则会发散。图 1.1 下部流型显示出穿过原点的迹线在特征向量平面上的投影。

　　一般而言,无论以何种方式显示与定位,理解三维临界点都是非常困难的。最好的方式就是在特征向量平面中显示或至少突出迹线,因此对相平面中临界点的分类是十分有益的。在这些平面中,可采用简便的相平面方法进行临界点流型的分类。通过依次在每个平面定义一个新的坐标系,可获得下列方程:

$$\begin{bmatrix} \dot{y}_1 \\ \dot{y}_2 \end{bmatrix} = \begin{bmatrix} a & b \\ c & d \end{bmatrix} \begin{bmatrix} y_1 \\ y_2 \end{bmatrix} \tag{1.13}$$

或

两个重要的量是
$$\dot{\boldsymbol{y}} = \boldsymbol{F} \boldsymbol{y} \tag{1.14}$$

$$\begin{cases} p = -(a+d) = -\mathrm{trace}(\boldsymbol{F}) \\ q = (ad-bc) = \det(\boldsymbol{F}) \end{cases} \tag{1.15}$$

p-q 图上临界点类型的区分如图 1.2 所示。由此可获得节点、焦点或鞍点。流型取决于 p-q 图中 p、q 值定义的相应点位置区域。

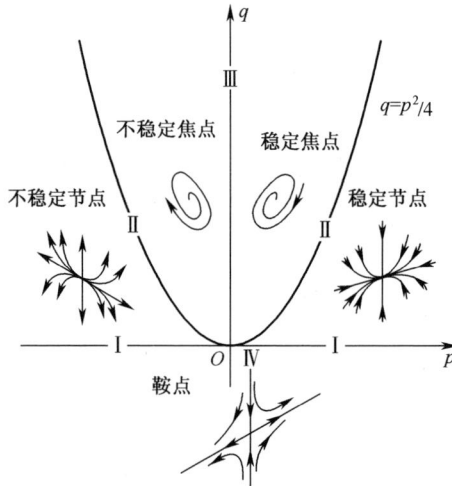

图 1.2 p-q 图中临界点的分类

临界点在边界 Ⅰ , Ⅱ , Ⅲ 和 Ⅳ 上是退化的(Perry,Chong,1987)。

如果所有的特征值都是实数,则会产生节点或者鞍点。这些流型通常将呈现为非正则形式,即所研究平面的特征向量是非正交的。图 1.3(a)展示了非正则形式的节点,图 1.3(b)显示了正则形式的节点。s_1 和 s_2 是两个特征向量,它们定义了特征向量平面。这是通过仿射变换(affine transformation)曲解非正则形式流型而获得的,即通过(采用恒定拉伸因数的)坐标拉伸和坐标差分旋转来实现。如果特征值是复数,且平面 (y_1 , y_2) 包含解轨迹,则该平面存在着一个焦点。图 1.4 (a)显示了一个非正则焦点,图 1.4(b)则展示了一个正则焦点。正则形式下,节点和鞍点具有符合简单幂定律的解轨迹,即 $y_2 = K y_1^m$,然而焦点可简化为简单的指数螺旋(Perry,Fairlie,1974)。如果流型发生于 p-q 图的边界上,即当 $p^2 = 4q$ 或

$q=0$ 时,则会出现边界线的案例。这些点通常视为"退化"的临界点,如图 1.5 所示 (Kaplan,1958)。这些流型实际上很少准确出现,但流型随时间变化从一种拓扑类型变为另一类型的情况则可能随时发生。

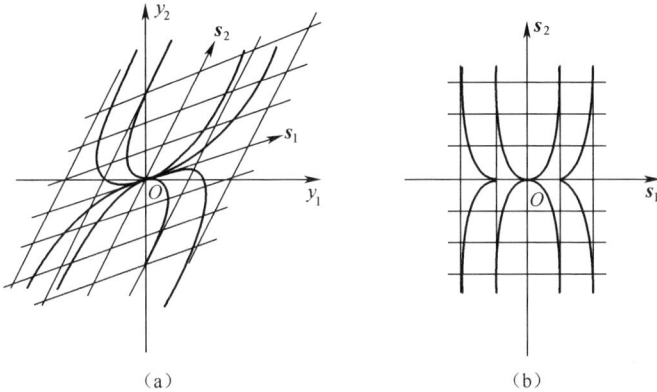

图 1.3 （a）非正则形式的节点;（b）正则形式的节点
s_1 和 s_2 为特征向量(Perry 和 Fairlie,1974)。

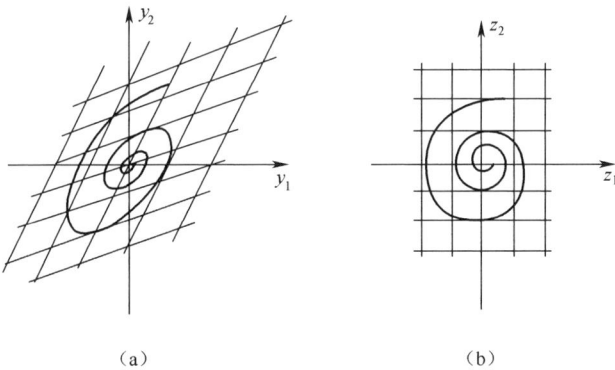

图 1.4 （a）非正则形式的焦点;（b）正则形式的焦点(Perry,Fairlie,1974)

因此,简单地通过每个特征向量平面中的解轨迹就能够理解复杂的三维临界点流型。并且,如果这些解轨迹以任意随机三维定位模式在计算机屏幕上给出,则该临界点流型将更易理解。另外,如果只使用离开特征向量平面的解轨迹,则该流型将非常费解。

图 1.6 给出了一个在无滑移边界条件下稳定的三维流动分离流型,其中可视范围内只有三个临界点。(x_1,x_3) 平面是对称平面。出现在 (x_1,x_3) 平面的两个临界点属于图 1.1 下部的类型,对称平面的临界点则属于图 1.1 右上部分的类型。

然而,在无滑移的边界,(x_1,x_2) 平面的临界点需要特殊处理。如果依次根据这些临界点确定坐标系,则有

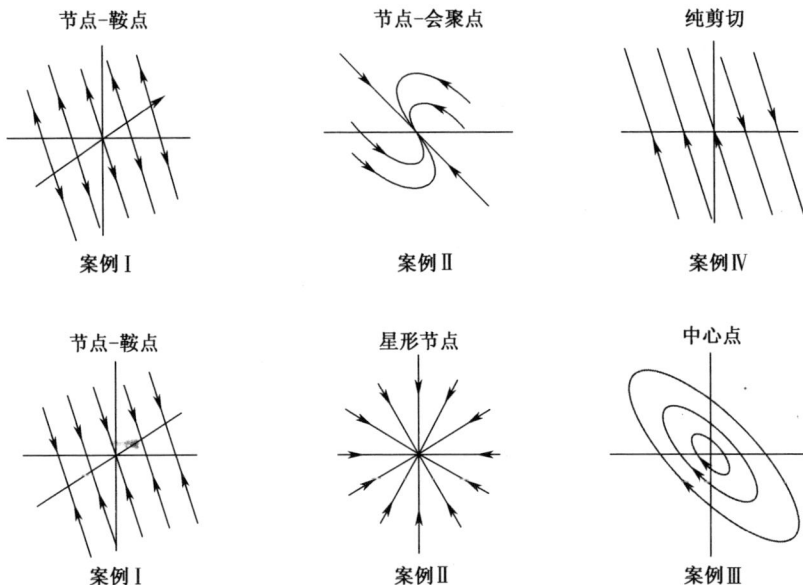

节点-鞍点   节点-会聚点   纯剪切

案例Ⅰ   案例Ⅱ   案例Ⅳ

节点-鞍点   星形节点   中心点

案例Ⅰ   案例Ⅱ   案例Ⅲ

图 1.5 退化的临界点或边界线情况,
案例编号参照图 1.2(Perry,Fairlie,1974)

$$u_i = x_3 \boldsymbol{B}_{ij} x_j \tag{1.16}$$

其中,x_3 是距无滑移面的法向距离。左乘的 x_3 保证了无滑移条件,并且一般情况下,$x_3 \to 0$ 时,u_i/x_3 为有限值(即有限涡量),但在 $x_j = 0$ 处,$u_i/x_3 = 0$。式(1.16)可表示为

$$\dot{x}_i = \boldsymbol{B}_{ij} x_j \tag{1.17}$$

其中,x_i 上的点表示其关于变换时间 τ 的微分,定义为 $\mathrm{d}\tau = x_3 \mathrm{d}t$。$x_3 = 0$ 处的解轨迹是"极限"轨迹、受限的流线或表面摩擦线。$\boldsymbol{B}_{ij}$ 与 $\boldsymbol{A}_{ij}$ 相类似,且许多对于分类的分析是相似的(只有微小的差异)。可参照 Chong 等人(1990)的工作。例如,关于 $\boldsymbol{B}_{ij}$ 的不变量 P、Q 和 R 会产生相似的结果,但 P 不为零,且 P 为固定的有限值时,将实部从复解分离出来的曲线是不对称的。这样的临界点被称为无滑移临界点,而其他点称为自由滑移临界点。

对于临界点更完整的数学分析,请参照 Perry 和 Fairlie(1974)、Lim 等人(1980)、Perry(1984)、Perry 和 Chong(1987)以及 Chong 等人(1990)的研究。

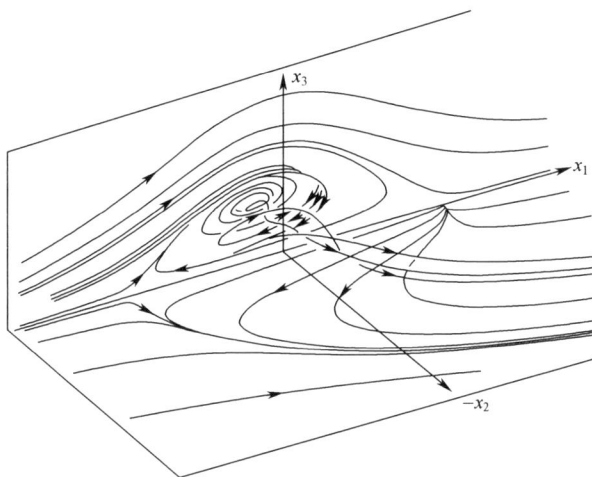

图 1.6 对 u_i 采用关于 x_j 的三阶级数展开式计算出的 U 形分离

(Perry, Chong, 1986, 1987)

1.3 流线、迹线与脉线的关系

Kline(1965)制作了一部杰出的教学片,片中表明定常流动中,流线、迹线和脉线是一致的。该教学片还表明非定常流动中,这种情况不复存在,它们之间的关系变得极为复杂。

流线是流场中与速度矢量相切的一条线。即使是非定常流动中,该情况也是正确的,存在着瞬时流线。除临界点外,流线永远不会相交。非定常流动中,不同质点的迹线可能在多点处相交。

脉线是固定不动点持续释放的一系列流体质点的轨迹。非定常流动中,脉线可以垂直于其自身移动。

由 Perry 等人(1979)提出的考虑纳维–斯托克斯方程组非定常解来阐述这些概念之间关系是一个不错的方法。这些解称为加速临界点,其中的一种可表示为

$$u = -b\left(z - \varepsilon_z \cos(\sqrt{bct}) + \sqrt{\frac{b}{c}}\varepsilon_x \sin(\sqrt{bct})\right) \qquad (1.18)$$

$$w = c\left(x - \varepsilon_x \cos(\sqrt{bct}) - \sqrt{\frac{b}{c}}\varepsilon_z \sin(\sqrt{bct})\right) \qquad (1.19)$$

式(1.18)和式(1.19)描述一个因加速而不稳定的中心点。存在着加速鞍点的相似点集,且与 Perry, Chong(1987)提出的错位鞍点相关。图 1.2 中的例Ⅲ显示了一个中心点,其流动是二维的,且流线是封闭的。图 1.7 显示了 O' 点围绕中心点 O

沿椭圆轨迹逆时针运动。这将产生非定常的流型,却具有最小压力值在 O 处的稳定压力场,且其等压线为圆形。可通过将式(1.18)和式(1.19)代入纳维-斯托克斯方程组来进行验证。式(1.18)和式(1.19)中,ε_x 和 ε_z 是任意的(为时刻 $t=0$ 时中心点 O' 处的初始坐标)。常数 b 和 c 决定了临界点的几何形状。

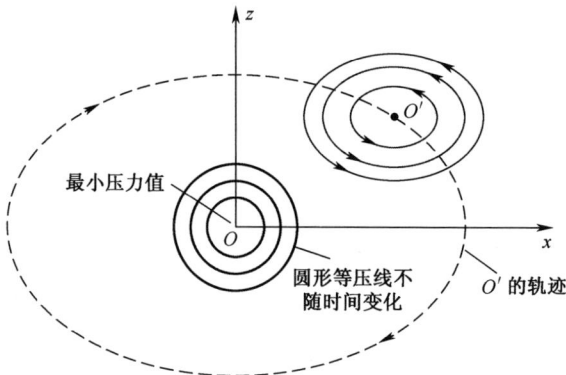

图 1.7 移动的临界点

图 1.8 给出了 $t=0.625T$ 时刻的瞬时速度矢量场的方向和瞬时流线型式,其中 T 为 O' 环绕 O 移动的周期。任意选择其中一点引入染色剂以产生脉线(虚线是流动中固定点 F 持续释放的流体质序列轨迹)。图 1.8 还显示了任意 5 个流体质点的迹线。值得注意的是,迹线与流线相切,且迹线允许相交而流线不会相交。该图还显示脉线自身也可以相交。从图 1.8~图 1.10 可发现,非定常流动中流线、脉线和迹线之间的关系最为复杂。图 1.9 给出了同一流动在 $t=1.25T$ 时刻的情况。当然,如图 1.10 所示,若在不同位置引入染色剂,则所得的脉线和迹线将完全不同。

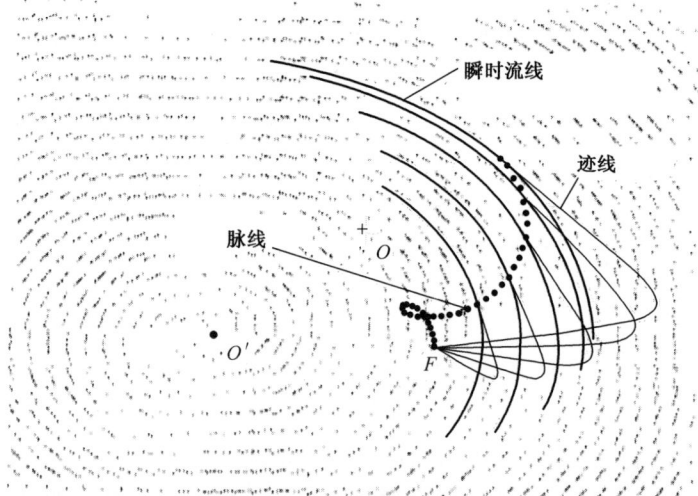

图 1.8 非定常流动中的速度矢量场方向、瞬时流线、迹线和脉线。点 F 被注入染色剂。
式(1.18)和式(1.19)中 $b=1.0$,$c=0.5$,$\varepsilon_x=0$,$\varepsilon_z=1.0$,且 $t=0.625T$,T 为 O' 环绕 O 移动的周期

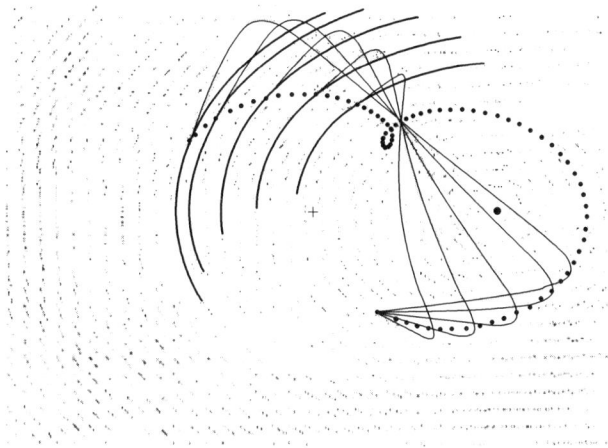

图 1.9　$t = 1.25T$ 时刻的流型

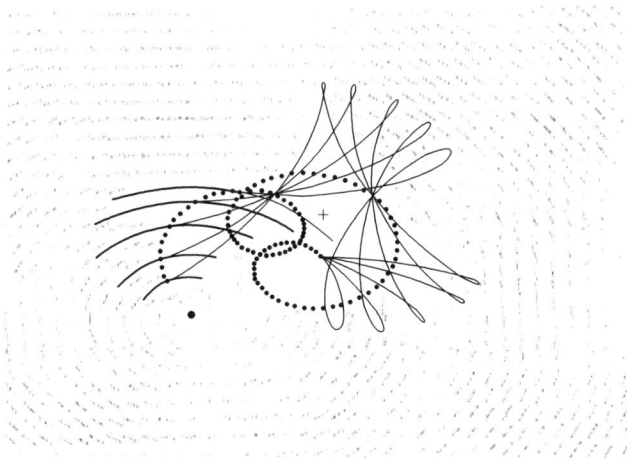

图 1.10　染色剂注入点变化的情况,此时 $t = 1.625T$

　　众所周知,悬浮于流动流体中的质点在短时间间隔内两次成像即可获得速度矢量场,且如果有足够的质点,就可识别瞬时矢量场拓扑而无需计算速度矢量后再进行矢量场积分以获得瞬时流线。该方法可清晰地通过在透明体中产生点阵,且在计算机辅助下点阵通过另一透明体中沿 x_1 方向延展 $n\%$ 以及沿 x_2 方向收缩 $n\%$ 的方式予以展示。图 1.11 给出了这两个透明体相叠加的情况。鞍点是最为明显的,亦即可单纯通过应变率就可模拟流场。这等同于将质点场序列影像中的两帧图像相叠加。为增强这种效果,几帧质点图像,亦即序列影像中的多帧图像,可按图 1.12(a) 所示进行叠加,图中叠加了 11 帧图像,可看到正交的鞍形。

如果以固定的旋转角度将每帧图像相对于上一帧进行旋转,则可模拟旋转率及应变率。图1.12(b)显示了流场随旋转率与应变率之比的不同而发生变化的情况,图中旋转率与应变率的比值很小且应变率占主导,仍有鞍形流型存在。然而,特征向量不再正交。通过增加旋转速率与应变率的比值,实际上将图1.2中p-q图的q轴上移。虽然这些图像没有给出流线,但不难发现流线的样式。图1.13给出了旋转率与应变率之比增加时的流型。图1.13(a)所示的退化流型靠近p-q图原点,亦即纯剪切,如图1.5例IV。旋转率的进一步增加会产生如图1.13(b)所示的中心点,属于图1.5中的例III。

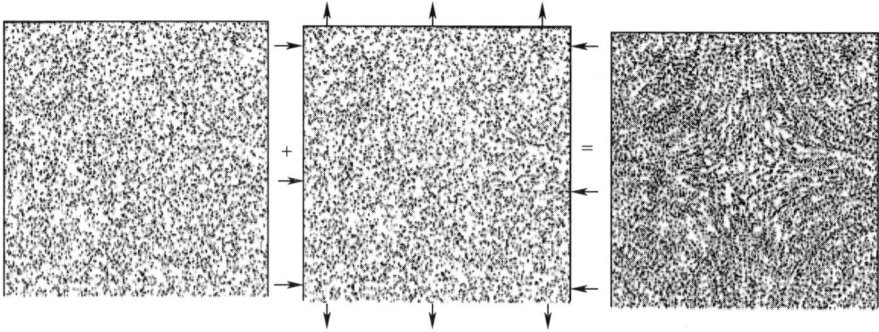

图1.11　鞍形流型的产生

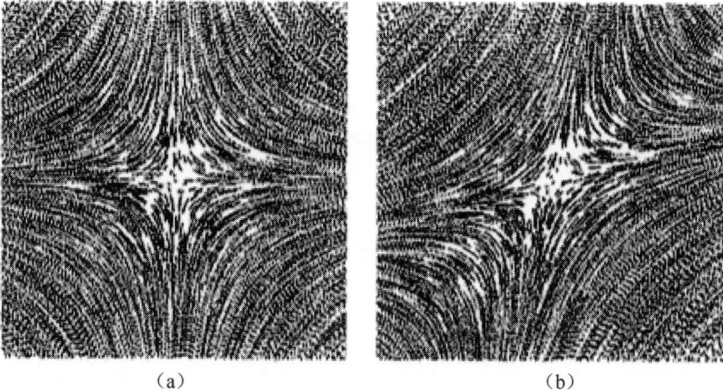

| (a) | (b) |

图1.12　(a)正交鞍形和(b)非正交鞍形

如图1.14(a)所示,如果旋转率较小,则通过沿x_2方向延展$n\%$并沿x_1方向收缩$m\%$,就可以产生节点。随着旋转率增大,流型会变成会聚点,如图1.14(b)所示。

如果有足够多帧的影像或视频,从较短迹线中获取流线的原理是可以推广的。

通过多帧图像叠加,瞬时流线清晰可见,并且可生成动画影像,正如 Perry 等人于1982 年拍摄的圆柱后涡脱落过程。Shapiro 和 Bergman(1962)将普朗特拍摄的一部影片中的连续的 40 帧影像叠加在了同一张影像底片上,并且在涡脱落周期内不断重复这一过程。这类似于如图 1.8 所示的流动在时间近于零的条件下叠加 20帧图像所产生的流线样式(1/20 的非定常流动的周期,如图 1.15 所示)。图 1.8也显示了对速度场积分所获得的瞬时流线,假定该速度场是由第一帧与最后一帧叠加影像之间中途被"冻结"而得的。这表明,由质点短时曝光所获得的瞬时流线样式与非定常流动中的实际流线十分吻合。实验获得的流型范例如图 1.16 所示。该图给出了椭圆柱体尾迹中质点的瞬时曝光图像,中心点与鞍点十分明显。

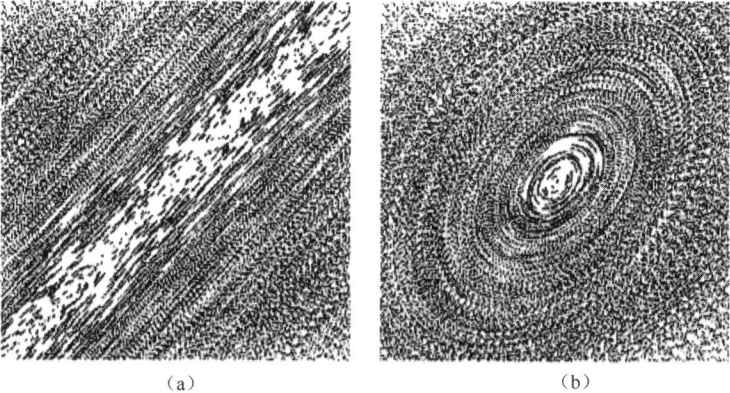

(a)   (b)

图 1.13 (a)退化的流型(纯剪切)与(b)中心点

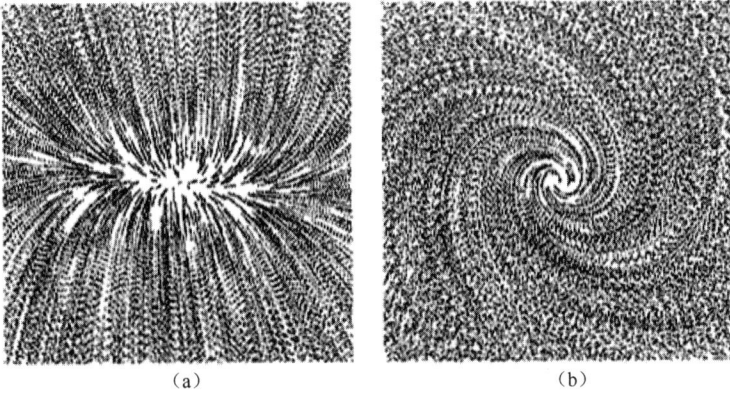

(a)   (b)

图 1.14 (a)会聚点与(b)节点

图 1.15 非定常流动中瞬时流线和任意质点长时曝光之间的关系
中心点运动轨道 1/20 周期内 20 帧序列影像的叠加图像,与图 1.8 所示的流动示例相同。

图 1.16 椭圆柱体之后的瞬时流线,基于主轴的雷诺数为 250(Prandtl,Tietjens,1934)

1.4 截面流线

截面流线图案可由平面中速度场积分获得,平面中的矢量也已分解至该平面。这样的图案可通过对激光片光照射的粒子云曝光图像看见或推断而得。当然,从这样的平面推断三维临界点的几何形状具有很大的风险,除非在特征平面或对称面上。Prandtl 和 Tietjens(1934)列举了一些基于截面流线误解流型的范例。

1.5 分支线

流型的另一特征是分支线。分支线是流场中形成渐近线的类型。图 1.17 显示了半空中的分支线。根据 Hornung 和 Perry(1984)的研究,相邻轨迹是接近分支线的指数曲线,且存在着两个平面包含这些轨迹。若遵循图中的时间方向,在一个平面中,这些轨迹收敛于分支线,而在另一平面中则是发散的。在正交于分支线的平面中,可获得鞍形"截面"流线样式。

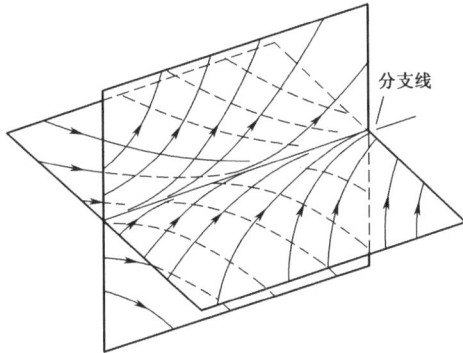

图 1.17　分支线(Perry,Chong,1987)

分支线也会出现在无滑移边界上。表面摩擦线构成了靠近分支线的指数曲线族,且边界上的涡线是正交的(Lighthill,1963),形成了如图 1.18 所示的抛物线族。图 1.19 给出了基于纳维-斯托克斯方程组由直接数值模拟得到的湍流边界层中瞬时表面摩擦线和涡线(Chong et al.,1998)。涡线中的扭结就是分支线。

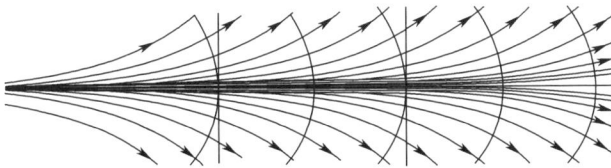

图 1.18　具有表面摩擦线和正交涡线的分支线

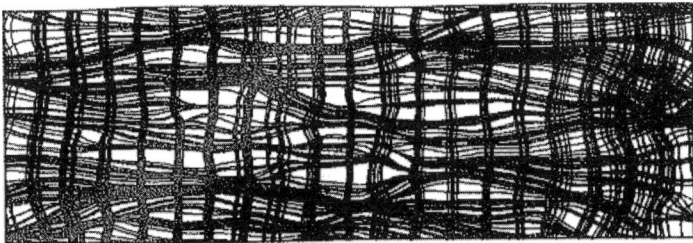

→ 流动方向

图 1.19　壁面流动中的表面摩擦线和涡线(Chong et al.,1998)

沿流向排成一列的纵向涡会产生如图 1.20 所示的分支线。显然,当沿箭头方向观察时,A 为逆时针方向的涡旋,B 为顺时针方向的涡旋,而 C 则为逆时针方向的涡旋。有时,引入重力有助于获得判定涡旋正负的原则。Perry(1969)曾对位于一列凹槽之上的流型进行了推断。通过如图 1.21(上部)所示的垂直且横穿流动流体方式,喷涂以掺混二氧化钛的煤油悬浮液,从而产生流型的显示效果。同样,图 1.21(下部)给出了空腔内部二维平均涡旋运动。这种采用分支线确定纵向涡旋及其方向的技术对于三角翼上表面的流动显示是非常有效的。

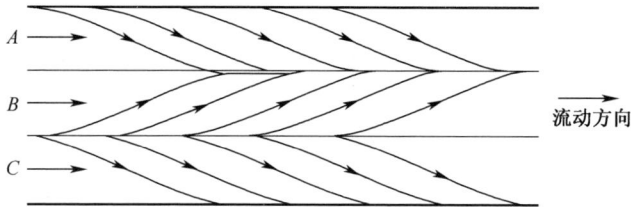

图 1.20　由纵向涡产生的表面分支线

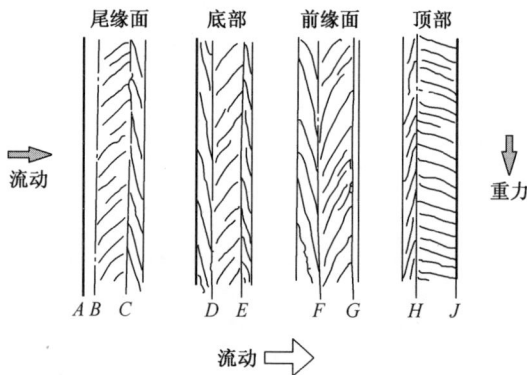

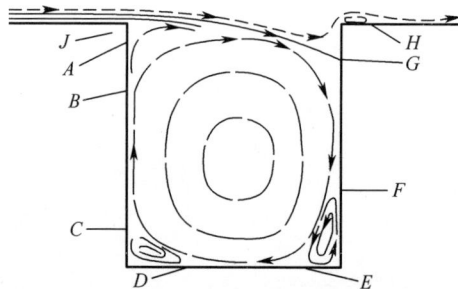

图 1.21　"d"型粗糙度的表面流型(Perry et al.,1969)

1.6 借助脉线与流线诠释非定常流型

众所周知,密度均匀的不可压缩流动中所有涡旋产生于固体边界(Lighthill,1963)。涡旋随着流体运动(Batchelor,1967),就像染色剂一样。如果在涡旋发生的位置将染色剂注入流体,则染色剂将会标记涡旋,并一直持续,直至黏性耗散将涡旋与染色剂分离。因此,涡片(即剪切薄层)可由染色剂标记。

图1.22显示了在一个非对称共流尾迹中烟雾从管道流出的图像。由于初始涡旋被烟雾标记,烟雾显示了涡环的形成过程。Perry等人对这种流动进行了非常细致的研究(Perry,Lim,1978;Perry et al.,1980;Perry,Tan,1984;Perry,Chong,1987)。烟雾可认为是一束脉线。图1.23给出了由热线风速仪获得的瞬时速度矢量场,以及跟随涡旋或烟雾的运动所观测到的位于对称平面下方的流线样式。鞍点和节点分布清晰可见。与鞍点相连接的轨迹被突出显示,且因其将流动分成不同的区域而被称为"分界线"。这些轨线在鞍点处即为特征向量。烟雾与染色剂如同涡旋图案,相对于观察者的速度是不变的,但速度场和流线场则很大程度上取决于观察者的速度。图1.24给出了速度变化10%的相同流型。涡旋结构之上的鞍点和节点排列变成了分支线。如果观察者的速度经调校与涡环一致,流线图案时间变化是最小值,且与烟雾涡环一致的焦点线以及部分烟雾将和分界线趋于一致。这一趋势也可由一系列鞍点和中心点构成的冯·卡门涡街呈现出来。然而,此时的流动是三维的,且围绕焦点的螺旋表明涡旋是延伸的。

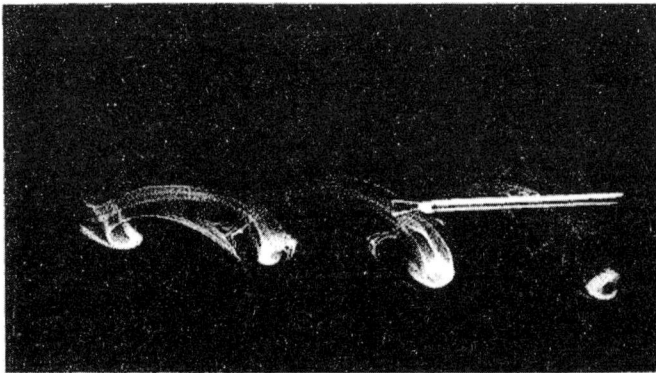

图1.22 外部照明条件下穿过热线风速仪探头的单侧尾迹样式
(Perry,Chong,1987)

经常可通过认识涡旋结构来实现对于流型的理解(Perry,Hornung,1984)。通过频闪激光对烟雾实施截面照射,就可获得如图1.25所示的粗略涡旋结构。采用毕奥-萨伐尔定律,就可得到如图1.23所示的拓扑相同的流型。有一个问题经常会被问及:"湍流边界层的涡旋结构是什么?"下节将予以介绍。

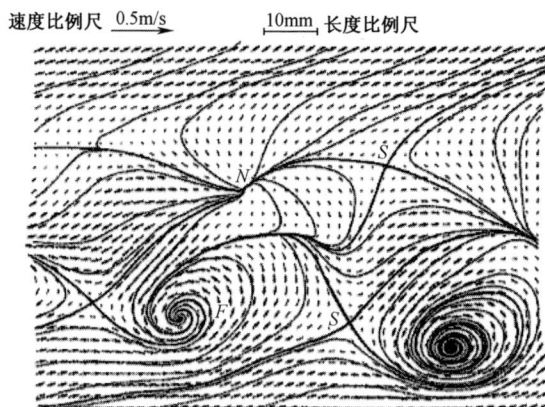

图 1.23　在图 1.22 烟流谱中的瞬时(相位平均)速度矢量场

(Perry,Chong,1987)

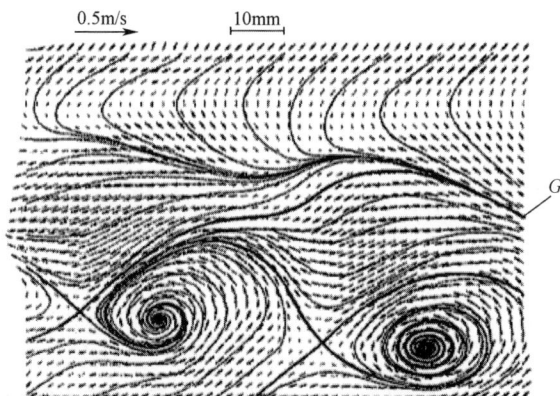

图 1.24　对流速度变化 10% 时由图 1.23 给出的流型,G 为分支线

(Perry,Chong,1987)

当研究湍流的 DNS(直接数值模拟)数据时,特别是对于壁面流动,决定研究哪些物理量及其如何显示的问题很令人困惑。几年前,基于 DNS 数据展示湍流边界层、射流或尾迹中的涡线还是这一领域研究者的梦想,但这一梦想成为可能时,人们很快意识到这样的显示方式很糟糕,几乎无法分析解释。涡线看起来就像是一团乱麻。Blackburn 等人(1996)通过旋转张量优于应变张量的流动区域判定来研究管道流动的数据。这主要是通过式(1.8)中判别式等值面 D 的映射且选择大于零的值来实现的。结果发现这些等值面将有焦点的流动区域包裹起来,图 1.26 给出了这些等值面。同时还发现,这些等值面还包围着井然有序且集中的涡线,且图像类似于壁面流动中(长期推测)∩ 形的两条边。Chong 等人(1998)将该方法应用于零压力梯度边界层和经历分离再附的边界层,焦点区域清晰可见。后来的

研究发现,如果选择等值面 D 的值略高于零,流动中大部分的涡度拟能是可估计的,并且由于存在着向下游的对流传热,这些焦点区域会在相当长的时间内维持其状态。从图 1.26 可发现,如果沿流线方向追踪其中之一的类似于蠕虫的结构,其先沿壁面纵向排成一列,直到弯曲着离开壁面。这可以解释图 1.19 所示的表面摩擦分支线。这些分支线或许是附着涡环的足迹(Perry,Chong,1982)。Head 和 Bandyopadhyay(1981)从壁面引入烟雾所进行的流动显示中提出了这样的结构。

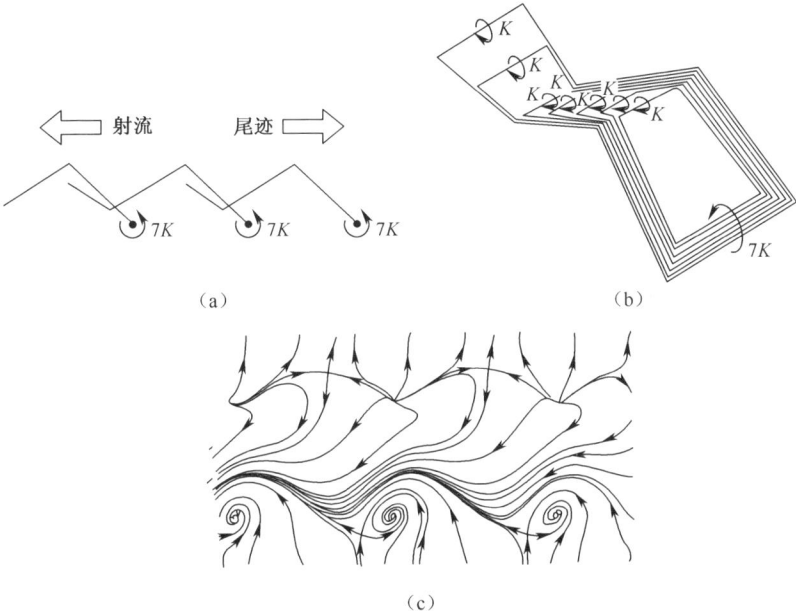

图 1.25　(a)涡旋单边结构的侧视图;(b)典型单元斜视图,K 表示一个循环单元;(c)采用毕奥-萨伐尔定律计算速度场(随涡旋一起运动而观察到的)(Perry,Chong,1987)

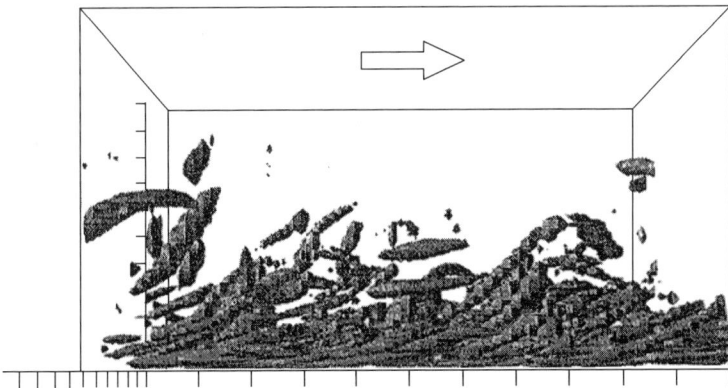

图 1.26　常量 D 的等值面(Blackburn et al. ,1996)

1.7 小结

可以发现,对流型的研究和解释在很大程度上需要借助临界点理论的数学应用。产生大型数据来实现对由实验室测量和数值计算所获得流型的解释是可能的,而且在当今变得十分有效。令人兴奋的新发展已经开始显现,特别是关于湍流的研究。

1.8 参考文献

Batchelor, G. K. 1967. *An Introduction to Fluid Dymamics*. Cambridge University Press, Cambridge.

Blackburn, H. M., Mansour, N. N. and Cantwell, B. J. 1996. Topology of finescale motions in turbulent channel flow. *J. Fluid Mech*, **310**, 269-292.

Cantwell, B. J. 1979. Coherent turbulent structures as critical points in unsteady flow. *Arch. Mech. Stosow.* (*Arch. Mech.*), **31** (5), 707-721.

Chong, M. S., Perry, A. E. and Cantwell, B. J. 1989. A general classification of three-dimensional flow fields. *Proceedings of the IUTAM Symposium on Topological Fluid Mechanics*, Cambridge, ed. H. K. Moffatt and A. Tsinober, pp. 408-420.

Chong, M. S., Perry, A. E. and Cantwell, B. J. 1990. A general classification of three-dimensional flow fields. phys. *Fluids*, **A4** (4), 765-777.

Chong, M. S., Soria, J., Perry, A. E., Chacin, J., Cantwell, B. J. and Na, Y. 1998. Turbulence structures of wall-bounded shear flows found using DNS data. *J. Fluids Mech.*, **357**, 225-247.

Dallmann, U. 1983. Topological structures of three-dimensional flow separations. *DFVLR Report IB* 221-82-A07, Gottingen, Germany.

Head, M. R. and Bandyopadhyay, P. 1981. New aspects of turbulent structure. *J. Fluid Mech*, **107**, 297-337.

Hornung. H. G. and Perry, A. E. 1984. Some aspects of three-dimensional separation. Part I. Streamsurface bifurcations. *Z. Flugwiss. Weltraumforsch*, **8**, 77-87.

Jeong, J. and Hassasn, F. 1995. On the identification of a vortex. *J. Fluid Mech.*, **285**, 69-94.

Kaplan, W. 1958. *Ordinary Differential Equations*. Addison-Wesley, Reading, MA.

Kline, S. J. 1965. FM-48 Film loop. National Committee for Fluid Mechanics film.

Lighthill, M. J. 1963. Attachment and separation in three-dimensional flow. In *Laminar Boundary Layers*, ed. L. Rosenhead, Oxford University Press, London, pp. 72–82.

Lim, T. T., Chong, M. S. and Pery, A. E. 1980. The viscous tornado. *Proceedings of the 7th Australasian Hydraulics and Fluid Mechanics Conference*, Brisbane, 250–253.

Lugt, H. J. 1979. The dilemma of defining a vortex. In *Recent Developments in Theoretical and Experimental Fluid Mechanics*, ed. U. Muller, K. G. Roesner and B. Schmidt, Springer, Berlin, pp. 309–321.

Perry, A. E. 1984. A study of degenerate and non–degenerate critical points in three–dimensional flow fields. *Forschungsber. DFVLR-FB* 84–36, Gottingen, Germany.

Perry, A. E. and Chong, M. S. 1986. A series expansion study of the Navier–Stokes equations with applications to three-dimensional separation patterns. *J. Fluid Mech.*, **173**, 207–223.

Perry, A. E. and Chong, M. S. 1987. A description of eddying motions and flow patterns using critical-point concepts. Ann. Rev. Fluid Mech., **19**, 125–155.

Perry, A. E. and Chong, M. S. 1994. Topology of flow patterns in vortex motions and turbulence. *Appl. Sci. Res.*, **54** (3/4), 357–374.

Perry, A. E. and Fairlie, B. D. 1974. Critical points in flow patterns. *Adv. Geophys.*, **18B**, 299–315.

Perry, A. E. and Hornung, H. G. 1984. Some aspects of three-dimensional separation. Part Ⅱ. Vortex skeletons, *Z. Flugwiss. Weltraumforsch*, **8**, 155–160.

Perry, A. E. and Lim, T. T. 1978. Coherent structures in coflowing jets and wakes. *J. Fluid Mech.*, **88**, 451–463.

Perry, A. E. and Tan, D. K. M. 1984. Simple three-dimensional motions in coflowing jets and wakes. *J. Fluid Mech.*, **141**, 197–231.

Perry, A. E., Chong, M. S. and Lim, T. T. 1982. The vortex shedding process behind two-dimensional bluff bodies. *J. Fluid Mech.*, **116**, 575–578.

Perry, A. E., Lim, T. T. and Chong, M. S. 1979. Critical point theory and its application to coherent structures and the vortex shedding process. *Report FM-11*, Mechanical Engineering Department, University of Melbourne.

Perry, A. E., Lim, T. T. and Chong, M. S. 1980. The instantaneous velocity fields of coherent structures in coflowing jets and wakes. *J. Fluid Mech.*, **101**, 33–51.

Perry, A. E., Schofield, W. H. and Joubert, P. N. 1969. Rough wall turbulent boundary layers. *J. Fluid Mech.*, **37**, 383–413.

Prandtl, L. and Tietjens, O. G. 1934. *Applied Hydro- and Aeromechanics*. Dover, New York.

Robinson, S. K. 1991. Coherent motions in the turbulent boundary layer. *Ann. Rev. Fluid*

Mech. , **23**, 601–639.

Shapiro, A. H. and Bergman, R. 1962. Experiments performed under the direction of L. Prandtl (Gottingen). FM–11 Film loop. National Committee for Fluid Mechanics.

Soria, J. and Cantwell, B. J. 1994. Topological visualisation of focal structures in free shear flows. *Appl. Sci. Res*, **53**, 375–386.

Truesdell, C. 1954. The Kinematics of Vorticity. Indiana University Press, Bloomington.

Vollmers, H. 1983. Separation and vortical–type flow around a prolate spheroid. Evolution of relevant parameters. AGARD Symposium on Aerodynamics of Vortical Type Flow in Three – Dimensions, Rotterdam, *AGARDCP 342*, 14. 1–14. 14.

第2章
氢气泡显示技术

D. R. Sabatino, T. J. Praisner[①], C. R. Smith[②], C. V. Seal[③]

2.1 引言

　　氢气泡显示技术极大地促进了对边界层、湍流、分离流及尾迹等在内的各种流体动力学现象本质的理解。许多关于湍流边界层流动结构的评估可归功于应用氢气泡显示技术所进行的初步检测和发现(Kline et al. , 1967; Kim et al. , 1971)。该技术提供了相对简单和成本低廉的流动显示方法,主要是通过电解水流来产生非常细小氢气泡构成的材料片体和时间线。当受到适当照射时,这些材料片体或线不仅可显示流场细节,而且当与图像捕获和处理相结合时,可用来产生定量数据。

　　该技术依靠非常细(25~50μm)的导线充当直流电路的一端电极来产生氢气泡。电路的另一端通常以金属或碳棒为电极,在所关注的水流区域之外。通过将金属丝作为负极,在水的电解过程中,氢气泡会出现在金属丝上,并随后被水流带至下游,以实现流动显示效果。此类流动显示技术是通过连续的氢气泡片体来实现的,图2.1给出了两个圆柱体后方尾迹中的特征对称涡脱落(Kumar et al. , 2009)。

　　由这种方法所产生氢气泡的典型尺寸约为金属丝直径的一半,气泡的上升速度与当地流速相比可以忽略不计。值得注意的是,以金属丝为正电极将会产生氧气泡。一般来讲,实验过程中不希望产生氧气泡,这是因为水的分子结构会导致产生氧气泡的速度只有氢气泡的一半。此外,对于同一直径的金属丝而言,氧气似乎会产生比氢气更大的气泡,引起气泡加速上升且会导致图像中出现颗粒。

---

① Department of Mechanical Engineering Lafayette college, Easton, PA18042, USA

② Turbine Aerodynamics, United Technologies Pratt & whitney, Hartford, CTO 6108, USA

③ Departement of Mechanical Engineering and Mechanics, Lehigh Vniversity, Bethlehem, PA18015, USA

图 2.1　间隔三个直径的两个圆柱体后方尾迹中的特征对称涡脱落，
$Re_D = 350$(Kumar et al. ,2009)

通用性是氢气泡显示技术的优势之一。氢气泡探针基本上可置于流场中的任何位置以任何方向放置，几乎不受局部流动的影响。该通用性使得氢气泡技术比其他的显示技术在特定流动上有更多变化且更具创新性。该技术的另一优势在于其简便性和成本效益。氢气泡流动显示系统可采用成本适中的现成部件。该系统操作简便，在广泛地开展流动显示研究时准备时间最短且实施相对快速。

氢气泡显示技术的主要限制在于其仅对雷诺数相对较低的水流有效。此外，氢气泡会在探针下游的适当距离内耗散掉，限制了有效的流动显示区域。

虽然氢气泡显示技术能够提供关于复杂流动明晰的显示方法，但在实际应用中可能会令人失望。这是由于提高该方法的有效性需要反复试验，并且所采用的细小金属丝具有易脆性。但是，一旦熟悉并掌握了该技术，其就会成为探索各种复杂流体流动特性的有力工具。

2.2　氢气泡生成系统

Schraub 等人(1965)给出了氢气泡显示技术的详细描述，以及定量数据的获得方法、不确定性分析。本章总结了所需设备的一些基本细节，而后重点关注技术的应用，其中包括提高应用效率所需的实验技巧。

氢气泡产生系统的基本要求是可变电压的直流电源，电压变化范围至少为

50~70V,电流负载大约为1A。简单的电源电路如图2.2所示,这是在巴德维和皮蒂的设计(Budwig,Peattie,1989)基础上得到的。虽然电路包含变压器和整流器才能达到产生直流电源的目的,但商用开关电源同样有效。光隔离器(4N26)和金属氧化物半导体场效应晶体管MOSFET(MTP4N50)使得金属线上加载的电压脉动,具体如后讨论。

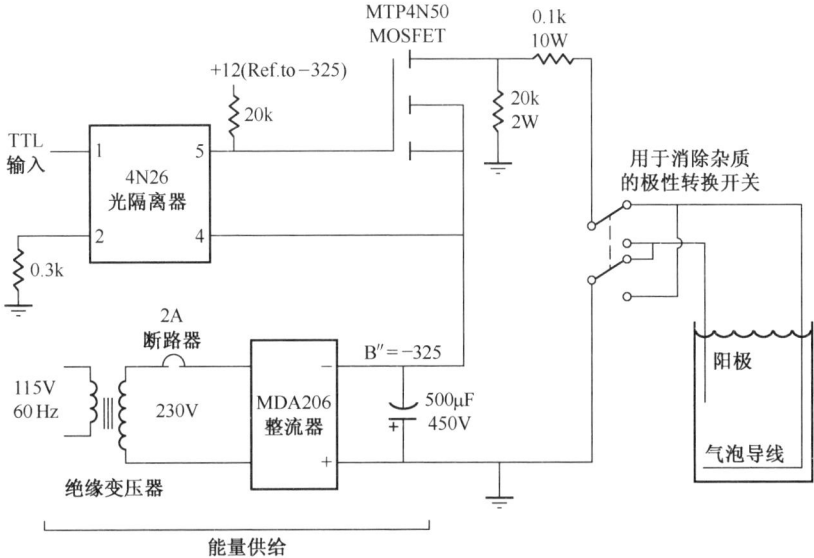

图2.2 使用外部TTL信号来控制脉冲输出电压频率和工作周期的
氢气泡导线电路(Budwig,Peattie,1989)

应注意产生氢气泡的金属细导线越长,需要的电源电压就越高;同样也适用于多条金属细导线同时通电。譬如,作者所采用电压范围为0~300V,最大电流为2A的系统通常可驱动长度为150~250mm的金属导线。获得适当流动显示图像的典型运行特性是150V电压且电流为0.5~1A,具体取决于细导线的长度和直径、水中溶解的电解质总量。注意到其他功率更强大的系统拥有0~250V电压范围和最大电流高达8A,已成功用来驱动多线探针"靶"(Magness et al.,1990)。

当与适当的气泡导线检测器相连接时(详见2.3节),来自直流电源的电流将会刺激产生气泡的细导线原本稳定的电解过程,引起氢气泡片体的连续产生。气泡片体作为材料片体,随着流体局部运动与变形相应地发生运动与变形。通常情况下,单凭对片体变形的观察就可以评估流体局部流态。不过,氢气泡生成过程也可以周期性中断或以"脉冲"方式进行,以产生一系列的氢气泡"时间线",便于对流体局部速度进行定性或定量评估。

脉冲过程可选择通过MOSFET(图2.2)或固态继电器所产生的直流电压信号作为晶体管逻辑(TTL)方波信号来实现(Bruneau,Pauley,1995)。基于所采用的方波信号发生器的特性,时间线生成频率和工作周期(即气泡实际产生的周期部分)是可控的。最终的气泡时间线以分隔的片体形式出现,时间线之间的距离与局部流速成比例。

图2.3给出了典型低速条纹流态的脉冲电压技术范例,Kline等人(1967)发现这种低速条纹流态是湍流边界层中占主导的近壁面流态。低速区域可简单地由氢气泡时间线之间较小间距来确定。因此,可采用这种流态定量显示可通过谨慎应用图像采集和线跟踪技术来定量获得流体局部流速(Schraub et al. ,1965;Smith,Paxson,1983;Lu,Smith,1985,1991;Bruneau,Pauley,1995)。

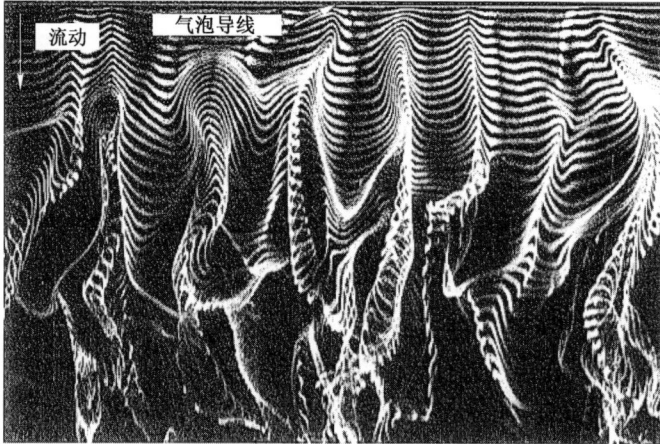

图2.3　湍流附面层近壁区域内水平气泡时间线显示的湍流低速条纹图,
时间线生成频率为30Hz, $Re_x = 2.2 \times 10^5$, $Re_{\delta *} = 746$,线的位置在 $y^+ = 5$ 处。

Iritani等人(1983)采用了一种简单有效的通过氢气泡确定平均水流速度的定量测量方法。值得注意的是,该方法不需要任何形式的图像采集系统。通过对特定距离之间的两根细导线施加脉冲电压,由位于流动上下游细导线间所产生的同相时间线,即能由脉冲频率直接获得平均流速。然而必须清楚的是,因产生气泡的细导线存在尾迹缺陷,其在尾迹区所生成的气泡速度稍迟于局部流速。Lu等描述了一种校正方法,用来定量说明尾迹缺陷的影响。(Lu,Smith,1991)。

在电解产生氢气泡的过程中,高质量的流动可视化效果取决于足够的导电溶液,这样即使最低的电压也能实现电解。一般来讲,普通自来水所含的电解质不能较好地进行电解,需要加入盐。研究中发现,实验室所采用的自来水每升需添加0.12g的硫酸钠,所得到的电解溶液有利于进行有效的氢气泡流动显示。虽然也可以添加其他电解质(包括食盐),但都不如硫酸钠有效。加入少量盐酸是另一种改进电解溶液的办法,但酸溶液会使氢气泡探针迅速退化,从而会经常导致试验失败。

需要注意的是,对于不同水溶剂最合适的硫酸钠或其他电解质浓度需要通过反复试验才能确定。当电解质浓度过低时,产生的气泡会比较分散,必需通过设置更高电压来获得充分的气泡浓度。反之,如果电解液浓度过高,气泡在较低电压水平下生成,但往往形成直径较大的气泡,具有较大的浮力效应。此外,电解质浓度过高还会引起气泡探针和流道的金属材质受到腐蚀。

应当理解,通过有效电解来实现流动显示的电气系统需要很高能量,且由于导电介质中存在着高电压/高电流,因而会有潜在的危险。使用氢气泡生成系统时必须十分小心,因为接触金属线探针、正电极或水流等很可能导致威胁生命安全的电击。试验操作训练之外还需要一套安全控制方法以避免受伤。通常采用如图2.2所示断路器一类的限电组件来提供保护措施。

2.3 气泡探针

氢气泡流动显示的技术优势之一是氢气泡可由各种不同定位探针在流场中几乎任何位置产生。如果首次制造的探针不能有效地运行,也无须灰心。此类流动显示存在的问题是气泡探针经常发生故障(通常是产生氢气泡的金属细导线损坏,并非是主探针结构)。因此,会有足够的机会来进行练习并改进探针结构。

探针设计的独特之处在于其能够展示出流场几何结构和流动的形态。譬如,若想检测邻近壁面的流动特性,如壁面区域湍流边界层中流动,采用平行于壁面且沿纵向和横向分布的水平细导线探针是非常合适的。然而,如果想评估垂直于壁面的流速或流动,可利用垂直细导线探针。图2.4给出了水平和垂直金属细导线探针的通用设计。

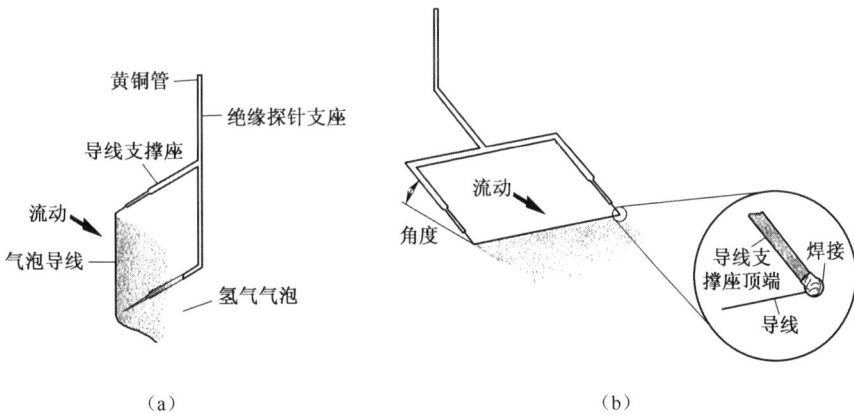

(a)   (b)

图2.4 氢气气泡探针的通用设计
(a)垂直导线探针结构;(b)水平导线探针结构。

一般而言,氢气泡探针是由连接于两块金属导体支撑座(譬如,黄铜杆或管是实用的探针制造材料)的一根紧绷细导线(通常是直径 $25\sim50\mu m$ 的铂丝)构成的。支撑座之间的导线保持一定的张力是十分重要的(避免任何松弛,以确保导线无扭结[1]),如此方能产生无扭曲变形且洁净的气泡片体。但是,过大的张力将会加剧细导线损坏的速度,甚至有时会导致马上失效。确定细导线所能承受的正确张力值是探针制造过程所需的诸多技巧之一,通常需要进行反复试验,才能获得关于适合张力值和适宜制造方法的评价。有一种方法是先将细导线的始端焊接在一块导线支撑座顶端,用手指使导线承受轻微的张力(保持紧绷),并用另一只手将导线焊接到另一支撑座上。另一可选方法是将细导线一端焊接于第一个支撑座顶端,将第二个支撑座朝向第一个支撑座轻轻地使其向内弯曲,并将导线置于第二个支撑座顶端(松弛程度越小越好)。释放导线支撑座并将导线张紧。值得注意的是,如果导线设置于非常靠近固体表面的位置(类似图 2.1 所示),则需特别注意,确保导线焊接在尽可能靠近支撑座顶端的位置。

关于有效的导线材质,铂、钢铁、不锈钢、铝、钨均被使用过,其有效性存在较大的差异(Schraub et al. ,1965;Iritani et al,1983;Bruneau,Pauley,1995)。添加电解质以提高水溶液电传导性的一个后果就是加速铁和铝的氧化,使得导线快速损坏(虽然铝导线在损坏前可以产生质量非常好的气泡)。不锈钢和钨有足够高的强度和抗腐蚀能力,但通常获得的气泡质量较差,且钨的价格比较昂贵。目前,综合考虑所产生气泡质量、自身强度和价格的最佳选择是铂。作为贵金属,铂不会受到腐蚀或发生反应,可以进行有效的焊接,同时具有适合的电传导特性形成产生气泡的有效电场。

为确保氢气泡只在金属丝上形成,用作探针支撑物的杆、管以及焊接处必须绝缘;在不绝缘的情况下,电解效应将会使得所有暴露的可导电探针表面产生气泡。通常采用热缩绝缘管和普通的商用绝缘液体胶来实现绝缘处理。热缩绝缘管适用于大多数金属线支撑物,但必须在焊接金属线前使用。绝缘液体胶带适用于金属线支撑物端,此处焊接过程中会因温度的提高而导致热缩管融化。通常,采用液体胶带使探针端部绝缘(如果可能的话,也包括金属线的两端部分)。然而,既要确保足够的绝缘层涂层,又不能在探针端部产生明显突起,就需要相当的技巧。

探针设计中的一个重要参数是金属细导线支撑物之间的距离。由于支撑物常常受制于涡脱落,支撑物间距离应足够大,以避免涡脱落影响探针中心区域的流

---

[1]　因为电线通常是卷曲的,所以它有时会形成扭结,与橡胶软管不同。当研究诸如近壁边界层流的小尺度流动现象时,这种扭结可能会有问题,因为在这些位置通常形成较大气泡。

动。然而,随着支撑物间距离的增加,探针导线支撑物将会变得更加纤细,且易于断丝,这是因为支撑物所产生的涡脱落会引起探针振动。细导线支撑物间需较宽的距离,使得必须选择直径更大的管子(结构刚度原因),这进一步加剧了涡脱落问题。较长的细导线也会增加断丝的风险,且由于沿生成气泡细导线长度方向电场降低,维持均匀的气泡片体将会变得更加困难。优质的探针会权衡这些影响因素。目前已发现,细导线与支撑管的直径比为 40 时,既能避免涡脱落,又能维持必要的强度。

制造水平探针(图 2.4(b))时,另一需要考虑的因素是探针支撑物与流面的角度。由于这样的探针主要用于流动显示,当角度太大时,探针横向部件会干扰观察气泡片体的视线;而当角度太小时,探针横向部件可能会低于待测通道流动的水位,导致横向部件产生额外的涡脱落,进一步影响探针结构及其工作稳定性。

配置氢气泡探针时,考虑需显示流动现象的尺度是十分重要的,如此可确定细导线的直径以便将细导线或与之连接的探针支撑物所产生的流动干扰降至最低。譬如,湍流边界层流动通常需要 25μm 的金属细导线,采用与这种小尺度流动显示区域相对应的细小气泡片体是十分必要的。但是,细导线的直径越小,气泡金属探针也就越脆弱,细导线断丝的风险也越大。对于显示区域较大的流动,可采用更粗壮和耐久的导线(其抗拉强度与直径平方成正比)。注意到所产生的气泡直径与细导线直径成正比,而产生的气泡直径越小,则流动显示的效果也就越好。一般而言,大于 50μm 的细导线所产生的流动显示效果明显较差,存在颗粒状气泡片体,且浮升效应影响显著。

电解产生氢气泡片体过程中存在的一个典型问题是带电电极会吸引溶解于水流之中的离子。这种电吸引效应会引起外来物质在金属细导线表面的持续累积,进而产生以形成更大体积和浮力的气泡为特征的可视化效果的退化。金属细导线表面所积累的物质较为显著时,就需要清洗细导线。最有效的清洗方法是在电源开关电路集成一个电极反向开关,以实现电流瞬时反向触发(图 2.2)。

正常情况下,电源反向电路工作 6~10s 就可便捷地清洗细导线。由于电源因电极反转会出现峰值电流,因此这种极性变化只能用于电压低于 50V 的气泡产生过程中。否则,峰值电流会触发保护电路。如果运行电压高于 50V(正常工作状态),则进行电极反转之前需先将电压手动调至 50V 以下。这样,可安全地反转电流进行清洗工作,随后可手动将电压调回至原来的运行状态。

任何情况下,电源极性反转时,细导线的电场也会反转,使得黏附在细导线之上的物质分离。一旦清洗工作完成,将电解电路调回至最初可产生气泡的极性和电压,可使所产生的气泡片体恢复至最佳的流动显示水平。

2.4　照明

虽然氢气泡通常可通过肉眼观察到,但为了获得便于采集和分析的流动显示清晰图像,还需要适当的照明。便携式大功率(可达1000W)的摄影灯被证明是既有效又经济的照明光源,通常在大多数摄影器材店均有销售。摄影幻灯片所用的白炽灯或发光二极管(LED)投影仪也是有效的通用光源。此外,高功率的LED光源已随处可购得,其只需较小的输入功率即可提供类似于标准摄影灯的光功率输出,且其红外发射功率也较小。

正常情况下,有倾角的背光照明是氢气泡流动显示中最为有效的照明方式。被照气泡亮度是光源照射方向与相机视线方向夹角的函数。作为准则,Schraub等人(1965)推荐采用115°夹角。但经验表明,确定最佳照明角度可以说是一门"艺术",且取决于需观察的试验区域、照明及观测的光路、视觉背景以及图像采集的类型,这里只列出了部分影响因素。最佳的照明需要大量的尝试。但经验表明,通常照明条件下侧面拍摄或小倾角成像时,底部照明的效果最佳。而当大倾角拍摄或平面成像时,侧面或正面照明的效果更佳。

需要注意的是,无论从哪个方向观察,与背景的强烈反差对于保证成像质量很重要。正常情况下,图像的高对比度是通过尽可能在背景表面涂磨砂黑漆或在需进行流动显示的区域之后设置黑色背景(通常用黑色海报板)来实现的。但是,需要在建立适合对比度的背景与为照明光源提供足够透明光路之间进行权衡。构建适合的背景通常还需要照明角度与视角方面的一系列权衡,以便获得最佳的流动显示图像。

不言而喻的是,流动显示的质量很大程度上取决于水流所保持的洁净度,采用连续过滤(5μm或更小直径的过滤器)与氯化进行组合处理是十分必要的。实际上,采用用于减少水中有机物的氯气对于维持气泡质量具有正面的作用,这是因为氯气能促进离子浓度的增加。通常情况下,0.3×10^{-6}的氯气就能较好地控制藻类的生长。需要注意的是,任何程度的藻类或脏物都会导致流动显示图像中出现"云朵",显著降低图像清晰度与对比度,同时还加剧外来物质在细导线表面的积累,正如2.3节所讨论的那样。

除了采用摄影灯的一般照明方式外,需要有选择地对气泡片体进行照明。譬如,相对较薄的片光(用于对气泡片体横截面进行照明)可通过有选择地遮挡水道密封面来实现。但是,通过遮挡方式产生片光的最小厚度(特别是采用便宜的非聚集光源时)大约为5mm。如此有限厚度的片光(当采用便宜且不聚集光源时)获得时间积分的横截面显示图像是不清晰的。如需获得清晰横截面流动显示,采用配置有柱面透镜或扫描镜等适当光学器件的激光可产生量级为1mm的片光。

2.5 独特的应用

如前所述,氢气泡显示技术的一个独特功能是能够在流场的指定位置沿特定方向设置气泡探针。这通常可通过将标准的垂直或水平探针安装于常规位移机构上的方式来实现。但是,有更多独特和新颖的方法可用来促进被测流动显示方法的实现。例如,将氢气泡探针定向为垂直于一个表面,并向细导线施加脉冲电压来揭示近壁面沿流向的速度分布特性。然而,由于有较低位置的探针支撑物存在,采用如2.3节所述的和图2.4所示的常规垂直探针将会在近壁面区域引起较大的流动干扰。为避免这类问题,Lu,Smith(1985)采用固定于顶部支撑物的铅垂导线,底部穿过平板上的0.8mm细孔并固定于板的另一侧。采用此种细导线安装方式所遇到的问题是细导线穿过平板的结合部分总会驻留有气泡,这是因为平板上的细孔产生了气泡。这种气泡最初较小,但不断增大,从而产生尾迹干扰。使用软笔刷定期去除此类气泡可暂时维持近壁面流动显示的质量。通过极板表面安装细导线的另一缺陷是细导线必须安装在固定的位置。

另一种显示平板上流向速度分布的方法是调整位置较低的探针支撑物以使其尽可能不显著地突出出来。图2.5给出了以绝缘纤维作为支撑物的范例。采用此种方式,一根非常细的横向绝缘纤维在张力作用下连接平行和垂直支撑物(通常将绝缘纤维黏附于支撑物顶端)。垂直气泡探针就能在适当的张力作用下细致地环绕于纤维中心[①]。部分细导线向绝缘纤维下部延伸,并小心地与垂直探针导线的轴线相接触,细导线被修剪至5~10mm长度。鉴于近壁面区域内探针的低阻特性,固壁边界附近细导线延伸端与垂直探针细导线几乎保持在一条直线上。这样,近壁面区域速度分布在各个方向上都可显示的。图2.6给出了采用类似于图2.5所示的纤维支撑探针显示湍流边界层中垂直速度分布的案例。此类探针的局限性在于纤维会在速度分布显示中产生细微的尾迹,连接处会出现气泡(可以定期用软笔刷去除),而且必须采用足够强同时又足够细的纤维。反复试验发现,人的头发坚韧、纤细且绝缘,是不错的支撑材料。

氢气泡显示技术更有趣的一个应用是通过对气泡片体的斜视或侧视方式评估平面之外的三维流动。斜视方式可通过采用垂直或水平探针来实现,探针可遍布一系列位置以揭示流动的三维特性(Acarlar,Smith,1987)。也可在下游的一些位置设置多个探针补偿氢气泡的弥散,实现对时序演化流动的连续显示(Seal,Smith,1999)。正常情况下,斜视方式可进行有效的照明、观测和成像,对于流动过程建模和以采用更精准的测量手段,如激光多普勒测速(LDA)或粒子成像测速(PIV)为被测流体局部流动特性评估都是十分有益的。图2.7给出了靠近钝体角区层流

[①] 注意,由于线材的直径小且有可塑性,所以这种线材的捆扎工艺比黏合剂或其他方法更有效。

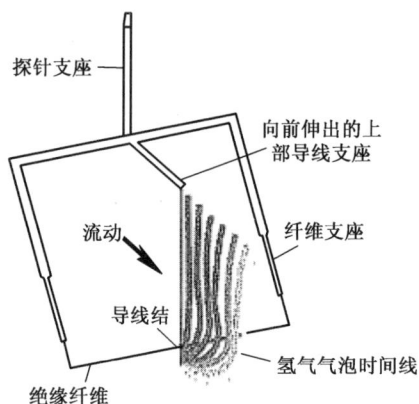

图 2.5　用绝缘纤维作为下部支座的垂直气泡导线探针

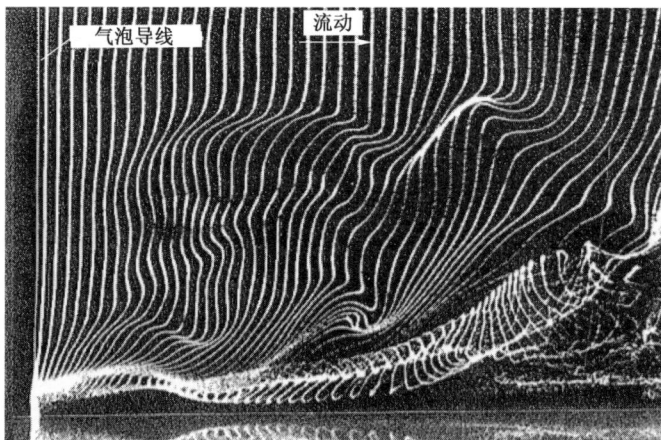

图 2.6　在湍流附面层中,用垂直气泡线(用发丝支撑)将气泡时间线可视化到表面。
时间线产生频率为 30Hz。Re_x = 2.2 × 10^5, $Re_{\delta*}$ = 746,线的位置在 y^+ =5 处。

三维流动分离转捩的斜视时序显示。这种显示方式通过设置在板与体结合部上游的水平氢气泡探针来实现,展示了由三维不稳定性和此连接部位层流边界层衰竭所引起的紧凑且离散的"发夹形"涡旋。

相比之下,通常照明条件下氢气泡在末端图像采集是十分困难的,由于气泡片体会沿延伸距离合并,因而所获得的图像是弥散的。因此,为了获得平面之外流体运动的清晰图像,有必要分别观察所产生的氢气泡时间线(Schwartz,Smith,1983;Smith,Paxson,1983),或者采用与流动方向相交的照明方式照射部分气泡片体。这种与流向交叉的片光可通过一般照明的适当狭缝效应,或者激光片光(如 2.4

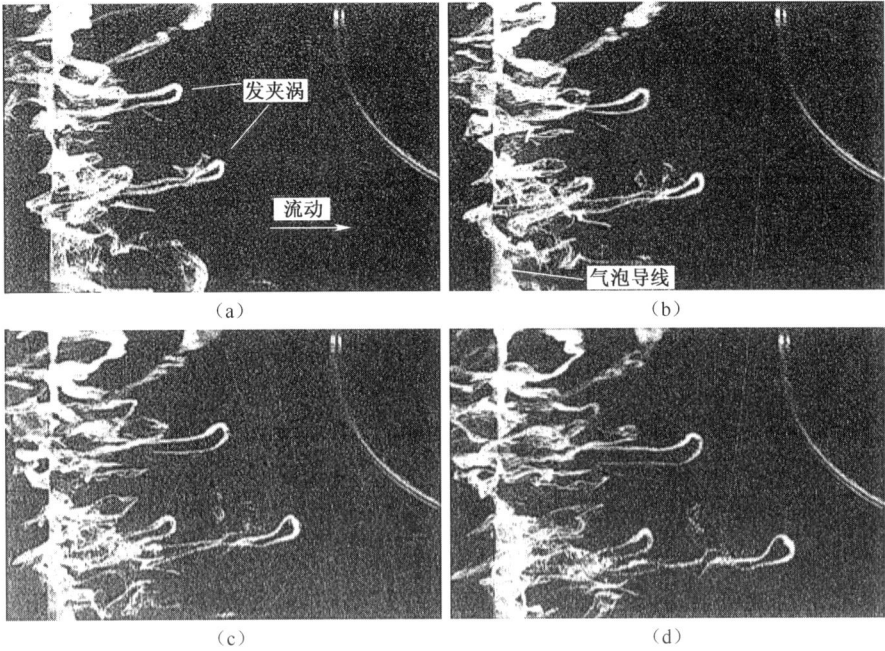

図 2.7　転換的角区流动的氢气泡时序图像表明产生了发卡涡。
图像间的时间间隔为 0.2s, $Re_x = 2 \times 10^5$, $Re_{\delta*} = 784$。

节)产生。激光片光是非常有效的照明方法,可清晰地显示投射片光在流动横向的变形。图 2.8 给出了利用氢气泡末端显示方法确定三角翼尾涡的经典范例(Magness et al. ,1990)。该研究利用通过气泡探针的平行网格排列产生的多气泡片体和激光片光横向照射实现末端(通过位于下游的反光镜)显示。应用多气泡探针的拓展研究中,Grass 等人(1993)利用探针的交叉网格(132 个节点)不仅能够显示流动,而且还可通过图像三维数字分析方法提取出三维速度场结果。该方法有助于将强光投射在湍流边界层近壁面流动结构之中。

　　值得注意的是,无论采用单一时间线,还是流动截面片光照射,横向变形程度取决于气泡时间线或者片光与气泡细导线的距离。因此,任何侧视图像能够利用气泡片体反映其从传输至成像点过程中局部流场的整体效应,而不能解释为气泡线或气泡片体的瞬时特征。

　　采用多探针且彼此距离较近时,需要额外注意每条细导线周围电场都会使周围的导线产生感生电流。当所有细导线同时运行时,这种现象并不明显。然而,如果一条或多条探针失效,而其他探针仍在工作,则感生电流会导致失效的探针产生气泡,可能会对流动显示产生干扰。

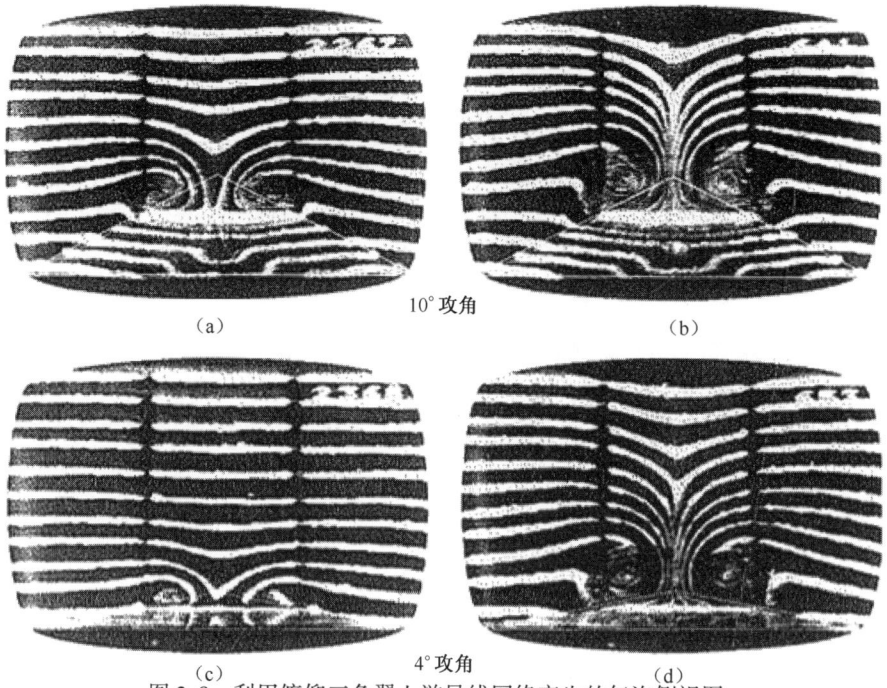

10° 攻角

（a）   （b）

4° 攻角

（c）   （d）

图 2.8　利用俯仰三角翼上游导线网络产生的气泡侧视图，垂直于观察方向的平面被激光片照亮。$Re_C = 3.8 \times 10^4$。（Magness et al. ,1990）

图 2.9　浮升力驱动的"小火"通风流动可视化显示出模拟的单区建筑模型的烟气羽流和分层线（Li et al. ,2003）

氢气泡的浮升力特性是流动显示不确定性来源之一,最后一个例子将说明对这一特性的特殊应用。Li 等人(2003)利用氢气泡来模拟建筑物内部热浮升力驱动的"小火"通风流动。一根细铜线用来表示火源,并置于两端开口的单区建筑模型之中。图 2.9 展示了流动显示捕获模拟的烟气羽流以及分层界面的位置。该应用面临的挑战是需要阻止气泡凝聚并且不再提供流体中粒子运动的合理模型。因此,Li 等人向水中加入了少量的表面活性剂,以防止气泡合并。

2.6　参考文献

Acarlar, M. S. and Smith, C. R. 1987. A study of hairpin vortices in a laminar boundary layer. Part I. Hairpin vortices generated by a hemisphere protuberance. *J. Fluid Mech.*, **175**, 1–42.

Bruneau, S. D. and Pauley, W. R. 1995. Measuring unsteady velocity profiles and integrated parameters using digital image processing of hydrogen bubble timelines. *J. Fluids Eng.*, **117**, 331–340.

Budwig, R. and Peattie, R. 1989. Two new circuits for hydrogen bubble flow visualisation. *J. Phys. E: Sci. Instrum.*, **22**, 250–254.

Grass, A. J., Stuart, R. J. and Mansour-Tehrani, M. 1993. Common vortical structure of turbulent flows over smooth and rough boundaries. *AIAA J.*, **3** (5), 837–847.

Iritani, Y, Kasagi, N. and Hirata, M. 1983. Direct velocity measurement in low-speed water flows by double-wire hydrogen-bubble technique. *Exp. Fluids*, 1 (2), 111–112.

Kim, H. T., Kline, S. J. and Reynolds, W. C. 1971. The production of turbulence near a smooth wall. *J. Fluid Mech.*, **50**, 133–160.

Kline, S. J., Reynolds, W. C., Schraub, F. A. and Runstadler, P. W. 1967. The structures of turbulent boundary layers. *J. Fluid Mech.*, **95**, 741–773.

Kumar, S, Laughlin, G. and Cantu, C. 2009. Near-wake structure behind two circular cylinders in a side-by-side configuration with heat release. *Phys. Rev. E*, **80**, 066307.

Li, Y., Shing, V. C. W. and Chen, Z. 2003. Fine bubble modeling of smoke lows. *Fire Safety J.*, **38**, 285–298.

Lu, L. J. and Smith, C. R. 1985. Image processing of hydrogen bubble flow visualization for determination of turbulence statistics and bursting characteristics. *Exp. Fluids*, **3**, 349–356.

Lu, L. J. and Smith, C. R. 1991. Use of quantitative flow visualization data for examination of spatial-temporal velocity and bursting characteristics in a turbulent boundary layer. *J. Fluid Mech.*, **232**, 303–340.

Magness, C., Utsch, T. and Rockwell, D. 1990. Flow visualization via laser-induced reflection from bubble sheets. *AIAA J.*, **28** (7), 1199–1200.

Schraub, F. A., Kline, S. J., Henry, J., Runstadler, P. W. and Little, A. 1965. Use of hydrogen bubbles for quantitative determination of time-dependent velocity fields in low-speed water flows. *J. Basic Eng.*, **87**, 429–444.

Schwartz, S. P. and Smith, C. R. 1983. Observation of streamwise vortices in the near-wall region of a turbulent boundary layer. *Phys. Fluids*, **26** (3), 641–652.

Seal, C. V. and Smith, C. R. 1999. Visualization of a mechanism for three–dimensional interaction and near–wall eruption. *J. Fluid Mech.*, **394**, 193–203.

Smith, C. R. and Paxson, R. D. 1983. A technique for evaluation of three–dimensional behavior in turbulent boundary layers using computer augmented hydrogen bubble–wire flow visualization. *Exp. Fluids*, **1**, 43–49.

第 3 章
染色剂和烟雾显示技术

T. T. Lim[①]

3.1　引言

　　利用染色剂和烟雾显示技术观察流体运动是最古老的流动显示技术之一,最早可追溯至达·芬奇时代。该技术成本较低且简便易行。首先,该技术提供了关于复杂流体流动中所发生现象的理解和认识。实际上,流动现象的一些发现就是应用了这种简单的技术。一个经典范例就是 Reynolds(1883)采用染色剂注入法显示管流由层流流动向湍流流动的转捩。时间更近的实例是 Head 和 Bandyopadhyay(1981)采用烟雾注入法显示湍流边界层中的发夹或 Λ 形涡旋。采用热线或激光多普勒风速仪的点对点测量是不可能有此发现的。当然,仅凭流动观测也难以给出关于流动机制的全部答案,且观察也需要辅助以定量研究,以便使所观察到的现象得到定量的描述。随着计算机成像技术的发展,部分流动显示技术也可提供定量的测量结果。典型的实例是已经成为普及流动测量工具的粒子成像测速仪(PIV,详见第 6 章)。其他能够提供有限定量数据的可视化方法包括氢气泡显示技术(第 2 章)和烟线显示技术(第 3 章烟线显示技术)。

　　本章讨论在研究流体运动中经常应用的烟雾和染色剂显示技术。术语“烟雾”(smoke)和“染色剂”(dye)广义上也包括四氯化钛和电解沉积显示技术,其也能将有助于标记流体运动的烟雾或粒子撒布于流动的流体之中。本章关注的焦点在于这些显示技术的实际运用,已有非常出色的综述文献,因而无须就这一问题再作过多的阐述(Clayton,Massey,1967;Werle,1973;Merzkirch,1987a;Gad-el-Hak,1988;Freymuth,1993;Mueller,1996)。为了使本章能够相对独立,还讨论了作为显示技术有机组成部分的成像工具与技术。这部分内容是针对不熟悉摄影成像的读

---

① Department of Mechanical Engineering, National University of Singapore, 9 Engineering Drive 1, Singapore 117576. 40.

者,因而包括了一些获得高质量流动显示图像的实用技巧。

3.2 水中的流动显示技术

3.2.1 传统的染色剂

所有流动显示技术中,染色剂显示技术或许是最简便易行的。大多数情况下采用食品染色剂,这是因为其操作安全且在多数超市均可轻易购得。尽管染色剂颜色的选择关乎个人喜好,但研究发现红色、蓝色和绿色通常比其他颜色具有更为显著的图像对比度。

一般情况下,超市中出售的食品染色剂是浓缩的溶液,其密度大于 1。除非具有中等浮力,染色剂将不会如预期的那样跟随流场流动,并且会导致对流动显示结果的曲解。为了使食品染色剂具有中等浮力,可加入少量的醇类物质,如甲醇或乙醇。醇类物质的准确用量需反复试验,这是因为商业级别的醇类物质并不具有相同的纯度。一旦染色剂与醇类物质的混合物具有中等浮力,就可通过管道对工作介质进行稀释。该操作用来保证染色剂和醇类物质的混合物与工作介质之间的温度差最小,这是因为大的温度差会引起其他需避免的浮力效应。染色剂的稀释程度取决于具体应用情况,一定程度上需个人的经验判断,但过浓的染色剂会模糊流动的重要特征,而过稀的染色剂会引起流动图像较差的对比度。

3.2.2 洗衣增白剂

这种居家产品已经被证明是一种出色的水基示踪剂,已用于多个流动显示研究之中(Lim,Nickels,1992;Kelso et al. ,1996;Lim,1997;Adhikari,Lim,2009)。该示踪剂在澳大利亚被冠以商标名 Pascoe's Bluo。类似于常规染色剂,其以工作介质进行稀释的程度主要取决于实际应用。大多数情况下,该增白剂无须添加醇类物质以保持中等浮力。该液体的一个额外优势就是不会像食品染色剂那样快速污染水体,因而延长了试验的有效时间。可惜的是,只有蓝色一种颜色可选。

3.2.3 牛奶

牛奶作为指示剂用来进行液体流动显示,如同烟雾作为气态流动显示那样。牛奶具有良好的反射特性,有助于提高流动图像的对比度。虽然通常利用自然白色的牛奶,但实际应用中有时将食品染色剂掺入牛奶之中,以便区分流场中的不同区域。采用牛奶/染色剂混合物而非单纯染色剂的原因在于牛奶中的脂肪成分有助于延缓染色剂的扩散。研究发现这种方法对于染色剂容易扩散的高度剪切流动是十分有益的。但是,试验结束后必须对注入系统进行彻底的清洗,否则残留的牛奶会凝结并堵塞注入口或注入槽缝。此外,凝结汇集的牛奶可能会进入工作流体,并降低流动品质。

3.2.4 荧光染色剂

正常照明条件下,经稀释的荧光染色剂溶液几乎是透明的,但受到适合波长的光源(通常是激光)照射时,染色剂会发出荧光。这个过程通常称为激光诱导荧光(LIF)。这个过程中,荧光染色剂(分子或原子)受特定频率激光照射被激发至较高的能级状态,随后发出另一种不同频率的荧光。除流动显示技术外,该技术还可用于物质浓度、温度、速度和压力的定量测量。关于 LIF 的更多内容可详见第 5 章。由于荧光只有受到波长在其激发频率附近的激光照射后才能发出荧光,以薄的激光片光照射混有荧光染色剂的流体,可揭示流场的截面形态。

流动显示所采用的一些荧光染色剂包括荧光素、若丹明-B 和若丹明-6G。当受到氩离子激光照射时,荧光素可发出绿色荧光,而若丹明-B 和若丹明-6G 分别发出暗红色和黄色荧光。在使用化学物质之前,试验者必须查阅关于其安全和操作信息的材料安全信息说明(MSDS)。

3.2.5 染色剂注入方法

向流动的流体中注入染色剂有许多方法。最常见的方法是将皮下注射器或直径 1.5 ~ 2.0mm 的不锈钢管作为探针,以注入染色剂。这种技术的优势在于探针可在流动的液体中轻易地移动,染色剂可在需要注入的位置释放。但是,其最大缺陷是探针可能对流场造成干扰。为降低这种影响,探针通常设置在观测点上游的一段距离处。染色剂则通过重力作用或由压力容器进入探针。虽然重力自动供给系统易于操作,但压力容器能够提供且不受染色剂高度制约的均匀流量。无论采取哪种注入方式,染色剂的流出速度必须与当地流速一致,以减小对流场的干扰。当染色剂流出速度过高时,会产生染色剂射流,形成蘑菇状流动结构,如图 3.1 所示。同样,流出速度过低时,会形成一系列相互连接涡环形状的尾迹结构。流出速度达到流动速度时,染色剂在流体中呈现为光滑的细丝。

另一种常用的染色剂注入方法则是经由作为模型组成部分的注入口或槽缝来实现的,如图 3.2 所示。必须牢记染色剂线是脉线,一旦确定注入口或槽缝的位置,脉线只从流动结构空间积分的视角予以显示。这是因为染色剂细丝向下游流动时会扭曲变形。相应地,在试验模型下游一段距离处所观测到的脉线图型是扭曲变形累积的结果,可追溯至染色剂释放之处。换言之,特定位置的脉线图型是染

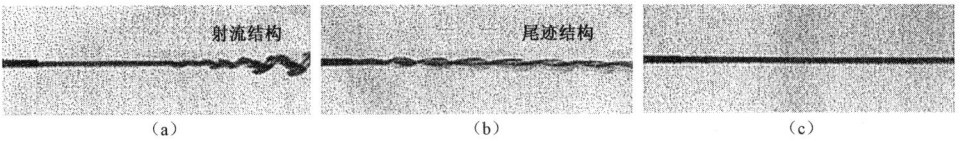

图 3.1 采用直角探针的染色剂注入方式，流动方向由左向右

(a)探针流出速度高于自由流速时所形成的射流结构；(b)流出速度低于自由流速时所产生的尾迹结构；
(c)光滑的染色剂细丝所显示的适合流出速度。

色剂释放位置的函数。这种染色剂的特性可清晰地通过图 3.2 中正切拱形圆柱的大攻角绕流加以展示。该图清晰地表明，尽管这两个注入口 A 与 B 非常接近，但自 A 口释放的染色剂细丝经历了与自 B 口释放的细丝完全不同的路径。此外，从注入口释放染色剂时需确保染色剂流出速度维持最低，这是因为较大的流出速度会明显改变流动固有的特性。如果利用染色剂来标记涡旋，则应在涡旋产生位置释放染色剂。

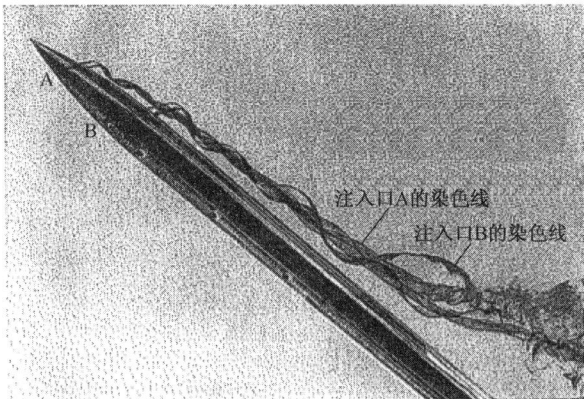

图 3.2 （见彩图 1）大攻角下正切拱形圆柱绕流的染色剂示线图

流动方向从左向右，值得注意的是型线图案取决于染色剂释放的位置(Luo et al. ,1998)

另一种释放染色剂的方法是在模型表面涂抹染色剂与醇类物质的浓缩混合液。通过醇类物质的挥发，可在模型表面形成染色晶体薄层。牵引模型低速运动时或固定于低速的测量区时，染色剂从模型表面被冲刷下来，使得流动结构可显示出来。该项技术的一个细微变种就是染色剂薄层技术(Gad-el-Hak,1986)。此时，将浓缩的染色剂与醇类物质混合液涂抹于棉线，并将棉线紧绷于支架之上。棉线的尺寸取决于自由来流的速度，但必须足够细，使得棉线之后的尾迹是层流状态。将支架浸入水箱并以低速拖动时，染色剂就会从棉线上被冲刷下来，形成几个薄片。存在弱稳定的盐水分层时，染色剂薄层维持不变，直到被拖动的模型所干扰。该项技术特别适用于显示流动分离。涂层技术的主要缺点是其运行时间较短，主要取决于模型或棉线表面所涂抹的染色剂总量。

3.2.6　检流流体

最初由 Matisse 发明的液体用来进行其艺术作品的创作。自此,该液体被成功用于显示泰勒-库埃特流动、瑞利-贝纳德对流及壁面流型。流体中包含有平均大小为 $6\mu m \times 30\mu m \times 0.07\mu m$、密度为 $1.62g/cm^3$ 的微晶鸟嘌呤血小板。其慢速的沉降速度(在不受干扰的水中大约为 $0.1cm/h$)和较高的反映指数(约为 1.85),使得非常适于流动显示(Matisse,Gorman,1984)。选择适宜的工作介质,如甘油水溶液或液态氯乙烯,血小板可在流体中悬浮更长的时间。当血小板经历剪切时,其会与局部剪切应力方向保持一致,使得朝向观测者的血小板将光导向观测者,并呈现白色,而朝向其他方向的血小板则呈现出暗色。该流体无毒且不会发生化学反应,且可在美国麻省的 Kalliroscope 公司购得。图 3.3 给出了利用检流流体显示的泰勒-库埃特流动中的不同涡旋结构。

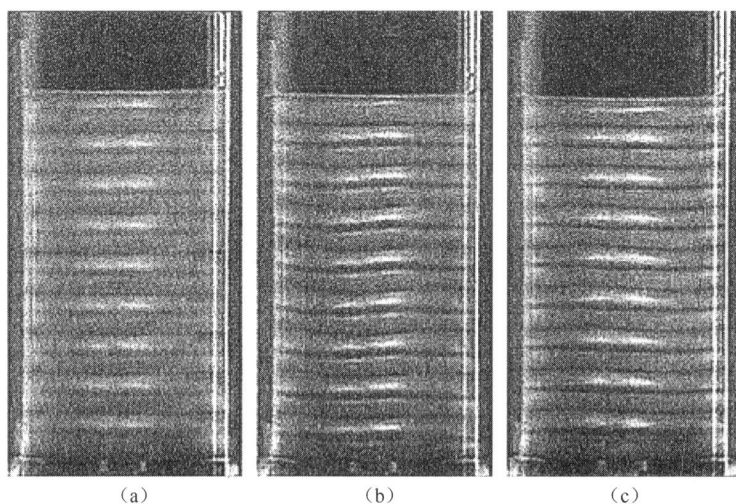

图 3.3　应用检流流体所显示的泰勒-库埃特流动中不同涡旋结构。
雷诺数增加时,流动从对称涡流动(a)转变至波状涡流(b)和(c)(Tan,2003;Lim,Tan,2004)

3.2.7　电解沉积

电解沉积技术只能用于水流,尤其适用于 $0.1 \sim 5cm/s$ 的低速流动。其作用原理是基于水的电解,其装置类似于第 2 章所讨论的氢气泡技术,不同之处在于应用该技术时会在阳极形成不溶的金属颗粒。该种颗粒呈白色,平均直径约为 $1\mu m$,在光源照射下呈现出白色烟雾状。该技术易于操作,无需特殊的金属和化学试剂。

图 3.4 给出了采用电解沉积技术的典型实验装置(Taneda et al. , 1977;
Taneda,1977)。许多情况下,将模型作为阳极,而将阴极设置在下游一段距离且不
会干扰流场的位置。虽然紫铜、铁、铅、锡和黄铜等金属均可用作阳极,但发现包括
无铅焊锡在内的软焊锡能够产生效果最好的烟雾。多数情况下,黄铜因其刚度好
而用作阳极,且在其表面覆盖了焊锡薄层以方便烟雾的产生。焊锡覆盖模型程度
主要取决于应用需求。二维流动试验中,通常将细焊锡条覆盖于模型中心平面即
可见效;三维流动中则需要覆盖更大的面积,甚至要覆盖模型全表面。无论如何,
模型上没有覆盖焊锡的部位必须涂覆类似于环氧树脂的绝缘薄层,以防止模型与
电解质接触而产生不需要的烟雾。

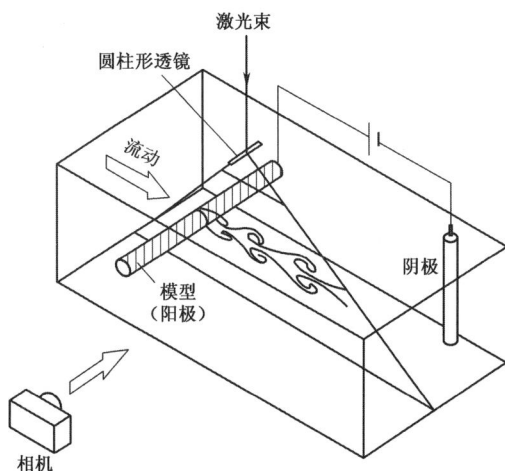

图 3.4　电解沉积技术的典型实验装置

至于阴极,尽管通常采用黄铜,但所用的材料对试验有明显的影响。然而,阴
极的形状,尤其是其与电解质的接触面积是决定"烟雾"质量的重要参数。部分研
究人员采用风洞或水洞中作为稳流器的铝质蜂窝。研究发现,铝质蜂窝的表面积
大可显著改进"烟雾"质量。

影响"烟雾"质量的其他因素包括阴阳两极间的距离、电解质浓度及电流强
度。为了获得试验的最佳效果,阳极与阴极之间的距离建议不超过 1m。如在可拖
动的水箱中使用,两极间的距离应保持恒定。至于电解质的添加量则取决于水质,
如水质偏硬则无须添加电解质,若水质偏软则须要添加电解质以促进电解过程。
最有效的电解质是氯化钠(即常用的食盐)。如果阳极材质是锡,也可使用硝酸
铵。所需电解质的量取决于所需的电流强度。多数情况下,每立方米水中加入大
约 5kg 食盐足以产生较好质量的烟雾。添加的食盐量对于水的密度影响可以忽
略。即使添加电解质,也不建议在此应用中使用蒸馏水。

大多数应用中,大约 10V 直流电压和 10mA 电流足以开展试验。然而,随着流

速增加,电流强度也必需相应增加以维持可接受的烟雾质量。当自由流动的速度大于5cm/s时,所产生的烟雾量不足以进行流动显示。

相比于染色剂显示技术,该项技术将对于流场的干扰降至最低,但也存在诸多不足之处。其一是因存在化学腐蚀,阳极(亦即模型)性能随着时间推移而恶化,必须按时用细砂纸打磨阳极或及时更换;另一缺点是阴极生成的氢气泡会降低流动显示图像的质量。一种解决办法是限制气泡从半潜管中升起(Honji et al.,1980)。但是,该方法仅对水平的水通道有效。对于在垂直通道的应用,采用如图3.5(b)所示的盐桥技术效果会更好。盐桥是电化学过程中常用的方法,其主要功能是将两个容器中的溶液闭合以形成回路(Castellan,1972;Atkins,1982)。盐桥由包括氯化钾在内的饱和盐组成,并由凝胶封装于管内。盐桥以水为中介加热琼脂来实现,直到其完全溶解。这样盐被添加至溶液之中直至溶液饱和。混合物随即被传输至一端由棉花闭合的玻璃管中。通过采用盐桥,氢气泡可被限制在试验段之外的容器中。然而,该技术基本上仍需要高电压来保证所产生烟雾的质量。

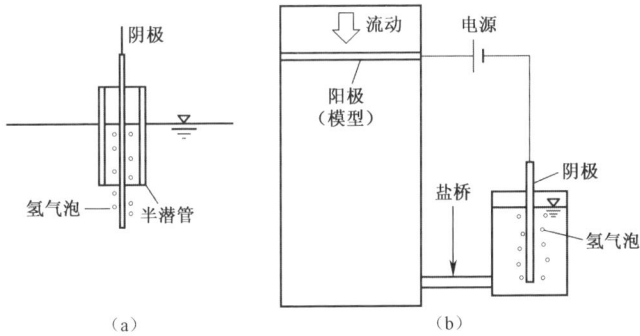

图3.5 消除阴极产生的不利于图像质量的氢气泡的技术

(a)半潜管技术(Honji et al.,1980);(b)盐桥技术。

图3.6给出了采用电解沉积技术所显示的著名圆柱卡门涡街(Taneda,1982)。

图3.6 电解沉积技术所显示的 $Re = 140$ 时圆柱卡门涡街(Taneda,1982)

3.3 空气中的流动显示

3.3.1 烟雾风洞

低湍流度风洞是以空气为介质的最重要流动显示实验设备之一。设计良好的烟风洞实验段中,湍流度最好在0.02%左右。这种最常用的单向式或抽吸式流动显示风洞是通过抽吸使得空气流经由一层蜂窝器和几层阻尼网组成的大型稳压室,然后经收缩比可达12的收敛段进入实验段。采用这种设计,烟雾可排至建筑物之外。图3.7展示了烟风洞的诸多部件。采用蜂窝器的目的是将进入风洞尺寸较大的湍流破碎掉,然而有些风洞并没有此类装置(Mueller,1996)。阻尼网的作用是进一步降低风洞收敛段之前气流的湍流度。为获得最佳整流效果,阻尼网应按照网格逐步减小的次序设置。除了进一步降低流向湍流分量外,收敛段的作用是保证实验段进口位置的速度分布均匀一致(也呈礼帽状分布)。收缩比的定义为进口面积与出口面积之比,而烟风洞的收缩比通常大于常规风洞,在9~96之间取值。风洞所有部段之中,收敛段或许是最关键的部段,进行设计时必须格外注意,过于猛烈的收缩比会引起流动分离,导致流动品质降低,而过于缓和的收缩比会引起不需要的边界层厚度增加。收敛段设计方法之间的区别非常大,有兴趣的读者可参照相关文献(Cohen,Ritchie,1962;Chmielewski,1974;Morel,1975;Mikhail,1979)。关于风洞设计详尽的设计准则可参见相关文献(Mehta,1977;Mehta,Bradshaw,1979;Barlow et al.,1999)。

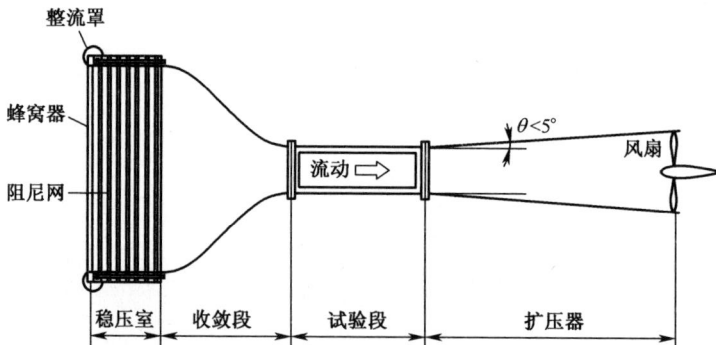

图3.7 典型的烟风洞组成示意图

3.3.2　发烟装置

用于流动显示的烟雾可通过燃烧烟草、木材和稻草或蒸发烃油来产生。无论采用哪种烟雾发生方式,所产生的烟雾必须达到以下标准:

(1)能够准确地跟踪流场,换言之烟雾颗粒必须足够小,以保证其流动能够反映气流流动;

(2)不能显著地影响需要研究的流场;

(3)拥有高的反射特性;

(4)烟雾是无毒的。

就可靠地控制烟雾质量而言,蒸发烃油或许是最好的方法。

绝大多数发烟装置是为娱乐业制造的,其中相当部分可用来进行流动显示研究。典型的一个范例是由美国新泽西州 Symtron Systems 公司生产且称为 SmokeMaster 的便携式烟雾发生装置,该烟雾发生装置还拥有独立的小型携行箱。该烟雾发生装置从冷态只需要 60s 的加热时间就可产生粒径大约为 0.5μm 的大量烟雾。更为重要的是,制造商承诺所产生的烟雾无毒,无刺激性,对环境而言是安全的,且在正常运行状态下是不可燃的。

由布朗在圣母大学(1971)设计发明的烟雾发生装置可在室内构建。这种特殊的发生装置通过在平板电热器上加热煤油,所产生的烟雾由鼓风机或压缩空气强制吹出。详细的设计信息可参见相关文献(Merzkirch,1987b;Mueller,1996)。

3.3.3　烟线技术

烟雾的产生是通过电流加热细导线促进油蒸发来实现的。烟线技术与水中的氢气泡技术相似,氢气泡是通过细导线的电解过程而产生的(详见第 2 章)。发展烟线技术的初衷是测量边界层内的速度分布,也成功地用来显示三维复杂流动,如分离泡、湍流自由剪切流动结构、边界层流动、交叉射流以及圆柱卡门涡街(Bastedo,Mueller,1986;Cimbala et al. ,1988;Frie,Roskho,1994)。

与前面提到的精致烟雾发生器相比,该技术操作成本相对较低,原则上只需要一根金属细线、矿物油和一个电源即可。具有足够强度和较大电阻的大多数金属均可采用,但三种最常用的金属细丝材料是不锈钢、镍铬合金和钨。细丝的直径一定程度上由气流速度决定。对于低速试验,宜采用直径较小的金属丝,其产生的烟雾更清晰;而对于速度更高的气流(几米/秒),推荐采用直径较大的金属丝,其较大的表面积可维持更高的发烟速率;且因细丝是紧绷的,其能够在更高温度下承受所需的张力。在决定细丝直径时,另一个必须考虑的因素是雷诺数。为了将流动干扰降至最低,基于金属细丝直径的雷诺数应小于 20。对于绝大多数应用,金属细丝的最佳直径大约为 0.1mm。

用来产生烟线的油脂种类有许多种,包括石蜡、煤油、润滑油、硅油以及模型车用油,其中石蜡可能是最有效的。为保证沿金属丝线所产生的烟雾均匀,必须在金属丝线表面涂以油脂。油脂涂覆方式有重力供油法,手工涂敷,也可采用"雨刷"或油刷来自动涂覆。重力供油技术很容易建立,但其效率不如手工涂覆技术,很少能获得好的试验结果。手工涂敷技术可更好地控制油层的厚度,但该方法繁琐麻烦,需要不断拆卸实验段外壁来给金属丝线涂油。

为解决这些问题,设计了自动涂油系统。Liu 和 Ng(1990)的设计方案是迄今所有发表的设计方案中最巧妙的。图 3.8 给出了相应的示意图。这套系统由丝线驱动系统和控制电路两部分构成(图 3.9)。丝线驱动系统由垂直穿过实验段中心的一根细导线构成,细导线一端连接在步进电动机驱动的滑轮上,另一端则与重物相连接,以提供必要的张力。位于风洞外部的顶部和底部表面上有两个连接到电磁螺线管执行器的小油漆刷。运行时,步进电动机先朝顺时针方向转动,向下拉动细导线,与此同时启动顶部的螺线管沿细导线拉动涂有矿物油的油漆刷,当细导线穿过油漆刷时,就会被均匀涂敷矿物油。步进电机拉动细导线的长度就等于实验段的高度。一旦细导线被拉动足够的长度,油漆刷就会缩回,并开始加热金属细导线。金属细导线所产生的烟雾量及其持续时间很大程度上取决于加载于细导线的电压与电流。较高电流强度会很快产生烟雾,而太低的电流强度所产生的烟雾太少,致使烟雾图像模糊不清。对于大多数情况,24V 直流电源和 0.5~0.8A 电流强度足以让直径 0.1mm 不锈钢细丝产生充足的高质量烟雾。下一次运行前,步进电机逆时针方向转动,使得底部的螺线管触发并给金属细导线涂敷矿物油。整个运行过程完全由图 3.9 所示的电路控制。Liu 和 Ng(1990)详细讨论了各电路元件的

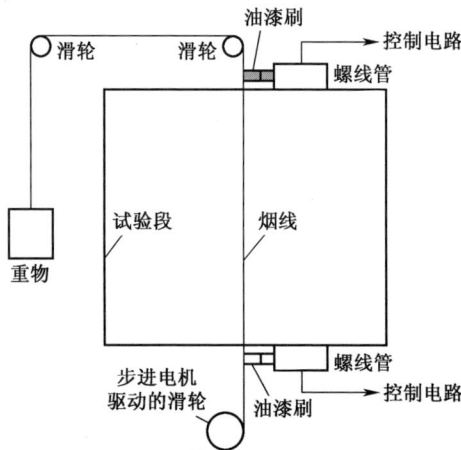

图 3.8　自动涂油系统示意图(Liu,Ng,1990)

功能。该系统优势是油漆刷被设置在风洞外部,因此不会对实验段内的流动产生干扰。但是,图 3.9 所示的电路有一个细小缺陷,因为电路能够控制细导线的运动及对其的加热,而不能同时触发控制相机和光源。这一缺点可轻易地通过修改电路或以个人计算机、便捷式计算机控制整个运行过程来改进。许多文献给出了具有相似功能的可选控制电路(Nagib,1977;Torii,1977;Batill,Mueller,1981)。

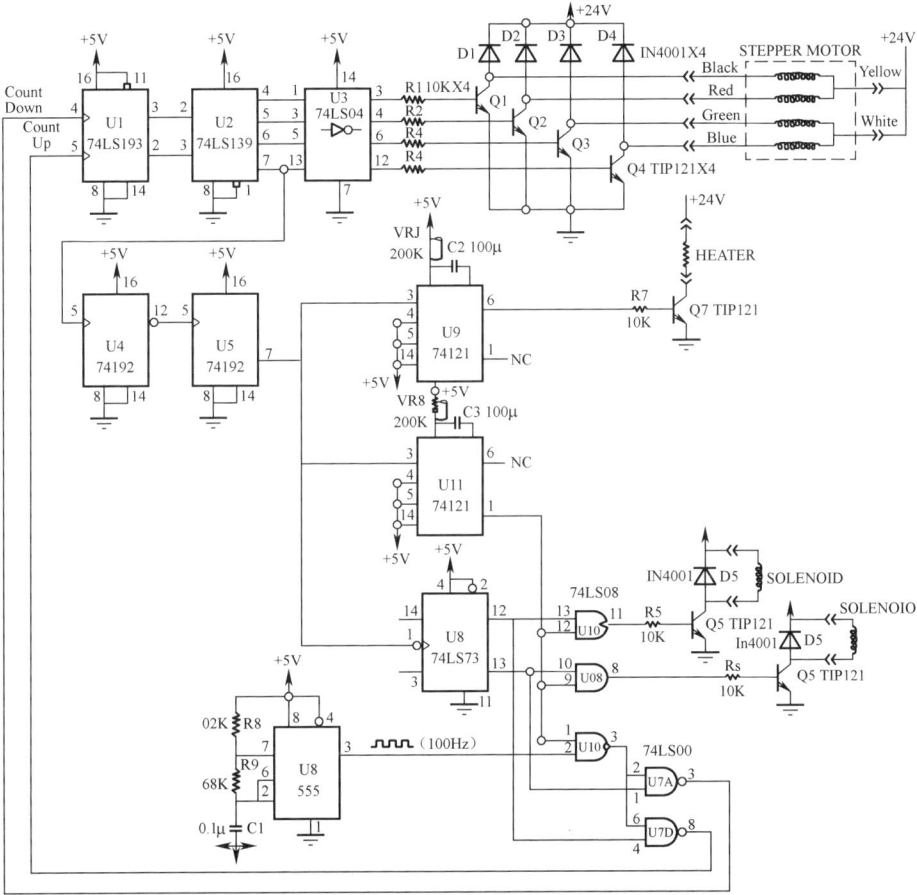

图 3.9　控制金属细导线产生烟雾的控制电路(Liu,Ng,1990)

虽然图 3.8 所示的系统是为操纵垂直细导线而设计的,也可通过重新设置电机和滑轮系统来实现对水平细导线的控制。图 3.10 给出了采用烟线技术获得的交叉射流脉线图型。

3.3.4　四氯化钛

应用四氯化钛($TiCl_4$)产生气流流动显示所用烟云或烟雾的方法最早可追溯

图 3.10 采用烟线技术获得的交叉射流脉线图型(Fric, Roshko, 1994)

至 Simmons, Dewey (1931)。从那时起,四氯化钛就被用于机翼加速绕流(Freymuth, 1985)和旋涡流动(Visser et al., 1988),这里仅举两个例子。当 $TiCl_4$ 暴露在潮湿的空气中时就会产生浓重的白色盐酸烟雾和微小的二氧化钛粒子,该技术就是利用这样的事实,其化学反应式为

$$TiCl_4 + 2H_2O = TiO_2 + 4HCl \qquad (3.1)$$

$TiCl_4$ 比较便宜且可通过商业购买。但盐酸烟雾有毒且会对人体造成严重伤害。试验必须在通风条件良好的情况下进行,且尽可能应将盐酸烟雾从实验室排出。

有很多种方法将"烟雾"引入风洞,其中之一是采用不锈钢或黄铜制成的小直径移液管将 $TiCl_4$ 液体涂覆于待试验的模型表面。如果模型足够小,也可将它浸入 $TiCl_4$ 液体中。由于 $TiCl_4$ 液体有毒,应该避免其与眼睛和皮肤的接触,一旦不慎接触,必须立即用大量清水进行冲洗。Freymuth 等人(1985)给出了该项技术正确应用方法的详尽说明。

Visser 等人(1988)发明了相对安全且操作便利的方法将烟雾引入风洞,该方法利用 $TiCl_4$ 液体的气化点压力低,在标准大气压力下容易气化。应用该项技术时,向盛有 $TiCl_4$ 液体的试剂瓶中通入高压惰性气体(如氮气),并将气化的 $TiCl_4$ 经探针压入风洞(图 3.11)。当 $TiCl_4$ 气体接触到风洞中湿润的空气时,就会产生浓重的白色烟雾。采用该项技术,实验人员可最大程度减少接触有毒液体的概率,且烟雾可在风洞中的任意位置释放。使用该化学物质之前,使用者必须查阅关于 $TiCl_4$ 的安全需知和操作信息。

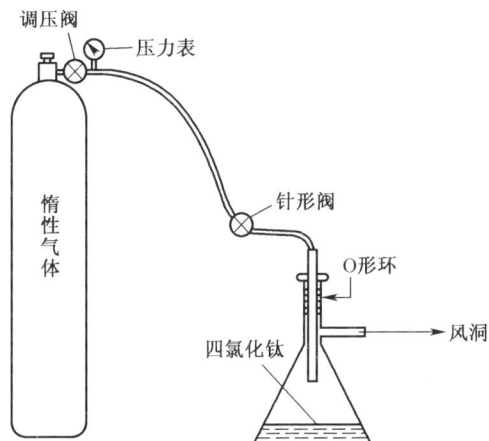

图 3.11 相对安全的 TiCl$_4$ 烟雾生成技术(Mueller,1996)

3.4 摄影设备与摄影技术

3.4.1 照明

适当照明是摄影最重要的方面之一。流动显示中最常用的两种照明光源分别是常规光源和激光。常规光源包括聚光灯、石英碘灯、卤钨灯、汞灯、电子闪光频闪灯,用来显示流动的外部特性。相比之下,激光通常用来显示流动的内部特性。

1. 外部照明

对于外部照明问题,光源位置会强烈影响摄影成像质量。图 3.12 给出了两种常用的照明布局。照明布局的选择取决于应用需求。譬如,研究中所涉及实验段光线暗的烟风洞和水风洞之中,从捕获高质量图像角度,垂直照明是最为理想的。对于正面照明布局,从风洞正面和背面反射的光会对成像质量造成不利影响。然而,经反复实验,采用该布局也可获得有效的成像质量。垂直照明可通过限制光线照射实验段背面的方式进一步提高成像质量。通常用纸板或遮罩的狭缝来达到这一目的(图 3.12)。然而,如果实验段具有白色背景,如同采用染色剂技术的绝大多数水洞那样,不必采用纸板,这是因为由纸板产生并投射于实验段的阴影会降低成像质量。并且,对于白色背景,最好采用正面照明或采用正面照明和垂直照明的组合方式,这是因为在白色背景下的照明有助于提高对比度。

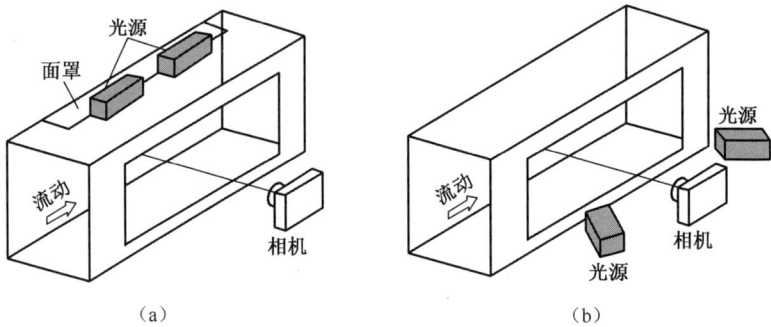

图 3.12　采用外部流动特征照明的常用布局
(a)垂直照明;(b)正面照明。

　　大多数流速不太高的流场流动显示研究中,常规光源通常对绝大多数相机(相机、摄影机和摄像机)均有效。但是,当流速过高时,相机快门太慢,以致于无法捕捉清晰的图像。这种情况下,闪光摄影可能是必需的。有许多商用的闪光灯可供选择,有些闪光灯的闪光持续时间小于 $20\mu s$。采用闪光的优势在于能够捕捉高速的流体运动而无须在景深上折中。

　　2. 内部照明

　　为了显示流场的内部特征,经常会采用片光照明。过去,狭窄的片光可由强光经过两个有一定间距的狭缝来获得。但是,该技术并非特别有效,因为不超过10%的原始光仅能产生 $1\sim2mm$ 宽的光束。随着激光的出现,薄片光通过柱面透镜很容易获得(图 3.13),通常采用玻璃棒。片光的扩散角取决于透镜的直径,直径越小,扩散角越大。对于大多数流动显示应用而言,直径在 $2\sim10mm$ 的柱面透镜已经足够了。

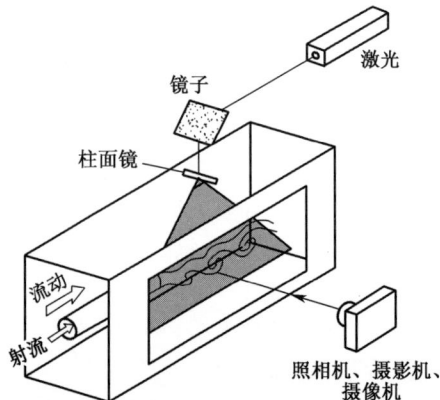

图 3.13　采用柱面透镜技术产生激光片光的示意图

另一种产生激光片光的方法是采用安装在光学扫描器上的摆动反射镜(Gad-el-Rak,1986)。研究发现,该技术可产生光强更均匀的片光,而玻璃棒通常存在着瑕疵。然而,为了获得摆动反射镜的光强均匀片光,摆动频率必须等于快门速度的倒数。

一旦产生激光片光,就可用其来"分割"流场,通常是将片光平面垂直于视线。对于大多数研究,3~5W 连续激光能够提供足够光强。

在空气中,烟雾通常被用作标记激光切片的介质,在水中使用荧光染料(详见3.2.4 节)。图 3.14 显示了使用非荧光蓝色染料(图 3.14(a))对横向流中的环状射流的测定体积流动显示结果,以及使用荧光染料对一相似射流的激光横截面结果之间的比较(图 3.14(b)~(d))。

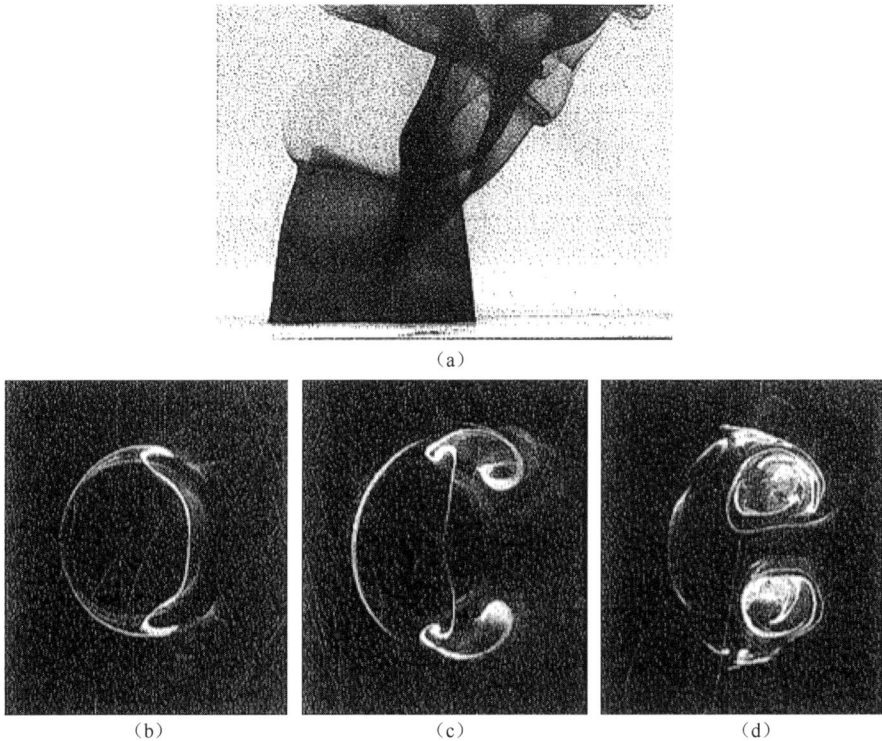

(a)

(b)   (c)   (d)

图 3.14　横流中的正向射流

(a)采用非荧光蓝色染色剂的容积流动显示;(b)~(d)采用平面激光诱导荧光(PLIF)
技术所获得相似射流的横截面;激光片光平面基本垂直于局部射流轴。
激光片光至壁面的距离随(b)~(d)而增加(Lim et al.,2001)

3.4.2　相机

流动显示中普遍会应用照相机、摄影机和摄像机。不同种类的相机之中,单镜头反光(SLR)设计被广泛采用,这是因为其允许在曝光前对影像构图进行准确预览,并对景深进行目视检查。景深是指在像平面上获得可接受焦点的景物最近部分与最远部分之间的距离。尽管胶片相机能够提供更高的空间分辨率和更好的动态范围,是专业摄影师的首选,但数码相机的出现显著改变了日常生活和科学研究中的摄影模式。数码摄影的即时反馈不仅节省了胶片摄影的时间与成本,也允许人们不断尝实相机设置和照明条件,以获得更好的摄影效果。此外,可利用数码相机拍摄成上千张图像而无须频繁安装胶片,并且可采用编辑软件包进行图像处理和增强。数字摄影毫无疑问使得流动显示研究成为不太乏味和耗时的事情。从本书第一版以来,数码相机技术在光学性能和图像质量方面均取得了重大进展。

虽然百万像素数常用作比较数码相机性能的参数,但该参数并非衡量图像质量的唯一量。与较小尺寸传感器相比,拥有相同像素值的大尺寸传感器会获得更好的图像质量,这缘于图像噪声的改进。数码摄影中,传感器的中型画幅指传感器尺寸大于 35mm 胶片的规格,有些尺寸可达 36mm×48mm。成像传感器主要包括 CCD(电荷耦合器件)和 CMOS(互补金属氧化物半导体)两种类型主动像素传感器。这些相互竞争技术都有各自的优缺点,但通常 CCD 可提供比 CMOS 更好的图像质量和适应性,且为如数码相机的高端成像应用提供优良的技术。虽然基于胶片的摄像的确可得到更高的分辨率,超高像素量级相机可由市场购买获得,甚至可购得六千万像素的数码相机,但对于大多数流动显示研究而言,千万像素的数码单反相机足以捕捉高分辨率流动图像。数码相机技术的另一显著进步是最新一代的 35mm 数码单反相机还能提供高达 24 帧/s 的高分辨率影像连续拍摄。对于仍然使用中画幅胶片相机的人来说,通过配置数码相机背板可将胶片相机变换为数码相机。

对于那些喜欢传统胶片相机的人来说,有若干规格可供选择。虽然一些专业摄影师喜欢中型和大幅面胶片,因为它们可以更好地再现放大。但最受欢迎的格式是 35mm 胶片,一般来说,中画幅胶片比 35mm 胶片大 3~6 倍,见表 3.1。

表 3.1　不同相机胶片规格

画　　幅	胶片规格
小型画幅:35mm 胶片	24mm×36mm
中型画幅:120 和 220 胶卷,70mm 胶片	60mm×45mm,60mm×60mm, 60mm×70mm,70mm×70mm
大型画幅	90mm×120mm 到 4in×5in

照相机能够提供捕捉由染色剂、烟雾所产生的脉线流型瞬时图像的绝佳方法，而摄影机和摄像机则经常用来捕捉流体的实时运动。摄影机的正常拍摄速度为24帧/s，而摄像机在PAL(逐行倒相)格式下的采集速度为25帧/s，在NTSC(美国国家电视标准委员会标准)格式下的拍摄速度为29.97帧/s。

电影胶片具有8~70mm不等的规格，但16mm正常拍摄速度的摄影机(如Bolex或Arriflex)已经能够满足流动显示的需求。而对于照相机而言，其主要缺陷是缺乏即时反馈功能，因此具有实时功能的摄像设备逐渐开始流行。

近年来，视频技术经历了相当大的变化，其经历了由模拟格式到数字格式的转变。CCD传感器的分辨率持续提高，而新的视频设备也陆续开发出来。至于图像存储格式，不断增大的存储容量和持续下降的大容量存储介质成本，使得诸如硬盘驱动器、光盘和固态存储器替代了录像带作为广受欢迎的存储模式(表3.2)。对于流动显示研究而言有许多可供选择的数码摄影机和存储介质。如前所述，一些最新面世的35mm数码单反相机也可用来拍摄影片图像。

表3.2　不同相机格式

模 拟 格 式	数 字 格 式
350×480(250线) Umatics，VHS和video8	720×480(500线) DVD和digital8(基于磁带)
590×480(420线) Super VHS和Hi8	1920×1080(1020线) 蓝光和D-VHS(基于磁带)

对于高速流体运动的拍摄，必须应用高速摄影机或摄像机。按照定义，高速相机是指以128帧/s以上速度捕捉图像的相机。一些高速摄影机具有$1×10^4$帧/s的拍摄速度，非分帧相机可以达到几兆赫兹的拍摄帧率，尽管这可能仅维持有限张数的图像。一些具有专用芯片的数码摄像机也可达到$1×10^6$帧/s的频率。通常，高速数字摄像机的分辨率随着拍摄频率的增加而呈反比下降。使用高速相机时，每帧图像的曝光时间成比例地降低，因而照明强度需要大幅度增强。因此，除非大幅度增加照明功率，否则就需要采用图像增强器来提高所能得到的光强，但该方法费用高昂。

3.4.3　镜头

镜头是摄影中最重要的元素之一，或许是相机最贵重的部件。所拍摄的图像质量很大程度上取决于镜头的性能。镜头可分为以下类型：

(1) 广角镜头：通常具有超过70°的视角，特别在狭小的环境中更为适用。此类镜头在焦平面边缘具有其固有的图像畸变。广角镜头的焦距约等于负片的短边。对于 35mm 单反相机而言,它的长度约为 28mm,见表 3.3。

(2)标准镜头:该术语是指视角为 45°~50°的镜头。其焦距大致与负片的对角线长度相同。对于 35mm 相机而言,其焦距大约为 50mm。

(3)长焦镜头:当相机不可避免地离目标物很远时,此类镜头用来拍摄较大画幅的图像。其视角通常低于 35°。长焦镜头的焦距大约为负片长边的 2 倍。

(4)变焦镜头:此类镜头具有变化的焦距。一些常用变焦镜头包括 70~150mm f/4.5 光圈和 80~200mm f/3.5 光圈的镜头。

(5)微距镜头:此类镜头专门用于近距离拍摄高分辨率图像(即捕捉实物大小的图像),也可用作标准镜头。最常见的微距镜头焦距为 50mm 和 100mm。

除焦距外,镜头也按照其适应的速度来分类。术语"镜头速度"定义为镜头可利用的最大光圈,通常在镜头边缘标记为"f/"加数字,其中 f 是系数 factor 的缩写,数字表示焦距除以有效光圈直径的数值。由此,数字的数值越小,进入镜头的光束也越多,拍摄的图像也越亮。这表明镜头速度是当光圈设置至最大尺寸时镜头通光能力的度量。快速镜头的优势在于其降低了所需的曝光时间,这对于动作摄影是十分有利的。对于绝大多数镜头而言,f 光圈的调节顺序如下:

f/1.4,2,2.8,4,5.6,8,11,16,22,32。

f 后最大数值表示光圈的最小孔径,亦即最暗的光照强度。该序列中 f 数值降低一档表示光照强度增大 1 倍。所有具有相同 f 数值的镜头均透过同样的通光量。

表 3.3　不同画幅相机的典型镜头

典型镜头	小画幅 (35mm 胶片)	中画幅 (胶卷)	大画幅 (4in×5in 胶片)
广角镜头	28mm	50mm	90mm
标准镜头	50mm	90mm	150mm
长焦镜头	100mm	150mm	280mm

除调节通光量外,光圈的大小也影响相机的景深。通常,光圈孔径越小,则景深越大。作为一个实用技巧,最好将光圈尽可能调节至最大数值,因为小景深使得使用者在对焦时发挥更为关键的作用。

拍摄时需考虑的一个重要因素是快门速度的正确设置。具体应用中最佳快门速度的设定取决于所能获得的通光总量、所需的光圈以及拍摄物的动静状态。如果被拍摄物体是运动的,则必须知道其移动的速度。其中一些要求可能是相互矛盾的。流动显示中,抓拍流体运动是最为重要的要求。因此,具体应用中应当基于流动速度事先选择最小快门速度。一旦确定了快门速度,还必须基于可获得的光照强度来确定光圈的设置。但是,如果景深也是需要考虑的重要因素之一,则必须大幅增加光照强度。有一种既可以保持较好的景深又可保证流动像是静止的完全不同途径,即保持相机移动速度与流动速度同步。但是,这样的做法对于许多应用是不切实际的。

当数字单反相机配置标准物镜时,必须注意的是,为单反摄影机设计的镜头不能为数码单反相机提供相同的光学性能。这是由几个因素造成的。首先,CCD 传感器的尺寸通常要比标准的 35mm 胶片小,因此由标准镜头投射的图像周围将在较小的传感器上比在胶片上"裁剪"得更多。这种"裁剪"效应造成数码单反相机所拍摄的图像是放大的,给人以使用长焦距镜头拍摄图像的错觉。其次,因为其设计的本质,CCD 传感器会比胶片反射更多的光。为解决该问题,相机制造商已经为数码单反相机设计出了专用镜头。

3.4.4 胶片

数码摄影的出现无疑显著减少了对胶片的需求量。其结果是,一些胶片制造商已经限制了产量。本节内容是为那些比起数码摄影更喜欢胶片摄影的人所列。

摄影胶片可分为两种类型:幻灯片或"反转"胶片,以及印刷片或负片。胶片的选择取决于应用需求。反转片和负片都有各种标准尺寸,以适应不同尺寸的相机。除尺寸外,胶片也可按照其拍摄速度来分类。胶片速度是衡量胶片光阈值敏感度的指标。对于彩色胶片而言,其速度范围低至 ISO25,高达 ISO1600(ISO 为国际标准组织的简称,其作为速度量度取代过去的 ASA 标准,ASA 为美国标准组织简称)。对于黑白胶片而言,常规胶片的速度可最高达到 ISO3200。高速胶片能够快速地捕获光线,因而需较少的光照就能得到适宜的曝光。但是,拍摄速度较高的胶片通常颗粒感较强且渲染对象较模糊。通常情况下,胶片速度越低,其画面的颗粒也越细,所拍摄的图像清晰度越高。此外,低速胶片进行适合曝光时需要更强的光照。对于许多流动显示研究而言,速度在 ISO400 至 ISO800 的胶片足以较好地平衡图像细粒度和高清晰度。

使用之前,了解胶片特性同样重要,因为这样有助于提高图像质量。譬如,如果用钨灯照射被拍摄物,则应采用钨胶片。如钨灯照射下采用正常曝光胶片,图像将会显现轻微的橙色色调。这是因为钨丝灯发出的红光多于蓝光。虽然这个问题可通过采用吸收红光多于蓝光的 80B 滤光镜得以解决,但滤光镜会降低投射于胶片的光照总量。这种情况必须通过增大光圈或加强照射光强来补偿。

尽管数码相机不使用胶片,但它们具有 ISO 等效的数字胶片速度。一些最新设计的数码相机具有高于 100000 的 ISO 等效速度。数码相机的优势在于可以设置数码胶片速度,这意味着只需通过改变 ISO 设置即可获得各种不同类型的图像。

3.5　注意事项

染色剂和烟雾流动显示技术已为人类认识和理解流体流动的基本原理做出了许多重要的贡献。然而,像大多数试验技术一样,流动显示技术有其自身的局限性和缺陷,可能会引起对试验结果的误解。这些局限和缺陷可能源于以下因素:

首先,当研究存在强涡伸展的流体流动时,如涡旋相互作用期间,必须清楚涡度的时间演化并不等同于被动标量的演化,这同样也包括染色剂和烟雾粒子。参考它们各自的传输方程可以很好地理解它们的行为差异。对于涡量而言,其输运方程

$$\frac{\partial \omega}{\partial t} = - (V \cdot \nabla)\omega + (\omega \cdot \nabla)V + \upsilon \nabla^2 \omega \qquad (3.2)$$

式中:$\omega = \nabla \times V$ 为涡量;υ 为运动黏度。等式右边第一项表示局部当地平均速度对涡旋的对流作用;第二项与当地张力对涡伸展的作用相关;最后一项表示黏度所致的涡耗散。对于被动标量,输运方程为

$$\frac{\partial S}{\partial t} = - (V \cdot \nabla)S + \kappa \nabla^2 S \qquad (3.3)$$

式中:κ 为物质 S 的散度。被动标量输运方程包含了与涡量方程相同的对流项和扩散项,但其缺少对应的伸展项。伸展项的缺失是造成其特性差异的原因。两者之间差异程度可由式(3.2)中伸展项和对流项的相对大小决定。假设施密特数(υ/κ)处处相同,如果伸展项相对于对流项较小,则被动标量会以与涡量相同的方式对流和扩散。

另外,如果伸展项起主导作用,如同涡动力学研究中所遇到的那样,则被动标量与涡量间差异会很显著。这是因为涡丝伸展时,涡量会显著增强,而被动标量的密度则会下降。涡强烈伸展时,被动标量的浓度会下降至在流场中无法观察到的程度。换句话说,被动标量的消失并不一定表示涡量的消失。Kida 等人(1991)通过数值研究清楚地验证了这种特性,研究中在两个涡环以一定角度碰撞的情况下将被动标量的时间演化过程与涡量演化过程相比较。研究分析清楚地表明,在涡环相互作用的初始阶段,涡伸展的影响很小,且被动标量紧跟涡量的变化。但经过一段时间后,当涡伸展的影响变得显著时,他们之间的差异变得十分明显,在图 3.15 中可清晰观察到,尽管在计算中假设施密特数(υ/κ)= 1。

其次,标准情况下,若被动标量在涡形成位置释放,则在施密特数是 1 的前提下被动标量将一直与涡量相一致。但是,采用染色剂或烟雾作为示踪剂时,施密特数通常非常小,在 $O(1000)$ 的量级。这表明染色剂/烟雾只在流动出现的初始阶段跟随涡运动,因为在后期各种黏性耗散使得涡扩散并脱离染色剂的显示。对于湍流而言,这种区别可能不太明显,因为实际的无量纲参数是湍流施密特数,且总

是接近于 1(Kelso et al. ,1997)。

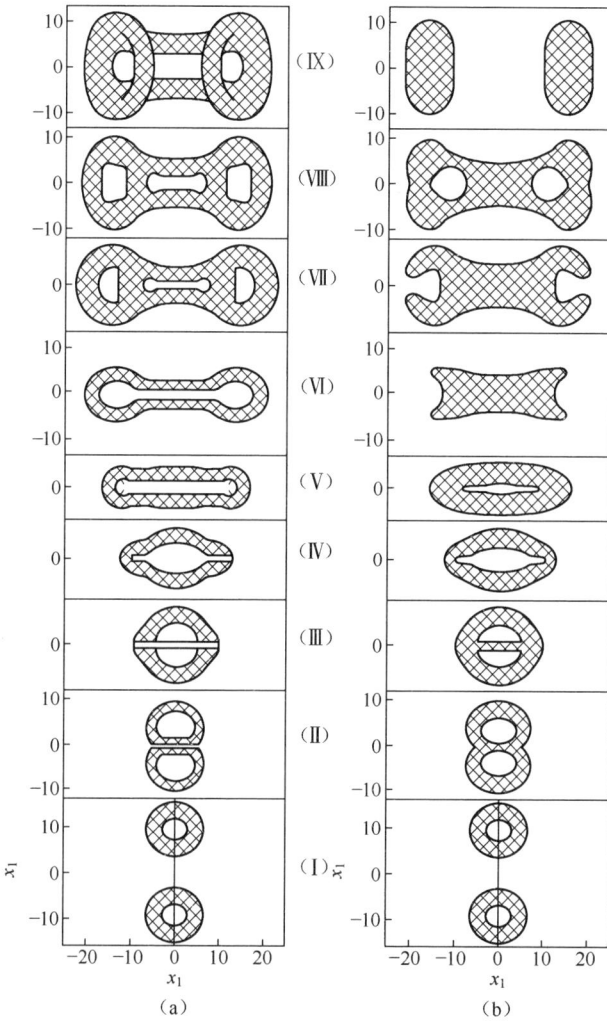

图 3.15　两个涡环碰撞的数值模拟。图中展示了涡度范数(a)和被动标量(b)的等值面透视图；
（Ⅰ）$t=0s$,（Ⅱ）$t=1s$,（Ⅲ）$t=1.5s$,（Ⅳ）$t=2s$,（Ⅴ）$t=3s$,（Ⅵ）$t=5s$,（Ⅶ）$t=10s$,
（Ⅷ）$t=15s$,（Ⅸ）$t=21s$(Kida et al. ,1991)

　　再次,由烟雾/染色剂所展示的脉线图型只是给出了空间积分的流动视图。这是因为烟雾/染色剂向下游迁移过程中受到当地流场影响而发生畸变。如前所述,位于试验模型下游一段距离的脉线图型是变形"累积"的结果,其染色剂细丝已经历了从起始点开始的所有路径,因此条纹图案与染色剂/烟雾释放的位置强烈相关。Cimbala et al. (1988)的烟线试验清晰地展示了这种影响效应,其通过在圆柱横向流动下游的不同位置释放的烟雾展示了完全不同的尾迹图型。试验表明,为了获得流动结构的真实图谱,烟雾或染色剂必须尽可能接近观测点释放。

最后,在非定常流动中脉线图型和流线图型是不一致的。因此,以往一些研究者将脉线解释为流线的等价是错误的。当且仅当流动在稳定的条件下两者才是一致的。脉线和流线在非定常流动中的差别可详见第 1 章。

3.6 参考文献

Adhikari, D. and Lim, T. T. 2009. The impact of a vortex ring on a porous screen. *Fluid Dyn. Res.*, **41**, 051404.

Atkins, P. W. 1982. *Physical Chemistry*. 2nd edition, Oxford University Press, Oxford.

Barlow, J. B., Rae, W. H. Jr. and Pope, A. 1999. *Low-Speed Wind Tunnel Testing*. 3rd edition, John Wiley & Sons, New York.

Bastedo, W. G. and Mueller, T. J. 1986. Spanswise variation of laminar separation bubbles on wings at low Reynolds numbers. *J. Aircraft*, **23**, 687-694.

Batill, S. M. and Mueller, T. J. 1981. Visualization of transition in the flow over an airfoil using the smoke-wire technique. *AIA A J.*, **19**, 340-345.

Brown, F. M. N. 1971. *See the Wind Blow*. University of Notre Dame, Notre Dame, IN.

Castellan, G. W. 1972. *Physical Chemistry*. 2nd edition, Addison-Wesley Publishing Co, Reading, MA.

Chmielewski, G. E. 1974. Boundary considerations in the design of aerodynamic contractions. *J. Aircraft*, **11**, 435-438.

Cimbala, J. M., Nagib, H. M. and Roshko, A. 1988. Large structure in the far wakes of two-dimensional bluff bodies. *J. Fluid Mech.*, **190**, 256-298.

Clayton, B. R. and Massey, B. S. 1967. Large structure in the far wakes of two-dimensional bluff bodies. *J. Sci. Instrum.*, **44**, 2-11.

Cohen, M. J. and Ritchie, N. J. B. 1962. Low speed three-dimensional contraction design. *J. R. Aeronaut. Soc.*, **66**, 231-236.

Freymuth, P. 1985. The vortex patterns of dynamic separation: A parametric and comparative study. *Prog. Aerosp. Sci.*, **22**, 161-208.

Freymuth, P. 1993. Flow visualization in fluid mechanics. *Rew. Sci. Instrum.*, **64**, 1-18.

Freymuth, P, Bank, W. and Palmer, M. 1985. Use of titanium tetrachloride for visualization of accelerating flow around airfoils. In *Flow Visualization Ⅲ*, ed. W. J. Yang, Hemisphere, New York, pp. 99-105.

Fric, T. F. and Roshko, A. 1994. Vortical structure in the wake of a transverse jet. *J. Fluid Mech.*, **279**, 1-47.

Gad-el-Hak, M. 1986. The use of dye-layer technique for unsteady flow visualization. *Trans ASME*, **108**, 34-38.

Gad-el-Hak, M. 1988. Visualization techniques for unsteady flows: An overview. *J. Fluids Eng.*, **110**, 231-243.

Head, M. R. and Bandyopadhyay, P. 1981. New aspects of turbulent boundary layer structure. *J. Fluid Mech.*, **107**, 297-338.

Honji, H., Taneda, S. and Tatsuno, M. 1980. Some practical details of electrolytic precipitation method of flow visualization. *Reports of Research Institute for Applied Mechanics*, *Kyushu University*.

Kelso, R. M., Lim, T. T. and Perry, A. E. 1996. An experimental study of a round jet in cross-flow. *J. Fluid Mech*, **306**, 111-144.

Kelso, R. M., Delo, C. and Smits, A. J. 1997. The structure of the wake of a jet in cross-flow. *Phys. Fluids*, **306**, 111-144.

Kida, S, Takaoka, M. and Hussain, F, 1991. Collision of two vortex rings. *J. Fluid Mech*, **230**, 583-646.

Lim, T. T. 1997. A note on the leapfrogging between two coaxial vortex rings at low Reynolds numbers. *Phys. Fluids*, **9**, 239-241.

Lim, T. T. and Nickels, T. B. 1992. Instability and reconnection in head-on collision of two vortex rings. *Nature*, **357**, 225-227.

Lim, T. T. and Tan, K. S. 2004. A note on power-law scaling in a Taylor-Couette flow. *Phys. Fluids*, **16**, 140-144.

Lim, T. T, New, T. H. and Luo, S. C. 2001. On the development of large-scale structures of a jet normal to a cross flow. *Phys. Fluids*, **13**, 770-775.

Liu, C. Y. and Ng, K. L., 1990. A low-cost mini smoke tunnel with automatic smoke wire fueling mechanism. *Int. J. Mech. Eng. Educ.*, **18**, 85-91.

Luo, S. C., Lim, T. T., Lua, K. B., Chia, H. T., Goh, E. K. R. and Ho, Q. W. 1998. Flow-field around ogive/elliptic-tip cylinder at high angle of attack. *AIAA J.*, **36**, 1778-1787.

Matisse, P. and Gorman, M. 1984. Neutrally bouyant anisotropic particles for flow visualization. *Phys. Fluids*, **27**, 759-760.

Mehta, R. D. 1977. The aerodynamic design of blower tunnels with wide-angle diffusers. *Prog. Aerosp. Sci.*, **18**, 59-120.

Mehta, R. D. and Bradshaw, P. 1979. Design rules for small low speed wind tunnels. *Aeronaut. J.*, **83**, 443-449.

Merzkirch, W. 1987a. Techniques of flow visualization. *NATO AGARD Report 302*.

Merzkirch, W. 1987b. Flow Visualization. Academic Press, New York.

Mikhail, M. N. 1979. Optimum design of wind tunnel contractions. *AIAA J.*, **17**, 471-477.

Morel, T. 1975. Comprehensive design of axisymmetric wind tunnel contractions. *J. Fluids Eng.*, **97**, 225-233.

Mueller, T. J. 1996. Flow visualization by direct injection. In *Fluid Mechanics Measurements*, ed. R. J. Goldstein, Taylor & Francis, Washington, DC, pp. 367-450.

Nagib, H. M. 1977. Visualization of turbulent and complex flows using control sheets of smoke streaklines. In *Proceedings of the International Symposium on Flow Visualizatiorn*, Tokyo,

Japan, 257-263.

Reynolds, O. 1883. An experimental investigation of the circumstances which determine whether the motion of water shall be direct or sinuous and the laws of resistance in parallel channels. *Phil. Trans. R. Soc. London*, **174**, 51.

Simmons, L. F. G. and Dewey, N. S. 1931. Photographic records of flow in the boundary layer. *Reports and Memoranda, Aeronautical Research Council 1335*, London.

Tan, K. S. 2003. *Taylor Couette Flow: An Experimental Investigation*. B. Eng. Thesis. National University of Singapore, Singapore.

Taneda, S. 1977. Visual study of unsteady separated flows around bodies. *Prog. Aerosp. Sci*, **17**, 287-348.

Taneda, S. 1982. Kármán vortex street behind a circular cylinder at $Re = 140$. *In An Album of Fluid Motion*, ed. M. Van Dyke, Parabolic Press, Stanford, CA, p. 56.

Taneda, S. , Honji, H. and Tatsuno, M. 1977. The electrolytic precipitation method of flow visualization. In *Proceedings of the International Symposium on Flow Visualization.* , ed. T. Asanuma, Tokyo, Japan, 133-138.

Torii, K. 1977. Flow visualization by smoke-wire technique. In *Proceedings of the International Symposium on Flow Visualization*, ed. T. Asanuma, Tokyo, Japan, 175-180.

Visser, K. D, Nelson, R. C. and Ng, T. T. 1988. Method of cold smoke generation for vortex core tagging. *J. Aircraft*, **25**, 1069-1071.

Werlé, H. 1973. Hydrodynamic flow visualization. *Ann. Rev. Fluid Mech.* ,**5**, 361-382.

第4章
分子标记速度测量与温度测量技术

W. R. Lempert[①],M. M. Koochesfahani[②]

4.1 引言

在流动显示技术中,激光的广泛使用极大地促进了基于光敏分子的速度测量技术的发展。光敏分子种类不一,但它们具有共同的特征,即受激光激发来实现流场中长寿命的示踪。这个过程通常称为"标记"。经适当时间的延迟,CCD(或其他)相机用来获得位移模式图像(通常称为"测量")。观测到的距离除以经历时间被用来计算速度矢量场。根据光学过程的细节和示踪剂特性,该技术也可称为激光诱导光化学测速法(Falco,Nocera,1993)、流动标记测速法(Lempert et al. ,1995)和分子标记测速法(Gendrich et al. ,1997)。

如下文中将提到,目前可用的光敏材料以一种很微妙的方式不断在变化,并且会带来显著的特性差异。本章提供了一个详细的框架,使用户能够将具体测量环境与流动诊断相匹配。为避免歧义,我们将采用 Gendrich 和 Koochesfahani(1996)的术语,并使用术语分子标记测速(MTV)来涵盖基于光敏分子的多种时差法测速技术。本章关注的重点集中适用于液态流动的示踪剂,在 Koochesfahani 和 Nocera(2007)中可以找到更广泛的示踪剂,包括可应用于多相流的。本章也给出了采用分子标记测速和测温(MTV&T)技术同时进行速度与温度测量的最新进展简要综述。

---

① Departments of Mechanical Engineering and chemistry,The Ohio State Univerty, Columbus,OH 43210,USA.

② Departement of Mechanical Engineering,Michigan State University,East Lansing MI 48824,USA.

4.2 光敏示踪剂特性

4.2.1 光致变色染色剂

虽不是本章的重点,但光致变色分子还需简要提及。Popovich 和 Hummel(1967)曾介绍了光致变色染色剂在液态流场中的测速应用。光致变色材料吸收光子后会使得分子吸收光谱在时间上发生变化。通常,流动研究所用光致变色示踪剂在可见光频段原本是透明的。其在吸收光子后,一般在紫外(UV)频段内,分子可受到更大光谱频段范围内光子的激发。一旦在白光背照条件下,含有受激示踪剂的流体呈现暗颜色(通常为蓝色),这实际上是流体在绿色到红色波长范围具有高吸光度的表现。

光致变色染色剂的最大优势在于所用的示踪剂和所需的设备均成本相对较低。标记过程通常采用相对便宜的氮气激光($\lambda = 0.337\mu m$)并且使用常见的白光光源进行测量。Fermigier 和 Jennfer(1987)详尽描述了光致变色染色剂的应用。

4.2.2 磷光超分子

光致变色示踪剂的主要缺点是基于光吸收原理的测量只能捕获对比度有限的图像。为避免这一问题,目前已开发出了基于发光材料的新型分子标记技术。类似于荧光的磷光是指处于"亚稳态"电子能态的分子发出具有相对长发光寿命的自发辐射,这是因光吸收引起电子能态迁移所导致的。从基础原理看,荧光是指分子从单重激发态跃迁至单重基态的辐射过程。由于单重态至单重态的跃迁是量子力学所允许的,使得荧光的发射寿命较短,在纳秒量级。然而磷光是分子从三重激发态跃迁至单重基态。由于这种跃迁是量子力学禁止的,因此磷光的发光寿命比荧光的长得多。如果不严格定义,具有 1ms 以上发光衰减寿命的材料称为磷光,而具有更短发光寿命的材料称为荧光。基于磷光示踪剂的分子标记测速技术采用单一激光通过正常光谱吸收到达亚稳态激发态。以自发辐射发光作为流动显示载体,并不需要其他光源。虽然原理简单,但挑战在于合成适当长寿命的分子,该分子可溶于非有机溶剂并且在水或氧存在下表现出适宜的发光效率。

诺切拉和同事(Ponce et al. , 1993; Hartmann et al. , 1996)提出了他们所谓的"磷光超分子",该物质包含有由杯状的葡萄糖环糊精(Gβ-CD)超分子构成的活性室温发光物质(1-溴代萘)。当加入醇类时,可形成防护罩以防止溶解的氧气或水对发光团造成猝灭。图 4.1 给出了该物质的化学结构及其在有无添加酒精条件下浓度 10^{-5}mol 溴萘水溶液和 10^{-3}mol 葡萄糖环糊精水溶液中的典型光谱。此时,激发波长为308nm,对应于氯化氙准分子激光器的激发波长。无论是否有醇类保护,在325nm附近的特征是普通荧光,且其发光寿命为9ns。在480~650nm范围的发光特征只出现在有保护性醇存在的条件下,发光寿命在0.10~5.0ms,这取决于保护性醇的种类及其浓度(Ponce et al.,1993)。值得注意的是,图4.1中右侧表示磷光强度的坐标轴的刻度相对于左侧表示荧光强度的坐标轴已扩大。

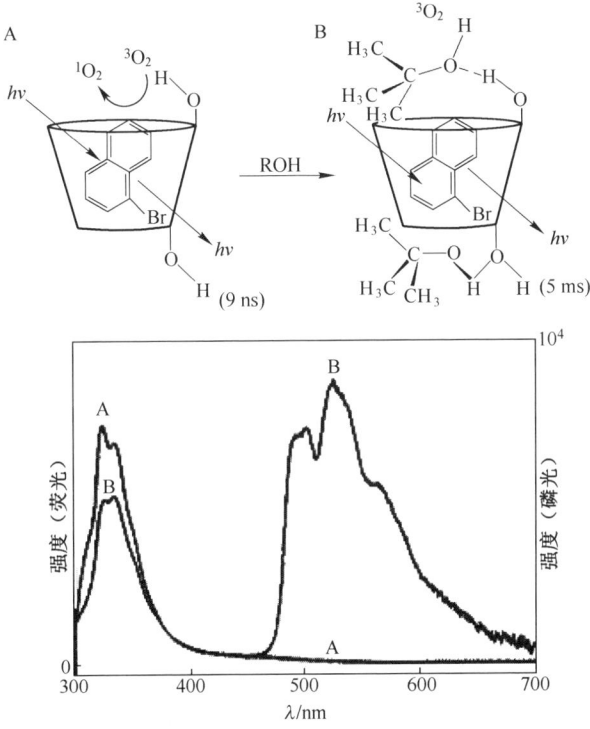

图4.1 含有(B)和不含(A)的CD中溴代萘的化学结构和发射光谱(Gendrich et al.,1997)

采用磷光超分子的分子标记测速技术的实际运用需要考虑其构成组分,这是因为醇类的选择及其浓度严重影响磷光的发光寿命及其强度(Gendrich et al.,1997)。显然,其发光寿命必须足够长,能够保证磷光超分子产生足够的位移。譬如,具有10cm/s速度的流场中被标记的流体单元在5ms之后会经历500μm的位移。这样的位移很容易观测到。显然,位移及其相应的测量精度随着流动速度和延迟时间而增加。为了进行定量化描述,给出相对的检测信号 S 为

$$S = I_o \tau e^{-\Delta t/\tau} \left[1 - e^{-\tau_{exp}/\tau} \right] \qquad (4.1)$$

式中: τ 为磷光发光团的衰减时间; Δt 为标记分子的延迟时间; t_{exp} 为测量过程中的曝光时间; I_o 为一个包括光吸收率、示踪剂浓度、磷光量子效率和光学收集效率等许多性能参数的常数。精心设计的试验将会拥有与足够长位移(10个传感器像

素量级)相应的延迟时间,其中最长的延迟时间由成像传感器的检测极限决定。

Koochesfahani 和 Nocera(2007)给出了具体的实验范例,该实验采用光增强型相机,延迟时间长达 60ms(亦即大于 τ 的量级)。与之类似,曝光时间要低于流动时间,但也不能低于 τ 太多。幸运的是,所需的化学物质并不贵,因而微弱的信号强度可简单地通过增加溶液浓度来实现。

最新研究中(Hu et al,2006;Hu,Koochesfahani,2006),最初的杯状葡萄糖环糊精(Gβ-CD)超分子已由麦芽糖族分子代替(如 Mβ-CD 超分子)。测量获得的葡萄糖和麦芽糖分子特性非常接近,且可相互替换。磷光复合物的这三种成分可从商业渠道获得①。

4.2.3 可光解染色剂

以可光解染色剂光活化荧光团(PAF)为示踪剂的可选分子标记测速法已被提出(Lempert et al. ,1995;Harris et al. ,1996)。可光解染色剂光活化荧光团名义上是荧光染色剂,其也可通过附加化学光敏基团的重要方法表现出非荧光特性。而化学光敏基团吸收紫外波段单光子条件下会发生光裂解。光解后,荧光染色剂得以恢复,并在应用普通激光片光成像技术前提下进行无限制的追踪。实际上,如图4.2所示,标记激光通过光化学效应来产生普通荧光染色剂的自定义模式。采用第二种激光即可显示经示踪剂局部播撒的流体单元对流流动。迄今所报道的所有工作中,采用 355nm 的 Nd:YAG 激光器三次谐波进行标记,流动显示则采用可见频段激光器,通常是氩离子激光器、闪光泵浦染料激光器和二次谐波 Nd:YAG 激光器(连续或脉冲方式)。

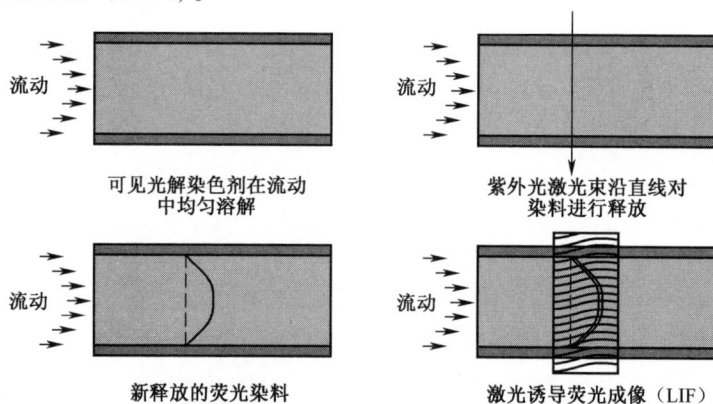

图4.2 应用可光解染色剂光活化荧光团(PAF)进行分子标记的示意图

---

① 在大多数科学化学公司的目录中容易找到各种粉末和室温发光物(1-溴代萘),Mβ-CD 商品名为 Trappsol,可以从美国佛罗里达盖恩斯维尔环糊精技术开发公司购买

迄今报道的大多数分子标记测速试验测量文献中发现,已应用某些形式的可光解荧光染色剂。图4.3展示了染色剂可光解与不可光解形式的吸收光谱。可以发现,不可光解染色剂在350nm附近具有相当广的光吸收范围,是用于被动标量测量的常用物质。从图4.3可发现,不可光解染色剂在490nm附近具有非常高的光吸收能力,这正是氩离子激光器的工作频段。

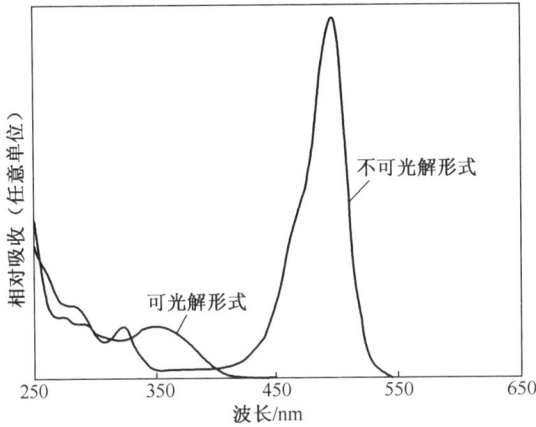

图4.3 可光解染色剂光活化荧光团中可光解与不可光解形式的
吸收光谱(Lempert et al.,1995)

与长寿命磷光分子相比,可光解染色剂主要有两方面优势。第一个优势在于其不可光解特性是持久的,使得标记与显示之间的时间间隔只由物质扩散程度决定,且可任意设定。这样就具有在极低流动速度流体中的应用能力。譬如,Harris等人(1996)报道了在平均流速为 $2\sim4\mu m/s$ 量级的电流体流动中的定量测量。第二个优势在于不可光解染色剂展现出极高的信号强度。可通过描述单位流体体积内光子吸收率的简单表达式直观地呈现:

$$\frac{\mathrm{d}A}{\mathrm{d}t} = \left(\frac{I}{hv}\right)\varepsilon c \qquad (4.2)$$

式中:I 为激光强度($W \cdot s^{-1} \cdot area^{-1}$);$\varepsilon$ 为摩尔消光系数($liter \cdot mol^{-1} \cdot cm^{-1}$);$c$ 为染色剂分子的摩尔浓度;而因数 hv 则将能量转换为光子。因为荧光量子效率在 1.0 量级(Drexhage,1990),光子吸收速率约为荧光发射速率。因此,将式(4.2)除以不可光解分子的密度,并采用 ε 单位为 $10^5 liter \cdot mol^{-1} \cdot cm^{-1}$,不可光解染色剂分子的光子发射速率可表示为

$$光子数/分子数 \approx 400I \qquad (4.3)$$

式中:I 为激光强度(W/cm^2)。由于激光强度低于其饱和强度,对于荧光素染色剂而言在 $3\times10^5 W/cm^2$ 量级(Chen et al.,1967),因而式(4.3)是有效的。将该值

代入式(4.3)则可以发现,单一的不可光解染色剂分子可发射数量多达 10^8 的光子。这与具体应用过程中示踪剂的光循环相对应,因其具有极快的受激辐射寿命($4.5 \times 10^{-9} \text{s}$)而快速发生(Chen et al.,1967)。

然而,不可光解染色示踪剂也有一些明显的缺点。根本上,最显著的缺点是光化学裂解阶段的有限运动速率。图4.4给出了甲醇溶液中可光解若丹明光活化荧光团示踪剂的荧光上升时间(Lempert et al.,1998)。该数据是通过将 Nd:YAG 脉冲激光器三次谐波松散聚焦于盛有大约2mg/L 光活化荧光团而获得的。同时,不可光解染色剂采用514nm 连续氩离子激光器进行显示。在 $t=0$ 时,Nd:YAG 激光器发射,可发现大约10ms 之后荧光分子所发射的可见光强度达到最大值的70%。如果将图4.4中的时间轴放大,则会发现荧光强度上升至最大值的25%需时小于1ms(Lempert et al.,1998)。有限上升时间的影响建立了标记和显示之间的最小时间延迟,这对于高雷诺数流动尤为重要。迄今已公开的文献中,可光解染色剂光活化荧光团的最小延迟时间为200μs(Lempert et al.,1995),对应5%的光子上升时间。

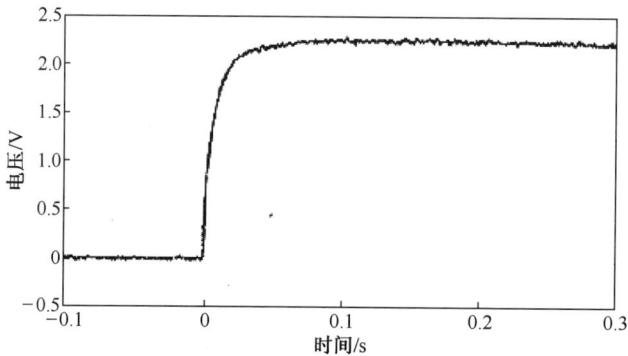

图4.4 甲醇溶液中可光解 Q-若丹明荧光分子的上升时间
(Lempertet et al.,1998)

可光解染色剂活化荧光团的第二个主要的缺点在于其只能使用一次,这是因为不可光解是不可逆的。这个缺点是因示踪剂自身的高成本而造成的。可光解染色剂活化荧光团最初是出于生物科学领域细胞相关研究的目的而开发的,通常需要非常小的示踪剂剂量(mg 量级)。在4.3节的讨论中将发现,不可光解染色剂的高亮会使得对浓度的需求更为适中,但成本仍是令人望而却步的[①]。

4.3 分子标记技术的示例

本节将介绍已公开的分子标记测速测量经典案例,尤其注重试验细节的描述。

[①] 许多可光解活化荧光团分子购自位于美国俄勒冈州尤金的分子探针有限公司(Molecular Probes,Inc)

其主要目的是向读者揭示分子标记测速技术研究在流动环境范围中的实际意义，并对实验室中需进行的试验测量提供设计规划方面的帮助。

4.3.1 磷光超分子

基于磷光超分子的分子标记测速技术在流动研究中有广泛的应用。其测量范围涵盖从沿标记线速度矢量单维度分量的瞬态分布(Bohl, Koochesfahani, 2004)，直到应用三维成像技术所采集平面上的全场三维速度数据(Bohl et al., 2001; Bohl et al., 2002)。一些成功实现的流动研究包括压力驱动微流体和电渗透驱动微流体、非定常边界层分离、非定常空气动力学、旋涡流动与掺混流动、定向凝固中的对流流动、自由与有界湍流以及主流动方向与标记平面垂直的超平面三维涡旋流动。这方面有大量可查询的研究文献可供参考(Koochesfahani, Nocera, 2007)。

图 4.5 给出了涡环/壁面相互作用试验的示意图(Gendrich et al., 1997)，试验中采用 Gβ-CD 磷光超分子所获得的近壁区域一系列平面速度场。脉冲氯化氙准分子激光器的 100mJ 的光被分为两个等功率的光束，每个光束通过定制的波束阻断器被进一步分为大约 20 个低能平行光束。两组平行标记光束以直角入射到流动，并形成网格样式。波束阻断器是具有大约 1mm 宽狭缝的铝平板。虽然很大部分激光能量被消耗掉了，但光束阻断器提供了简单且灵活的网格形成方法。典型的光束具有 250μm 量级的直径，单脉冲能量为 1~2mJ。

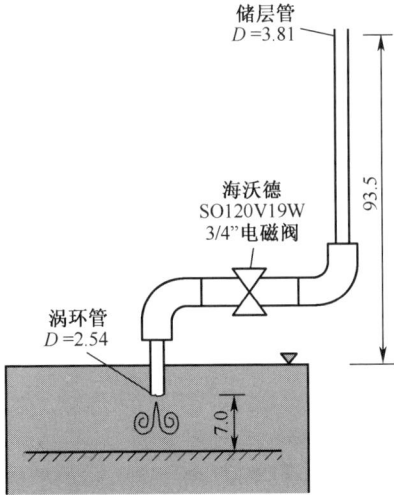

图 4.5　涡环/壁面相互作用试验的示意图(Gendrichet et al., 1997)

图 4.6 和图 4.7 给出了典型的显示图像对及其相应的速度场。图像之间的时间间隔为 8ms，对转涡旋对的对称轴由虚线标识。显示图像通过成本相对较低的 CCD 摄像机采集，尽管有时会需要采用时间延迟超过 5τ 且非常昂贵的增强型相机。$G\beta$-CD 和 1-溴代萘的浓度分别为 $2\times10^{-4}\,\mathrm{mol}\,(0.2\mathrm{g/L})$ 和 $10^{-5}\,\mathrm{mol}$，且 $1/e$ 的衰减时间为 3.7ms。溶剂为 0.05mol 的环乙醇水溶液。

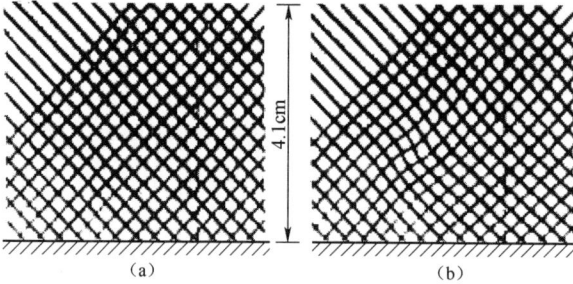

图 4.6　涡环/壁面相互作用研究中有代表性
的显示图像对(Gendrich et al.，1997)
(a)进行标记后 1ms 所采集的初始网格图像；
(b)8ms 之后所采集的图像。

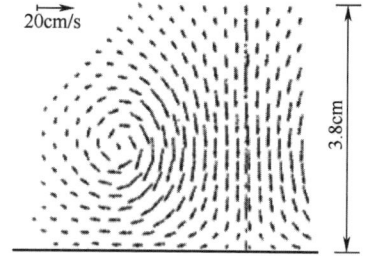

图 4.7　由图 4.6 提供的图像
对而获得的速度矢量
(Gendrich et al.，1997)

分子标记测速的一个重要特性是其在三维流动中的固有能力。与粒子成像测速技术(PIV)或其他基于散射的粒子追踪技术不同的是，获取垂直于主流动方向横截面上的流动数据并没有特别的难度。其原因在于分子标记测速中光学标记决定了追踪的流体单元。在激活时，被标记的流体至少原理上可在测量之前对流到流场的任何位置。图 4.8 为从强三维周期性受迫尾迹流中得到的一组速度矢量图(Koochesfahani et al.，1996;Cohn，1999)。注意到 $v-w$ 平面上速度矢量的量度为

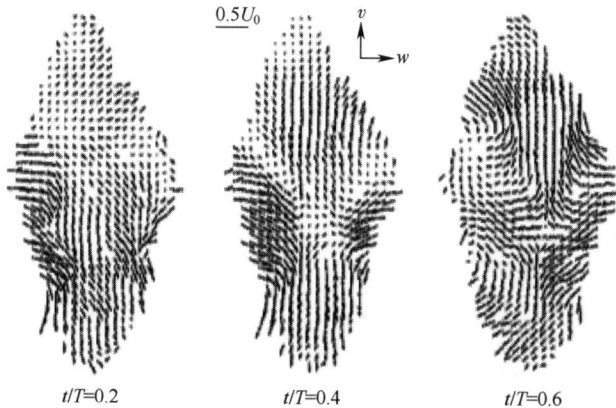

$t/T=0.2$　　$t/T=0.4$　　$t/T=0.6$

图 4.8　周期性强迫尾迹流动的一个周期中三个时间点的瞬态分子标记测速矢量。
平均速度流动方向垂直于纸面且由内向外(Koochesfahani et al.，1996)

主流(x)方向平均速度的 40%。其绝对自由流平均速度为 10cm/s。其他光学方面需要考虑的参数,如示踪剂浓度、激光功率和时间延迟等,都可参照图 4.6 中所示的实验。

4.3.2　可光解染色示踪剂

可光解染色示踪剂已被用于多种流动问题,包括具有单旋转圆柱体壁面的漩涡脱落(Harris et al. ,1996)、泰勒-库埃特流动中的转捩与湍流(Biage et al. ,1996)、液滴内循环测量与电流体流动(Harris et al. ,1996)、表面张力驱动流动的扩散(Dussaud et al. ,1998)、聚电解质凝胶的溶胀(Achilleos,Kevrekidis,1998)、管道湍流的标量掺混(Guilkey et al. ,1996)以及微通道中的对流流动(Paul et al. ,1998)。

图 4.9 给出了自由下落水滴的标记/测量图像对(Harris et al. ,1996)。图 4.9(a)是单一标记脉冲的弹性散射;图 4.9(b)则展示了 29.5ms 之后的测量结果。

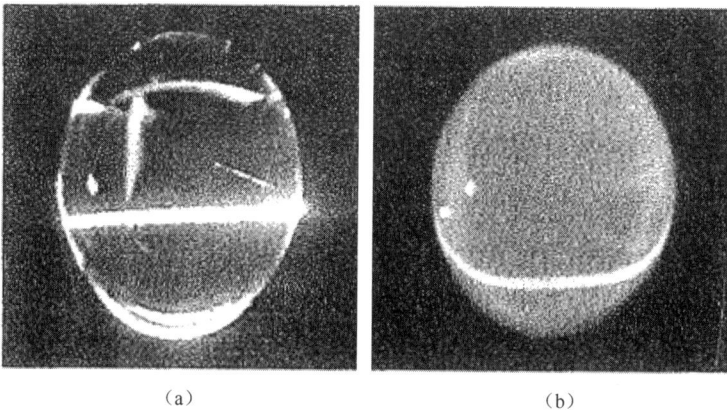

(a)　　　　　　　　　　(b)

图 4.9　采用可光解活化荧光团采集获得自由下落液滴的标记(a)和显示(b)图像对。
时间延迟为 29.5ms(Harris et al. ,1996)

图 4.9 中的液滴直径大约为 5mm,是由实验室通用滴定管经重力效应形成的,液滴溶液为 0.2mg/L($6.7×10^{-8}$ mol)浓度、分子量为 3000 的可光解荧光素溶液。1~2mJ 的单一脉冲标记激光通过 20cm 透镜产生大约 100μm 厚的标记线。流动显示则通过由 10~20mJ 闪光灯泵浦的染料激光器所形成的大约 3cm 高、300μm 厚的片光来实现。脉冲持续时间为 1~2μs,与瞬时流动的时间量级相同。由显示激光诱导的荧光经大致均匀放大进入普通 CCD 摄像机(Colm Model 4810),用 OG515 彩色玻璃滤光片来阻止蓝色散光而透过绿色至红色荧光。

图 4.10 是从图 4.9 的两幅图中获得的速度分布。位置较低的线表示由原始

数据而获得的表观速度,这些原始数据通过垂直切片成像及最小二乘拟合确定各水平像素位置灰度中心的方式获得。该过程清楚地显示了液滴参考坐标下所有流体向下流动的结果。这一非物理结果表征了液滴表面曲率对表观速度分布的显著影响。实际上,液滴本身就是球面透镜,会导致图像严重失真。

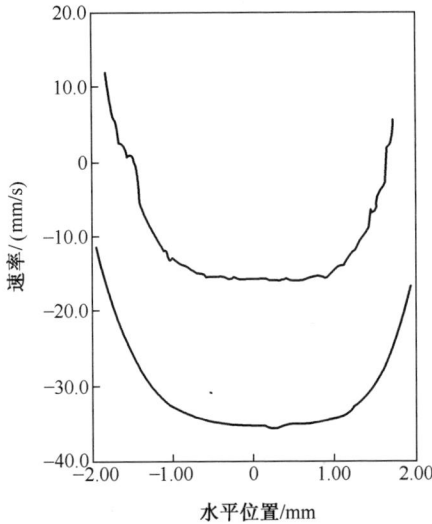

图 4.10　有(上)无(下)射线追踪校正的液滴速度分布(Harris et al.,1996)

有报道指出,一些技术可用来消除光学畸变,其中包括同时消除几何与灰度畸变的成熟方法(Zhang,Melton,1994)。4.4 节将讨论一种简单的射线追踪方法及其应用,该应用中液滴表面附近的速度逐渐向正值变化,与内循环一致。同时还可发现,靠近液滴边缘区域是模糊的,这是由内部反射的总效应所造成的。

以大型高雷诺数流场为例,图 4.11 给出了一系列同轴转动圆柱体所产生流动的典型图像(泰勒-库埃特流动,Biage et al.,1996),其中圆柱体高 102cm,内外半径分别为 3.14cm 和 8.18cm,基于内外半径之差的雷诺数为 1.7×10^4,处于在154~3.5×10^5 雷诺数变化范围中。图 4.11 为一系列用来获得瞬时速度分布和光谱密度函数图像。

类似的研究中,Harris 等人对单旋转圆柱体壁面所产生的流动进行了研究(Harris et al.,1997;Harris,1999;Escudier,1984;Brown,Lopez,1990)。图 4.12 给出了在垂直于圆柱体主轴的平面上获得的实验图像。图 4.13 为实验数据与数值模拟结果的对比。通过将一条线"写入"到计算中并允许它在一系列实时步骤中演化,直接在拉格朗日参考系中进行比较。应注意到图 4.13 中位移和径向位置已经在圆柱体半径上无量纲化。

作为最后的例子,图 4.14 给出了对二甲苯单个液滴在水面扩散的三幅时间

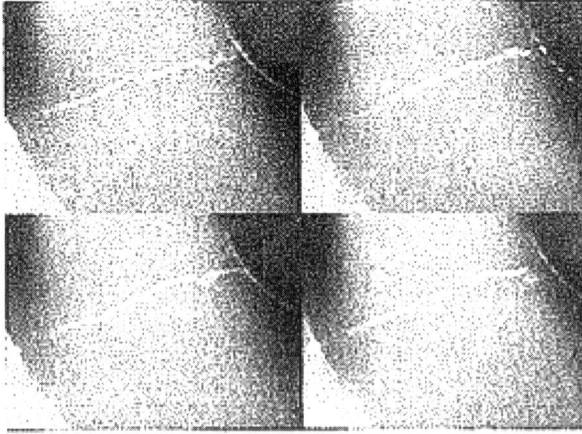

图 4.11　在雷诺数 $1.7×10^4$ 的泰勒–库埃特流动中的可光解染色剂典型图像

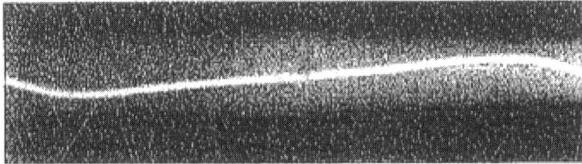

图 4.12　单侧表面旋转圆柱体流动显示线的下视图。
雷诺数为 1410,标记延迟时间为 0.4s(Harris et al.,1997)

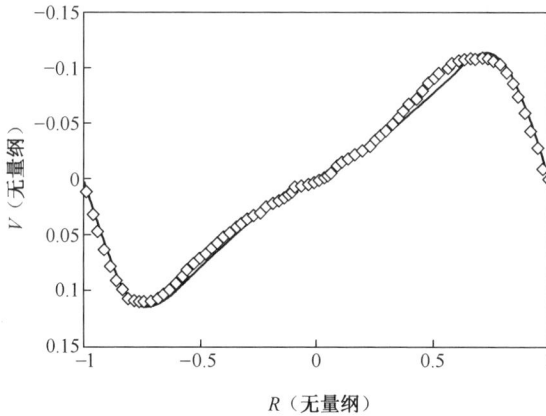

图 4.13　拉格朗日坐标系中图 4.12 数据与计算模拟之间的对比
将一条线"写入"模拟计算中,并按一系列的物理时间步进行演化(Harris et al.,1997)

序列流动图像(Dussaud et al.,1998)。这些图像是通过将一对垂直线"写入"直径 16cm 且充满 0.5mg/L 可光解荧光素溶液的罐中获得的。然后用微量注射器将单滴对二甲苯沉积至静止的水表面。液滴沿水表面快速扩散,形成了挥发性液体薄膜。挥发性薄膜扩散过程中,所产生的亚层流动图型通过侧视方式捕获。

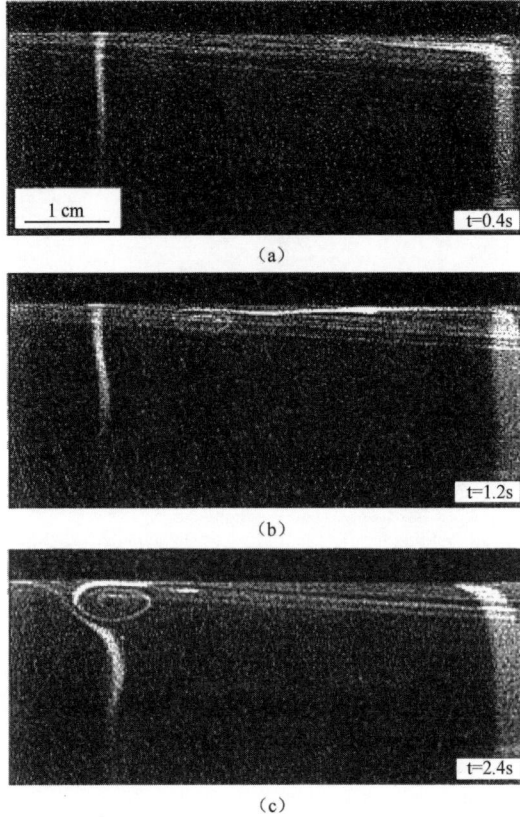

图 4.14　对二甲苯在水面扩散的活化荧光团图像,采集时间分别为 0.4s(a),
1.2s(b)和 2.4s(c)(Dussaud et al.,1998)

4.4　图像处理和试验准确性

本节将简要回顾分子标记测速的图像处理技术,并给出了试验准确性限制的
一些估计。关于速度的相对统计不确定性可由下面简单表达式描述:

$$\frac{\sigma_v}{v} = \sqrt{\left(\frac{\sigma_x}{x}\right)^2 + \left(\frac{\sigma_t}{t}\right)^2} \qquad (4.4)$$

式中:x 为位移;t 为时间。大多数试验中,时间引起的误差非常小,通常可忽略不
计。速度的统计不确定度取决于流体单元位移的测量精度。正如所见,保证大约
±1% 量级的位移精度并不难。

4.4.1 线处理技术

最简单的分子标记测速试验包括单线或平行线态。这种情况下,试验通常将直线设置为垂直于流动主轴。测量所得的量则是轴向速度的分量,尽管其他方向的运动会导致测量不确定性。

Hill 和 klewicki(1996)对此进行了详细讨论并展示了对于特殊位置(x,y)速度分量u(主轴方向或x轴方向)由于v(速度y方向分量)存在引起的相对不确定度为

$$\frac{\Delta u}{u} = \Delta t(\frac{v}{u}\frac{\delta u}{\delta y}) \qquad (4.5)$$

或者,有限v的影响可以认为是在流体单元的y方向产生一个不确定量,在该流体单元中,速度的u分量是已经测量得到的。无论哪种情况,流场的先验知识格外重要。

需要牢记式(4.5)所蕴含的不确定性,速度其实是通过流体单元的位移来确定。对于最简单的单线情况,通常采用最小二乘拟合方法来确定y方向的灰度强度中心(Lempert et al.,1995;Hill,Klewicki,1996)。作为说明性实例,图4.15 给出了采用可光解荧光素染色剂沿水平线在单一横向像素位置所获得的经典垂直切片的强度分布。实曲线是数字化强度分布与恒定基线和假定高斯空间分布之和的最佳最小二乘拟合。

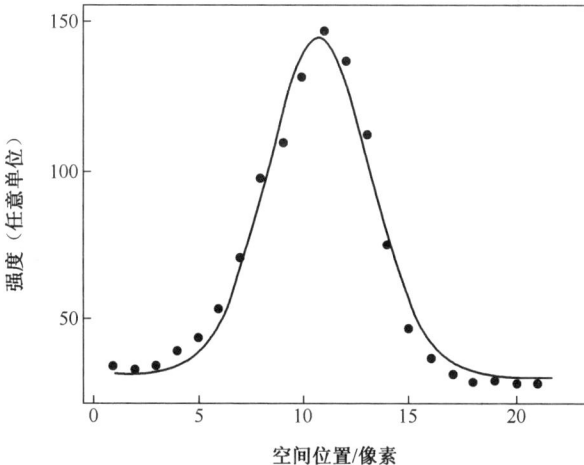

图4.15　沿可光解染色剂测量线的单一横向像素位置的典型数字化强度轨迹(点)
和最小二乘拟合(实线)(Lempert et al.,1995)

拟合程序采用四个可变参数,与基线、强度归一化、线宽与线中心相对应。通过假设数据和拟合之间的所有残差都归因于统计散点图获得每个参数的统计不确

定性的估计。该程序假定各个数据的不确定度等于所有拟合归一化的均方根残差,并随后应用标准误差传递技术(Bevington,1969)。这些虽并非绝对正确,但得到了强度中心±0.15像素的不确定度(2σ),图4.15相当于大约半最大值处6个像素全宽的2.5%,这是非典型的情况。假设以相同精度确定初始位置,则可通过允许流体移动20个像素的方式得到1%的测量精度,这样可假设位移不确定度为$\sqrt{2}\times0.15$像素。实际上,通常可通过几幅图像平均方式获得更高精度的最初位置。

Hill和klewicki提出了一种与此相似的方法,该方法采用平滑与最小二乘曲线拟合相结合的方式来分析利用长寿命磷光分子所得到的线。他们给出了较高的不确定度(0.3~0.4个像素量级),并将此方法应用于多条平行线的分析。

4.4.2　网格处理技术

通过写入相交线的相交样式,正如图4.6所示那样,可确定二维速度矢量,并避免式(4.5)相关的不确定性。本节简要总结两种类型的图像处理技术,这些技术专门用于分子标记测速技术网格数据的分析。

最直接的图像处理技术是将单线最小二乘拟合拓展至二维。Hill和klewicki(1996)提出了以相交点定义被测区域(ROI)的算法,ROI可通过大约四个近似点来定义,其中的两个点在一条相交线上。采用最小二乘拟合法精确地确定这些点各自的线的中心。然后通过连接从最小二乘法确定的两对点中的每一对来定义一对直线。最终网格点由生成的两条线的交点定义。

Gendrich和Koochesfahani(1996)发展出了基于直接数字空间互相关的一种分子标记测速技术网格图像处理替代算法。该技术与粒子图像测速(PIV)技术相类似,相比于传统的线中心方法具有更显著的优势。因其方案更为通用,独立于标记区域内的特定强度分布,且可适应任意标记模式,其中包括那些由非均匀标量混合场引起的标记模式。在原始"标记"图像内各条线相交点的邻域内选择被称为源窗口的矩形窗口。该源窗口是位移图像中遍历更大"漫游"窗口的位移矢量。该矢量是基于两幅图像之间的最大空间相关性来确定的。Gendrich和Koochesfahani报告了基于95%置信度的典型不确定度为±0.10像素。

4.4.3　射线追踪

本节结论通过简要考虑诸如光学视窗或流体自身的弯曲表面效应而得出。图4.16展示了由Harris等人(1996)对单液滴射线追踪程序所进行的概述。其基本思想是将CCD成像平面的强度换算至初始流体目标平面,用于成像的光学元件被视为简单的针孔,并且强度从给定的CCD像素通过针孔以直线平移,直到达到弯曲表面。而后采用希尔定律来计算三维折射角。然后继续平移,直到到达包含原始标记线和主流轴的平面(图 4.16 中,假定该平面包含液滴中心线)。对每个 CCD 像素重复该过程。对于诸如液滴这样的表面存在曲率的小物体,由于不能准确定义曲率且缺乏标记位置的准确信息,系统误差十分显著。在液滴实验中,Harris(1996)得出这样的结论,液滴半径较小的不确定度足以对绝对速度产生高达±20%的不确定度。这比相对速度剖面中报告的不确定性大一个数量级。

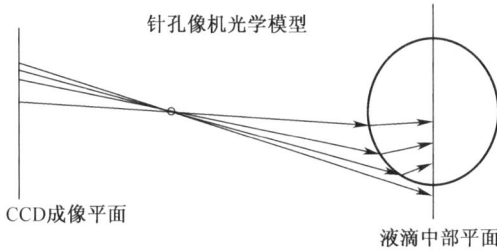

图 4.16　简化射线追踪过程的二维示意图,数值模拟实际是在三维条件下实施的

如果可得到立体显示图像,则可同时追踪两个图像。经校正的物体位置对应两个移动的流体单元相交的点(Harris et al. ,1999)。

4.4.4　分子标记测温法

依据示踪剂特性和所采用的方法,分子标记法可用来进行多变量的映射。譬如,分子标记测速已与传统的激光诱导荧光(LIF)相结合,用于同时进行速度场和浓度场测量(Koochesfahani et al. ,2000)。使用磷光超分子可以实现速度和温度的同时映射,其中单个示踪剂用于速度和温度同时测量。这种方法的细节是本节的重点。

对于一些分子而言,发光分子(荧光分子或是磷光分子)的发光强度是温度依赖性的,允许通过测量示踪剂分子发光强度来定量获得流体流动中的温度场。这使得近年来 LIF 技术在流体流动温度测量广泛应用。

当采用磷光超分子时,按照式(4.1),激光激发脉冲之后延迟时间为 t_o 时,传感器所采集的磷光信号为

$$S = I_o\tau e^{-t_o/\tau}\left[1 - e^{-\tau_{\exp}/\tau}\right] \qquad (4.6)$$

由于光吸收系数、磷光量子效率和磷光寿命通常与温度相关,如果入射激光强度及磷光分子浓度保持不变(或已知),原则上可通过磷光强度来测量温度。这种基于强度的方法采用了 Thomson 和 Maynes(2001)的最初研究工作,并创造性地使用了分子标记测温(MTT)技术。在研究中,通过在激光脉冲激发后较短的固定延迟时间(8μs)内获得磷光超分子发光强度的方式测量流体温度。同时,磷光信号是延迟时间的函数,而延迟时间则是可控参数,主要用来增加温度测量的灵敏度(Hu et al. ,2006)。

仅依靠磷光寿命的温度依赖性,并利用基于寿命的温度测量法,就可以消除基于光强法的许多限制(Hu,Koochesfahani,2003)。很容易证明在两个连续时间段的相同曝光时间 Δt 内所采集的磷光信号 S_2 与 S_1 之比为

$$\frac{S_2}{S_1} = e^{-\Delta t/\tau} \tag{4.7}$$

换言之,两幅连续磷光图像光强之比只是磷光寿命 τ 以及作为可控参数的图像间时间延迟 Δt 的函数。因此,对于特定的示踪剂而言,其磷光寿命的温度相关性已知或可测量,式(4.7)可由测量所得磷光强度之比确定流体温度。这种比率法可消除 I_o 变化,以及随之而来入射激光强度时间与空间变化、示踪剂浓度非均匀性所带来的影响。图4.17描述了基于三链1-溴代萘、麦芽糖环糊精和酒精环己烷的水溶磷光超分子测量得到的发光寿命和温度关系。磷光寿命随着温度增加而单调下降。

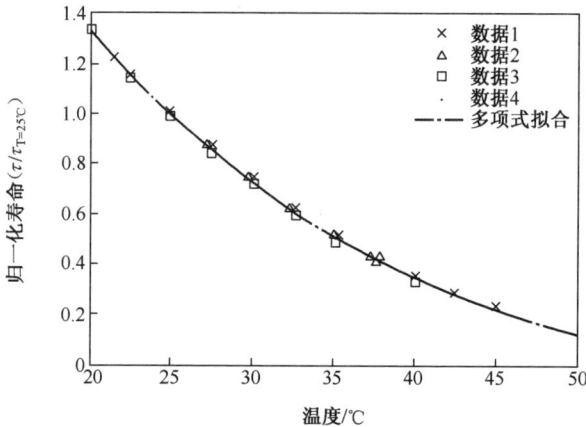

图4.17 磷光寿命随温度的变化(Hu,Koochesfahani,2006)

采用分子标记测速和测温(MTV&T)技术进行的速度与温度同步测量可通过只采用与分子标记测速系统相同的仪器来获得。脉冲激光器用来标记被测区域内的分子,为被标记区域的位移提供了速度信息,区域内磷光强度衰减用来确定温度。下面的测量案例是由对热气缸尾迹的研究提供的(Hu,Koochesfahani,2006)。分子标记测速和测温(MTV&T)技术也已用于微流体研究(Lum,2005;Hu et al.,2010)。

热气缸研究将直径 $D = 4.76\mathrm{mm}$ 铜管水平放置于重力驱动的垂直水通道之中。磷光三重态的麦芽糖环糊精分子与类似于4.3.1节给出的水性工作流体进行预掺混。高度差恒定的水箱维持稳定的流入速度 $U_{\mathrm{inlet}} = 3.2\mathrm{cm/s}$ 与 $T_{\mathrm{inlet}} = 23.2℃$ 条件。所得的气缸雷诺数约为160。通过置于铜管内部的棒筒式加热器,使热气缸温度维持在 $T_c = 56.5°\mathrm{C}$,对应的理查德森数约为0.36。

图4.18给出了激光脉冲激发之后两个不同延迟时刻所采集的典型磷光图像

对。用于标记分子的激光相交线所形成的致密网格由 20ns、150mJ/脉冲的准分子紫外激光(波长 308nm)光束产生。一部 12 位 1280 像素×1024 像素的门控增强型 CCD 相机(PCO DiCam-Pro)以双曝光模式采集同一激光激发脉冲的两幅全帧磷光图像。所展示的结果中,分别在激光脉冲之后 1ms 和 5ms 采集第一与第二帧磷光图像,两幅图像之间的时间延迟为 $\Delta t = 4ms$,两幅图像的曝光时间均为 1ms。

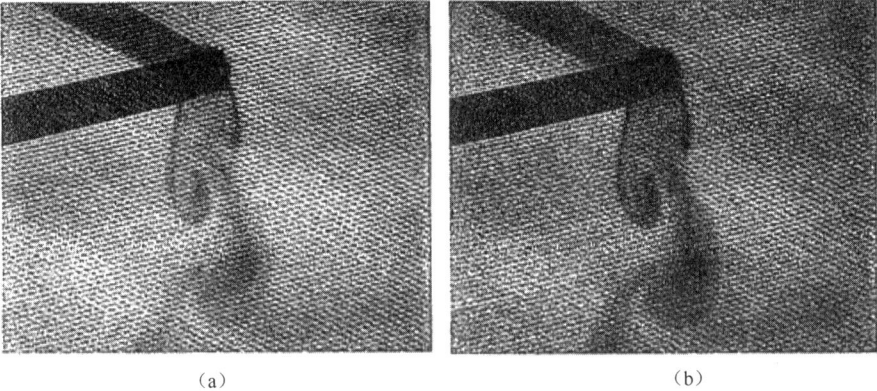

(a)　　　　　　　　　　　　　　(b)

图 4.18　热气缸实验中应用分子标记测速与测温技术所得的典型磷光图像对
(a)为激光脉冲后 1ms 采集的第一幅图像;(b)为激光脉冲后 5ms 所采集的第二幅图像
(Hu 和 Koochesfahani,2006)。

图 4.18(a)左上的暗带是气缸遮住了激光光束所致的阴影。磷光图像中气缸下游的暗区对应于从加热的气缸表面热边界层周期性流出的温热流体。两幅图像的对比表明,随着激光脉冲与磷光图像采集之间的时间间隔的增加,暗区越发明显。这是因为热流体具有更短的发光寿命,相比于温度更低的环境,流体具有更大的发光强度衰减。

图 4.18 中由所采集的图像对同时获得的速度场与温度场如图 4.19 所示。速度分布通过采用 Gendrich 和 Koochesfahani(1996)的空间自相关法由测量所得的标记区域位移来确定。源窗口尺寸为 32 像素×32 像素,对应物理空间 1.12mm×1.12mm 的区域。为能够测量温度,需要计算出第一帧磷光图像中源窗口的平均磷光强度。按照应用分子标记测速法获得的位移,该区域中所标记的分子被转换至第二帧磷光图像中的新区域。然后,计算出第二帧磷光图像中发生位移区域的平均磷光强度。这些平均磷光强度之比用来计算磷光寿命,并按照图 4.17 所示的发光寿命与温度校准曲线得到温度分布。该测量表示了源窗口中的平均温度。基于所采用的成像传感器的信噪比特性,可估算出每个像素具有约 0.8℃ 瞬时温度误差(Hu,Koochesfahani,2006)。在此展示的测量结果是基于 32 像素×32 像素区域,源于磷光图像噪声的瞬时测量误差小于 0.10℃。换言之,源窗口的空间平均提高了温度测量的精准度,但以降低测量的空间分辨率作为代价。

在加热圆柱的尾迹瞬态温度场(如图 4.19)中可以看出,交替脱落的"温斑"

与卡门涡相互干扰。图 4.20 为计算得到的时均速度场和温度场,由 350 个连续的瞬时结果平均得到。平均速度图谱展示了尾迹中大约 2.9 倍气缸直径的回流区域。平均温度分布揭示了具有两个高温区域的温度双峰分布,对应瞬时温度场中"温斑"的脱落路径。由于速度场与温度场可同时测量,还可以通过速度脉动与温度波动之间的相关性计算出平均湍流热流分布(Hu,Koochesfahani,2006)。

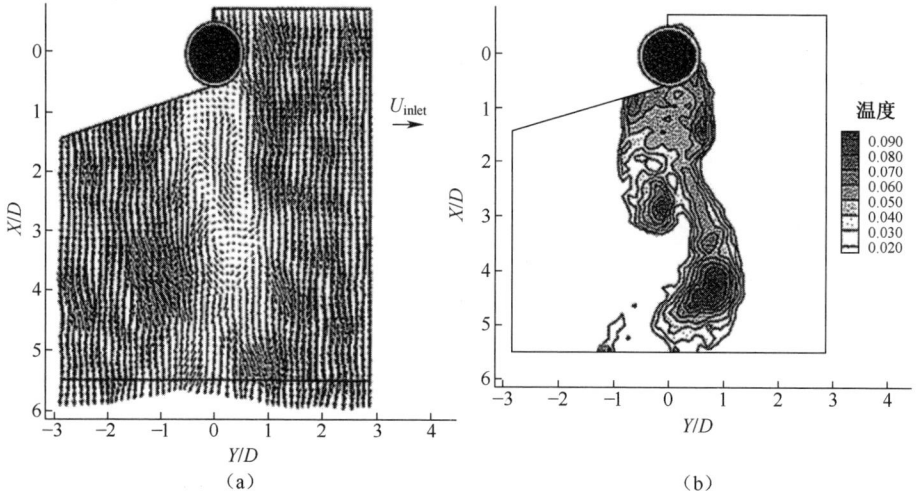

图 4.19　由图 4.18 的图像对获得的瞬时速度场与瞬时温度场。
温度由 $(T - T_{\text{inlet}})/(T_c - T_{\text{inlet}})$ 进行归一化处理。

(a)为瞬时速度场;(b)为瞬时温度场(Hu,Koochesfahani,2006)。

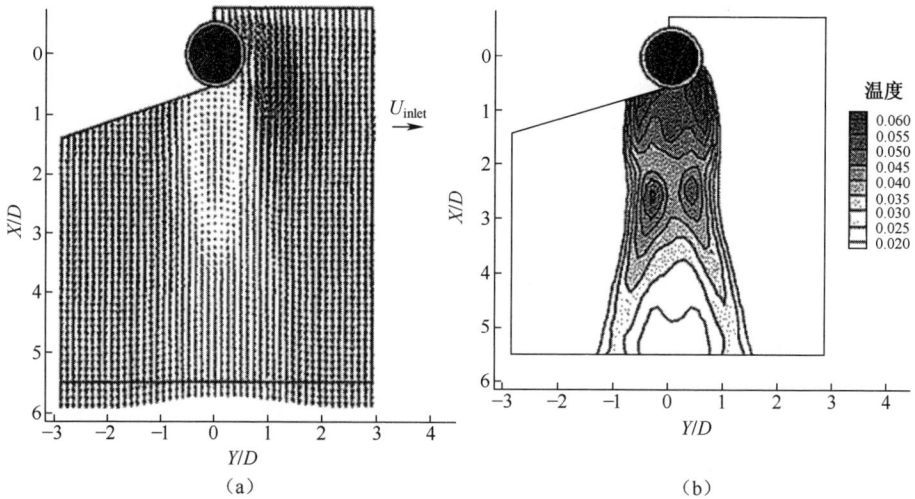

图 4.20　时均速度和温度分布,温度由 $(T - T_{\text{inlet}})/(T_c - T_{\text{inlet}})$ 归一化

(a)为平均速度场;(b)为平均温度场(Hu 和 Koochesfahani,2006)。

4.5 参考文献

Achilleos, E. C. and Kevrekidis, I. G. 1998. Private communication.

Bevington, P. R. 1969. *Data Reduction and Error Analysis for the Physical Sciences*. McGraw Hill, New York.

Biage, M. , Harris, S. R. , Lempert, W. R. and Smits, A. J. 1996. Quantitative velocity measurements in turbulent Taylor-Couette flow by PHANTOMM flow tagging. *8th International Symposium on Applications of Laser Techniques to Fluid Mechanics*, Lisbon, Portugal.

Bohl, D. G. 2002. *Experimental Study of the 2-D and 3-D Structure of a Concentrated Line Vortex Array*, Ph. D. Thesis, Michigan State University, East. Lansing, MI, USA.

Bohl, D. G. and Koochesfahani, M. M. 2004. MTV measurements of axial flow in a concentrated vortex core. *Phgys. Fluids*, **16** (11), 4185-4191.

Bohl, D. , Koochesfahani, M. and Olson, B. 2001. Development of stereoscopic Molecular Tagging Velocimetry. *Exp. Fluids*, **30**, 302-308.

Brown, G. L. and Lopez, J. M. 1990. Axisymmetric vortex breakdown. Part 2. Physical mechanisms. *J. Fluid Mech.*, **221**, 553-576.

Chen, R. F. , Burck, G. G. and Alexander, N. 1967. Fluorescence decay times: Proteins, co-enzymes, and other compounds in water. *Nature*, **156**, 949-951.

Cohn, R. K. (1999) *Effect of Forcing on the Vorticity Field in a Confined Wake*, Ph. D. Thesis, Michigan State University, East Lansing, MI, USA.

Drexhage, K. H. 1990. Structure and properties of laser dyes. In *Topics in Applied Physics*, 1, ed. F. P. Schafer, Springer-Verlag, Berlin, p. 1.

Dussaud, A. , Troian, S. M. and Harris, S. R. 1998. Fluorescence visualization of a convective instability which modulates the spreading of volatile films. *Phys. Fluids*, **10**, 1588-1596.

Escudier, M. P. 1984. Observations of the flow produced in a cylindrical container by a rotating endwall. *Exp. Fluids*, **2**, 189-196.

Falco, R. E. and Nocera, D. 1993. Quantitative multi-point measurements and visualization of dense liquid-solid flows using laser-induced photochemical anemometry. In *Particulate Two-Phase Flow*, ed. M. C. Rocco, Butterworth-Heinemann, Boston, pp. 59-126.

Fermigier, M. and Jenffer, P. 1987. Flow visualization by photochromic dyes: Application to the motion of a fluid-fluid interface. In *Flow Visualization IV*, ed. C. Veret, Hemisphere, Washington, DC, pp. 153-158.

Gendrich, C. P. and Koochesfahani, M. M. 1996. A spatial correlation technique for estimating velocity fields using molecular tagging velocimetry (MTV). *Exp. Fluids*, **22**, 67-77.

Gendrich, C. P. , Koochesfahani, M. M. and Nocera, D. G. 1997. Molecular tagging velocimetry and other novel applications of a new phosphorescent supramolecule. *Exp. Fluids*, **23**, 361-372.

Guilkey, J. E. , Gee, K. R, McMurty, P. A. and Klewicki, J. C. 1996. Use of caged fluorescent dyes for the study of turbulent passive scalar mixing. *Exp. Fluids*, **21**, 237–242.

Harris, S. R. 1999. *Quantitative Measurements in a Lid Driven, Cylindrical Cavity using the PHANTOMM Flow Tagging Technique.* Ph. D. Thesis, Princeton University, Princeton, NJ, USA.

Harris, S. R. , Lempert, W. R. , Hersh, L. , Burcham, C. L. , Saville, D. A. , Miles, R. B, Gee, K. and Haughland, R. P. 1996. Quantitative measurements of internal circulation in droplets using flow tagging velocimetry. *AIAA J.* , **34**, 449–454.

Harris, S. R. , Miles, R. B. and Lempert, W. R. 1997. Comparisons between flow tagging measurements and computations in a complex rotating flow. Paper 97–0852, *AIAA 35th Aerospace Sciences Meeting*, Reno, NV, January 12–15.

Hartmann, W. K. , Gray, M. H. B. , Ponce, A. , Nocera, D. G. and Wong, P. A. 1996. Substrate induced phosphorescence from cyclodextrin lumophore host – guest complexes. *Inorg. Chim. Acta*, **243**, 239–248.

Hill, R. B. and Klewicki, J. C. 1996. Data reduction methods for fow tagging velocity measurements. *Exp. Fluids*, **20**, 142–152.

Hu, H. and Koochesfahani, M. M. 2003. A novel technique for quantitative temperature mapping in liquid by measuring the lifetime of laser induced phosphorescence. *J. Visualization*, **6** (2), 143–153.

Hu, H. and Koochesfahani, M. M. 2006. Molecular tagging velocimetry and thermometry technique and its application to the wake of a heated cylinder. *Meas. Sci. Technol.* , **17**, 1269–1281.

Hu, H, Lum, C. and Koochesfahani, M. M. 2006. Molecular tagging thermometry with adjustable temperature sensitivity. *Exp. Fluids*, **40**, 753–763.

Hu, H, Jin, Z. , Nocera, D. , Lum, C. and Koochesfahani, M. M. 2010. Experimental investigations of micro–scale flow and heat transfer phenomena by using molecular tagging techniques. *Meas. Sci. Technol.* , **21**, 085401 (DOI: 10. 1088/0957–0233/21/8/085401).

Koochesfahani, M. M. and Nocera, D. G. 2007. Molecular tagging velocimetry. In *Handbook of Experimental Fluid Dynamics*, eds. J. Foss, C. Tropea and A. Yarin, Springer – Verlag, Berlin, Chapter 5. 4.

Koochesfahani, M. M, Cohn, R. K, Gendrich, C. P. and Nocera, D. G. 1996. Molecular tagging diagnostics for the study of kinematics and mixing in liquid phase flows. *8th International Symposium on Applications of Laser Techniques to Fluid Mechanics*, Lisbon, Portugal.

Koochesfahani, M. M. , Cohn, R. K. and MacKinnon, C. 2000. Simultaneous whole–field measurements of velocity and concentration fields using combined MTV and LIF, *Meas. Sci. Technol.* , **11** (9), 1289–1300.

Lempert, W. R. , Lee, D. , Harris, S. R. , Miles, R. B. and Gee, K. R. 1998. Miniaturization of caged dye flow tagging velocimetry for microgravity droplet diagnostics. Paper 98–0512, AIAA *36th Aerospace Sciences Meeting*, Reno, NV, January 12–15.

Lempert, W. R. , Magee, K. , Ronney, P. , Gee, K. R. and Haughland, R. P. 1995. Flow tagging velocimetry in incompressible flow using photo–activated nonintrusive tracking of molecular motion (PHANTOMM). *Exp. Fluids*, **18**, 249–257.

Lum, C. 2005. *An. Experimental Study of Pressure– and Electroosmoticallay– Driven Flows in*

Microchannels with Surface Modifications, Ph. D. Thesis, Michigan State University, East Lansing, MI, USA.

Paul, P. H, Garguilo, M. G. and Rakestraw, D. J. 1998. Imaging of pressure- and electrokinetically driven flows through open capillaries. *Anal. Chem.*, **70**, 2459-2467.

Ponce, A., Wong, P. A., Way, J. J. and Nocera, D. G. 1993. Intense phosphorescence triggered by alcohols upon formation of a cyclodextrin ternary complex. *J. Phys. Chem.*, **97**, 11137-11142.

Popovich, A. T. and Hummel, R. L. 1967. Light-induced disturbances in photochromic flow visualization. *Chem. Eng. Sci.*, **29**, 308-312.

Thomson, S. L. and Maynes, D. 2001. Spatially resolved temperature measurements in a liquid using laser induced phosphorescence, *J. Fluids Eng.*, **123**, 293-302.

Zhang, J. and Melton, L. A. 1994. Numerical simulations and restorations of laser droplet-slicing images. *Appl. Opt.*, **33**, 192-200.

第5章
气相流动平面成像

R. B. Miles[1]

5.1　引言

透明流体成像的经典方法是采用阴影、纹影和干涉技术,观察光线在流场传播过程中的变化。这些方法提供了大规模的流动结构及其不连续的图像,但由于图像采集主要是针对流动空间来进行的,因而所采集的图像对于局部详细特性并不敏感。频率可调并且可以产生非常短脉冲的新脉冲激光器的出现,开启了新的空间分辨诊断能力,允许在特定位置对流体输运特性、构成成分、热力学特性及流动结构等进行观察与测量。这主要是采用脉冲激光以少于流动演化特征时间的时间间隔照射需采集的流动区域,使得分子或粒子散射照射光,或激发出荧光。激光可会聚于一点,也可聚集成一条直线或扩展成激光片光,且散射或发出的荧光可通过相机或传感器采集,因此,根据散射光谱特征、发射荧光光谱、激光吸收频率、空间图像特征或图像的光谱特征以及粒子位移随时间的变化来解释,以提供流动的局部特征。通过采用多帧图像,可跟踪流动的演化历程,运用统计学和空间相关性来深入认识流动结构及其特征(Miles,Lempert,1997)。快速脉冲和突发脉冲激光器使得流动实时追踪研究成为现实。

通过布撒于流体中物质的原子荧光或分子荧光来实现的截面成像称为平面激光诱导荧光(PLIF)(Hanson,1988;Vancruyningen et al.,1990)。该领域的早期工作通常是将钠或碘布撒于流场之中并产生荧光。但是,目前集中于使用一氧化氮、丙酮或氧分子。这些激光诱导荧光方法的最大优势是发光信号通常很强,主要缘于激发是通过特定种类原子或分子的共振作用来实现的。而在许多情况下,荧光会因碰撞猝灭、分子离解或分子间能量传递而降低。尤其是,碰撞猝灭明显增加了诸如密度、温度和构成摩尔份数等定量测量的难度,而猝灭速率又是上述这些变量

---

[1]　Departement of Mechanical and Aerospace Engineering,Princeton University,Princeton,NJ 08544,USA.

的函数。如果激光线宽足够窄,且频率可精确控制,则激光诱导荧光方法也可通过与吸收线特征相关联的多普勒频移来测量速度。通过局部激发流动中的天然分子与激发撒布于流动中的分子,或通过激光诱导局部化学反应,可将激光诱导荧光拓展应用于流动示踪。速度测量可通过用于观察衰减时间荧光的时间延迟门控相机或激发示踪分子发出荧光的时间延迟激光来实现。快速连续成像还可提供随流动特征变化的动态速度信息。

激光诊断最直接的应用是通过采集被测区域的光散射图像来识别流动结构。激光可直接由流动中的分子或粒子散射,且这种散射可用来测量流动特征。对于周长小于激光波长的分子和纳米级粒子,其散射光属于瑞利(Rayleigh)散射范畴,具有偶极子的性质(Miles et al.,2001a)。较大尺度粒子的散射模式较为复杂,属于米氏(Mie)散射范畴。如果散射仅仅来源于分子,那么散射强度就与分子密度有关,则可获得密度场图像。如果粒子存在,那么光散射与密度场之间不能建立定量关系,但可产生关于流动结构和流体运动的信息。与粒子共同应用于粒子成像测速系统的双脉冲激光器系统将在下章予以讨论,在此不累述。来源于流动中分子的瑞利散射通常非常弱,并经常被来源于窗口和壁面的背景散射淹没。这种情况下,纳米尺度薄雾可增强瑞利散射以实现速度与流动结构的测量。

通过来源于分子或与原子、分子共同作用的粒子,经干涉滤片的复合散射,可采集获得流动的速度图像(McKenzie, 1996; Forkey et al.,1996; Seasholtz et al., 1997)。相对于平面激光诱导荧光和粒子成像测速技术,这些图像包含测量平面之外的速度信息,仅用一道激光片光照射,取三幅图像就可以重构三维速度场。在许多试验环境下,这些相同原子和分子滤片可用来滤除由窗口与壁面散射的背景光以增强图像质量。

5.2 平面激光诱导荧光

对于激光诱导荧光成像而言,激光自身应具有调节能力,从而实现与流场中原子或分子光吸收谱线达到共振状态。一般而言,使用谱线较窄的可调谐染料激光器可以实现,如是氧分子,则采用窄频氟化氙激光器。激光诱导荧光的强度由吸收激发光比例与随后再辐射光比例的乘积决定,可表示为激光光强 I_L、原子或分子吸收截面积 σ、荧光效率 η 及传感系统的累积效率 ζ 的乘积,即有

$$P = \frac{I_L}{\hbar\omega}\sigma\eta\zeta \qquad (5.1)$$

式中:P 为每秒从单个吸收分子中所检测到的光子数;ω 为光辐射频率;$\hbar$ 为普朗克常数除以 2π。由于荧光是不相干的,因而光子总数直接与所观测体积内的吸收分子数成正比。

荧光效率取决于辐射速率 $A(s^{-1})$ 与受激原子或分子失去能量或失活的总速率之比：

$$\eta = \frac{A}{A + Q + D + I} \tag{5.2}$$

各种竞争性的失活过程包括猝灭 Q、裂解 D、无辐射内部失活 I。通常，允许跃迁的分子辐射速率处于 $10^5 s^{-1}$ 量级，而对于原子，其辐射速率则在 $10^7 s^{-1}$ 量级。如果其他失活速率变快，则荧光信号强度降低。由于猝灭是原子或分子间碰撞的结果，如果猝灭效应占主导，则荧光效率为气体组份、气体压力、气体温度及特定激发状态的函数。

在可见频谱内发生能级跃迁的原子和分子趋于活性状态，因而在低温流动中很难被发现。在可调频紫外激光具有实用性之前，许多研究工作均通过在流动中布撒诸如钠(Zimmermann,Miles,1980)和碘(Hiller,Hanson,1990)等活性气体并利用可调染料激光的可见频谱来实现。因碘具有强腐蚀性，需要在试验容器或风洞表面涂以诸如特氟龙等保护材料(Eklund et al.,1994)。由于钠的实际使用浓度非常低，因而壁面的保护并不是重要的事情。钠可与氧发生反应，其在氮气或氦气等无氧流动中，或者在高温环境中如发动机和发动机喷管中可以应用。例如，布撒钠原子的氮气和氦气可用于超声速和高超声速流场中边界层结构的研究(Erbland et al.,1998)。研究中，可倍频的 Nd:YAG 激光器用来驱动窄频可调谐染料激光器。染料激光调谐至钠原子 D2 跃迁频段的 0.5896μm 波长。激光脉冲持续大约 10ns，高能态钠原子的荧光寿命为 16ns($A = 1/(2\pi\tau) = 10^7 s^{-1}$)，所采集的图像在时间上被"冻结"，提供了湍流边界层结构的瞬态视图。氦气中的钠原子猝灭效应可忽略不计，且因其不会发生离解，也不存在无辐射的内部跃迁过程，钠原子的荧光效率为 1。氮气中存在着猝灭效应，但这种猝灭还不足以引起信号强度的显著降低。由于钠原子只能被注入边界层，因而容易检测到边界层的外边界。图 5.1 展示了以氮气和氦气为介质的马赫数 8 风洞试验中所获得的一些图像。值得注意的是，与注入氮气的情况相比，注入氦气时边界层结构是完全不同的。采用注入氮气时所观测的边界层结构与自然状态下的边界层结构几乎相同，存在着大规模向自由流的热壁射流和大规模向壁面的自由流侵蚀，如所预期的那样。与此不同的是，注入氦气的边界层更象是处于层流状态。

为采集流场图像，应用激光诱导荧光时可采用一氧化氮(NO)、丙酮或氧气为介质。使用一氧化氮时，三倍频 Nd:YAG 激光器在 0.452μm 波长附近驱动燃料激光器的方式工作，发出可引起一氧化氮共振的 0.226μm 波长紫外光。这种跃迁称为伽马带，促使分子从振动基态 $[X(v''=0)]$ 向第一电子能态的最低振动状态 $[A(v'=0)]$ 跃迁，存在着与该吸收带相关的许多旋转线，吸收带的强度取决于分子的转动温度。利用一氧化氮荧光可采集多种类型的定量图像。

譬如，图 5.2 展示了高超声速转捩流动中以一氧化氮为示踪物质的平板边界

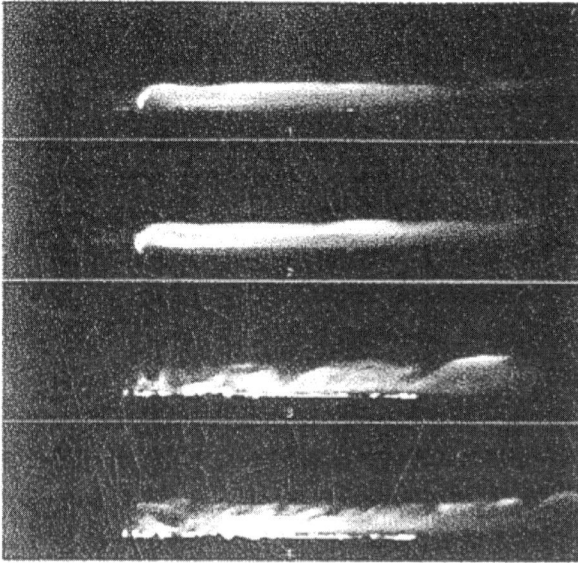

图 5.1　以声速注入标准钠原子示踪气体时马赫数 8 来流平板边界层结构的
平面激光诱导荧光图像,流动方向由左向右。顶层展示了以 0.13 动量流量
比注入氦气的情况;底层给出了以 0.11 动量通量比注入氮气的情形
(Miles et al.,1978)

层激光诱导荧光图像。突起导致边界层从层流至湍流的转捩。此时,一氧化氮通
过上游狭缝(左)进行撒布,且激光片光从图像上部进入,平行于平板,平板以 20°
角安装在马赫数为 10 的流动中(Danehy et al.,2010b)。

该流动的动态演变过程可以利用脉冲激光照射的一氧化氮进行跟踪。脉冲
激光以 1MHz 的工作频率运行,但脉冲数量相对有限(Wu et al.,2000)。目前利
用这种类型的激光器、光学参数转换器与混频器产生一氧化氮紫外吸收频段的
可调频脉冲激光,由此可采集一氧化氮激光诱导荧光的序列图像。图 5.3 给出
了以 500MHz 采集的马赫数 10 流动中 20°攻角下柱状转捩带下游湍流结构演化
的 6 幅序列图像。圆圈区域跟踪流动中螺旋状结构的深化过程(Danehy et al.,
2010a)。

但由于 A 状态(217ns)有很长的寿命(McDermid,Laudenslager,1982),碰撞猝
灭显著影响一氧化氮荧光强度。这意味着定量测定一氧化氮浓度时,必需考虑猝
灭速率。空气中最主要的猝灭剂是氧气,氧气猝灭一氧化氮的速率是氮气的 1600
倍。其他重要的猝灭剂包括水蒸气、二氧化碳和一氧化氮(Greenblatt,
Ravishankara,1987)。

猝灭对于速度和温度测量并不十分重要,因速度和温度测量可采用各种差分

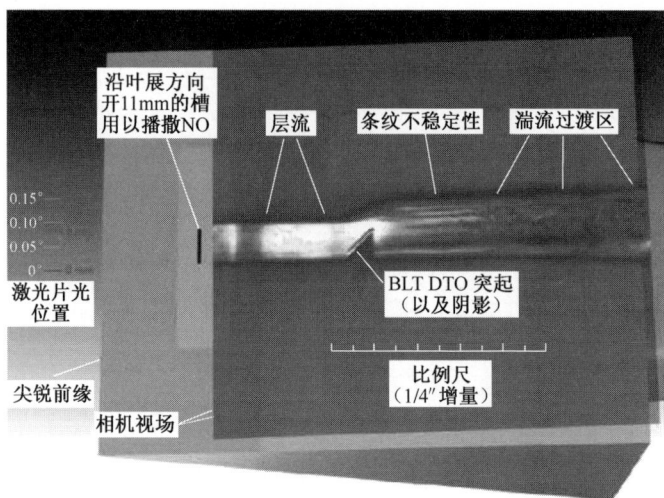

图 5.2 （见彩图 2）超声速转捩流动中以一氧化氮为示踪物质的
平板边界层激光诱导荧光图像（Danehy et al.，2010b）

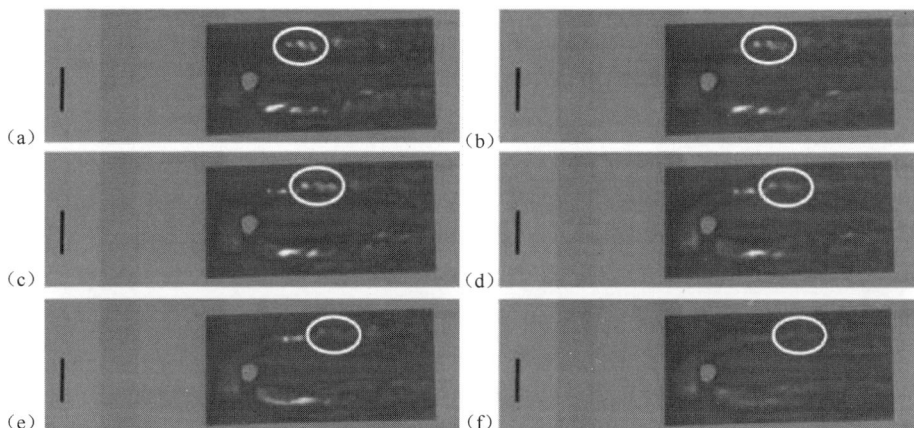

图 5.3 （见彩图 3）马赫数 10 流动中 20°攻角下柱状转捩带下游湍流结构的
一氧化氮激光诱导荧光图像（Danehy et al.，2010a）

格式获得,很大程度上猝灭被抵消掉了。譬如,温度测量可通过对比两条旋转线激发而产生的荧光来实现,每条旋转线均具有与温度相关的总体分数。当这些荧光信号相除时,密度和猝灭项就会消失(假设两个高能状态同速率猝灭),余下的仅仅为温度的函数(Lee et al.，1993；Lachney，Clemens，1998)。类似地,速度测量可通过比较前向传播和后向传播激光束偏离中心线时所引起的荧光强度水平来进行。在几何构型上,分子离开前向传播光束,前往后向传播光束。由此两股光束所致的荧光强度差分偏移则与多普勒频移相关,最终与来流速度相关(Palmer，

Hanson,1993）。图 5.4 是欠膨胀超声速自由射流的速度图像（Paul et al. ,1989）。

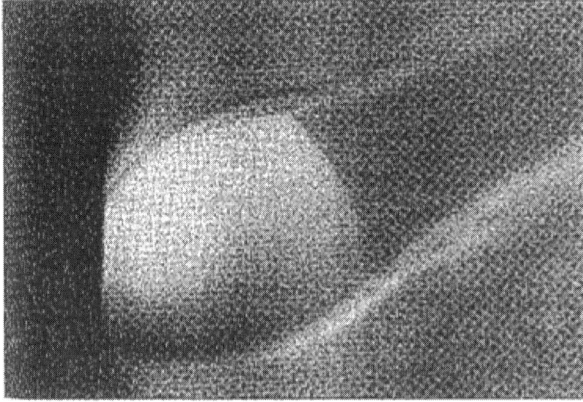

图 5.4　马赫数 7.2 欠膨胀超声速自由射流的一氧化氮激光诱导荧光速度图像
速度分量与流动轴成 60°角。有效数据位于马赫盘(图左侧)前面区域。白色对应 780m/s,
而黑色则对应-100m/s,垂直条纹是激光照明的伪影(Paul et al. ,1989)。

目前,丙酮被用作测量流动结构和流动温度的示踪材料。丙酮具有非常宽的吸收频带,涵盖 0.225~0.320μm（Smith,Mungal,1998）。该频带范围可由发射波长 0.66μm 的倍频 Nd：YAG 激光器来实现,且由于其所发出的荧光涵盖紫外至可见光频谱范围,因而丙酮比一氧化氮更为便利。发光寿命的上限状态主要受制于分子间作用过程,因此并不受猝灭的影响。这意味着丙酮具有相对恒定的荧光量子率,且荧光强度直接与观察区域的丙酮密度相关（Thurber et al. ,1998）。此外,丙酮荧光是温度的函数,且该特性通过校准可用作温度探针。

氧发出的激光诱导荧光需要远紫外激光的激发,最常见的是窄脉冲氩氟激光系统（Laufer et al. ,1990）。对于室温或更冷的空气,通过吸收波长小于 0.2nm 的光,氧从振动基态 X 被激发至 B 态或舒曼-龙格频带。几皮秒内被激发的氧分子分解为原子态氧。因此,荧光强度水平会降低许多数量级,但荧光强度通常不受碰撞猝灭的影响,因其要远远慢于预离解速率（Massey,Lemon,1984）。其最大的优势是氧激光诱导荧光信号在绝大多数条件下与采样空间中氧分子密度成正比。通过对来自不同旋转线的荧光强度进行比运算,采用与一氧化氮同样的测量方式基于氧来测定温度（Grinstead et al. ,1995）。但是,其难度在于非常小的激光诱导荧光强度使得精确测量非常难于实施。此外,吸收常数因基态与激发态之间交叠不足而非常低,因而需要高辐射密度（单位面积能量）的激光,以激发合理份数的氧分子。更高温度下,氧的高旋转能态被热填充。这些能态与激发态具有更好的谱线交叠,因而荧光强度会显著增强。图 5.5 展示了 100~1600K 温度范围内温度间隔 300K 的氟化氩激光激发频谱（Miles et al. ,1988）。此时,激光调频至涵盖氧吸收的频带,且测量总的荧光强度作为激光波长的函数。图的右侧显示了分布线上的荧光峰值微分 $\partial(\sigma\eta)/\partial\Omega$,显示荧光强度在高温下显著增加。图中也可见瑞利散射信号,其强度在高温下也有所增强。值得注意的是,分布线中瑞利散射信号实际上在温度低于 500K 时大于荧光信号。

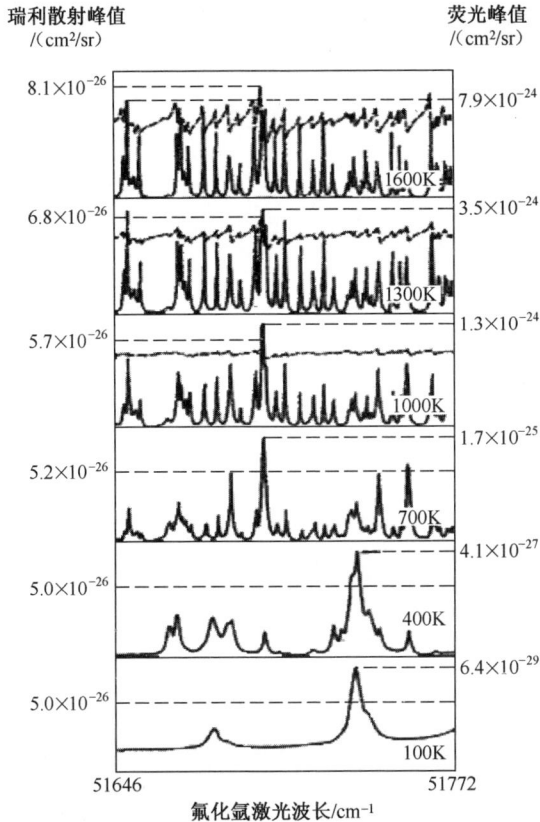

图 5.5　计算机模拟的氟化氩激光在氧原子舒曼-龙格吸收频谱段的激发光(实线)和瑞利散射(虚线)扫描图谱,温度范围为 100~1600K,温度间隔 300K。荧光与散射分布的峰值分别显示于右侧和左侧(Miles et al.,1988)。

5.2.1　基于激光诱导荧光的速度追踪

非定常流动中最重要的特征量之一是瞬时速度场。通过使用激光激发和激光诱导荧光,可对速度分布进行成像。激光激发可定义点、线或网格,其运动在时间上可被跟踪。对于空气中的速度追踪而言,要么诸如氧或氮等天然生成的分子物质必须发出荧光,要么在流动中加入另一种分子物质。这是一种非常有效的方法,因为其对分子运动进行直接测量,且这种分子运动可通过三维成像来获得三维速度矢量。

对自然空气的首次成功标记利用 $v=1$ 振动能态的紫外激发所产生相对强的荧光。由于低于500K空气中被振动激发的氧分子数目非常少,该能态下激光诱导荧光可通过跟踪振动激发标记的分子来进行速度分布、湍流结构等的测量。该工作原理与拉曼激发+激光诱导电子荧光流动(REPLIEF)标记技术相关(Miles et al.,1989)。该方法中,氧分子由大功率可见激光束对通过双光子拉曼过程进行振动激发,驱使氧分子跃迁至 $v=1$ 振动激发能态。如果这两个激光束共同传播,一个在另一个的顶部,且聚焦到采集空间中,则在聚焦区域会产生振动激发分子的细线。该细线的典型直径大约为 $100\mu m$,且长度大约为1cm。由于氧分子结构的对称性,振动运动并不能导致电偶极子的形成,因而振动激发态是亚稳态的。这意味着,在豫弛回到基态之前,氧分子会在相对长时间内处于这种能态。

空气中,这种振动激发态寿命由与水蒸气的碰撞确定,且其变化范围由饱和水蒸气状态的毫秒量级至无水蒸气状态的微秒量级。由于通过曲线拟合可找到谱线分布的亚像素中心,微秒量级的时间延迟足以获得精确的速度测量。图5.6展示了阿诺德工程发展中心实验中所采集的位移十字图像,所采用的技术与在R1D直径1m试验设施变化的实验条件下进行的速度测量方法一致(Kohl,Grinstead,1998)。图中右侧的十字是标记位置,而左侧十字则是空气流动产生位移所致。

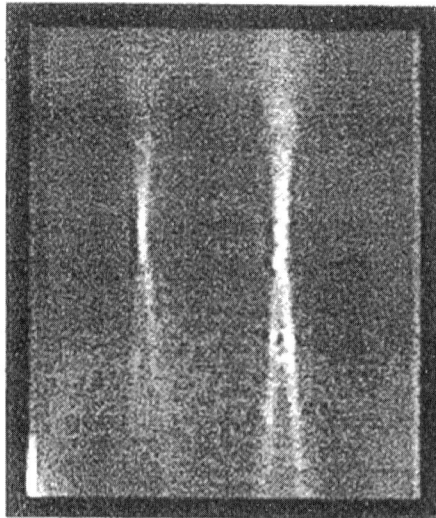

图5.6　在阿诺德工程发展中心直径1m的R1D研究实验设施中应用拉曼激发与激光诱导荧光所进行的速度测量,流动方向由右至左,标记十字位于右侧,包含灰尘粒子的散射光。时间延迟的诊断十字位于左侧,速度误差范围为0.18%～0.5%(Kohl和Grinstead,1998)。

拉曼激发的激光诱导荧光(RELIEF)标记方法对于观测湍流结构特别有效。该种情况下,标记与测量之间的时间间隔相对于湍流翻转时间是短暂的,并且标记线要比湍流结构尺度细,这意味着它也比泰勒微尺度要细。图5.7为嵌入湍流自由射流的标记线及其延迟7μm位移的图像。以万计的图像用来测量湍流结构函数的比例,并探索小尺度剧烈变化频率(Noullez et al.,1997)。

最近,有研究者采用飞秒激光电子激发标记(FLEET)技术可获得空气中速度分布的相似图像(Michael et al.,2011)。在将波长800nm、功率数毫焦和脉冲持续时间200fs的激光聚焦于显示线前提下,空气中的分子可通过非线性吸收而被激发。此时,无须撒布示踪物质。与拉曼激发的激光诱导荧光(RELIEF)方法相似,标记线的宽度为100μm,其长度约为1cm。激发的发光度持续稳定数十微秒,并通过采用延迟成像相机跟踪该时间周期内的标记线。图5.8(a)展示了采用2μs延迟1μs门控的相机所采集的1mm直径声速自由射流下游1倍、5倍和10倍出口直径位移的瞬时图像。图5.8(b)为标记线位移确定的时均速度分布。无论采用拉曼激发的激光诱导荧光(RELIEF)技术,还是应用飞秒激光电子激发标记(FLEET)技术,网格或十字均可写入空气之中,并通过立体成像跟踪测量三维速度矢量。

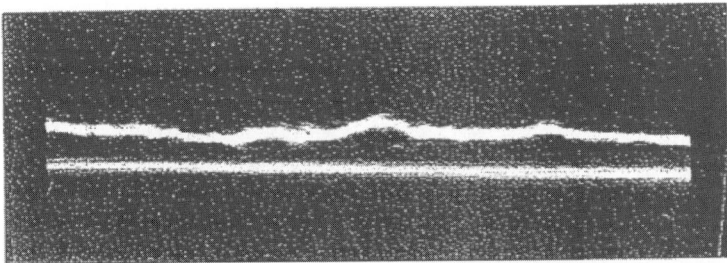

图5.7 湍流自由射流中拉曼激发的激光诱导荧光显示线及延迟7μs的
复合图像(Noullez et al.,1997)

一氧化氮分子的激光激发也可采用单激光的速度分布成像技术。与采用飞秒激光电子激发标记(FLEET)技术一样,定时相机会在荧光信号消失前对一氧化氮的运动进行成像。然而,由于一氧化氮的快速猝灭,该方法只适于高速流动。一氧化氮要么撒布于流动流体之中,要么通过燃烧存在于流体之中。图5.9(a)为在美国航空航天局兰利研究中心马赫数10实验设施中楔形模型表面2mm柱状转捩带之后的一氧化氮激光诱导荧光标记线阵列的图像。一氧化氮通过图5.2那样的狭缝进入流动的流体中。相机在266nm激光脉冲之后的延迟时间为500ns,对于捕捉荧光而言足够短,对于测量标记线位移而言足够长。图5.9(b)展示了圆柱下游尾迹的速度衰减与加速度分布。

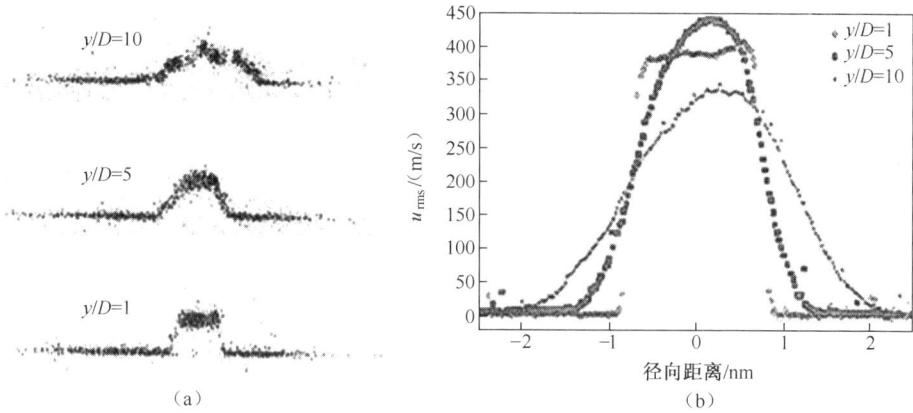

图 5.8　(a)应用飞秒激光电子激发标记技术在标记激发后 2μs 采集直径 1mm
自由射流下游 1 倍、5 倍和 10 倍直径位移的标记线位移分布瞬时图像;
(b)由位移除以标记与观测间时间间隔而获得的时均速度(Michael et al.,2011)

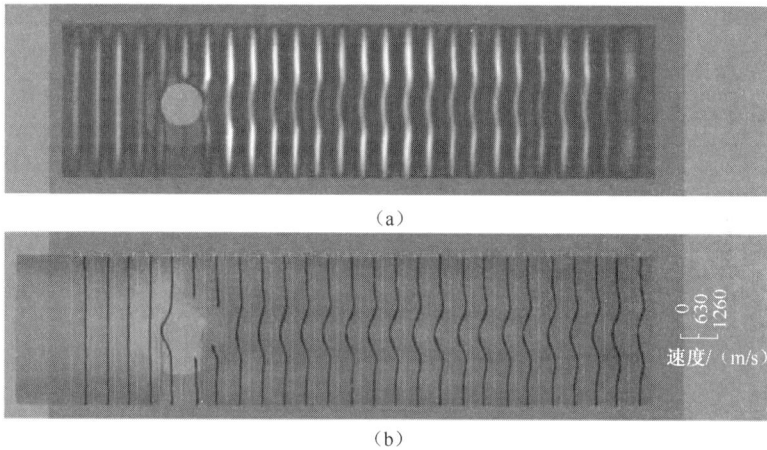

图 5.9　(见彩图 4)(a)10°半角楔柱状转捩带之后马赫数 10 流动的
一氧化氮荧光标记线 500ns 延迟图像;(b)由圆柱尾迹中标
记线变形确定的速度分布(Bathel et al.,2010)。

空气光解与重组跟踪(APART)方法采用由一氧化氮产生的激光诱导荧光,但一氧化氮是由氧气的紫外光解而产生的(Dam et al.,2001)。该情况下,延迟时间会很长。需要两个激光器,一个用来进行光离解,另一个用于激光诱导荧光。一氧化氮振动激发监测(VENOM)技术利用所撒布二氧化氮的光离解来产生振动激发的一氧化氮,以便通过延迟成像采集激光诱导荧光图像(Sánchezr González et al.,

2011）。振动激发使得被标记的一氧化氮与基态一氧化氮区别开。一氧化氮振动激发监测（VENOM）还拥有由一氧化氮荧光光谱测量温度的能力。其他采用激光诱导化学的双激光流动标记技术也得到了发展，其中包括臭氧的形成（Pitz et al.，1996）和水的离解（Boedeker，1989）。类似的方法已在水流中得以展示（Lempert et al.，1995；Koochesfahani et al.，1996），已在第4章进行了阐述。

5.3 分子与粒子的瑞利成像

　　流动定量与定性测量的另一种方法是直接利用由流动中粒子或分子所散射的光。由于该方法并不涉及分子的或粒子的共振态，光散射基本上是瞬时产生的，因而只需要采集流动的流体被照射时光的散射即可。诸如猝灭、预离解和分子间能量转移等的过程并不发挥作用，且信号强度直接与单元体积内散射物质的数量成正比。对于分子散射而言，这意味着信号强度直接与气体密度成正比。通过应用光谱滤光器，可提取速度和温度信息。

　　从微观角度，瑞利散射因入射激光诱导分子中偶极矩振荡而发生，然后像小天线那样发生辐射。对于原子态物质而言，这使得感应偶极矩与电场方向相同，因此散射光保持较好的偏振。对于分子而言，感应偶极矩的方向也受分子自身非对称的影响，存在着因分子随机方向而出现的少许去偏振现象。上述任一情况下，沿入射激光的偏振轴方向观察分子时，观察到的光散射强度最小；而沿与偏振轴正交方向观察时，光散射的强度最大。因此，为获得最大的信号强度，必须保证激光的偏振方向与指向相机矢量正交。"散射平面"由光源、散射物质和传感器三点定义。因此，为寻求最大信号强度，激光的偏振方向应正交于散射平面。

　　忽略去偏振现象，散射强度以差分散射截面 $\partial\sigma$ 的差分立体角单元 $\partial\Omega$ 的微分形式表示，即有

$$\frac{\partial\sigma}{\partial\Omega} = \frac{\omega^4}{c^4\,(4\pi)^2}\left(\frac{\alpha}{\varepsilon_0}\right)^2\sin^2\phi \qquad (5.3)$$

式中：ϕ 为光学采集器件与激光偏振矢量间的角度；α 为极化率。对于气体而言，极化率与折射率 n 相关，由洛伦兹–劳伦兹关系确定：

$$\frac{\alpha}{\varepsilon_0} = \frac{3}{N}\left(\frac{n^2-1}{n^2+2}\right) \qquad (5.4)$$

式中：N 为单位体积分子数；由于 $(n^2-1)/(n^2+2)$ 正比于气体密度，因此 α/ε_0 为与特定分子种类和特定照射波长相关的参数。通过在采集光圈立体角对差分散射截面积分，并乘以观察体积内分子总数，就可以确定所采集的总光量。由式（5.3）可以发现，散射光强度可由增加照射激光频率来增强。当散射截面以频

率的 4 次方增加时,许多光传感器只对达到其表面的光子数敏感。由于光子通量是光强除以 $\hbar\omega$,这意味着信号强度量级的实际增加量仅为频率的 3 次方。然而,拉曼散射所采用的高频激光源是非常有益的。部分高对比度图像已通过应用 0.193μm 氟化氪激光来捕捉。例如,图 5.10 展示了超扩散超声速自由射流的瑞利散射图像。时间延迟的拉曼激发激光诱导荧光标记线也是可见的,给出了速度分布的瞬时图像。

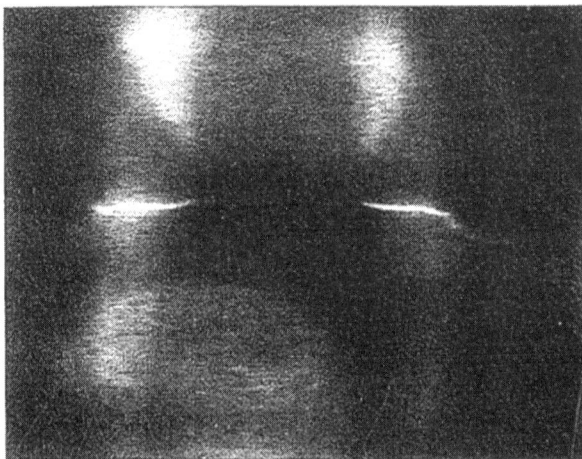

图 5.10　采用 0.193μm 氟化氪激光获得欠膨胀超声速空气射流的
紫外瑞利图像,流动方向由下至上

　　许多情况下,瑞利散射太微弱而不能获得好的图像质量。对于低密度气体尤其如此,例如在超高声速试验中可能遇到的低密度气体。这种情况下,瑞利散射可通过流动中纳米尺度颗粒得到显著增强。通常,这些颗粒随着水蒸气冷凝而自然出现,即使在温度低于大约 150K 的流动中也会发生。二氧化碳(CO_2)也可形成小团簇,可用来增强流动显示效果。上述两种情况下,该种团簇可在温度低的超声速流动核心区域形成,但通常并不能形成于恢复温度接近滞止温度的边界层中。因此,这种冷凝物散射可用来关注边界层外层部分,并提供了显示激波和边界层结构的一种方法。可通过增加空气中的二氧化碳总量来增加二氧化碳颗粒烟雾浓度,以进一步加强散射光强度。当二氧化碳摩尔份数等于甚至低于 1% 时,其对流场本身的影响非常小。测量表明,二氧化碳升华与冷凝的发生非常迅速,因而散射是凝结温度线的一个紧密指标,并非仅仅是简单的记忆效应。图 5.11 展示了使用二氧化碳增强可视化方法拍摄的激波与边界层相互作用的图像。这些图像应用 500kHz 频率倍频突发脉冲 Nd:YAG 激光器和高速 CCD 成像相机(Wu et al., 2000) 。流动由右至左,并流经 14°楔形模型。边界层对激波的作用清晰可见。由图可清晰发现,激波之后的边界层如所期望的那样受到压缩。

图 5.11　采用 500kHz 帧频拍摄马赫数 2.5 流动中边界层/激波
相互作用的序列图像(Wu et al.,2000)

　　粒子散射也可用于观察低速流动结构,如图 5.12 所示(Roquemore et al.,2003)。这些图像中,采用倍频 Nd:YAG 激光通过粒子散射捕捉甲烷扩散火焰的层流、过渡和湍流截面。激光被调制为薄片光,从纳米级二氧化钛可以看到绿色激光散射。粒子通过同时撒布于燃料和含有四氯化钛共环流动流体方式获得,四氯化钛与水蒸气发生反应,形成粒子,能突显潮湿实验室外部空气与环向流动以及燃烧燃气过程中水形成区域。粒子图像可通过 10ns 激光脉冲捕捉,但相机曝光时间对于捕捉(空间积分的)橙色火焰亮度而言足够长。

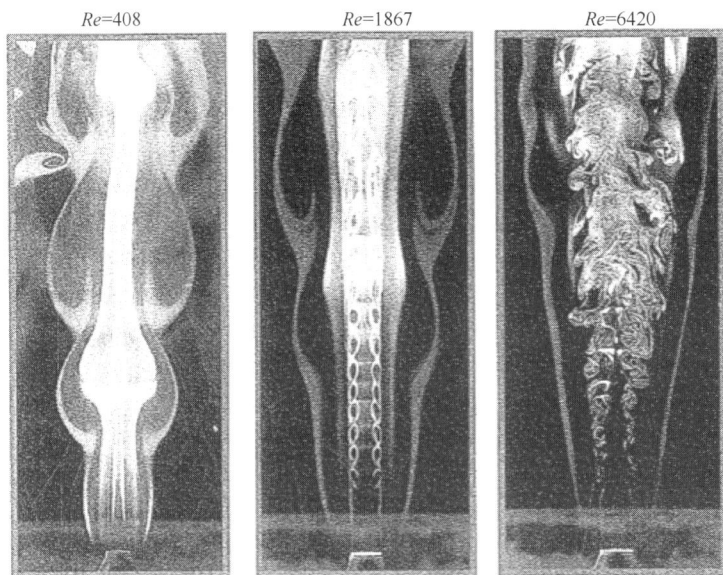

图 5.12 （见彩图 5）甲烷与空气扩散火焰掺混层与燃烧区域中所生成二氧化钛粒子的散射图像，用于研究层流、过渡流和湍流燃烧。火焰亮度（橙色）被同时采集（Roquemore et al.，2003）

5.4 经滤波的瑞利成像散射

多数情况下，来自窗口和壁面的背景散射模糊或降低了瑞利图像质量。这对于即便有二氧化碳颗粒增强瑞利信号强度的低密度流动而言是特别严重的问题。这种情况下，可采用锐截止阻挡滤光器来消除背景散射，从而显著增强图像质量（Forkey et al.，1998）。这种方法可通过采用可调谐至原子或分子吸收线中心的注入锁定窄线宽激光来实现。原子或分子态蒸气被旋转在位于相机前方的容器之中。以激光频率散射的光被蒸气吸收，并不能被相机采集到。流动流体散射的光因多普勒效应发生了频移，通过光过滤器进入相机。对于分子散射而言，即使在流体不流动的情况下，分子热运动可产生足够大的频移用于背景抑制。即便对于平均流体运动可产生显著多普勒频移的高速流动而言，该方法最为有效。与瑞利散射相关的多普勒频移可通过照明光与散射光传播矢量之差来呈现，如图 5.13 所示。所得到的矢量 **K** 是速度敏感方向。以这个方向运动的分子将会产生频移，而与 **K** 正交的分子运动则不会产生频移。频移 Δv 可表示如下：

$$\Delta v = \frac{2v}{\lambda}\sin\frac{1}{2}\theta \qquad (5.5)$$

式中：θ 为散射角；v 为 **K** 方向的速度分量。对于典型成像设置的 90°散射角，倍频

Nd:YAG 激光的多普勒频移为 2.66MHz/(m·s)。

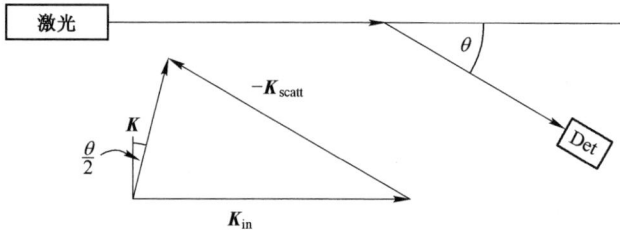

图 5.13　瑞利散射矢量图

　　对于倍频 Nd:YAG 激光,分子碘可用作光滤波器。如果蒸气压足够高或单元足够长以保证碘吸收的光学厚度,则非常少的光能通过吸收线中心。因碘具有弱连续吸收带,在失去其带外透射之前,光滤波器不能阻挡超过大约 5 个数量级的光。典型的滤波特性如图 5.14 所示(Forkey,1996)。这里需要注意的是,从 90% 吸收到 90% 透射的频率范围大约为 300MHz(0.01cm^{-1}),这意味着超过 100m/s 的流动度速会导致多普勒频移效应过于显著,以至于流动中散射出的光完全平移到滤波器的透射窗中,同时阻止了来自窗口和壁面的背景散射。该方法已用于观察马赫数 8 暂冲式试验设施中平板和椭圆锥模型边界层结构(Huntley,Smits,1999)。图 5.15 给出了椭圆锥模型试验的几何形状,而图 5.16 展示了利用分子碘遮挡滤波器捕捉该模型的一系列边界层转捩图像。没有滤波器,来自模型表面的散射光会完全遮蔽了来自流动的瑞利散射,导致图像丢失。该滤波方法还可以突

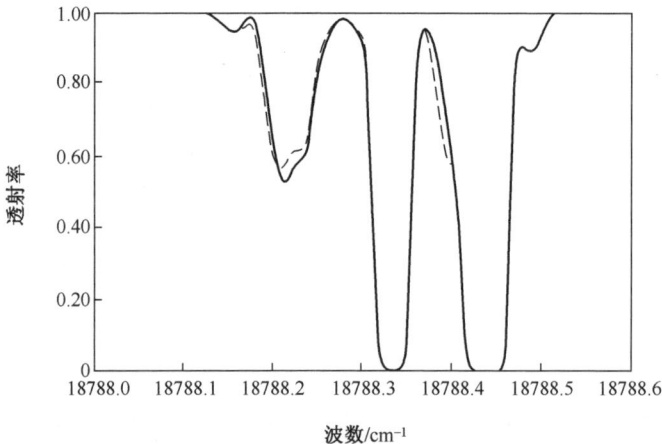

图 5.14　单元温度 353K、压力 1.03torr[1](侧臂温度为 40℃)条件下 9.88cm 长的碘吸收单元传输的测量线(实线)与预测线(虚线),测量数据已经归一化(Forkey,1996)

---

[1]　1torr = 133.3224Pa

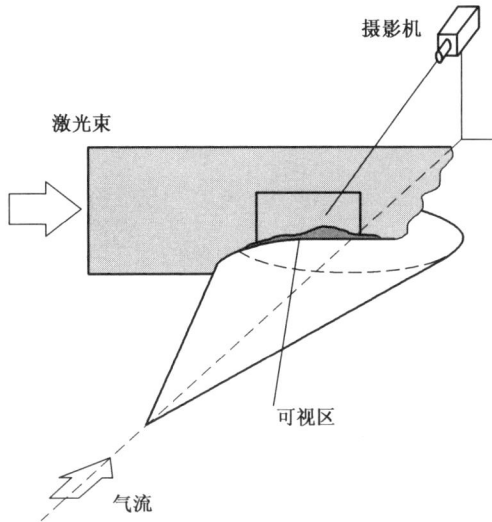

图 5.15　4∶1 椭圆锥展向边界层流动显示的成像布局(Huntley,Smits,1999)

图 5.16　自由流单位雷诺数 2×10^6(顶部)~1.04×10^7(底部)
范围内椭圆锥展向边界层流动显示(Huntley,Smits,1999)

显流动中特定速度分量如图 5.17 所示。这些图像源自前面讨论的马赫数 2.5 激波/边界层试验。第一列是未采用滤波器的情况;第二列突显了高速分量而阻断了低速分量;第三列则突显了低速分量而阻断了高速分量(Wu et al.,2000)。

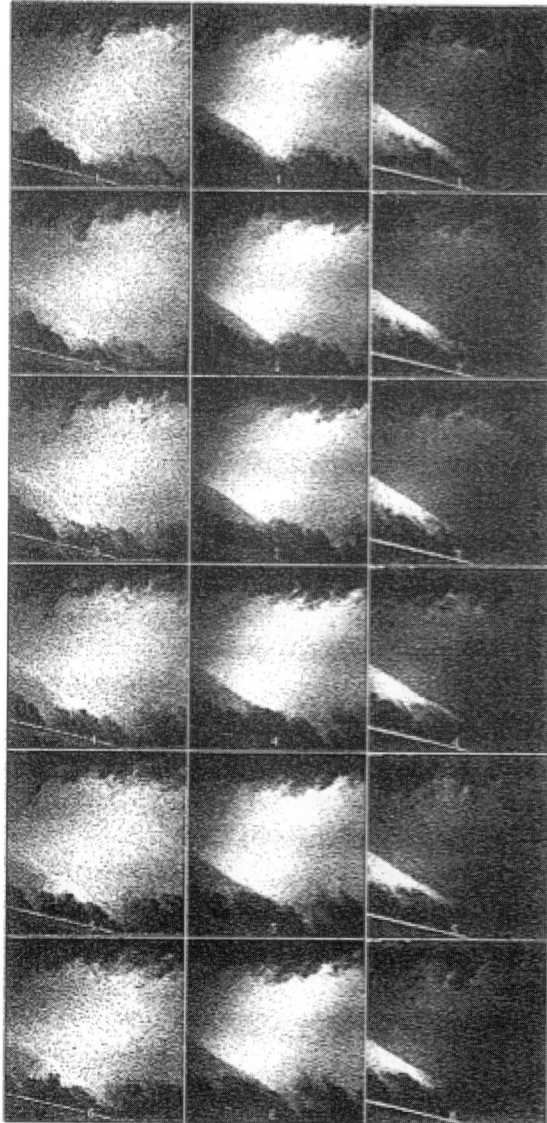

图 5.17　显示马赫数 2.5 流动激波/边界层相互作用的采集帧频 500MHz 图像,第一列未进行滤波;第二列滤波调整为突出高速部分;第三列滤波调整为突出低速部分(Wu et al.,2000)

存在分子散射时,滤波器的透射也是热运动的函数。此外,气体中的声波有助于促进分子运动,并会改变散射特性。当分子平均自由路程相对于散射矢量 K 的

波长 λ_s 较小时,该效应会变得十分强烈($\lambda_s = 2\pi/|\boldsymbol{K}|$)。散射矢量波长除以平均自由路程的比值通常以参数 Y 描述(Tenti et al.,1974)。参数 $Y \gg 1$ 时,散射光谱会存在声边带;而参数 $Y \ll 1$ 时,散射光谱是高斯分布的,正如所预期的那样,分子运动主要由热效应主导。图 5.18 给出了不同散射光频率分布的参数 Y。参数 Y 的估算公式为

$$Y = 0.230 \left[\frac{T(\boldsymbol{K}) + 111}{T^2(\boldsymbol{K})} \right] \left[\frac{p(\text{atm})\lambda(\text{nm})}{\sin \dfrac{1}{2}\theta} \right] \tag{5.6}$$

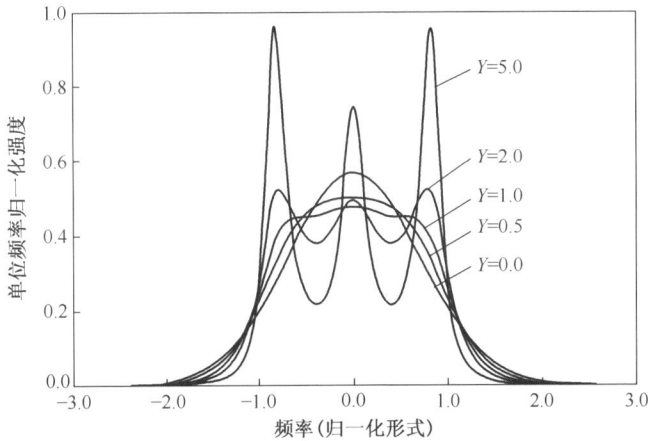

图 5.18　不同 Y 值的瑞利-布里渊散射分布,其中以归一化形式给出 $x = 2\pi\nu/(\sqrt{2}Kv_0)$,

ν 为激光频率,且 $v_0 = \sqrt{kT/m}$(Miles et al.,2001a)

可以发现,高温或低压条件下,参数 Y 较小,且声学效应可忽略。大气压力条件下,可见频段 90°散射时,参数 Y 的量级为 1,因而必须考虑声学效应,以实现流动参数的精确测量。

分子滤波瑞利散射(FRS)可采用几种途径来量化流场成像。最直接的方法是按特定频率扫描激光并通过原子或分子滤波采集多幅图像(Forkey et al.,1998)。图像中作为激光频率函数的每个可分辨单元的亮度将是滤波器特性、散射频移与线形的卷积。滤波特性的绝对频率可给出流动速度。对滤波特性的谨慎拟合可得到每个可分辨流动单元的温度与压力。这是从包含弱交叉激波结构的马赫数 2 自由射流获得定量温度、压力和速度的方法。图 5.19 展示了这种自由射流的图像。RELIEF 标记线已被注入该射流,以期获得精确的速度分布测量。图 5.20 ~ 图 5.22 分别展示了经滤波的瑞利温度、压力和速度图像。注意到压力与温度数据是标量场,而速度则为矢量场。对于单一相机,该方法提供了速度矢量沿矢量 $\boldsymbol{K}$ 的一个分量,其中 $\boldsymbol{K}$ 平行于光照矢量与散射矢量之间夹角的平分线。忽略平面外运动,沿照明方向的矢量投影会造成图 5.22 中速度场表观不均匀性。这些试验测

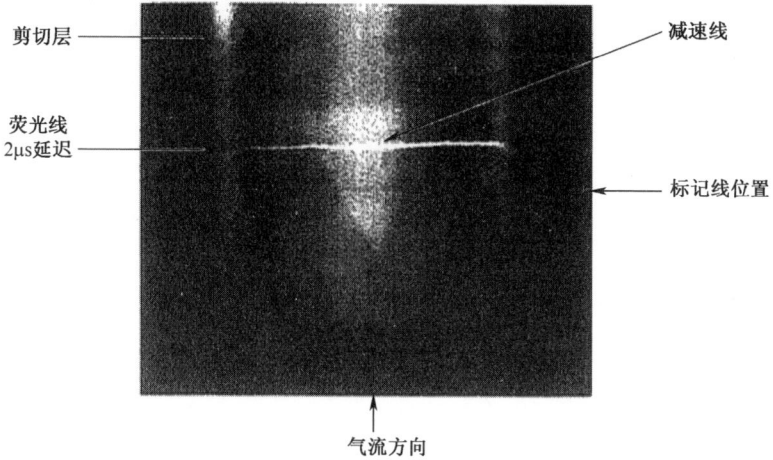

图 5.19 采用氟化氩激光的马赫数 2 自由射流压力匹配图像,速度分布通过采用 RELIEF 诱导荧光流动标记进行突显,经滤波的瑞利图像中弱交叉激波结构清晰可见

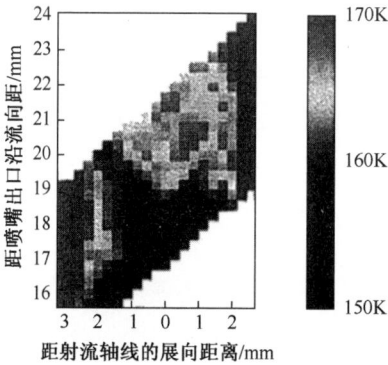

图 5.20 弱交叉激波结构的
马赫数 2 压力匹配射流
滤波瑞利温度场(Forket,1996)

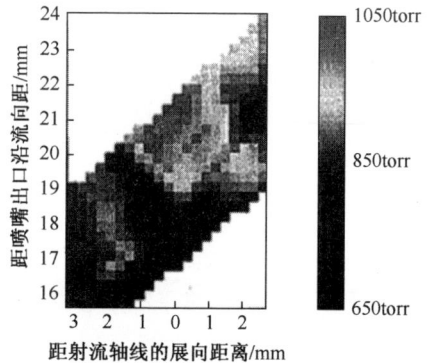

图 5.21 弱交叉激波结构的
马赫数 2 压力匹配射流滤波
瑞利温度场(Forket,1996)

量的温度不确定度为±5K,压力不确定度为±20mbar(1mbar=100Pa),速度不确定度为±2m/s。

事实上,为捕捉波谱而必须采用的激光频率扫描,这意味着该方法不适于时间变化或湍流的成像。已开发出各种方法来实现瞬时量化成像,其中包括多角度同时观测、通过滤波器同时观测。许多情况下,可假定压力恒定,且温度场可采用单脉冲并通过用于压力测量的独立监控器来测得(Miles et al.,2001b)。由于采样体积中压力均衡,只需要一个图像加一个校准图像即可。温度测量可利用波长在滤波器消光区域内的可调谐激光来实现,这样可消除来自窗口和壁面的背景散射以及来自颗粒的散射(Yalin et al.,2002)。早期激光雷达工作可识别这种滤波器特性(Shimizu et al.,1983),近期的工作集中于火焰温度的测量,甚至是在低浓度灰烬存在的情况下(Elliott et al.,1997;Hoffman et al.,1996;Stockman et al.,2009)。该方法同样用于弱电离等离子体(Yalin et al.,2002)。

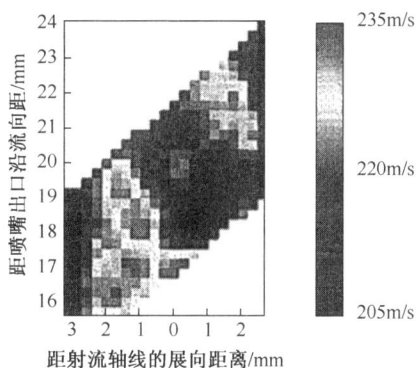

图 5.22 显示弱交叉激波结构的马赫数 2 压力匹配
射流滤波瑞利温度场(Forket,1996)

5.5 平面多普勒测速

许多情况下,来自空气分子的瑞利散射太弱,不能提供流场测量所需的足够信号强度。如前所述,瑞利信号可通过在流体中撒布小粒子的方式得到显著增强。只要粒子周长小于光的波长,则该散射在瑞利范围之内。对于可见光源而言,这意味着粒子必须小于 0.1μm。该区域内,对于各种体积刻度的粒子,其诱导极化率随体积 V 变化(Jones,1979):

$$\frac{\alpha}{\varepsilon_0} \approx 3V\left(\frac{n^2 - 1}{n^2 + 2}\right) \tag{5.7}$$

这使得六次幂光强依赖于粒子直径,且流动中可分辨单元积累的总光量将与该强度系数与单元中粒子数目之积成正比。因此,瑞利信号强度偏向于直径较大的粒子。如果粒子密度足够高以确保每个可分辨元素有大量颗粒,但各粒子之间的距离足以消除粒子之间显著的相互作用,且多重散射可被忽略,那么从各体积单元散射出来的光直接与粒子数目成正比。

粒子相比于分子较重的事实意味着粒子相比于分子具有很稀少的热运动或布朗运动。因此,由粒子散射的光会因粒子平均运动而出现频移,但并非是频率的热扩展,如同气体分子出现瑞利散射那样。这样会出现两种结果:一是采用该方法不能测量温度;二是信号强度被"散斑"所扭曲。温度敏感度的缺失某种程度上简化了测量,这是因为多普勒频移现在只与流体单元的整体速度成正比。湍流流动条件下,将出现频率的加宽表明无论怎样的速度分布均存在于流体单元。如果流体单元相比于湍流结构很小,则会确立唯一的速度。

通过将滤波透射的斜率作为速度识别器方式应用碘吸收滤光器来捕捉流动的速度结构图像(Smith et al.,1996)。在这种情况下,必须同时拍摄参考图像,如此亮度可直接与滤波透射相关联。如果激光频率低于透射曲线斜率的一半,则校正的图像亮度可直接与一个速度分量值相关联。对于非零平均速度的流动而言,选择激光频率使得平均速度落在透射曲线的中心,且平均值附近的波动可视为透射率的变化。该方法适用于微粒蒸气雾的散射,微粒的热运动可以忽略不计。该速度测量的方法称为平面多普勒测速(Planar Doppler Velocimetry,PDV),可以提供高质量的速度结构图像(McKenzie,1997)。在某些情况下,截止与全透射之间的频率范围过窄而难以捕捉流场中全域速度。此时,可通过将如氮气等的外部气体引入碘容器来拓宽碘滤波器吸收范围(Elliott et al.,1994)。

激光散斑因不同粒子散射光相干效应而产生。散斑的产生主要源于两个重要因素:频率拓展和采集光学器件。若没有频率拓展,即散射粒子是静止的,则散斑样式维持恒定。另外,非静止的散射物质会引起光在频率上的拓展,因而在时间上调制散斑样式。频率越宽,调制越快。粒子运动是由散射体的随机热运动引起的,且与粒子质量的平方根成反比。对于分子,频率拓展大约在千兆赫兹量级,这意味着散斑样式仅在纳秒量级时间内保持恒定。然而,对于粒子而言,其热运动程度小,因而散斑样式可在更长时间内维持恒定。诸如倍频 Nd:YAG 激光器这样的典型大功率激光系统拥有大约 10ns 量级的脉冲持续时间,因而散射自粒子的散斑是存在的,但来自分子的散斑则不存在。

散斑的第二个重要因素是散斑样式自身的空间频率。该空间频率由光线的最大光程差决定。如果通过小的光圈采集光,则最大光程差短,散斑样式特征则较大。另外,如果收集光圈大,光程差大,且散斑样式变得比较精细。散斑样式结构的量级 λ_{sp} 通过收集光圈的空间傅里叶变换确定:

$$\lambda_{sp} \approx \frac{\lambda d}{D_a} \tag{5.8}$$

式中: D_a 为光圈直径; d 为透镜到图像平面之间的距离; λ 为激光波长。式(5.8)可简化为

$$\lambda_{sp} \approx \lambda f^{\#}(1 + m) \tag{5.9}$$

式中: $f^{\#}$ 为采集透镜的"f 数"(是焦距和直径的比值); m 为放大率。如果散斑样式的空间频率明显小于成像传感器的可分辨量级,则条纹会被平均,进而无法观测散斑样式。这可通过选择低 f 数的光学器件、低放大率或短波长来实现。

全三维速度矢量信息可通过三个定位的相机来获得速度矢量沿三个正交轴的

三个分量。为了校准透射率并消除由于激光束不均匀而引起的照射强度波动和由于散射损耗而导致的光强损失,需要在不使用滤光器的情况下同时获取参考图像。数据质量会随着所采集图像数量的平方根的增加而得到改善(假定镜头噪声有限),虽然散斑噪声结构随图像而不同,但图像平均也可缓解这一问题。图 5.23 为显示过度膨胀超声速射流瞬时与时均速度场的一对平面多普勒测速图像。图 5.24 展示了马赫数 0.2 流动中 23.2°攻角三角翼尾缘后对涡的时均平面多普勒测速数据(Mosedale et al.,1998)。

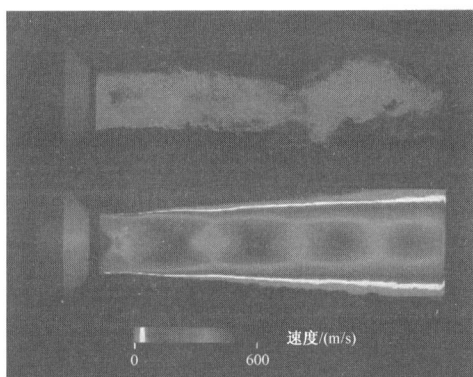

图 5.23　(见彩图 6)过膨胀超声速射流中的瞬时
与时均速度场(Smith,Northam,1995)

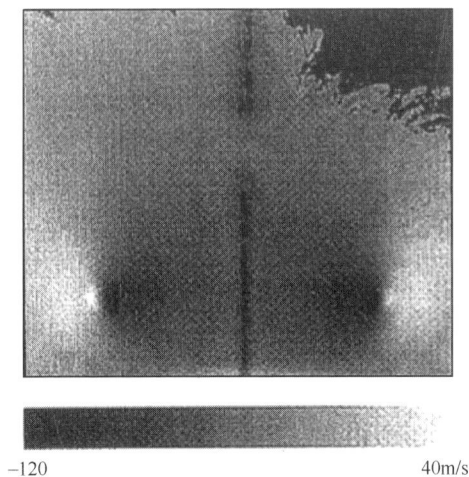

图 5.24　马赫数 0.2 的流动中 23.2°攻角三角翼尾缘后对涡的平
面多普勒测速时均图像(Mosedale et al.,1998)

101

5.6 小结

基于平面激光诱导荧光、流动标记和分子/原子瑞利成像的复杂流动光谱选择激光成像已经成熟。虽然平面激光诱导荧光的相关工作主要针对燃烧研究,但其已能显示超声速和高超声速流动的边界层结构特征,且许多情况下可采用该方法进行定量测量。特别重要的是,采用一氧化氮激光诱导荧光进行速度与温度测量,采用钠激光诱导荧光进行边界层研究和高超声速流动结构成像,采用碘激光诱导荧光进行超声速掺混研究,应用氧激光诱导荧光进行温度测量并作为流动标记的测量方法。采用分子滤波器的瑞利成像已成为高速流动中捕捉边界层结构的重要技术,也是温度场、速度场和压力场成像的重要技术。粒子雾的瑞利散射可显著增强低密度流动中成像的散射强度,并引出了可瞬时高分辨采集速度场图像的平面多普勒测速技术。随着高速 CCD 成像相机和突发脉冲激光的新发展,可利用这些方法获得复杂流动现象的动态图像。

5.7 参考文献

Bathel, B. F. , Danehy, P. F. , Inman, J. A. , Jones, S. B. , Ivey, C. B. and Goyne, C. P. 2010. Multiple velocity profile measurements in hypersonic flows using sequentially-imaged fluorescence tagging. Paper 2010-1404, *AIAA* 48*th Aerospace Sciences Meeting*, Orlando, FL, January 4-7.

Boedeker, L. R. 1989. Velocity measurement by H_2O photolysis and laser-induced fluorescence of OH. *Opt. Lett.* , **14**, 473.

Dam, N. , Klein-Douwel, R. J. H, Sijtsema, N. M. and ter Meulen, J. J. 2001. Nitric oxide flow tagging in unseeded air. *Opt. Lett.* , **26**(1).

Danehy, P. M, Ivey, C. B, Inman, J. A. , Bathel, B. F. , Jones,S. B. , McCrea, A. C, Jiang, N. , Webster, M, Lempert, W. , Miller, J. and Meyer, T. 2010a. High-speed PLIF imaging of hypersonic transition over discreet cylindrical roughness. Paper 2010-703, *AIAA* 48*th Aerospace Sciences Meeting*, Orlando, FL, January 4-7.

Danehy, P. M. , Ivey, C. B. , Bathel, B. F. , Inman, J. A. , Jones, S. B. , Watkins, A. N. , Goodman, K. , McCrea, A. C. , Leighty B. D. , Lipford, W. K. , Jiang, N. , Webster, M. , Lempert, W, Miller, J. and Meyer, T. 2010b. Orbiter BLT flight experiment wind tunnel simulations: Nearfield flow imaging and surface thermography. Paper 2010-157, *AIAA* 48*th Aerospace Sciences Meeting*, Orlando, FL, January 4-7.

Eklund, D. R. , Fletcher, D. G, Hartfield, R. J. , McDaniel, J. C. , Northam, G. B. , Dancy, C. L. and Wang, J. A. 1994. Computational experimental investigation of staged injection into a Mach 2 flow. *AIAA J.* , **32**(5), 907-916.

Elliott, G. S, Samimy, M. and Arnette, S. A. 1994. A molecular filter-based velocimetry technique for high-speed flows. *Exp. Fluids*, **18**(1-2), 107-118.

Elliott, G. S. , Glumac, N. , Carter, C. D. and Nejad, A. S. 1997. Two - dimensional temperature field measurements using a molecular filter-based technique. *Combust. Sci. Technol.* , **125**(1-6), 351.

Erbland, P. J. , Etz, M. R. , Lempert, W. R. , Smits, A. J. and Miles, A. J. 1998. Optical refraction from high Mach number turbulent boundary layer structures. Paper 98-0399, *AIAA 36th Aerospace Sciences Meeting and Exhibit*, Reno, NV, January 12-15.

Forkey, J. N. 1996. *Development and Demonstration of Filtered Rayleigh Scattering - A Laser Based Flow Diagnostic for Planar Measurement of Velocity, Temperature and Pressure.* Ph. D. Thesis, Dissertation 2067-T, Department of Mechanical and Aerospace Engineering, Princeton University, Princeton, NJ.

Forkey, J. Cogne, S. , Smits, A. J. , Bogdonoff, S. , Lempert, W. R. and Miles, R. B. 1993. Time-sequenced and spectrally filtered Rayleigh imaging of shock wave and boundary layer structure for inlet characterization. Paper 93-2300, *AIAA/SAE/ASME/ASEE 29th Joint Propulsion Conference and Exhibit*, Monterey, CA, June 28-30.

Forkey, J. N. , Finkelstein, N. D. , Lempert, W. R. and Miles, R. B. 1996. Demonstration and characterization of filtered Rayleigh scattering for planar velocity measurements. *AIAA J.* , **34**(3), 442-448.

Forkey, J. N. , Lempert, W. R. and Miles, R. B. 1998. Accuracy limits for planar measurements of flow field velocity, temperature, and pressure using filtered Rayleigh scattering. *Exp. Fluids*, **24**(2), 151-162.

Greenblatt, G. D. and Ravishankara, A. R. 1987. Collisional quenching of NO by various gases. *Chem. Phys. Lett.* ,**136**(6), 510.

Grinstead, J. H, Laufer, G. and McDaniel, J. C. 1995. Single-pulse, two-line temperature measurement technique using KrF laser-induced O_2 fluorescence. *Appl. Opt.* ,**34**(24), 5501-5512.

Hanson, R. K. 1988. Planar laser-induced fluorescence imaging. *J. Quant. Spectrosc. Radiat. Transfer*, **40**(3), 343-362.

Hiller, B. and Hanson, R. K. 1990. Properties of the iodine molecule relevant to laser-induced fluorescence experiments in gas flows. *Exp. Fluids*,**10**(1), 1-11.

Hoffman, D, Münch, L. - U. and Leipertz, A. 1996. Two - dimensional temperature determination in sooting flames by filtered Rayleigh scattering. *Opt. Lett.* ,**21**(7), 525-527.

Huntley, M. and Smits, A. J. 2000. Transition studies on elliptic cones in Mach 8 flow using filtered Rayleigh scattering. *Eur. J. Mech. B Fluids*, **19**(5), 695-706.

Jones, A. R. 1979. Scattering of electromagnetic radiation in particulate laden fluids. *J. Prog. Emergy Combust. Sci.* , **5**, 73-96.

Kohl, R. H. and Grinstead, J. H. 1998. RELIEF velocimetry measurements in the R1D Research Facility at AEDC. Paper 98-2609, *20th AIAA Advanced Measurement and Ground Testing Technology Conference*, Albuquerque, NM, June 15-18.

Koochesfahani, M. M. , Cohn, R. K. , Gendrich, C. P. and Nocera, D. G. 1996. Molecular tagging diagnostics for the study of kinematics and mixing in liquid phase flows. Plenary Session, *Eighth International Symposium on Applications of laser Techniques to Fluid Mechanics*, Lisbon, Portugal, July 8–11.

Lachney, E. R. and Clemens, N. T. 1998. PLIF imaging of mean temperature and pressure in a supersonic bluff wake. *Exp. Fluids*, **24**(4), 354–363.

Laufer, G, McKenzie, R. L. and Fletcher, D. G. 1990. Method for measuring temperatures and densities in hypersonic wind tunnel air flows using laser–induced O_2 fluorescence. *Appl. Opt*, **29**(33), 4873–4883.

Lee, M. P. , McMillin, B. K. and Hanson, R. K. 1993. Temperature measurements in gases by use of planar laser–induced fluorescence imaging of NO. *Appl. Opt.* , **32**(27), 5379–5396.

Lempert, W. R. , Magee, K. , Gee, K. R. and Haugland, R. P. 1995. Flow tagging velocimetry in incompressible flow using photo–activated nonintrusive tracking of molecular motion. *Exp. Fluids*, **18**, 249–257.

Massey, G. A. and Lemon, C. J. 1984. Feasibility of measuring temperature and density fluctuations in air using laser–induced O_2 fluorescence. *IEEE J. Quantum Electron.* , **QE–20**, 454–457.

McDermid, I. S. and Laudenslager, J. B. 1982. Radiative lifetimes and electronic quenching rate constants for single photon excited rotational levels of $NOA^2 \sum^2 (v' = 0)$, *J. Quant. Spectrosc. Radiat. Transfer*, **27**(5), 483–492.

McKenzie, R. L. 1996. Measurement capabilities of planar Doppler velocimetry using pulsed lasers. *Appl. Opt.* , **35**(6), 948–964.

McKenzie, R. L. 1997. Planar Doppler velocimetry performance in low–speed flows. Paper 97–0498, *AIAA 35th Aerospace Sciences Meeting and Exhibit*, Reno, NV, January 6–10.

Michael, J. B. , Edwards, M. R. , Dogariu A. and Miles, R. B. 2011. Femtosecond laser electronic excitation tagging for quantitative velocity imaging in air. *Appl. Opt*, **50**(26), 5158–5162.

Miles, R. B. and Lempert, W. R. 1997. Quantitative flow visualization in unseeded flows. *Ann. Rev. Fluid Mech.* , **29**, 285–326.

Miles, R. B, Udd, E. and Zimmermann. M. 1978. Quantitative flow visualization in sodium vapor seeded hypersonic helium. *Appl. Phys. Lett.* , **32**, 317.

Miles, R. B. , Connors, J. J. , Howard, P. J. Markovitz, E. C. and Roth, G. J. 1988. Proposed single–pulse, two–dimensional temperature and density measurements of oxygen and air. *Opt. Lett*, **13**(3), 195–197.

Miles, R. B. , Connors, J. J, Markovitz, E. C, Howard, P. J. and Roth, G. J. 1989. Instantaneous profiles and turbulence statistics of supersonic free shear layers by Raman Excitation + Laser–Induced Electronic Fluorescence (RELIEF) velocity tagging of oxygen. *Exp. Fluide*, **8**(1–2), 17–24.

Miles, R. B, Lempert, W. and Forkey, J. 2001a. Laser Rayleigh scattering. *J. Meas. Sci. Technol*, **12**, 33–51.

Miles, R. B. , Yalin, A. , Tang, Z. , Zaidi, S. and Forkey, J. 2001b. Flow field imaging through sharp–edged atomic and molecular notch filters. *J. Meas. Sci. Technol.* **12**, 442–451.

Mosedale, A. D. , Elliott, G. S. , Carter, C. D, Weaver, W. L. and Beutner, T. J. 1998. On the use of planar Doppler velocimetry. Paper 98-2809, *AIAA 29th Fluid Dymamics Conference*, Albuquerque, NM, June 15-18.

Noullez, A. , Wallace, G. , Lempert, W. , Miles, R. B. and Frisch, U. 1997. Transverse velocity increments in turbulent flow using the RELIEF technique. *J. Fluid Mech.* , **339**, 287-307.

Palmer, J. L. and Hanson, R. K. 1993. Planar laser-induced fluorescence imaging in free jet flows with vibrational nonequilibrium. Paper 93-0046, *AIAA 31st Aerospace Sciences Meeting and Exhibit*, Reno, NV, January 11-14.

Paul, P. H. , Lee, M. P. and Hanson, R. K. 1989. Molecular velocity imaging of supersonic flows using pulsed planar laser-induced fluorescence of NO. *Opt. Lett*, 14, 417-419.

Pitz, R. W. , Brown, T. M. , Nandula, S. P. , Skaggs, P. A. , DeBarber, P. A. , Brown, M. S. and Segall, J. 1996. Unseeded velocity measurement by ozone tagging velocimetry. *Opt. Lett.* , **21** (10), 755-757.

Roquemore, W. M. , Chen, L-D. , Seaba, J. P. , Tschen, P. S. , Goss, L. P. and Trump, D. D. 2003. Jet diffusion flame transition to turbulence. In *A Gallery of Fluid Motion*, eds. M. Samimy, K. S. Breuer, L. G. Leal and P. H. Steen. Cambridge University Press, Cambridge.

Sánchez-González, R, Srinivasan, R. , Bowersox, R. W. D. and North, S. W. 2011. Simultaneous velocity and temperature measurerments in gaseous flow fields using the VENOM technique. *Opt. Lett.* , **36**(2), 196-198.

Seasholtz, R. G. , Buggele, A. E. and Reeder, M. F. 1997. Flow measurements based on Rayleigh scattering and Fabry-Perot interferometer. *Opt. Lasers Eng.* , **27**(6), 543-570.

Shimizu, H. , Lee, S. A. and She, C. Y. 1983. High spectral resolution LIDAR system with atomic blocking filters for measuring atmospheric parameters. *Appl. Opt.* , **22**(9), 1373-1381.

Smith, M. W. and Northam, G. B. 1995. Application of absorption filter-planar Doppler velocimetry to sonic and supersonic jets. Paper 95-0299, *AIAA 33rd Aerospace Sciences Meeting and Exhibit*, Reno, NV, January 9-12.

Smith, M. W. , Northam, G. B. and Drummond, J. P. 1996. Application of absorption filter planar Doppler velocimetry to sonic and supersonic jets. *AIAA J.* , **34**(3), 434-441.

Smith, S. H. and Mungal, M. G. 1998. Mixing, structure and scaling of the jet in crossflow. *J. Fluid Mech.* , **357**, 83-122.

Stockman, E. S. , Zaidi, S. H. , Miles, R. B. , Carter, C. D. and Ryan, D. 2009. Measurements of combustion properties in a microwave enhanced flame. *Combust. Flame*, **156**(7), 1453-1461.

Tenti, G. , Boley, C. D. and Desai, R. C. 1974. On the kinetic model description of Rayleigh-Brillouin scattering from molecular gases. *Can. J. Phys.* , **52**, 285.

Thurber, M. C. , Grissch, F. , Kirby, B. J. , Votsmeier, M. and Hanson, R. K. 1998. Measurements and modeling of acetone laser-induced fluorescence with implications for temperature-imaging diagnostics. *Appl. Opt*, **37**(21), 4963-4978.

Van Cruyningen, I. , Lozano, A. and Hanson, R. K. 1990. Quantitative imaging of concentration by planar laser-induced fluorescence. *Exp. Fluids*, **10**(1), 41-49.

Wu, P. , Lempert, W. R. and Miles, R. B. 2000. MHz pulse-burst laser and visualization of shockwave/boundary layer interaction. *AlAA J.* , **38**(4), 672–679.

Yalin, A. , Ionikh, Y, and Miles, R. B. 1999. Ultraviolet filtered Rayleigh scattering temperature measurements using a mercury filter. Paper 99–0642, 37*th AIAA Aerospace Sciences Meeting*, Reno, NV, January 11–14.

Yalin, A. P. , Ionikh, Y. Z. and Miles, R. B. 2002. Gas temperature measurements in weakly ionized glow discharges with filtered Rayleigh scattering. *Appl. Opt.* , **41**(18), 3753–3762.

Zimmermann, M. and Miles, R. B. 1980. Hypersonic–helium flow field measurements with the resonant Doppler velocimeter. *Appl. Phys. Lett*, **37**(10), 885–887.

106

第6章
数字粒子图像测速技术

M. Gharib, D. Dabiri[①]

6.1 定量流动显示

粒子图像测速技术(PIV)被认为是现代流体机械学史上最重要的成就之一。本章将提供这一功能强大的全域流动定量显示方法的概念以及其一些新颖的应用。数字粒子图像测速技术的不同技术方面已经成为众多公开文献与专著的主题。本章将推荐一些有助于进一步了解这一主题的重要参考文献。

定量的流动显示技术有许多起源,并形成了多种成熟方法。数字图像处理技术的出现使得从各种流动图像提取有益信息成为可能。一种直接的方法是采用图像强度或颜色(波长或频率)表征流动中浓度分布、密度分布和流动中的温度场以及这些标量场的梯度(Merzkirch,1987)。这些测量方法可能是流动固有动力参数的一部分(譬如,密度梯度被用于阴影与纹影技术),或是引入的光学惰性或活性染色剂(荧光示踪剂、液晶),或是其他分子标记网格。

通常,光流或光强场的运动可通过按时间顺序排列的图像获得(Singh,1991)。譬如,由染色剂、云雾或粒子产生的图型运动可用来获得这样的时间序列。采用由标量场(如染色剂图型)产生连续光强图型的主要问题在于,要求该种图型在时间和空间上是可分辨的,并且在获得平均与湍流速度信息之前所有尺度上的强度变化都应包含在这种图型内(Pearlstein,Carpenter,1995)。在这方面,通过播撒粒子获得的图像离散特性使得粒子跟踪成为全场测速的首选方法。该技术由光源照射所形成的平面或薄片体积内粒子场的多幅图像恢复二维或三维瞬时速度矢量场。粒子个体追踪的不同方法可获得位移信息,进而得到速度场。该方法的空间分辨率取决于粒子的数量密度。追踪个体粒子的主要缺点在于从大量粒子轨迹或粒子

① Center for Quantitative Visnalization at the Graduate Aeronautical Laboratories, Mail Stop 205-45, California Institute of Technology, Pasadena, CA 91125, USA

图像获取速度场需要难以承受的人工工作。数字成像技术有助于降低粒子追踪的工作量(Gharib,Willert,1990)。然而,由于在高粒子浓度图像中识别粒子对会存在误差,自动追踪粒子方法的设计,特别是对于三维流动而言,一直极具挑战性。因此,自动追踪粒子方法的应用一直限制在低粒子浓度图像。在这方面,不同的研究者已经实现了一种粒子跟踪模式的替代方法以解决粒子跟踪方法的上述问题,这种方法称为粒子图像测速技术。

6.2　数字粒子成像测速实验装置

对于绝大多数流体流动应用而言,试验主要在空气或水中进行。由于这些流体是透明的,流动必须通过对流动标记物的使用和运动来实现定量显示。图 6.1 为水洞或风洞中获取数字粒子成像测速图像的标准实验装置。对于水洞而言,可发荧光的聚苯乙烯、镀银粒子或其他高反射率粒子必须撒布于流动的流体之中,而橄榄油或乙醇液滴则通常用于风洞之中。由于流体速度是从粒子速度推断的,在不影响流体特性情况下和不确定度允许范围内跟随流动标记物的选择至关重要。这意味着流体标记物必须足够小以确保标记物上每一点速度差异最小,同时其密度应尽可能接近被测量(的流体)的密度。

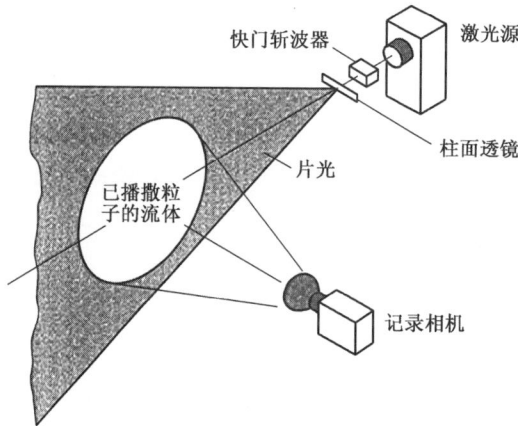

图 6.1　数字粒子成像测速实验装置

Merzkirch(1987)、Adrian(1986b,1991)和 Melling(1997)给出了关于粒子类型和与粒子运动相关的误差分析的进一步讨论。合理选择的条件下,用脉冲激光片(最典型的是 Nd：YAG 激光器)照射颗粒。然后用 CCD 相机获取反射粒子的图像,通常以 30 帧/s 的视频速度获得,其中每个图像都被单独曝光。尽管视频采集速率很慢,但随着 CCD 芯片的发展,数字粒子成像测速技术已克服了这一限制,后面将会予以讨论。采用计算机数据采集系统将捕获的图像储存于数字存储器。最后,使用互相关技术测量连续图像对之间的粒子图像偏移。由于该过程完全是数字化的,该方法称为数字粒子成像测速技术(DPIV)。

6.3　粒子图像测速技术:一种视觉呈现方法

与追踪单个粒子相反,粒子成像测速技术通过图像采样数量的统计相关性追踪粒子团。该方法消除了识别单个粒子的问题。通过采用粒子成像测速的统计评价,可以获得两个时间间隔的粒子图像之间的位移场,其中图像由摄影机或摄像机独立记录。关于各种粒子成像技术的系统综述由 Adrian(1986b,1991)、Keane 和 Adrian(1990,1991)给出。这里,遵循由 Willert 和 Gharib(1991)和 Westerweel (1993)最初描述的方法。对于互相关方面的概念,读者可以参考 Adrian(1986b, 1991)和 Hinsch(1993)的自相关技术数学处理,尤其是对于具有多重曝光粒子场的图像场。考虑由摄像机在两个连续的时间 τ 和 $\tau + \Delta\tau$ 所拍摄的两幅含粒子流场瞬时图像。图 6.2(a),(b)展示了这种图像的样例。假定粒子场由一维平行流场平移而成,因而在 $\tau + \Delta\tau$ 产生了另一个图像。合并这些时间历经的图像对,可通过谨慎选择合适的 $\Delta\tau$ 来获得诸如图 6.2(c)所描述的合成图像。通过眼睛和大脑的有趣协调,可以感知合成图像中的粒子场的线性运动。在另一个例子(图 6.2 (d))中,可通过相对于图 6.2 旋转图 6.2(b)来产生如图 6.2(d)那样的合成图像。

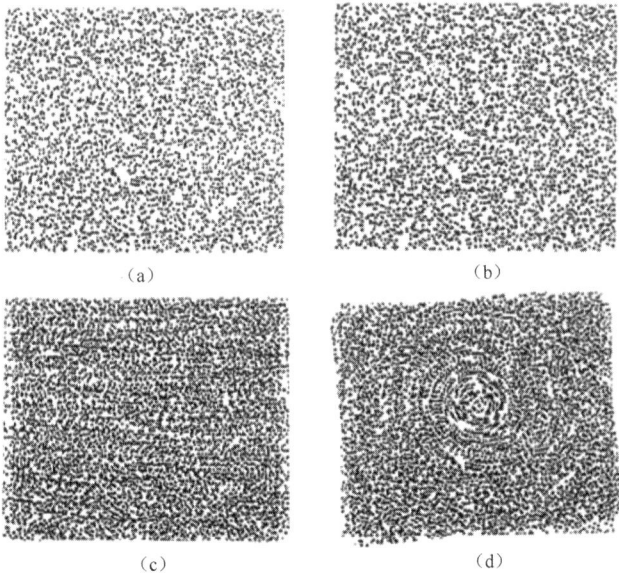

(a)　　　　　　　　　　(b)

(c)　　　　　　　　　　(d)

图 6.2　图(a)和图(b)为样本粒子图像。通过将(a)相对于(b)平移并将两者
重叠得到模拟平移的位移,并在(c)中示出。通过将(a)相对于(b)旋转并将两者重叠,
获得旋转移位并显示在(d)中

值得注意的是,人们能够通过眼睛和大脑的协作将两个时间演变的图像关联起来以感知运动。在下一节中将介绍该过程的数学基础,从而可以自动执行此过程。该过程被为统计图像的相关性,且称其数字实现为数字粒子成像测速技术(DPIV)。

6.4 图像相关

数字粒子成像测速中,通过测量窗口在特定区域对两幅连续数字图像进行二次采样(图6.3)。这些图像样本中,如果照射平面内存在着流动,粒子的平均空间位移可由一个采样样本在另一样本中的对应位置来获得。这种空间移位可以用如图6.4所示的线性数字信号处理模式非常简单地描述。

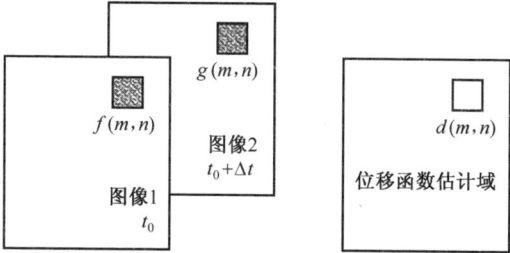

图6.3 在测量窗口对连续图像进行二次采样,产生位移矢量

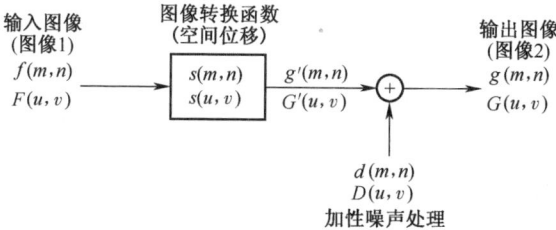

图6.4 描述DPIV方法的线性数字信号处理模型

测量窗口 $f(m,n)$ 中所得到一个采样区域可视为一个系统的输入,即该采样区域的输出量 $g(m,n)$ 对应于 $\Delta\tau$ 时刻后所拍摄另一图像采样区域。系统本身包括空间位移函数 $d(m,n)$(也称为系统的脉冲响应)和加性噪声过程 $N(m,n)$。这种噪声过程是粒子离开采样区域、激光片光中粒子通过三维运动而消失、测量窗口中粒子总数以及可能增加测量不确定度的其他因素的直接结果。当然,原始样本 $f(m,n)$ 和 $g(m,n)$ 也可能存在有噪声。数字粒子成像测速的主要任务是评估空间位移函数 $d(m,n)$,但噪声 $N(m,n)$ 的存在使评估变得复杂。输出样本 $g(m,n)$ 与输入样本 $f(m,n)$ 的相关程度可通过采用离散互相关函数来描述。

其主旨是在测量窗口中寻找已移动粒子图像统计学意义上的最佳匹配。这可

以通过离散互相关函数进行描述:

$$C(i',j') = \sum_{i=-k}^{k} \sum_{j=-l}^{l} f(i,j)g(i+i',j+j') \qquad (6.1)$$

式中:f 与 g 为图 6.4 展示的测量窗口 f 和 g 中像素光强度或灰度。测量窗口 f 的尺寸通常要小于测量窗口 g 的尺寸,主要是为了在测量窗口 g 的边界内能线性移动测量窗口 f(Keane,Adrian,1992)。对于所进行的每组互相关计算,会生成尺寸为 $(2M+1) \times (2N+1)$ 的相关平面。当在测量窗口中给定位置出现粒子图型匹配时,像素强度值乘积之和就达到最大值。对于给定的位移值,C 给出了两个粒子图型匹配的统计学量度。例如,图 6.5(a)、(b)展示了彼此相差 8 个像素的样本粒子图像,图 6.5(c)给出了这两幅图像的互相关结果。粒子位移的最佳估计值由互相关区域内的最大值给出。

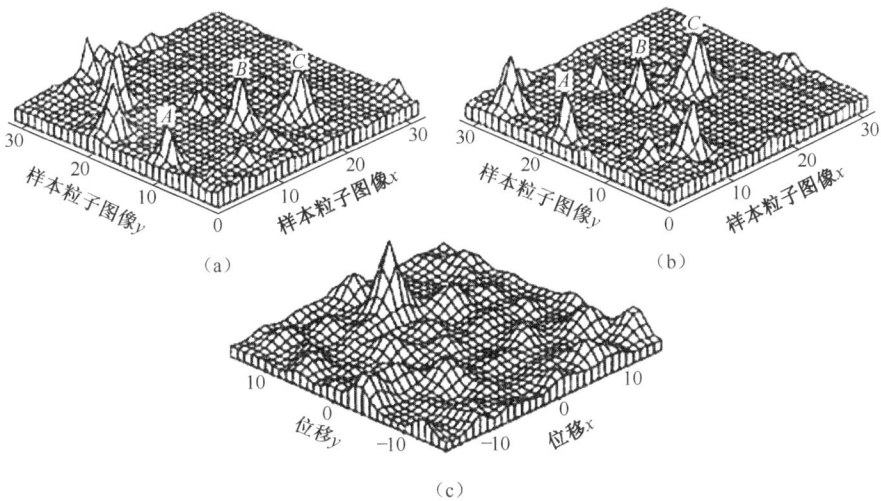

图 6.5　图像(a)和(b)之间的互相关估计,导致相关域(c),
y 方向上的粒子位移为 8 个像素

值得注意的是,该相关过程只能恢复一个线性位移,这是由相关函数的一阶近似引起的。为确保诸如速度梯度等二阶效应不会妨碍基本的相关处理过程,测量窗口必须足够小,以便测量窗口内速度梯度的影响可忽略不计。具体内容将会在6.7 节讨论。

6.4.1　峰值捕捉

数字粒子成像测速的最重要步骤是进行相关峰值精准地亚像素定位。通常,无特殊峰值捕捉网格的相关结果精度只有 ±0.5 像素。但是,采用峰值捕捉网格有可能获得低至 0.01 像素的精度。目前几种峰值捕捉网格已经得到研究。最初采用被定义为一阶矩与零阶矩之比的质心(Alexander,Ng,1991),并需要相关域被阈值化,以便定义包含相关峰值的区域。对于部分位移而言,该网格使得亚像素的测量很大程度上偏向整数值(Westerweel,1997),这种影响称为"峰值锁定"效应。对于2~3像素之间的粒子图像,诸如抛物线和高斯曲线拟合等更为可靠的方法也已被开发出来(Westerweel,1993;Willert,Gharilb,1991)。其中,高斯三点曲线拟合所引起的不确定度最小,这是因为互相关峰值本身就表现为高斯发光强度的曲线(Westerweel,1993;Raffel et al.,1998)。

6.4.2　频率空间中计算实现

每个相关值的乘法次数随样本大小呈二次方增加,造成了计算任务的繁重。为解决这一问题,Willert 和 Gharib(1991)建议采用快速傅里叶变换(FFT)来简化并显著加速互相关过程。与其如式(6.1)那样对包含全体元素的采样区域中各个元素进行求和,不如将操作简化为每个对应的傅里叶系数对的复共轭乘法。这样将每次互相关的计算数量由 N^4 降低至 $N^2 \log_2 N$。此外,Willert 建议发挥傅里叶变换的对称性质的优势,以便进一步减少计算时间(Willert,1992)。与离散傅里叶变换相关的奈奎斯特采样准则将在任意采样方向上的最大可恢复空间位移限制在该方向上的窗口大小的一半。实际上,这种位移即使对于技术的正常工作而言也过大,这是因为互相关计算中的信噪比随着空间位移的增大而减小。

6.5　视频成像

如前所述,图像需要通过 CCD 相机来获得。因此关于 CCD 相机的认识是必要的,这有助于能够充分利用相机的特性。CCD 相机内含对光敏感的感光像素阵列。标准的 CCD 视频相机采集帧频可以达到 30 帧/s。全帧 CCD 相机以逐行顺序读出像素值,大约需要一个全帧时间(1/30s)才能完全读取。这带来了一个严格限制,因为这种类型的 CCD 相机要求光源在每帧相同位置精准地进行脉冲。因此,数字粒子成像测速的最初应用被限制在低速流动,因为序列图像只以 1/30s 时差进行同步脉冲(图 6.6(a))。为突破该限制,Dabiri 和 Roesgen(1991)提出每帧的异步曝光模式。为实现这一曝光模式,他们建议采用帧传输 CCD 相机。该 CCD 相机与全帧 CCD 相机完全相同,唯一区别在于其下半部分被遮蔽,并只用于存储。采用帧传输 CCD 相机标志着显著的技术改进,这是因为将图像自曝光区域转移至遮蔽区域需要大约2ms,这样就有可能将激光曝光脉冲间的时间间隔降低至 2ms(图 6.6(b))。如此可增加将数字粒子成像测速技术在流速高一个数量级的流体流动应用(Gharib,Weigand,1996;Weigand,1996;Willert,Gharib,1997)。最近,全帧行间转移 CCD 相机允许数字粒子成像测速系统可以更短的脉冲间隔实现图像采集。该类 CCD 相机并非将一半阵列作为存储部分,而是将遮蔽的存储区域置于像素自身的附近,使得全幅图像的转移时间大约为 1μs。这极大地拓展了更快流体流动研究的数字粒子成像测速应用,因其将帧传输 CCD 的脉冲间隔降低了三个数量极,将全帧 CCD 的脉冲时间减少了四个数量级(图 6.6(c))。Dabiri 和 Gharib(1994)率先应用 1μs 脉冲间隔来实现该技术,使得能够定量显示出口速度 220m/s 高速射流(图 6.7)。更多关于这些 CCD 的技术描述由 Raffel 等人(1998)提供。

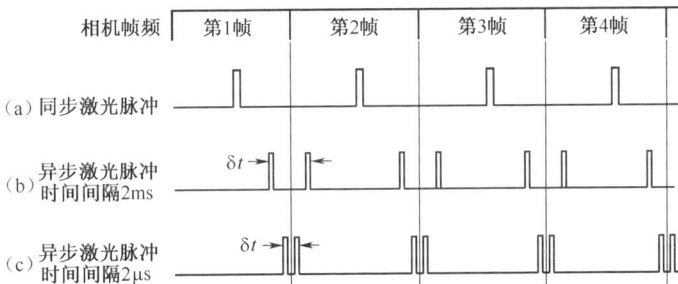

图 6.6　图像采集时序图

(a)全帧 CCD 相机的脉冲曝光;(b)脉冲传输用于帧传输 CCD 相机,允许最小 2ms 脉冲间隔;
(c)脉冲曝光用于全帧行间传输 CCD 相机,允许最小 2μs 脉冲间隔。

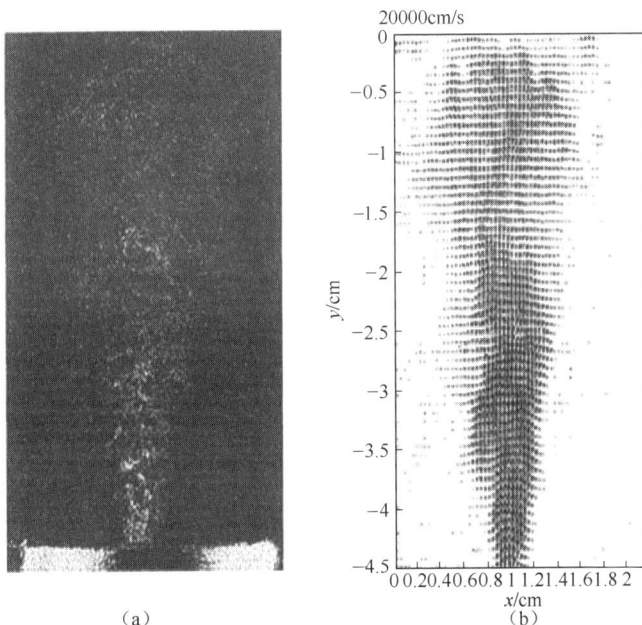

(a)　　　　　　　　　　　(b)

图 6.7　脉冲间隔为 1μs 的高速射流的速度场

(a)显示微粒流的单个图像;(b)结果向量场。

6.6　后处理

6.6.1　异常数据剔除

　　流动粒子撒布尽管是随机的,但并非完全均匀。因此,没有粒子的照明区域中存在小斑块是有可能的。与此相似,剧烈的三维运动会导致极少且通常是错误的粒子对。这种情况下,相关计算会给出错误数据,从而导致异常值点。若不加以处理,这些错误的矢量会进一步导致错误的微分或积分量,如涡量、切向与法向应力以及流线计算。例如,异常值剔除方案可通过将每个矢量与环绕其周围 8 个矢量进行逐一比较来进行设计。如果这一矢量与其周围每个矢量之间的差异超出由 4 个矢量给定的阈值,则其标记为异常值,且重新采用双线性方法从周围剩余的矢量进行插值计算(Willert,Gharib,1991)。

6.6.2　微分流动特性

　　一旦所有异常值被剔除,有可能通过速度场后处理来获得诸如涡量和应力场这样的高阶特性。变形张量为

$$\frac{\mathrm{d}\boldsymbol{U}}{\mathrm{d}\boldsymbol{X}} = \begin{bmatrix} \dfrac{\delta u}{\delta x} & \dfrac{\delta v}{\delta x} & \dfrac{\delta w}{\delta x} \\ \dfrac{\delta u}{\delta y} & \dfrac{\delta v}{\delta y} & \dfrac{\delta w}{\delta y} \\ \dfrac{\delta u}{\delta z} & \dfrac{\delta v}{\delta z} & \dfrac{\delta w}{\delta z} \end{bmatrix} \tag{6.2}$$

所采用的应力与涡量项可表示为

$$\frac{\mathrm{d}\boldsymbol{U}}{\mathrm{d}\boldsymbol{X}} = \begin{bmatrix} \varepsilon_{xx} & \dfrac{1}{2}\varepsilon_{xy} & \dfrac{1}{2}\varepsilon_{xz} \\ \dfrac{1}{2}\varepsilon_{yx} & \varepsilon_{yy} & \dfrac{1}{2}\varepsilon_{yz} \\ \dfrac{1}{2}\varepsilon_{zx} & \dfrac{1}{2}\varepsilon_{zy} & \varepsilon_{zz} \end{bmatrix} + \begin{bmatrix} 0 & \dfrac{1}{2}\omega_z & -\dfrac{1}{2}\omega_x \\ -\dfrac{1}{2}\omega_z & 0 & \dfrac{1}{2}\omega_y \\ -\dfrac{1}{2}\omega_x & \dfrac{1}{2}\omega_y & 0 \end{bmatrix} \tag{6.3}$$

式中:ε 为应力场;ω 为速度场。由于数字粒子成像测速是全域二维测速技术,只能测量 u 与 v 速度分量,变形张量中 ω 与 $\delta/\delta z$ 是不能测量的,这是因为垂直于照明方向的速度及其梯度不能被测定。为实现可测量目的,将变形张量缩减为

114

$$\frac{\mathrm{d}\boldsymbol{U}}{\mathrm{d}\boldsymbol{X}} = \begin{bmatrix} \varepsilon_{xx} & \frac{1}{2}\varepsilon_{xy} \\ \frac{1}{2}\varepsilon_{yx} & \varepsilon_{yy} \end{bmatrix} + \begin{bmatrix} 0 & \frac{1}{2}\omega_z \\ \frac{1}{2}\omega_z & 0 \end{bmatrix} \qquad (6.4)$$

因此,速度场中唯一可以计算的微分量为

$$\omega_z = \frac{\delta v}{\delta x} - \frac{\delta u}{\delta y}, \ \varepsilon_{xy} = \frac{\delta v}{\delta x} + \frac{\delta u}{\delta y}, \eta = \varepsilon_{xx} + \varepsilon_{yy} = \frac{\delta v}{\delta y} + \frac{\delta u}{\delta x} \qquad (6.5)$$

其中,η 为平面外应变的量度。为了能够计算上述量,确定现有不同类型的格式是十分重要的。Raffel 等人(1998)研究包括迎风与后推格式等几种有限差分格式,诸如中心差分格式这样的二阶格式、理查德森外推以及最小二乘格式。研究表明,最小二乘格式产生最小的不确定度。几种可选的方法也被用来计算涡量、切向与法向应力项。通过斯托克斯理论,涡量可通过计算关联来获得:

$$\Gamma = \oint \boldsymbol{u} \cdot \mathrm{d}\boldsymbol{l} = \int \boldsymbol{\omega} \cdot \mathrm{d}\boldsymbol{S} \qquad (6.6)$$

其中,l 为 S 面上的积分路径,其可改写为

$$(\omega_z)_{avg} = \frac{1}{2}\Gamma = \frac{1}{2}\oint \boldsymbol{u} \cdot \mathrm{d}\boldsymbol{l} \qquad (6.7)$$

来给出封闭区域内的平均涡度。实际上,下面公式提供了涡度的估计值(Reuss et al.,1989;Landreth,Adrian,1990):

$$[\omega_z]_{i,j} = [u_{i-1,j-1} + 2u_{i,j-1} + u_{i+1,j-1} - u_{i+1,j+1} - 2u_{i,j+1} - u_{i-1,j+1}]\frac{1}{8\delta y}$$

$$+ [v_{i+1,j-1} + 2v_{i+1,j} + v_{i+1,j+1} - v_{i-1,j+1} - 2v_{i-1,j} - v_{i-1,j-1}]\frac{1}{8\delta x}$$

$$(6.8)$$

Westerweel(1993)发现该方法可得出最佳涡量估计,这是因为在理想条件和噪声条件下进行测量时,该方法提供了最小的测量不确定度。事实上,该式等价于采用 3×3 光顺内核的中心差分格式。同样,法向应力可通过将沿封闭路径的速度积分除以封闭区面积来获得。最终公式为

$$\left(\frac{\delta\omega}{\delta z}\right)_{i,j} = \frac{\oint_A \boldsymbol{u} \cdot \mathrm{d}\boldsymbol{l}}{A} = [u_{i-1,j+1} + 2u_{i-1,j} + u_{i-1,j-1} - u_{i+1,j-1} - 2u_{i+1,j} - u_{i+1,j+1}]\frac{1}{8\delta x}$$

$$+ [v_{i-1,j-1} + 2v_{i,j-1} + v_{i+1,j-1} - v_{i+1,j+1} - 2v_{i,j+1} - v_{i-1,j+1}]\frac{1}{8\delta y}$$

$$(6.9)$$

即使不能直接使用斯托克斯定律,也可以用类似的方法计算剪应力:

$$[\varepsilon_{xy}]_{i,j} = [u_{i+1,j+1} + 2u_{i,j+1} + u_{i-1,j+1} - u_{i+1,j-1} - 2u_{i,j-1} - u_{i-1,j-1}]\frac{1}{8\delta y}$$

$$+ [v_{i+1,j-1} + 2v_{i+1,j} + v_{i+1,j+1} - v_{i-1,j-1} - 2v_{i-1,j} - v_{i-1,j+1}]\frac{1}{8\delta x}$$

$$(6.10)$$

6.6.3 可积分的流动特性

如环量与流线这样的积分量也可以同样方式获得。如前所述,环量是封闭路径长度上路径长度增量矢量与局部速度矢量点积的线积分。方程式(6.6)中所示的线积分

$$\Gamma = \oint u \mathrm{d}l \qquad (6.11)$$

可用来计算环量,这是因为速度测量所产生的噪声要小于环量计算的噪声。该式可直接进行计算,其主要问题是积分路径长度的选择。对于涡量场受关注的流动而言,理想的积分路径是涡量恒定的路径,因为按照定义环量是给定区域的涡度积分。例如,Willert 和 Gharib(1991)在涡环核心中心区域采用连续的同心涡量环作为积分路径长度来展示环量的分布。

也有可能对速度场进行积分以获得流线。这对于二维流动的假设是成立的,可应用流势理论将流函数和势函数与速度场联系起来:

$$\Psi = \int_y u\mathrm{d}y - \int_x v\mathrm{d}x, \Phi = \int_y v\mathrm{d}y - \int_x u\mathrm{d}x \qquad (6.12)$$

上述积分提供了合理的结果。但是,式(6.12)将泊松方程

$$\nabla^2 \Psi = -\omega_z \qquad (6.13)$$

简化为拉普拉斯方程

$$\nabla^2 \Psi = 0 \qquad (6.14)$$

其中,假定流动是无旋的。求解完整的泊松方程是困难的,因为涡度场仅由速度场近似而获得的。此外,边界条件必须在积分前给定(Willert,1992)。

6.7 误差源

如同所有测量技术那样,清楚误差来源对于测量是十分重要的。测量中存在着几个研究人员必须明确最小化的误差源以获得最佳的测量结果。由于通过直接试验来确定误差源是十分困难的,这些问题可通过模拟计算来确定,由于各种参数可随时间变化且与已知结果比较,以便确定其对结果的影响(Keane, Adrian, 1990—1992;Willert,Gharib,1991;Westerweel,1993;Raffel et al.,1998)。

6.7.1 粒子图像密度导致的不确定性

Willert 和 Gharib(1991)经研究能够展示测量不确定度随粒子图像密度的增加而降低(图6.8),这是因为测量窗口内粒子越多越有利于获得互相关峰值。因此,在不改变流体物理性质或不丢失粒子图像外形的前提下实现粒子浓度最大化是十分重要的。

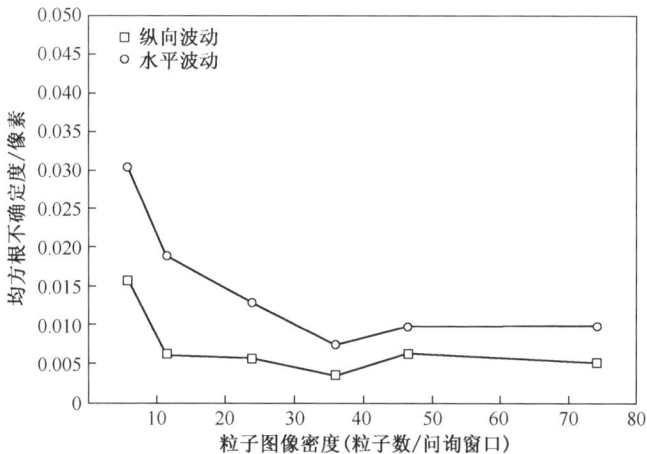

图 6.8 测量不确定度随粒子图像密度变化的函数图像

6.7.2 测量窗口内速度梯度导致的不确定性

Willert 也展示了测量不确定度随测量窗口中速度梯度的增加而增加(图6.9),并进一步解释了速度偏向于较低值的原因,这是因为更多粒子从速度梯度的高速一侧离开测量窗口,只剩下低速粒子以形成相关峰值(Keane,Adrian,1992)。因此,通过减小测量窗口尺寸或测量窗口内的速度差来降低离开测量窗口的粒子数目并获得更精确的测量结果的方法是合理可行的(Raffel et al.,1998)。

6.7.3 粒子成像像素数量引起的不确定性

Westerweel 等人(1997)的研究表明,当测量窗口像素为为 32×32 时,采用 2 像素粒子图像的不确定度只有 4 像素粒子图像(图6.10)的一半。因测量窗口尺寸限制,最佳粒子图像尺寸可达到大约 2.2 像素,这已由 Raffel 等人(1998)证实。该图像还表明,作为像素位移函数的误差随粒子图像位移的增加而增加。同样,对于给定的窗尺寸,随粒子位移的增加,利于相关峰值的粒子将越来越少。

117

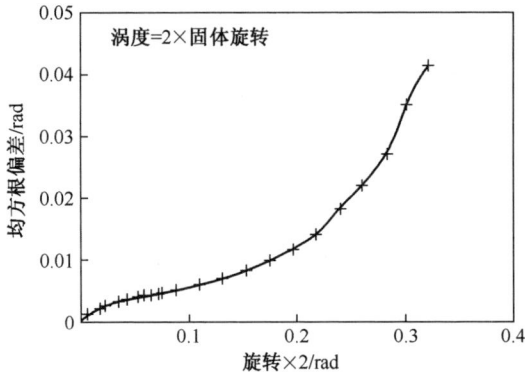

图 6.9　像素 32×32 中 75 个粒子图像均匀旋转导致的不确定度

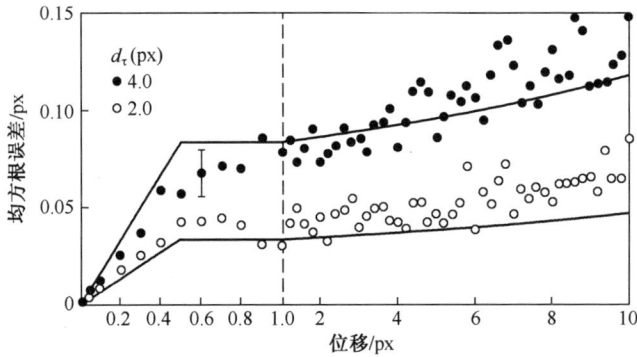

图 6.10　两种粒子图像尺寸下均方根误差关于像素位移的函数图像(Westerweel et al.,1997)

6.7.4　测量窗口尺寸的影响

　　Raffel 等人(1998)研究发现,对于单纯的平移运动,窗口尺寸越大则测量不确定度越小,这是因为有更多的粒子利于相关峰值的获得。因此,寻找足够小的测量窗口尺寸以降低梯度误差是十分重要的,同时窗口又需要足够大以提供足够的粒子对以进行适当的相关。

　　更为有趣的是,[0,0.5]像素区间内的误差是线性的。第二幅图像测量窗口相对于第一幅图像的测量窗口足够大(Keane,Adrian,1992),或通过相对于第一幅图像的平均粒子位移来移动第二幅图像的测量窗口(Westerweel et al.,1997)是最为有利的。该流程至少包括两个步骤。首先,进行无位移的测量窗口处理,然后所得的粒子位移用来指导如上所述的窗口移动过程。该过程引起的不确定度减少实质上十分显著,这是因为所得速度谱的检验表明有可能获得超过 10 倍的可靠数据(图 6.11)。

118

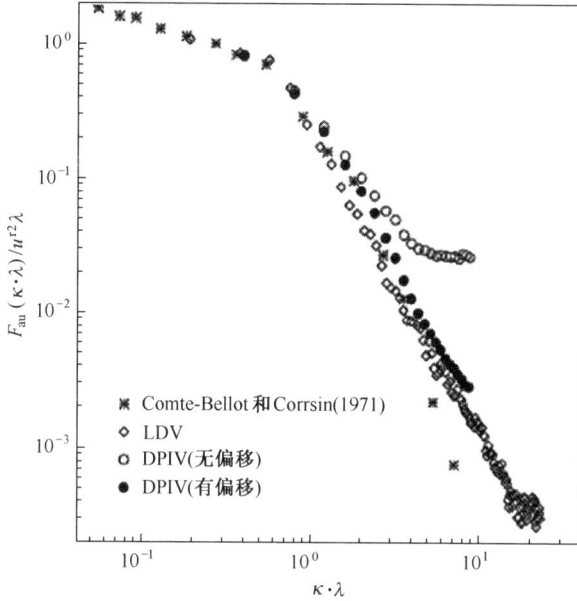

图 6.11　网格中湍流脉动流速度的功率谱归一化

空心圆点表示没有窗口偏移的 DPIV 窗口得到的结果;实心圆点则为具有窗口偏移时的结果。
给出了和 DPIV 相同设备相同位置的 LDV 得到的结果,以及用 Comte-Bellot 和 Corrsin(1971)
热线风速方法测量得到的结果(Westerweel et al.,1997)。

6.7.5　平均偏离误差的剔除

最难确定的不确定度是平均偏离误差。当相关峰形状与拟合曲线的形状不匹
配时,或者因使用有限窗口尺寸都会导致这种情况出现。Westerweel(1993,1997)
提出,这种偏差源于因数值累积所引起的各有限相关值(式 6.1),同样大小的图像
域并非恒定。该偏差可通过将相关域除以测量窗口(图 6.12(a))卷积的方式来校
正。由 Keane 和 Adrian(1992)提出的方法是采用不同尺寸的测量窗口,使得关注
区域(图 6.12(b))内测量窗口的卷积是平的。不需要对计算的相关性进行校正。

Huang 等人(1997)提出了减少平均偏离误差的第三种方法。由对式(6.1)给
出的互相关进行归一化后可得

$$C' = \frac{C(m,n)}{\left[\sum_{i,j} f^2(i,j) \sum_{i,j} g^2(i,j)\right]^{\frac{1}{2}}} \tag{6.15}$$

这样有可能显著减小均方根误差。但是,该方法依然会保持 0.01 像素的平均偏离
误差,相对于均方根误差是不能忽略的。该误差会导致互相关峰值的不对称性,可

119

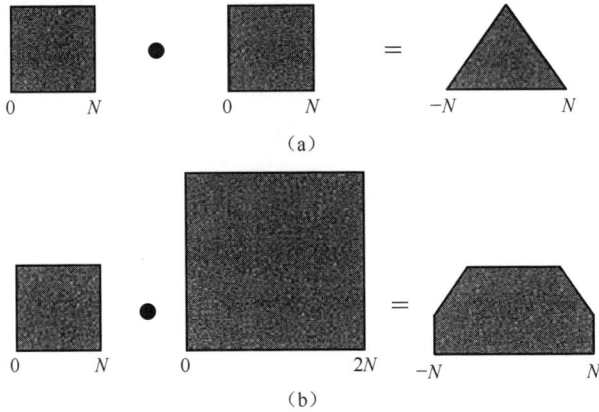

图 6.12　平均偏差可以通过将互相关除以两个顺序
图像的测量窗口的窗口大小的卷积来校正均值偏差
（a）对于相同大小的测量窗口，所得卷积是三角形形状；
（b）对于不同大小的测量窗口，所产生的卷积在值得关注区域是平的。

通过以下方法来予以补偿。首先,在计算相关域时,峰值周边的相关值可由下式予以补偿:

$$R_n' = \alpha R_n \qquad (6.16)$$

其中, $R_n \in R(x_0 + 1, y_0)$, $R(x_0 - 1, y_0)$, $R(x_0, y_0 + 1)$, $R(x_0, y_0 - 1)$ 分别为整数峰值的相关度,且有

$$\alpha = 1 + k \frac{R(x_0, y_0) - R_{n\max}}{R(x_0, y_0)} \qquad (6.17)$$

式中: $R_{n\max}$ 为整数峰值附近 R_n 的最大值。k 的最佳值为 0.143,其会导致平均偏离误差在 0.001 像素量级。该误差比 6.4.1 节提到的要低一个量级。

6.8　数字粒子成像测速的应用

6.8.1　涡环形成研究

数字粒子成像测速技术是研究与再现诸如边界层、分离剪切流及包括涡环在内的非定常流动等传统流动问题的一种方法选择。Gharib 等人(1998)应用数字粒子成像测速技术研究轴对称涡环的形成过程。

图 6.13 描绘了流经活塞/气缸结构脉冲射流产生涡环的速度场。按照 Gherib 等人的研究,对于长冲程比(大于 4),涡环从尾部射流中收缩。该现象可在尾喷流

涡度场与其前涡旋之间间隔的图 6.14 中清晰地发现。该实例展示了数字粒子成像测速在发现流体力学新现象过程中的独特能力。

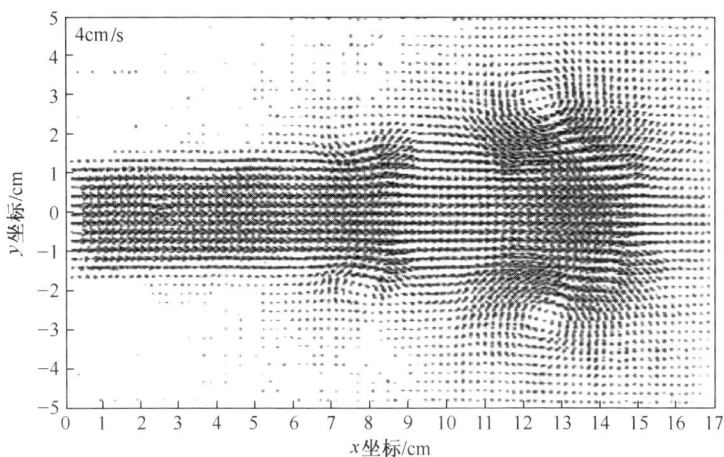

图 6.13　由一个脉冲启动射流产生的旋涡环的瞬态速度场

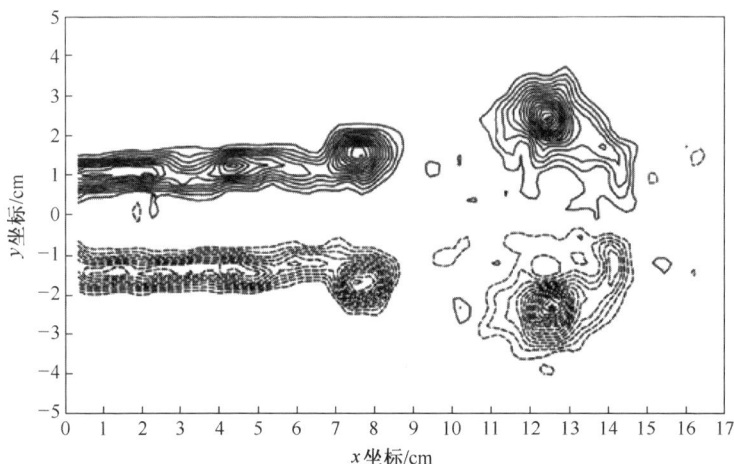

图 6.14　涡旋环的瞬时涡度(图 6.13)

6.8.2　力预测数字粒子成像测速的新应用

通过数字粒子成像测速获得整个流场,可考虑其在提取不同流场特性方面的广泛应用。数字粒子成像测速最具吸引力的应用之一就是流固相互作用中的力测量。采用控制体积法依据动量守恒理论可将作用于物体的瞬态力表示为

$$\boldsymbol{F} = -\frac{\mathrm{d}}{\mathrm{d}t}\int_{V_m(t)}\rho\boldsymbol{u}\mathrm{d}V + \oint_{S_m(t)}\boldsymbol{n}\cdot\Sigma\mathrm{d}S \tag{6.18}$$

121

式中：ρ 为流体密度；u 为流体速度；Σ 为应力张量。物体体积 $V_m(t)$ 由物体内表面限定，物体内表面与物体表面、物体外表面 $S_m(t)$ 以及控制体表面向外的单位法线 n 相对应(图6.15)。譬如，Lin 和 Rockwell(1996)以及 Noca 等人(1997)的研究表明，通过适当采用流体速度和应力张量表征速度与涡量场，可获得作用于振荡圆柱体的力的时间历程。图6.16 描述了由 Noca 等人(1997)所进行的计算。

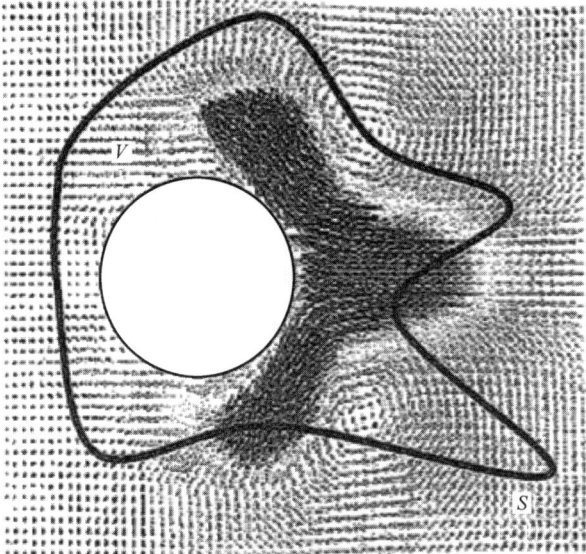

图 6.15 (见彩图 7)振荡圆柱的瞬时速度场所用的
控制表面和体积(图片由 F. Noca 提供)

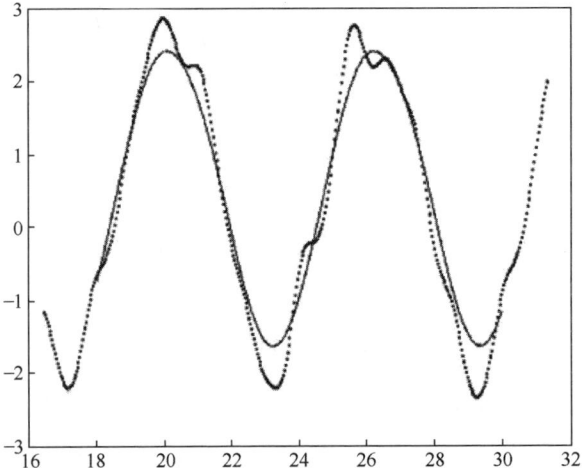

图 6.16 用 DPIV 计算了振荡圆柱上的阻力系数关于无量纲时间的函数。
正弦曲线为理论计算结果，虚线表示实验结果(图片由 F. Noca 提供)

122

6.8.3 数字粒子成像测速与计算流体力学的共同点

数字粒子成像测速提供了定义与计算流体力学(CFD)共同点的一个独特方法。例如,通过数字粒子成像测速获取速度场信息可直接检验并验证流动维数、几何定义以及速度与涡度测量的对比。图 6.17 展示了应用直接数值模拟(DNS)方法模拟圆柱体涡脱落及其与数字粒子成像测速结果的对比(Henerson,Karniadakis,1995)。涡量等级与数据很好吻合,其本身在采用直接数值模拟进行雷诺数范围的检验中是非常有价值的。

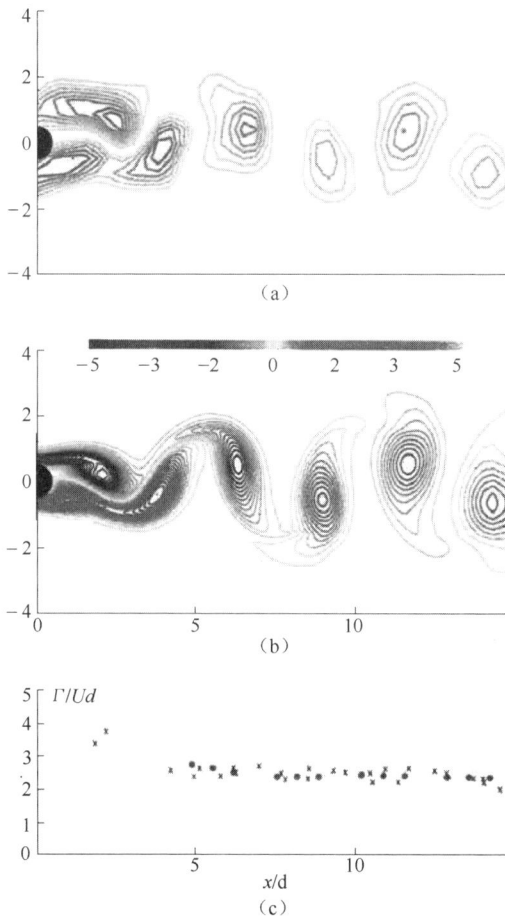

图 6.17　(见彩图 8)圆柱体尾迹的涡度($Re = 100$)
(a)DPIV 测量法;(b)二维数值模拟;
(c)实验中尾涡环流的计算值(以叉号表示)和模拟值(以实心黑点表示)。

6.9 小结

数字粒子成像测速技术提供了流体流动试验观测的最重要里程碑之一。该技术的优势来源于其能够提供超越诸如热线或激光多普勒测速等单点测量技术的测量能力。此外,其他测量如涡量、变形量和力也可推导获得,为流体流动现象的CFD理论建模提供了共同基础。在这方面,数字粒子成像测速可在流动研究上做出巨大的贡献,因其能够提供各种流动细节,直到最近才能被计算机进行计算模拟。但是,该技术在复杂三维流动中的应用需小心谨慎,以便防止可能的误差源和对流动的误解。这种有价值的技术向三维和体积映射的拓展以及诸如更快高分辨CCD相机的技术发展是各研究团队目前正在进行研究的几个必需步骤。

6.10 参考文献

Adrian, R. J. 1986. Muiti-point optical measurements of simultaneous vectors in an unsteady flow-a review. *Int. J. Heat Fluid Flow*, **7**, 127-145.

Adrian, R. J. 1991. Particle-imaging techniques for experimental fluid mechanics. *Ann. Rev. Fluid Mech.*, **22**, 261-304.

Alexander, B. F. and Ng K. C. 1991. Elimination of systematic-error in sub-pixel accuracy centroid estimation. *Opt. Eng.*, **30**, 1320-1331.

Comte-Bellot, G. and Corrsin, S. 1971. Simple eulerian time correlation of full and narrow-band velocity signal in grid-generated, "isotropic" turbulence. *J. Fluid Mech.*, **22**, 261-304.

Dabiri, D. and Gharib, M. 1994. Internal GALCIT Report.

Dabiri, D. and Roesgen, T. 1991. Private communications.

Gharib, M. and Weigand, A. 1996. Experimental studies of vortex disconnection and connection at a free surface. *J. Fluid Mech.*, **321**, 59-86.

Gharib, M. and Willert, C. 1990. Particle tracking-revisited. In *Lecture Notes in Engineering*: Advances *in Fluid Mechanics Measurements*, **45**, ed. M. Gadel-Hak, Springer-Verlag, New York, pp. 109-126.

Gharib, M, Rambod, R. and Shariff, K. 1998. A universal time scale for vortex ring formation. *J. Fluid Mech.*, **360**, 121-140.

Henderson, R. and Karniadakis, G. E. 1995. Unstructured spectral element methods for simulation of turbulent flows. *J. Comput. Phys.*, **122**, 191-217.

Hinsch, K. D. 1993. Particle image velocimetry. In *Speckle Metrology*, ed. R. S. Sirohi, Marcel Delkker, New York, pp. 235-323.

Huang, H. , Dabiri, D. and Gharib, M. 1997. On errors of digital particle image velocimetry. *Meas. Sci. Technol.* , **8**, 1427-1440.

Keane, R. D. and Adrian, R. J. 1990. Optimization of particle image velocimeters. Part I: Double-pulsed systems. *Meas. Sci. Technol.* , **1**, 1202-1215.

Keane, R. D, and Adrian, R. J. 1991. Optimization of particle image velocimeters. Part II: Multiple-pulsed systems. *Meas. Sci. Technol.* , **2**, 963-974.

Keane, R. D. and Adrian, R. J. 1992. Theory of cross-correlation of PIV images. *Appl. Sci. Res.* , **49**, 191-215.

Landreth, C. C. , and Adrian, R. J. 1990a. Impingement of a low Reynolds number turbulent circular jet onto a flat plate at normal incidence. *Exp. Fluids*, **9**, 74-84.

Lin, J. and Rockwell, D. 1996. Force identification by vorticity fields: Techniques based on flow imaging. *J. Fluid Struct.* , **10**, 663-668.

Melling, A. 1997. Tracer particles and seeding for particle image velocimetry. *Meas. Sci. Technol*, **8**, 1406-1416.

Merzkirch, W. 1987. *Flow Visualization*. 2nd ed. , Academic Press, Orlando.

Noca, F. , Shiels, D. and Jeon, D. 1997. Measuring instantaneous fluid dynamic forces on bodies, using only velocity fields and their derivatives. *J. Fluid Struct.* , **11**, 345-350.

Pearlstein, A. J. and Carpenter, B. 1995. On the determination of solenoidal or compressible velocity fields from measurements of passive and reactive scalars. *Phys. Fluids*, **7**(4) , 754-763.

Raffel, M, Willert, C. and Kompenhans, J. 1998. *Particle image velocimetry-A practical guide*. Springer-Verlag, Heidelberg.

Reuss, D. L. , Adrian, R. J. , Landreth, C. C. , French, D. T. and Fansler T. D. 1989. Instantaneous planar measurements of velocity and large-scale vorticity and strain rate in an engine using particle-image velocimetry. *SAE Technical Paper Series 890616*.

Singh, A. 1991. *Optic flow computation*. IEEE, Computer Society Press.

Weigand, A. 1996. Simultaneous mapping of the velocity and deformation field at a free surface. *Exp. Fluids*, **20**, 358-364.

Westerweel, J. 1993. *Digital particle image velocimetry-theory and application*. Ph. D. Thesis, Delft University Press, Delft.

Westerweel, J. 1997. Fundamentals of digital particle image velocimetry. *Meas. Sci. Technol*, 8, 1379-1392.

Westerweel, J. , Dabiri, D. and Gharib, M. 1997. The effect of a discrete window offset on the accuracy of cross-correlation analysis of PIV recordings. *Exp. Fluids*, **23**, 20-28.

Willert, C. E. 1992. *The interaction of modulated vortex pairs with a free surface*. Ph. D. Thesis, Dept. of Applied Mechanics and Engineering Sciences, University of California, San Diego, CA.

Willert, C. E. and Gharib, M. 1991. Digital particle image velocimetry. *Exp. Fluids*, **10**, 181-193.

Willert, C. E. and Gharib, M. 1997. The interaction of spatially modulated vortex pairs with free surfaces. *J. Fluid Mech.* , **345**, 227-250.

第7章
热致变色液晶的表面温度测量

D. R. Sabatino[1],T. J. Praisner[2] 和 C. R. Smith[3]

7.1 引言

热致变色液晶(LCs)持续提供了一种相对简单且效费比相对高的表面温度场显示与测量方法。液晶具有基于温度可预测且可重复的独特光学性质。当在黑色表面涂以液晶薄层时,液晶薄层会依据表面温度选择性地反射光。反射光在可见波长范围内,其波长和色度几乎随温度单调变化。这种颜色与温度间的关系使得研究者能够定量地获得高精度、高空间分辨的表面温度和流场温度分布。

作为一种温度显示技术,液晶只需要很少的设备。实际上,一旦在被测表面涂覆热致变色液晶,普通光源即可用来显示表面温度。显示涂有液晶薄层圆柱体迎风面温度分布的图 7.1 充分说明了液晶作为显示技术的有效性。设置小型加热器的端壁表面会产生类似油流显示表面流线那样的热尾迹。液晶热成像技术的主要挑战是从真色彩图像中定量提取温度和表面传热数据。本章将主要关注定量方法,但所有讨论的技术均可用来提供独特的应用显示。

7.1.1 液晶的特性

热成像中所使用的液晶归类为热致变色液晶,这意味着它们特定分子的结构是其温度高于固体的结果。随着液晶温度的提高,其分子结构历经如图 7.2 所示的三种相态的变化。近晶相或各向同性相下,分子的规则排列(或缺乏规则排列)基本上可使所有光波长穿过液晶而不发生反射。然而,液晶处于手性向列相时,分

①   Department of Mechanical Engineering,Lafayette College,Easton,PA 18042,USA.

②   Turbine Aerodynamics,United Technologies Pratt & Whitney,East Hartford,CT 06108,USA.

③   Departement of Mechanical Engineering and Mechanics,Lehigh University,Bethlehem,PA 18015,USA.

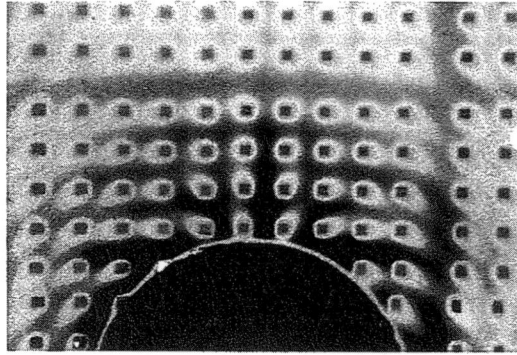

图 7.1　$Re_D = 2 \times 10^4$ 条件下圆柱体绕流上游端壁一系列加热点所产生的液晶表面
温度分布图像（Batchelder, Moffat, 1998）

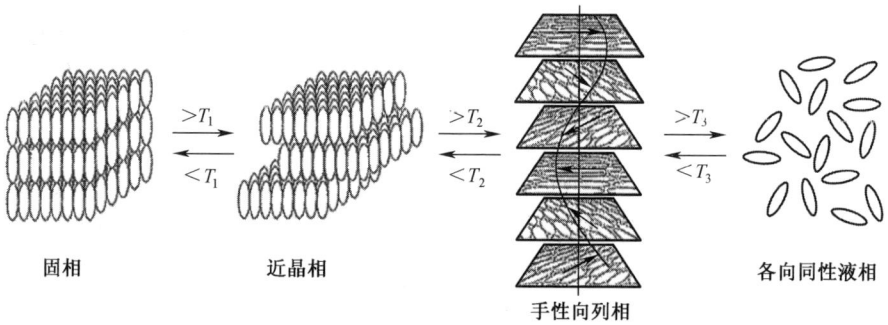

固相　　　　　　近晶相　　　　　　　　　　　　　　　　　　各向同性液相

手性向列相

图 7.2　手性向列液晶的热可逆态（Hallcrest, 1991）

子的有序层排列使得每层的排列相对于上层或下层错开很小的角度。这种螺旋状
的分子排列使得液晶优先反射特定波长范围的光，并使得其他波长的光透过。分
子层之间的相对方向排列随温度的变化而发生改变，使液晶重复反射不同颜色光
的特性是温度的函数。较低温度下所感知的液晶颜色响应是红色的，随着温度的
增加依次呈现黄色、绿色，最终在温度最高点呈现蓝色。定义清亮点为反射光波长
高于或低于可见波谱频段时的温度。超过清亮点温度，液晶开始向近晶相或各向
同性相相转变（Hallcrest, 1991; Ireland, Jones, 2000; Dabiri, 2009）。

　　应当注意用来描述热图成像中所使用的几个不同术语。液晶只有在随温度变
化而发生颜色变化时才会描述为热致变色。准确地讲，研究者通常以独特的分子
结构描述液晶，以确定其为手性列向。会引起混淆的是，还有另外一种许多方面类
似于手性向列相的热致变色液晶，称为胆甾相。胆甾相液晶如此命名是因为其来
自胆固醇或另一种甾醇。虽然胆甾相和手性向列相具有相似的分子形态，但它们
相关的物理特性是不同的。尤其是与手性向列相液晶相比，胆甾液晶的可用温度
范围更小、时间响应更长。例如，手性向列相液晶变色的时间常数通常是 3～5ms,

128

而胆甾相液晶的通常为 100ms(Moffat,1990；Ireland,Jones,2000)。

除用于流动显示的应用外,诸如图 7.1 所示的图像可通过采用关联颜色与当地温度的校准算法及应用适当的热边界条件转换为高分辨率的温度和热流分布。下面将讨论这些不同的定量方法。

7.1.2　温度校准技术

从热致变色液晶的色度区带提取定时信息的校准技术主要有两种,其中窄带技术应用具有较窄激活带宽(通常为 1℃或更小)的液晶,成功应用这种技术的研究者包括 Ireland 和 Jones(1986)、Hippensteele 和 Russell(1988)、Giel 等人(1998)以及 Butler 等人(2001)。应用该技术,可确定单次温致变色(通常变为黄色或绿色)的温度。对于绝大多数液晶而言,选择这些颜色是因为其只在最窄的温度范围,这样可以将不确定度降至最低。实验证明,该技术可用来精确确定液晶涂覆表面的瞬态等温线。采用窄带校准技术的主要优点在于只需单个颜色/温度校准点。

一些研究者也采用另一宽带校准技术。这些研究者包括 Hollingsworth 等人(1989)、Camel 等人(1993)、Farina 等人(1994)、Babinsky 和 Edwards(1996)、Wang 等人(1996)以及 Guo 等人(2000)。对于该技术,颜色(色调)与温度的校准是在具有相对宽的温度(通常为几度或更大)范围内和液晶全色谱范围内进行的。该技术的主要缺陷在于需相当数量的校准点来精确解析热致变色液晶典型的色调与温度非线性关系。但是,该技术的独特优势在于可由单张图像确定全表面传热分布。

7.1.3　对流传热系数测量技术

液晶热图可用来直接测量温度,同时其也经常用于测定固体边界流动的对流换热特性。结合已知边界条件,液晶热图可用来获得复杂流动结构中详细的对流换热信息。这些流动实例包括层流与湍流边界层、边界层转捩流动、三维分离流动及钝体流动。时均对流换热系数通常采用基于液晶热图的两种试验方法中的一种来确定。这些时均传热技术称为稳态和瞬时技术。此外,还有第三种用来测定瞬态波动的对流换热系数的方法。

1. 时均技术

适用稳态技术情况下,恒定的热流边界条件通常是通过由电流流经涂有液晶的电阻材料薄膜来产生的,且在无流动表面是绝缘的。最常用的是真空沉积的金或金/铬薄膜作为电阻加热器(Hippensteele,Russel,1988；Baughn,1995；Butler et al.,2001；Kodzwa,Eaton,2010)。无论如何,材料选择主要基于其电阻率及厚度的要求。在几乎理想的绝热边界条件下,基于涂覆在恒定传热表面的液晶所获得的温度图谱,对流换热方程可用来获得传热系数的分布。

无论是窄带,还是宽带校准技术,均可以与稳态技术一起使用。对于恒定传热表面应用窄带校准技术,通过系统地调整所提供的功率来改变颜色的位置(通常显示为线轮廓)。尽管该技术只要求单个温度与色调校准点,但其需要大数目的图像来完整地反映表面的传热系数分布;另外,在横向热梯度较低的区域,分辨率可能较差(Babinsky,Edwards,1996)。应用于恒定热流表面的宽带校准技术具有更好的适用性,且需采集的数据也少于窄带校准技术,但其需要更为复杂的校准流程,该校准流程将在7.2.4节加以讨论。

2. 瞬态技术

瞬态技术是最为常用的定量测量技术,且已应用于大量的试验测量之中,其中著名的应用实例包括 Wang 等人(1996)、Kim 等人(2004)以及 Goodman 和 Ireland (2008)。以"瞬态"来命名该技术主要是因为其基于测试表面对于自由流动中温度阶跃变化的瞬时热响应。实际上,其初始边界条件只需要测试表面处于温度均匀且恒定的状态。自由流温度的阶跃变化施加于测试表面,并利用液晶跟踪测试表面的时序热响应。若涂有液晶的实验区域具有低的导热率且足够厚,则该区域可假设为一维半无限传热模型。

对于窄带瞬态技术,单色等温轮廓线的时序位置是在自由流发生温度阶跃变化之后由光学监测而得到的。也可以类似方式应用宽带技术监测局部温度(颜色)的时序变化。无论采用何种方法,均为由温度-时间信息结合一维半无限壁面模型建立的时均对流传热系数(Hacker,Eaton,1995;Ireland,Jones,2000)。

值得注意的是,有时流场温度无法产生适当的阶跃变化或者流场温度难以维持恒定。这种情况下,需半无限对流传热模型的替代方程,Ireland 和 Jones(2000)对这些方程进行了评估与分析。此外,一维传导假设并非总是有效。例如,Ling 等人(2004)基于液晶测量数据与三维有限差分传导计算结合对显著的横向传导进行了校正。

为提高瞬态技术的鲁棒性与准确性,有时会采用液晶混合体,其中单个液晶均具有其独特且互不重叠的温度带宽(Camci et al.,1993;Ling et al.,2004;Talib et al.,2004)。这显著拓宽了液晶的可检测温度范围,并可提供更多的数据点来建立表面温度分布的时间历程,以提高瞬态技术的精确度。

3. 瞬时技术

稳态技术与瞬态技术共同的缺点在于只能建立时均的表面传热分布。然而,可以通过应用于水流或低速气流的瞬时液晶技术来确定真实的瞬态特性。与稳态技术类似,需要绝热恒热通量表面与宽带校准技术相结合。但是,需选择薄膜热流源与绝热薄膜提供必需的频率响应,以捕捉瞬时的温度分布。

作为展示两种不同流动形态的液晶真彩图像和时均技术难以捕捉的小尺度湍流传热清晰图谱,图7.3显示了该技术优点。图7.3(a)显示了冷流体射流垂直冲击在固体表面时的温度场;图 7.3(b)则展示了平面涡轮叶栅端壁处的温度场图谱。

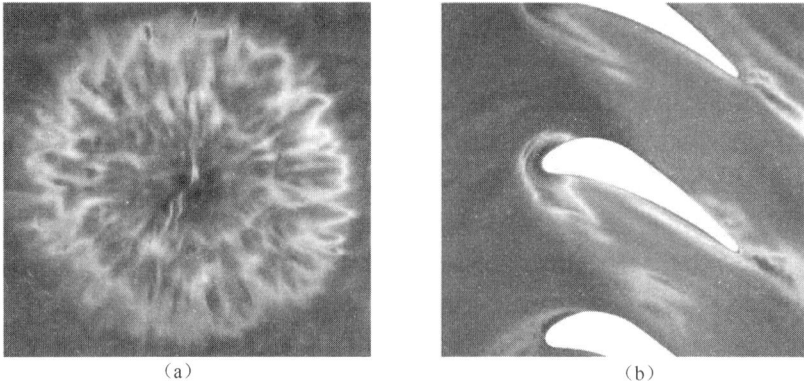

(a)　　　　　　　　　　　　　　(b)

图 7.3　(见彩图 9)通过以下方式产生的瞬时液晶表面温度的真彩色图像
(a)垂直于热表面照射的射流;(b)平面涡轮叶栅端壁处的湍流(Sabatino,Praisner,1998)。

7.2　应用方法

本节介绍液晶热图测量系统实际操作的细节。讨论的背景是作者为研究各种湍流所采用的瞬时技术(Praisner et al.,2001)。但是,所涉及的方法与程序也同样适用于其他定量技术。

液晶热图系统的主要部分就是测试表面。在本例中,恒定热流表面通过将不锈钢薄膜延展包裹有机玻璃板来建立。恒定热流条件则采用低压直流电或交流电加热不锈钢薄膜的方式实现。低电压大电流的使用是出于安全考虑,同时也考虑到了加热膜片的低电阻特性。对于这个实验而言,选用 10V 直流电源。加热膜片的校准通过同时监控电流与电压以及流过加热膜片的电流量值来实现。$8000 \sim 16000 \text{W/m}^2$ 之间的恒定热流密度一般适用于水的层流和紊流,可获得 $500 \sim 4000 \text{W/m}^2 \text{K}$ 之间的对流传热系数。应注意的是,对于空气中的实验所获得的热流水平非常低。

在拉伸的不锈钢箔下面的板上加工一个浅腔(图 7.4(a)),为相对一侧的水提供相对的绝缘边界条件。箔在腔体上被紧紧地拉伸,与空腔的边缘产生密封,从而保持绝缘干燥的环境。为方便表面温度测量,液晶被覆盖于膜片绝热侧或空气腔一侧(图 7.4(a))。采用这样的液晶测量布局,可在覆盖液晶的相反侧产生流动条件。这种从流动中表面温度测量的光学隔离提供了同时记录瞬时流场(通过粒子图像测速技术)和传热数据的能力。此外,7.2.1 节将要讨论的,将液晶固定于绝缘空气腔中也可延长使用寿命。在这种设置下,整个温度感知系统的响应频率为

30Hz(Praisner et al.,2001)，足以分辨典型水洞实试验中所产生的低雷诺数湍流流动，且对于低速气流也具有适当的响应。

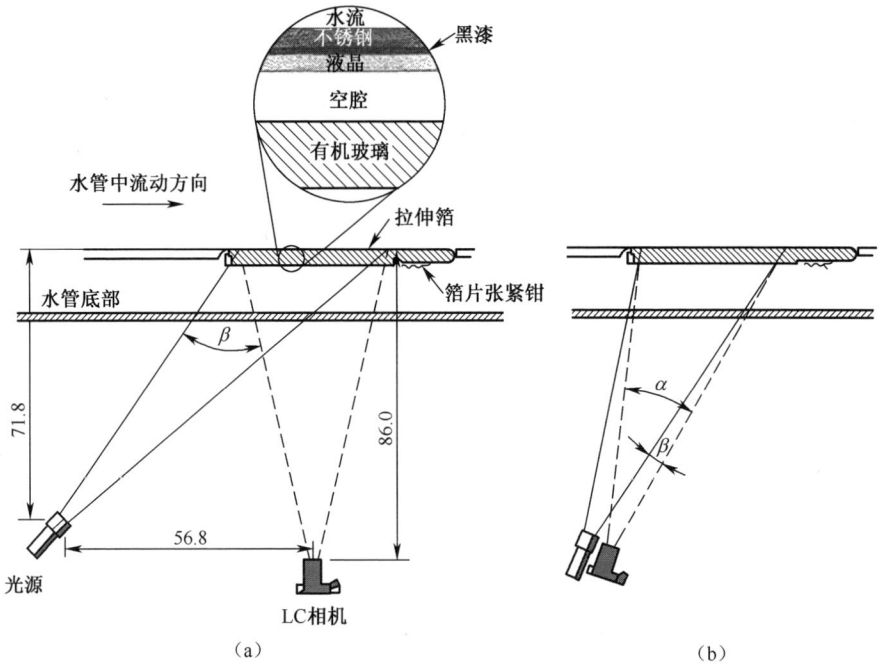

图7.4　（a）用于从水管下部照射液晶表面的离轴照明/观测布局；
（b）轴上照明/观测布局。图中长度单位为厘米（Sabatino et al.,2000）。

7.2.1　传感膜片的制备

热致变色液晶的商业产品有几种型号，且温度带宽范围包括零点几摄氏度至超过20℃。它们以预制片材或悬浮液方式提供，以便于液晶涂覆于固体表面。预制片材覆盖有透明的聚酯层，用来覆盖和保护液晶；但这些片材的主要缺点在于其与喷涂液晶的应用相比具有较慢的热响应特性和增强热接触阻力。此外，预制片材所显示的颜色较为暗淡。

为更好地保护喷涂成膜的液晶，通常使用微胶囊式的热致变色液晶。封装过程导致 $10 \sim 15 \mu m$ 的液晶胶囊被封入保护性的有机聚合物涂层中。由于这种微胶囊的液晶对灰尘和水汽等污染物不敏感且相对于未封装的液晶受剪切效应的影响更小，因而得到了广泛的应用。通过对几种热致变色液晶商业化产品的比较发现，微胶囊式手性向列液晶的视觉颜色对照明/观测角度变化的敏感性最低（可参见7.2.2节）。

图 7.4(a)中恒定热流表面无流动一侧的液晶应用提供了保护液晶不受水汽损害的额外收益。当微胶囊液晶被浸入水中时,聚合物涂层开始吸收水分,使得液晶呈现出显得朦胧。随着吸收接近饱和,其折射率接近周围水的折射率,液晶颜色恢复到类似于空气中的饱和度。但是,颜色-温度校准并不像在空气中那样的稳定。一旦暴露在水中,液晶校准可重复的时间只有 8h(Park et al.,2001),相比之下,隔绝水蒸气条件下至少有数天能够对应。

液晶下部需黑色背景来吸收不能被液晶反射的入射光。当液晶通过喷枪喷涂于固体表面时,通常采用黑色薄涂层作为底层。黑色背景通常为预制片材的预设颜色。为保证理想的热接触和涂料黏附力,喷涂区域需用一种溶剂进行彻底清洗并使其干燥。在对要喷涂区进行遮蔽后,在不锈钢表面涂敷几层黑色涂料,厚度约为 15μm。研究发现,黑色光泽的黑瓷漆提供液晶最佳的感知颜色深度,且其通常适用于几毫米外的液晶涂层区域,以期消除影响图像质量的镜面反射。

一旦黑色涂料完全干燥,微胶囊手性向列相液晶便被喷涂于密度 2.25mL/cm² 的待测试表面(32cm×33cm),形成 40μm 厚的涂层。液晶层厚度是由热响应时间与显色强度间的平衡所决定的。Abdullah(2009)提供了一些决定适合厚度的方法指导,表明当液晶厚度由 10μm 增加至 50μm 时,所显示的绿光强度大约增加了 18%。

喷涂之前,液晶需经 40μm 过滤器的过滤以滤除外来杂质,然后以大约 50%蒸馏水进行稀释(Farina et al.,1994)。液晶/水的混合物通过空气喷枪(压力大约 18psi[①])进行喷涂。

带宽为 7℃(从 25℃开始为红色,到 32℃为蓝色)的微胶囊子性向列型液晶(Hallcrest Inc.类型为 C17−10)用于在 7.3 节中给出示例的结果。

液晶应以流畅扫掠方式进行喷涂,此时喷枪应平行于喷涂区域边缘且与喷涂区域成一角度。通常,喷涂可持续进行下去直到液晶/水混合物消耗至一半时。继续喷涂之前,第一层液晶需完全干燥。两层的液晶喷涂方式避免了液晶/水混合物汇集,从而可有效防止不期望的液晶厚度变化。

7.2.2　测试表面照明

由于液晶能够反射作为温度函数的特定波长光线,因此采用白色光源能最大程度地显示其颜色。在液晶可见光温度带宽频带之外,液晶呈现半透明状态,因此可见黑色的背景基层。

热致变色液晶所感知的颜色很大程度上依赖光源与视线之间的夹角(图 7.4

---

① 　1psi = 6.895kPa

　　18psi = 124.11kPa

中的β)（Farina et al.,1994；Behle,1996；Chan et al.,2001；Kodzwa,Eaton,2007）。为尽可能减少光源/视线之间夹角的变化,通常采用准直光源。与准直光源相比,全向摄影光源所产生的结果较差。研究发现,幻灯片或 LED 投影仪所采用的光学器件是有效的,这是因为其应用了可变焦距的准直光源以及用来减少辐射加热效应的红外滤光片(Hacker,Eaton,1995)。最近,Anderson 和 Baughn(2005)推荐采用具有低紫外辐射的全光谱光源,以获得最大的有效温度范围并防止液晶性能的加速降解。同样,由于连续光源成本低且易操作,其仍作为典型光源常被采用,而脉冲光源也同样有效,并可能生成亮度更高的表面,以便能够捕捉快速变化的温度场(Kakade et al.,2009)。

对于目前应用(光线必须穿过两层聚碳酸酯与大约 10cm 的水层)而言,可采用300W 具有抛物线反射面的卤钨灯泡。考虑到大约 4%的照射光会因表面界面的反射而损失掉,在只有一个视窗的风洞试验中只需要非常小的功率即可。

一般情况下,最小的光源/视线夹角是通过观测与照明轴线的重合而得到的。Farina 等人(1994)人是通过将光源与相机紧邻放置来实现的。他们发现该方式与将环形光源安置于相机镜头周围的布置是同效的。Sabatino 等人(2000)详述了在温度均匀条件下对同轴或离轴照明布局所进行的颜色(色调)均匀性评估。然而,当透过玻璃或有机玻璃视窗进行观察时,正如许多水洞与风洞试验研究中所出现的情况那样,相机与光源由于产生大量的镜面反射而无法垂直于表面布置。

这些镜面反射显著提高了所记录图像的信噪比。因此,光源/相机轴线必须沿表面法向偏移一个视角以消除镜面反射光,如图 7.4(b)所示。这种视角偏移会引起所记录图像的视差变形,必须在后期图像处理中予以消除。尽管同轴放置的光源相对于离轴放置所显示的色调变化较小,但液晶沿观测表面的色调空间变化超过了其全色调范围的 15%。

因此,无论采用同轴光源,还是采用离轴光源,都需要一套校准方法来最小化表面色调差异。一般情况下,离轴光源设置易于操作,这是因为该设置不会引起视差变形。但研究发现,即使采用离轴光源设置,也有必要对光源与相机运用灰度线性偏振器以尽可能减少源自视窗的反射。

Gunther 和 Rudolf von Rohr(2002)提出了一种减小光源/视线夹角的新颖方法,该方法在相机上采用了远心镜头。远心镜头只能观察与传输平行于透镜轴线的光(图 7.4(b)中 α = 0°),可显著降低视场内照明/视线夹角的变化。然而,这种技术会因为视场在任何距离下都受制于透镜直径的大小而受到局限。

7.2.3　图像采集与还原

尽管摄影胶片,特别是彩色幻灯片提供了极好的颜色响应,但由于分辨率与颜色敏感度可与彩色胶片相比拟,液晶现在基本上只记录在数字媒介上。最常采用

134

电荷耦合器(Charged Coupled Device,CCD)相机来捕捉液晶图像,最适合的相机具有与三个独立 CCD 芯片对应的红绿蓝三通道,可获得最佳的色彩敏感度。Hacker 和 Eaton(1995)指出,当相机输出与入射光的红色、绿色和蓝色分量线性相关时可获得最小的不确定性,这也通常是科学级相机的一种选择。

为对图像数据进行定量分析,从色调、饱和度和亮度(HSB)颜色空间中提取的色调分量从通常通过红色、绿色与蓝色(RGB)色彩空间存储的数字化真彩色图像中提取。色调在物理上可表示为液晶所展示的光波长,并通过建立在红绿蓝正交分量上的角度来予以确定(Foley et al.,1990)。采用 HSB 色彩空间色调可减少可能存在的诸如光源亮度变化等不确定源,并提供了可校准温度的单一参数。图像空间滤波也可用来降低液晶色调/颜色测量的不确定度。通常采用 5 × 5 中值滤波,但这种滤波通常在色调计算前用于 RGB 图像(Baughn et al.,1999)。

不同方法计算数字图像的 RGB 分量。商业图像处理软件通常采用条件算法(Foley et al.,1990),而一些研究者则采用闭式方程组(Hacker,Eaton,1995;Hay,Hollingsworth,1996)。但是,无论 Baughn 等人(1999)还是 Sabatino 等人(2000),所采用的不同液晶校准方法在性能方面均未能发现明显差异。

7.2.4 校准与测量的不确定性

为建立所感知色调与表面温度之间的关系,需在已知温度条件下采集一系列校准图像。这可以通过控制流体的温度并使表面达到等温条件来实现。或者,通过诸如热电偶等辅助温度测量方式主动控制表面温度。图 7.5 为典型的色调与温度单点校准曲线,并显示色调与温度之间的关系是非线性的,即温度范围的低端存在着双值现象。该双值区域必须精确确定,使得实现条件不会超出单调变化的区域。

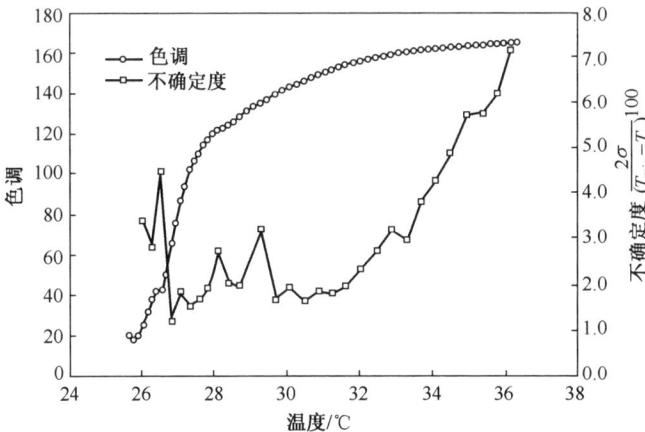

图 7.5 采用逐点校准技术基于液晶温度测量所获得的典型单点校准曲线及其相应的不确定度(Sabatino et al.,2000)

在不同的温度采集 10~15 幅图像并进行数据的多项式拟合是可能的,但是,该方法只能近似模拟真实的色调与温度之间关系,且有可能在极限带宽处导致经常出现的较大误差(Hollingsworth et al.,1989)。或者,也有可能将有效范围限制在以带宽中值为中心的 1/3 液晶带宽范围内(Moffat,1990),但这样也同时限制了有效的温度范围。

如果沿液晶全表面采用单点校准曲线,则可假设在温度均匀条件下液晶表面所展示的色调变化差异是可忽略的。然而,使用颜色的色调分量并不能完全消除液晶颜色的差异。光源/视线间夹角的变化、照明光源、液晶涂层缺陷及视窗表面反光均可能待测表面显示颜色的差异。因此,恒定且均匀的表面温度并不能保证待测全表面的显示颜色是均匀的。

此外,这种温度的不均匀性也可能是温度的函数,且在有效的液晶颜色温度范围内该不均匀性在幅值和形式上均可有显著的变化(Sabatino et al.,2000)。因此,液晶表面的每个点都会展示出色调与温度的独特关系。

一种解决颜色在空间上固有差异的校准方法是基于"均匀"温度图像序列建立测试全表面逐点校准曲线(Sabatino et al.,2000)。已有的试验安全中,图 7.4 所展示的试验段被绝缘挡板包围,在表面上方形成体积有限的储水区。通过加热隔板内的液体,可在测试表面形成均匀且恒定的温度条件。在液晶有效的范围内系统地调节浴温度的同时,采集液晶图像。通常遍及液晶全带宽范围采集大约 60 幅表面温度的独立图像,并转换为色调,用来为测试表面图像中的每个像素产生校准曲线。

需要特别注意的是,该技术考虑了感知色调过程中的所有不确定因素。例如,液晶测试表面的镜面反射在整个温度范围内是系统性的和恒定的。为获得最佳测量精度,逐点校准技术需要现场采集液晶表面均匀且恒定的温度图像,且在试验测量过程中保持照明/观测布局不变。当不能实施现场校准时,可使用背景图像进行剪影以尽量减少反射成分。这可以通过在较低的液晶清晰点下首先创建一张测试表面的基线图来实现。这些基线图像的红绿蓝分量在转换为色调之前从所得到的图像数据中减去(Farinax et al.,1994;Babinsky,Edwards,1996;Behle,1996;Anderson,Baughn,2005)。

作为完全逐点校准的一种替代方法,Kodzwa 等人(2007)将其测试表面图像分为 8 个区域,每个区域均有自己的校准曲线,以降低将管道镜应用于复杂几何形状时进行逐点校准技术的复杂性和计算成本。与此相似,Grewel(2006)报道了采用神经网络算法成功进行校准的一些做法,相对于逐点校准方法,只需要有限的信息即可获得表面温度变化。

另一需关注的重要误差源是滞后效应。研究发现,液晶经受较高温度时的颜色会呈现出明显的滞后性(Baughn et al.,1999;Sabatino et al.,2000;Anderson 和 Baugh,2004)。当暴露在高于上清亮点(液晶变为半透明状态)温度时,液晶的颜色/温度特性会发生永久性变化并在校准时产生滞后效应。暴露在较高温度下的液晶也会加速降解。因此,通常推荐将液晶温度维持在显示颜色最大有效温度值以下。需要注意的是,如果试验中采用一个以上温度带宽的液晶,维持液晶温度低于其最大温度值是不太可能的。但是,尽量减少超过上清亮点的温度偏移是十分重要的(Talib et al.,2004)。

对于温度测量不确定度的定量检测可通过将校准流程应用于均匀温度下所获得的一系列独立图像并推断校正图像的均方根来实现。图7.5为整个温度带宽内液晶温度测量的相对不确定度典型实例,说明了温度带宽内不确定度是温度的强函数。

7.3 实验案例

7.3.1 涡轮叶栅

图7.6(a),(b)展示了 Hippensteele 和 Russell(1988)应用测试表面液晶图像

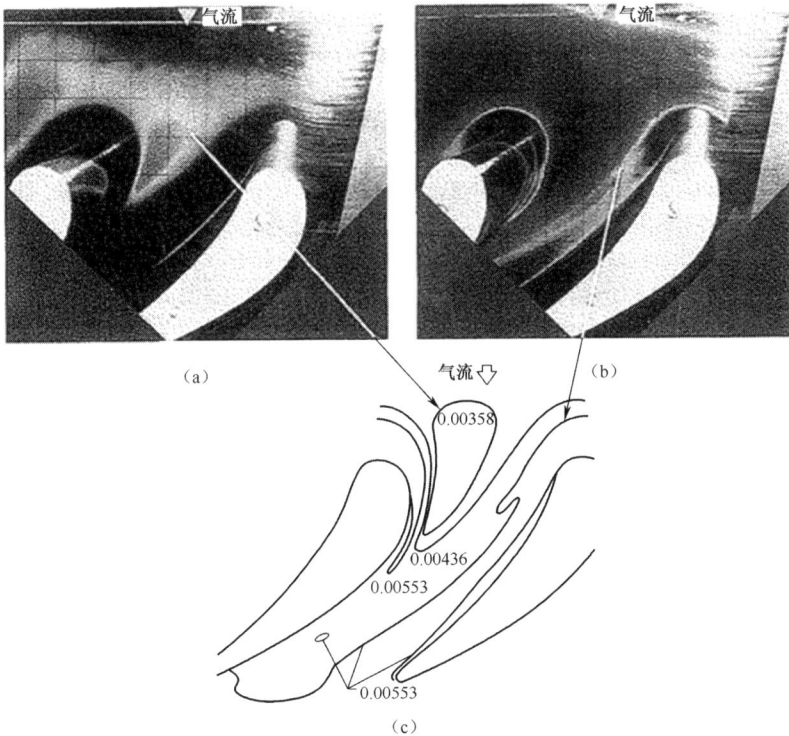

图7.6 (见彩图10)展示平面叶栅端壁采用恒定热流表面的窄带校准技术的摄影图像
(a)与(b)用于确定(c)中的斯坦顿数(Hippensteele,Russell,1988)。

研究平面涡轮叶栅端壁传热的风洞试验。他们采用窄带技术通过恒温水浴校准黄色频带温度。液晶被涂覆于恒定热流表面,并通过改变所施加的热流来建立等温云图。通过将源自多种图像数据的温度云图进行组合,Hippensteele 和 Russell(1988)给出了图 7.6(c)中斯坦顿数($St = h/(\rho U_\infty C_p)$)等高线图。

7.3.2 涡斑与边界层

7.2.1 节所描述的试验段以及 7.2.4 节所阐述的逐点校准技术可用来确定湍流斑的表面传热特性(层流边界层中湍流发展的有限区域)。图 7.7(a)展示了湍流斑的定量局部传热,以斯坦顿数的形式反映瞬时局部换热系数的空间分布(Sabatino,1997)。这些图像揭示了确定斑内小尺度结构影响的能力以及与图 7.7(b)所示充分发展湍流边界层低速条纹图案的相似性。

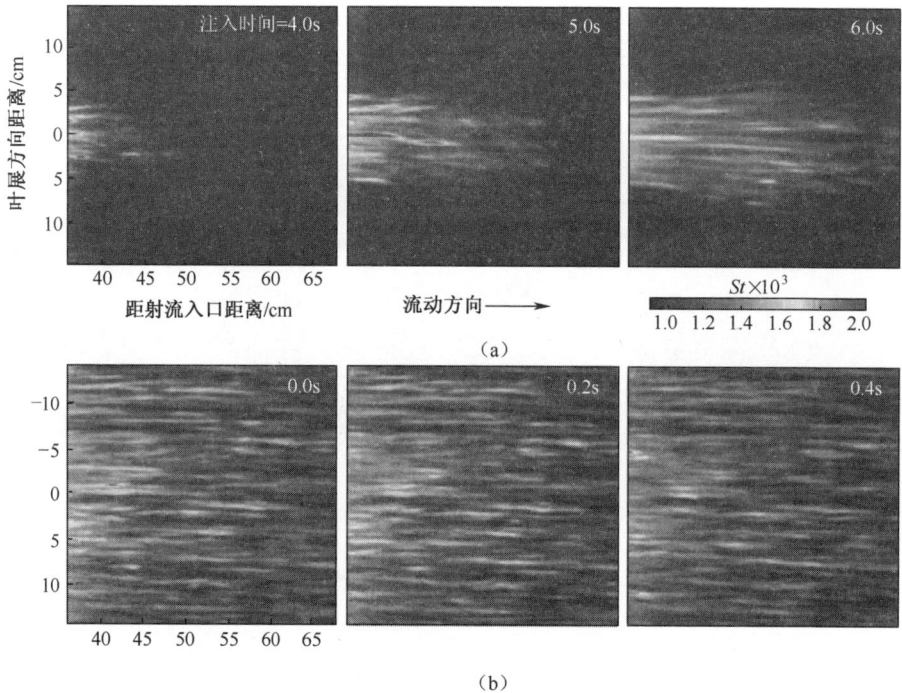

图 7.7 (见彩图 11)由(a) Re_x = 10^5 时流经恒定热流表面由人工生成的湍流斑及(b) Re_θ = 10000 时充分发展的湍流边界层产生的瞬时表面传热图谱(Sabatino,1997)。

7.3.3 湍流汇流

图 7.8 为 5∶1 锥柱体湍流边界层瞬时表面传热的投影图。为表示流向对称

平面的传热分布,只展示了上游的一半区域。图 7.8(b)为投影数据的平面图。该图清晰地展示了撞击边界层在 $x/D=0.05$ 与 $x/D=0.28(D$ 为锥柱体直径)处的传热特性及斯坦顿数的特征峰值,表明了液晶技术的高空间分辨率。

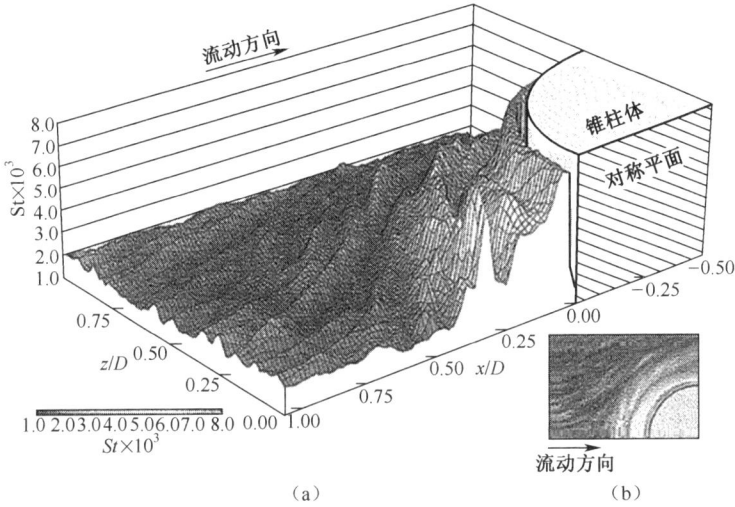

图 7.8　(a) $Re_D = 2.4 \times 10^4$ 时 5:1 锥柱体上游的瞬时斯坦顿数投影;

(b)同一斯坦顿数分布的平面图(Praisner,1998)。

图 7.9 展示了由粒子成像测速流场瞬时数据的总体均值(以涡度分布表示)与相关时间内端壁时均传热(以斯坦顿数表示)叠加而成的复合图像。时均传热数据可通过瞬态分布的总体平均获得。该图突出了时均流动结构与由此引起的端壁传热之间的空间关系(Praisner,Smith,2006)。

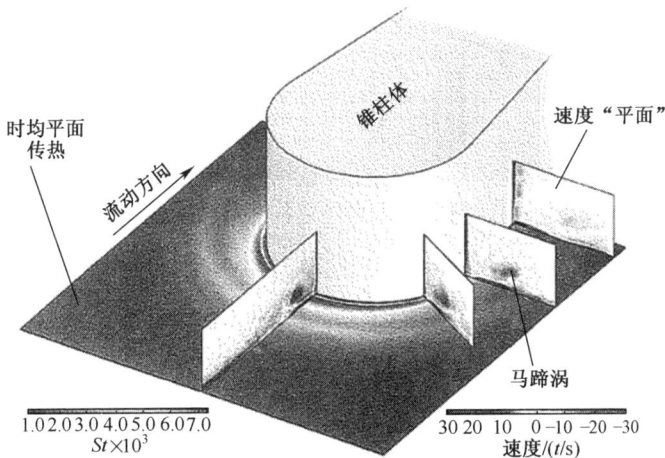

图 7.9　(见彩图 12)涡轮端壁连接处的时均涡度与端壁传热复合图像,除圆柱体高度为 2 倍直径外,图中其他部分均按比例显示的(Praisner,Smith,2006)

7.3.4　粒子图像热成像

尽管已经重点讨论了应用液晶进行表面温度测量,但液晶的另一相关应用是用以测量流体自身的温度。粒子图像热成像是将微胶囊液晶直接分散在透明流体中而获得的局部温度分布。表面液晶热成像的许多原理与技术可直接用于粒子成像技术中。图 7.10 给出了应用粒子成像热图技术展示温度场的出色范例,其为多幅乙二醇中瑞利–本纳德流动单元瞬时图像的复合图。此外,这些粒子不仅能显示局部温度,而且可用作粒子成像测速的示踪粒子,以同步采集温度场与速度场。达比里对该项技术进行了综述,并给出了诸多应用实例(Dabiri,2009)。

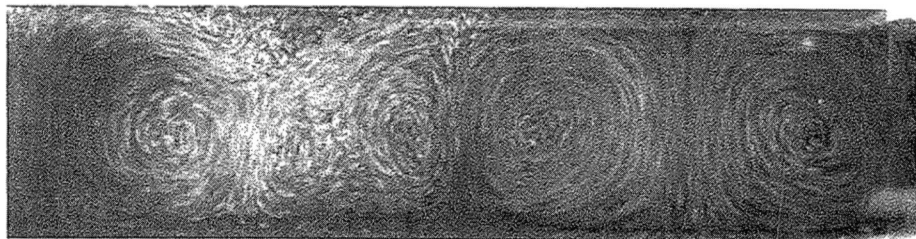

图 7.10　包含 8 个瑞利–本纳德流动单元瞬时流场的粒子
成像热图复合图像(Ciofalo et al.,2003)

7.4　参考文献

Abdullah, N. , Talib, A. R. A. , Saiah, H. R. M, Jaafar, A. A. and Salleh, M. A. M. 2009. Film thickness effects on calibrations of a narrowband thermochromic liquid crystal. *Exp. Thermal Fluid Sci*, **33** 561–579.

Anderson, M. R. and Baughn, J. W. 2004. Hysteresis in liquid crystal thermography. *J. Heat Transfer*, **126**, 339–346.

Anderson, M. R. and Baughn, J. W. 2005. Liquid–crystal thermography: Illumination spectral effects. Part 1–Experiments. *J. Heat Transfer*, **127**, 581–587.

Babinsky, H. and Edwards, J. A. 1996. Automatic liquid crystal thermography for transient heat transfer measurements in hypersonic flow. *Exp. Fluids*, **21**, 227–236.

Batchelder, K. A. and Moffat, R. J. 1998. Surface flow visualization using the thermal wakes of small heated spots. *Exp. Fluids*, **25**, 104–107.

Baughn, J. W. 1995. Liquid crystal methods for studying turbulent heat transfer. *Int. J. Heat Fluid Flow*, **16**(10), 365–375.

Baughn, J. W. , Anderson, M. R. , Mayhew, J. E. and Wolf, J. D. 1999. Hysteresis of thermochromic liquid crystal temperature measurement based on hue. *J. Heat Transfer*, **121**, 1067–1072.

Behle, M. 1996. Color−based image processing to measure local temperature distributions by wide−band liquid crystal thermography. *Appl. Sci. Res.* , **56**, 113−143.

Butler, R. J. , Byerley, A. R. , VanTreuren, K. and Baughn, J. W. 2001. The effect of turbulence intensity and length scale on low−pressure turbine blade aerodynamics. *Int. J. Heat Fluid Flow*, **22**, 123−133.

Camci, C. , Kim, K. , Hippensteele, S. A. and Poinsatte, P. E. 1993. Evaluation of a hue capturing based transient liquid crystal method for high−resolution mapping of convective heat transfer on curved surfaces. *J. Heat Transfer*, **115**, 311−318.

Chan, T. L. , Ashforth−Frost, S. and Jambunathan, K. 2001. Calibrating for viewing angle effect during heat transfer measurements on a curved surface. *Int. J. Heat Mass Transfer*, **44**, 2209−2223.

Ciofalo, M. , Signorino, M. and Simiano, M. 2003. Tomographic particle−image velocimetry and thermography in Rayleigh−Bénard convection using suspended thermochromic liquid crystals and digital image processing. *Exp. Fluids*, **34**, 156−172.

Dabiri, D. 2009. Digital particle image thermometry/velocimetry: a review. *Exp. Fluids*, **46**, 191−241.

Farina, D. J. , Ahcker, J. M. , Moffat, R. J. and Eaton, J. K. 1994. Illuminant invariant calibration of thermochromic liquid crystals. *Exp. Thermal Fluid Sci.* , **9**, 1−12.

Foley, J. D. , van Dam, A. , Feiner, S. K. and Hughes, J. F. 1990. *Computer Graphics, Principles and Practice*. Addison−Wesley Publishing Company, Reading, MA, pp. 590−593.

Giel, P. W. , Thurman, D. R. , Van Fossen, G. J, Hippensteele, S. A. and Boyle, R. J. 1998. Endwall heat transfer measurements in a transonic turbine cascade. *J. Turbomachinery*, **120**, 305−313.

Goodman, J. and Ireland, P, 2008. Heat transfer and flow investigation of a multi−spoke flameholder for an annular combustor. *Flow, Turb. Combust.* , **81**, 261−278.

Grewel, C. S. , Bharara, M. , Cobb, J. E. , Dubey, V. N. and Claremont, D. J. 2006. A novel approach to thermochromic liquid crystal calibration using neural networks. *Meas. Sci. Technol.* , **17**, 1918−1924.

Ginther, A. and Rudolf von Rohr, Ph. 2002. Influence of the optical configuration on temperature measurements with fluid−dispersed TLCs. *Exp. Fluids*, **32**, 533−541.

Guo, S. M. , Lai, C. C. , Oldfield, M. L. G. , Lock, G. D. and Rawlinson, A. J. 2000. Influence of surface roughness on heat transfer and effectiveness for a fully film cooled nozzle guide vane measured by wide band liquid crystals and direct heat flux gages. *J. Turbomachinery*, **122**, 709−716.

Hacker, J. M. and Eaton, J. K. 1995. Heat transfer measurements in a backward facing step flow with arbitrary wall temperature variations. Department of Mechanical Engineering, Stanford University, *Report No. MD−71*.

Hallcrest, 1991. *Handbook of Thermochromic Liquid Crystal Technology*. Hallcrest, Glenview, IL.

Hay, J. L. and Hollingsworth, D. K. 1996. A comparison of trichromic systems for use in the

141

combination of polymer – dispersed thermochromic liquid crystals. *Exp. Thermal Fluid Sci.* , **12**, 1–12.

Hippensteele, S. A. and Russell, L. M. 1988. High resolution liquid–crystal heat–transfer measurements on the end wall of a turbine passage with variations in Reynolds number. *NASA Technical Memorandum 100827.*

Hollingsworth, D. K. , Boehman, A. L. , Smith, E. G. and Moffat, R. J . 1989. Measurement of temperature and heat transfer coefficient distributions in a complex flow using liquid crystal thermography and true–color image processing. *Collected Papers in Heat Transfer* 1989, The American Society of Mechanical Engineers, HTD–Vol. 123.

Ireland, P. T. and Jones, T. V. 1986. Detailed measurements of heat transfer on and around a pedestal in fully developed passage flow. *Proceedings*, 8*th International Heat Transfer Conference*, eds. C. L. Tien, V. P. Carey and J. K. Ferell, Hemisphere Publishing Corporation, Washington, DC, **3**, 975–980.

Ireland, P. T. and Jones, T. V, 2000. Liquid crystal measurements of heat transfer and surface shear stress. *Meas. Sci. Technol*, **11**, 969–986.

Kakade, V. U. , Lock, G. D. , Wilkson, M. , Owen, J. M. and Mayhew, J. E. 2009. Accurate heat transfer measurements using thermochromic liquid crystal. Part 2: Application to a rotating disc. *Int. J. Heat Fluid Flow*, **30**, 950–959.

Kim, T, Hodson, H. P. and Lu, T. J. 2004. Fluid – flow and endwall heat – transfer characteristics of an ultralight lattice–frame material. *Int. J. Heat Mass Transfer*, **47**, 1129–1140.

Kodzwa, P. M. and Eaton, J. K. 2007. Angular effects on thermochromic liquid crystal thermography. *Exp. Fluids*, **43**, 929–937.

Kodzwa, P. M. and Eaton, J. K. 2010. Heat transfer coefficient measurements on a transonic airfoil. *Exp. Fluids*, **48**, 185–196.

Kodzwa, P. M. , Elkins, C. J. , Mukerji, D. and Eaton, J. K. 2007. Thermochromic liquid crystal temperature measurements through a borescope imaging system. *Exp. Fluids*, **43**, 475–486.

Ling, J. P. C. W. , Ireland, P. T. and Turner, L. 2004. A technique of processing transient heat transfer, liquid crystal experiments in the presence of lateral conduction. *J. Turbomachinery*, **126**, 247–258.

Moffat, R. J. 1990. Some experimental methods for heat transfer studies. *Exp. Thermal Fluid Sci.* , **3**(1), 14–32.

Park, H. G. , Dabiri, D. and Gharib, M. 2001. Digitial particle image velocimetry / thermometry and application to the wake of a heated circular cylinder. *Exp. Fluids*, **30**, 327–338.

Praisner, T. J. 1998. *Investigation of Turbulent Juncture Flow Endwall Heat Transfer and Flow Field.* Ph. D. Dissertation, Lehigh University, Bethlehem, PA.

Praisner, T. J. , Sabatino, D. R. , and Smith, C. R. 2001. Simultaneously combined liquid – crystal surface heat transfer and PIV flow–field measurements. *Exp. Fluids*, **30**, 1–10.

Praisner, T. J. and Smith, C. R. 2006. The dynamics of the horseshoe vortex and associated endwall heat transfer–Part II: Time–mean results. *J. Turbomachinery*, **128**, 755–762.

Sabatino, D. R. 1997. *Instantaneous Properties of a Turbulent Spot in a Heated Boundary Layer.*

Master's thesis, Lehigh University, Bethlehem, PA.

Sabatino, D. R. and Praisner, T. J. 1998. The colors of turbulence. *Pbys. Fluids*, **10**, S8.

Sabatino, D. R. , Praisner, T. J. and Smith, C. R. 2000. A high-accuracy calibration technique for thermochromic liquid crystal temperature measurements. *Exp. Fluids*, **28**, 497–505.

Talib, A. R. A. , Neely, A. J. , Ireland, P. T. and Mullender, A. J. 2004. A novel liquid crystal image processing technique using multiple gas temperature steps to determine heat transfer coefficient distribution and adiabatic wall temperature.

Wang, Z. , Ireland, P. T, Jones, T. V. and Davenport, R. 1996. A color image processing system for transient liquid crystal heat transfer experiments. *J. Turbomachinery*, **118**, 421–427.

第8章
压力敏感与剪切敏感涂料

R. D. Melzta, J. H. Bell, D. C. Reda,
M. C. Wilder, G. G. Zilliac 和 D. M. Driver①

8.1　引言

　　应用空气动力学与试验流体力学中,主要的技术挑战来自对两种表面力(静态的表面压力与剪切力)分布的精确测量。表面压力分布既可经过表面积分运算并进行后续的气动负荷分析,也可用来对诸如边界层分离等流动现象进行研究。表面剪切应力的测量同样重要,这是因为表面摩擦力几乎占据飞行器一半以上的阻力,而减阻机理研究通常需要通过实验来进行。随着计算流体动力学的快速发展,获得精确的表面压力与剪切应力数据已变得越来越重要,这使得新的计算代码在应用于设计之前能够得到充分的验证。

　　另一个挑战是在测量这些力的分布时要保证足够的空间分辨率。过去,科学家与工程师只能处理诸如测压孔与普雷斯顿管或者浮动平等点测量方法。在测量模型所需的时间和金钱方面,使用点测量且保证足够的空间分辨率是繁琐且昂贵的。

　　随着以压力和剪切敏感涂层作为传感器结合高灵敏度电荷耦合器件(CCD)阵列作为光学成像设备的可行性提高,获得全表面分布的技术条件现已成熟。尽管最初开发并安装这种系统的成本可能相当高,但这种投入可在随后的试验测量中得以分期偿还,后续额外的费用只是涂层本身。

　　本章将描述三种光学测量技术,其中有一种是表面压力分布测量技术,而另两种则为表面剪切应力测量技术,均由美国航空航天局阿姆斯研究中心为最终在生产型风洞中应用而研发。压力敏感涂料(Pressure-Sensitive Paint, PSP)技术的应

---

① Experimental Aero-Phgsics Branch, Mail Stop 260-1, NASA Ames Research Center, Moffett Field, CA 94035-1000, USA.

144

用中,模型表面覆盖了一层可透过氧分子的涂料,通过特定波长的照明进行激发。给定位置处的压敏涂层发射光与当地压力成反比。因此,只要对模型全表面进行成像采集,即可计算获得压力分布,测量的空间分辨率则由光学系统的性能参数来决定。当剪切敏感液晶涂层(Shear-Sensitive Liquid Crystal Coating,SSLCC)被来自法向的白光照射且以平面上方的倾斜视角观测时,其颜色变化对应于剪切向量幅值和方向的变化。在条纹成像表面摩擦(Fringe-Imaging Skin Friction,FISF)技术的应用中,将一滴油置于模型表面,随着风洞的启动,形成具有厚度接近线性的锥形油膜。当采用准单色光源进行垂直照射时,就会形成干涉条纹,且相消干涉条纹间的距离与表面摩擦的幅值成正比。

本章对这三种测量技术进行了较为详细的讨论,重点描述了每种技术的应用方法及精确还原数据的方法。

8.2 压力敏感涂料

压力敏感涂料(PSP)是应用强度随空气压力而变化的发光涂层获得表面压力分布的测量技术。其最为常见的方法(图 8.1(a))是在风洞试验模型表面喷涂 PSP 并以激发波长 λ_1 照射涂层以激发涂层中的发光材料,使之发射波长 λ_2 的光。在试验期间,模型表面通过装有允许荧光波长透过的镜头滤片的 CCD 相机进行成像采集。

如图 8.1 所示,当发光材料通过吸收具有光能 $h\nu_1$ 的光子而受到激发,其可通过几种机制回到能量基态,每种机制均对应不同的速率。主要机制包括辐射衰减(以速率 k_r 发出能量 $h\nu_2$ 的光子)、无辐射衰减(通过以速率 k_n 释放热量 q)。部分材料也可通过与氧分子碰撞而回到基态,这个过程称为氧猝灭。猝灭速率与当地氧分压成正比,即正比于绝对压力 p,可表示为 $k_q p$。如此,当材料受到 λ_1 照射时

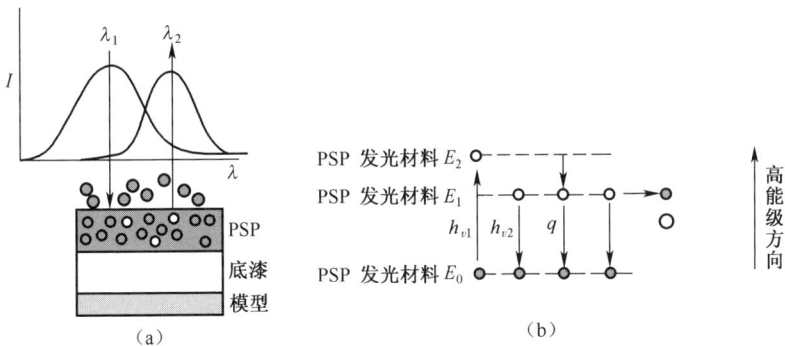

图 8.1 (a)PSP 涂层物理结构及其与氧气作用的示意图;(b)PSP 能级的示意图。

所发出的光强(I)为

$$I \propto \frac{k_r}{k_r + k_n + k_q p} \tag{8.1}$$

式(8.1)不能直接用于测量压力,这是因为比例关系中的常数项待定。而且,这些常数由当地照射光强度决定,也与发光体(探针)浓度有关,因而点与点之间的常数是不同的。这种依赖性可通过对两个条件下测得的逐点像素光强比来予以消除,这两个条件包括压力已知的参考状态(I_0)(如无流动或无风状态)与实验状态(有风状态)。在激发光确定的条件下,测量结果可用斯特恩-沃尔默(S-V)关系表示:

$$\frac{p}{p_0} = A + B\frac{I_0}{I} \tag{8.2}$$

式中:A 与 B 为由衰减速率得到的常数。A 与 B 也具有温度依赖性,这主要因为 k_n 随温度而变化,同时也因为通常发光体在黏结剂中是悬浮的,而黏结剂的氧透过率也与温度有关。温度效应是 PSP 测量中最主要的不确定因素之一。

图 8.2 展示了由式(8.2)定义的图像强度比流程的范例,范例中 PSP 被喷涂于水平尾翼的上表面。图 8.2(a)中,风洞是不运行的,而图 8.2(b)中,风洞以跨声速运行。当气流流经模型时,低压的涂层区域变得更亮,而高压的涂层相应地变得更暗。这种效应在压力变化剧烈的区域最为显著,这种在图 8.2(b)中轻易可见特征是流体由跨音速突然加速至超声速过程中所形成的激波。图 8.2(c)展示了图 8.2(a)对应于图 8.2(b)的逐点像素灰度的比值。可清晰地发现,低压超声速区域被激波终止于阴暗区域。

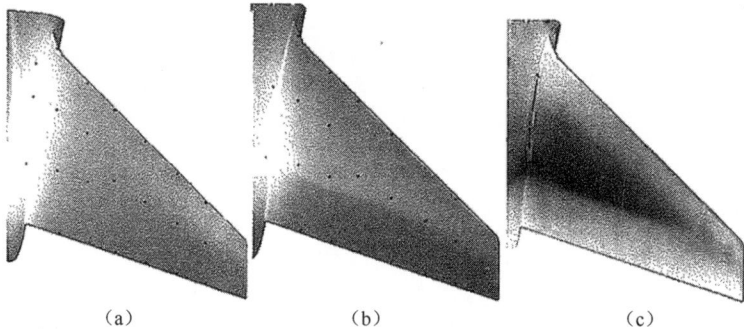

图 8.2　B747-SP 飞机水平尾翼上表面的 PSP 图像
(a)无风状态(模型表面压力均匀);(b)$Ma = 0.88$, $\alpha = 2.5°$ 的有风状态;(c)PSP 比图像,灰度值表示压力。

式(8.1)与式(8.2)说明了 PSP 技术的一些基础特征。不同于传统的压力传感器,PSP 测量了绝对压力测量而非相对压力测量。为了能够测量平均压力之中的压力脉动,PSP 系统必须能够测量发光强度的微小变化。同样,PSP 的压力敏感

度由 k_q 与 k_r 的比值决定。k_q 值相对高的涂料对压力更为敏感,但所发出的光也较少,这是因为在非零压力下具有更高的猝灭速率。通过调节 k_q 与 k_r,可在给定的压力范围内优化 PSP 的敏感度(Oglesby et al.,1995)。最终,k_n 应足够小,以尽可能增大涂料的绝对发光强度。

氧猝灭效应增加了发光体的总体衰减速率。这是 PSP 寿命法的基础,该方法直接测量衰减率。由于衰减速率不依赖于激发光强度或者光敏分子的浓度,因此没有必要基于参考条件对图像进行归一化处理。由于寿命法要求激发光是脉冲或时间变化的,要求图像诸如门控相机的图像传感器的敏感度也随时间而变化。由于篇幅的限制,不能在这方面及其他 PSP 技术的版本进行深入讨论。有兴趣的读者可查询其中一篇综述文章(McLachlan,Bell,1995;Liu et al.,1997)。

PSP 的发光强度会在使用过程中缓慢降低,这是因为猝灭过程产生的高反应性单重态氧分子可偶尔与发光体反应,从而会破坏其发光特性。这种反应称为光降解,这是因为其速率取决于 PSP 的照射亮度。在风洞试验应用时发现光降解速率为 0.5%/h ~ 1%/h。

8.2.1 压力敏感涂料的获取与喷涂

图 8.1 中,PSP 通常由两层构成:基层与顶层,均被喷涂于模型表面。基层为白色涂料,用来提供模型表面光学顺滑、低对比度以及将压敏顶层与模型可能发生化学反应的活性区域隔离开来。几种商业白漆可用来作为基层材料;其余则需要特殊的基层材料。顶层包含敏感发光体,并悬浮于可透氧的黏结剂(通常为有机聚合物)。

1. 压力敏感涂料采购

本章撰写期间,PSP 成品可从俄罗斯 Optrod 有限责任公司[①]、美国创新科学方案公司[②](Innovative Scientific Solutions Inc.,ISSI)购买。这些公司拥有俄罗斯中央流体动力研究院(Central Aero-Hydrodynamic Institute,TsAGI)与美国华盛顿大学所研发涂料配方的生产许可证。PSP 的应用领域发展迅速,涂料的其他来源还有可能会出现。推荐通过互联网搜索更多的最新信息。欢迎商业化用户向专利持有者(国华盛顿大学和 TsAGI)咨询更详细的授权信息。

2. 压力敏感涂料制备

简单的涂料可通过混合以下成分来制备:

---

① Optrod 有限责任公司。莫斯科州,茹科夫斯基市,Dugin 街道 17 - 31。俄罗斯 140186,传真:07(095) 939-2484,邮箱:optrod@ pt.comcor.ru。

② 美国创新科学方案公司美国俄亥俄州 45440-3638 代顿市,印度波纹路 2766。电话:937-429-4980,传真:937-429-9734,邮箱:Issi-sales@ innssi.com,www.innssi.com。

顶层：1000mL 通用电气公司的 S4044 硅酮高分子溶液（包括二甲苯）[①]，1000mL Occidental Chemical 公司的 Oxsol 100（三氯三氟甲苯）[②]，100mg 四苯基铂卟啉（PtTFPP）[③]。

底层：1000mL SR9000，1000mL Oxsol 100，100g 二氧化钛，在搅拌器（如蒸煮器）中搅拌 30min，或者球磨机中混合两天以使二氧化钛在混合物中均匀分散。

这种涂料具有一个峰值激发频率 $\lambda_1 = 380 \sim 400nm$，一个峰值发射频率 $\lambda_2 = 630 \sim 670nm$。式（8.2）的常数为 $A = -0.11$，$B = 1.11$，其中参考条件为 $p_0 = 1$ 个大气压。温度相关性大约为真空条件下 $0.6\%/℃$，1 个大气压条件下 $0.8\%/℃$。从 $0 \sim 1$ 个大气压压力阶跃的 95% 响应时间为 65ms。该涂料光顺且有弹性，但可进行打磨。顶层也可采用传统白色基层涂料，虽然时间敏感度与光致退化速率将会增加。

3. 涂料喷涂

PSP 典型的涂覆方式是通过空气喷枪将涂料喷涂在小模型被测表面，或者采用汽车喷枪喷涂于大型模型。空气或者氮气可作为推进剂。

PSP 喷涂的第一个步骤是应用洗涤剂和丙酮擦拭彻底清洗模型表面。然后喷涂底层，谨慎地形成光顺、平整的涂层，其厚度足以隐藏模型表面任何标记或高对比度特征。一旦基层烘干至可以触摸时，即可在模型表面喷涂黑色标记点（其应用如图 8.2 所示，如 8.2.4 节的描述）。采用由 Letra-set 有限公司或者 Chart-Pak 有限公司制作的优质标记点，可在大多数艺术用品店中购得。标记点的大小应加以控制，其在图像中应占据 3~5 个像素。

相对于商业涂料，PSP 的顶层通常采用浓度非常低的黏结剂作为涂剂。其必须非常干燥，溶剂需蒸发足够的时间。空气喷枪的操作方法是手持空气喷枪距离模型表面 30~60cm，喷涂一或两遍，停顿 2~3s 使得溶剂蒸发，然后重复上述过程。顶层通常近乎透明，难以确定喷涂到给定区域的涂料量。该问题可通过以涂料激发波长的光照射模型来解决，如此就像在被使用时发光。坚硬的 PSP 涂层可通过打磨来减少表面粗糙度。3M 公司的 $9\mu m$ 砂磨盘可产生显著的结果。

模型被喷涂涂料后，尽量不去触碰。如需触碰应戴上手套，这是因为 PSP 涂料易被人皮肤上的油脂污染。为简化操作，最好在试验段对最终的试验模型进行喷涂。如果实验模型需要更换部件，最好一次性完成模型及其部件的喷涂。一些涂料样片应同时进行喷涂以便后续在校准舱中校准并确定式（8.2）中的系数 A 与 B。

---

① GE S4044 货源：GE Silicones，位于美国纽约沃德福德，12188-1910 哈德森河路 260 号。电话：518-237-3330。

② Oxsol 100 货源：Oxy Chem. Co.，www.oxychem.com。

③ PtTFPP 货源：Porphyrin Products，Po Box31，位于美国犹他州洛根市 84323-0031。电话：435-753-6731，邮件：sales@porphyrin.com，www.porphyrin.com。

8.2.2 光源

照射 PSP 的光源必须在 PSP 激发频段具有足够高的光输出功率,且在 PSP 发射波长范围基本上零输出。此外,光源应非常稳定,所采集的无风与有风图像之间的光强变化都感应为压力变化。

1. 用于 PSP 的不同种类光源

对于紫外激发的 PSP 而言,用于非破坏性检测与塑料紫外灯固化的紫外光源是不错的选择。这些光源稳固、明亮、光输出相当稳定,但因光输出具有 60Hz 波动而不能适用于时间分辨的测量。作者采用装有 Electro Lite ELC-251.[1]Stock 滤片的紫外光源,获得了相当不错的效果,这是因为紫外光源通常在接近一些涂料发射频率发出深红波长应避免的光。这可通过添加额外的蓝色玻璃滤片来降低。蓝光激发的 PSP 可由经蓝色滤光的任何传统光源激发。一种常用的选择是配有450nm 带通干扰滤波器的石英卤素投影仪灯泡(Morris et al.,1993)。这些光源能够在灯泡被风扇冷却和以稳定的电源驱动时稳定输出。另一种吸引人们兴趣的选择是蓝色 LED。与传统光源相比,LED 具有高的光输出效率,且可封装成稳定的阵列光源。当以稳定的电源驱动时,其也能产生稳定的光输出。

2. 光源的放置

在风洞光路的限制内,光源应被安装以保证均匀地照射模型。应避免图像中的"热斑",因为避免 CCD 饱和的要求将会引起图像中的其他部分显得非常暗淡。同样,配准误差(参见 8.2.4 节)对高亮度梯度区域的影响更大。当模型在其整个运动范围内移动时会引起图像灰度发生较大的变化。为了寻找热斑并确定曝光时间是否应随模型运动而变化,应对试验段中模型在极限位置的图像进行评估。光源也应当进行定位,以便照射尽可能接近模型表面的法向。当模型位置稍微倾斜时,模型位置受气动载荷作用而发生的微小变化会引起照射的巨大变化。通常,有风与无风状态下任何光强的差异都会被误解为压力的变化。

8.2.3 相机

1. 相机特性

PSP 相机最重要的特性是高信噪比,特别是低速实验时需要基于很小变化的光强准确测定压力的。典型低速风洞实验的平均流动速度为 150m/s,总压为一个大气压(1.031×10^{5}Pa),动压为 $q=1500$Pa。假定期望的测量精度为 150Pa(即 Δp

---

① Electro-Lite Co;Porphyrin Products,Throwbridge Drive,位于美国康涅狄格州贝塞尔市 06810。电话:203-743-4059 传真:203-743-6733,邮件:eluv@ electro-lite.com,www.electro-lite.com。

$= 0.0015p_0\text{Pa})$且式(8.2)中涂料系数为$A = -0.25$与$B = 1.25$。

应用式(8.2)时，p/p_0必须在15%以内，而I_0/I必须在12%之内。由于I_0与I的测量是独立的，其各自的误差总和以均方根形式表示，因而光强的测量精度必须维持在1：1200。这显然超出了标准摄影机的精度。跨超声速的应用对信噪比的要求没有那么严格，只需维持PSP测量精度的基本限制即可。这种约束下，相机必须具有高的光敏感度及快速采集帧频来降低数据采集时间。时间曝光能力对于PSP发光强度很低的情形是十分有效的。颜色分辨能力并不必要，这是因为相机通过滤光方式将只捕捉涂料所发出的光。

高信噪比要求可通过采用科学级CCD相机来满足。对于PSP而言，光子散粒噪声是这些相机的主要噪声源。除非所采集的图像非常暗，通常读出噪声和数字采样噪声可忽略不计。暗电流和像素间敏感度差异所导致的噪声可通过应用8.2.4节描述的方法进行校正。

散粒噪声是测量精度的内在物理限制。根据量子力学的原理，光强测量的信噪比不能大于计数光子数的平方根。达到饱和前，一个CCD像素只能接收有限数目的光子，称为满阱电荷容量。如此，满阱电荷容量决定了相机所采集图像的信噪比极限。例如，典型的中等范围CCD相机可能拥有50000个光子的满阱电荷容量。如果选择曝光时间使得像素接近最亮的饱和状态，典型像素可被照射达到低于75%的饱和度，则信噪比为$\sqrt{50000 \times 0.75} = 193$。为了获得低速测量时的高信噪比，必须采用拥有相当高满阱电荷容量的CCD(已有高至70000电子的满阱电荷容量)，或者将多幅连续图像进行求和来取得高满阱电荷容量的效果。这两种做法虽然耗时，但后一种方法可使得信噪比接近读出噪声与数字采样噪声的极限。

2. 模拟摄像机

许多稳固耐用且便宜的模拟摄像机是随时可用的。为了实现PSP测量，这些相机的输出可通过帧采样器进行数字采样。由于这些相机的信噪比很少高于300左右，其(根据经验)并不适于马赫数0.5以下的实验测量。

当采用标准格式的相机时，使摄像机模仿人眼的非线性亮度响应的特征(诸如自动增益控制与非单位的伽马)应该被禁用。如果相机被置于距帧采样器较长距离时，就应十分谨慎。距离较长的模拟电路易受电磁干扰，尤其是在典型风洞的高电磁辐射环境中所采集的图像质量会显著降低。最后，即使采用高品质的专业格式，使用任何录像带的数据存储会显著降低信噪比。如果条件允许，图像数据应进行实时的数字采样。

8.2.4 数据还原

本节讨论的数据还原通过相机校准来去除任何对光强的非均匀响应。可获得

150

无风图像与有风图像之间对应像素灰度值之比,可基于式(8.2)的已知系数 A 与 B 将光强比图像转换为压力图谱。最终,图谱数据被映射至模型表面坐标。

1. 相机校准

CCD 像素对于给定光输入的电压输出具有较高的线性,精确的增益与偏移值在不同像素之间的变化为几个百分点。为消除这种差异,每个像素的光强(I_{xy})必须通过采用暗图像(D)和平场图像(F)进行校正。暗图像是简单地关闭快门情况下采集的图像,即在无光条件下测定 CCD 显示的灰度水平。为获得平场图像,CCD 被照射使得所有像素接受相同的光子量①。各像素的校正光强可由下式获得

$$C_{xy} = \frac{I_{xy} - D_{xy}}{F_{xy} - D_{xy}} \tag{8.3}$$

2. 有风图像/无风图像配准

如果模型在两幅图像中的位置不完全相同,则有风与无风的图像比则存在误差。通常情况下,模型因在有风与无风状态受到不同的气动载荷而发生移动,有风图像必须被转换至与无风条件相匹配的模型位置。必要的变换是通过测量两个图像中小标记点或靶点(如 8.2.1 节所述那样喷涂于模型上)位置来确定的。标记点的定位精度须小于 0.05 像素,通常需采用质心搜索技术。从无风图像坐标(x, y)至有风图像坐标(x', y')的传统配准转换由三阶多项式确定:

$$\begin{cases} x' = a_0 + a_1 x + a_2 y + a_3 x^2 + a_4 xy + a_5 y^2 + a_6 x^3 + a_7 x^2 y + a_8 xy^3 + a_9 y^3 \\ y' = b_0 + b_1 x + b_2 y + b_3 x^2 + b_4 xy + b_5 y^2 + b_6 x^3 + b_7 x^2 y + b_8 xy^3 + b_9 y^3 \end{cases}$$
$$\tag{8.4}$$

系数 a_i 与 b_i 由两幅图像中已知的标记点位置来确定。值得注意的是,图像中标记点数目比式(8.4)中的自由变量数目要多,可采用最小二乘法来解超定方程组。即便是亚像素量级移动会引入足够大的误差,而配准将会显著改进数据质量。式(8.4)校正模型位移误差的精度约为 0.1 像素。模型无风与有风位置的移动也会引起光照射的变化。这种变化会引入虚假的强度信号,在某些情况下会导致显著的压力误差(Bell,McLachlan,1995)。双发光团涂料的研发可用来解决这一问题,其中第二种发光团是压力敏感的,并可测量入射光。其使用需要以第二种发光团发射波长对每种数据图像进行基于参考图像的归一化处理。

3. 校准

PSP 的校准方法可分为两类。预先校准技术借助于与模型同时喷涂的样品试件,将其置于温度与压力可调的密封舱内。使样品受到照射,并捕捉风洞试验中所

① 获得平场图像的最精准方式是应用积分球,有效的平场图像可通过将相机对准受到均匀照射的背景玻璃屏幕来得到。需要注意的是,绝大多数镜头将更多的光集中于 CCD 中心,其边缘的光相对较少,并且这种非均匀性也可通过平场图像校准来校正。

遇见的不同压力与温度下的发光亮度。通过拟合所采集的光强随压力的变化曲线可确定式(8.2)中的系数 A 与 B。原位校准则采用测压孔来校准涂料。光强随压力的变化关系通过将部分测压孔位置的涂料光强比与测压孔的测量值进行相关而得到的。原位校准技术可进行有风与无风状态下平均照射水平与温度差异的自动校正,也可进行光降解的校正。相对于涂料发光强度,这些误差源更多影响涂料的压力敏感度。如此,最初通过原位校准得到式(8.2)中系数 B 的综合技术得以发展。而后,应用一或两个测压孔的原位校准技术用来确定系数 A。

校准的主要内容是测定 PSP 涂料的温度敏感度。PSP 的温度敏感度的变化范围从超过 2%/℃ 到 0.2%/℃ ~ 1.2%/℃。常见的温度校正是复杂的(Woodmansee,Dutton,1995),可通过两种方法进行简化。首先,假设逐点的温度变化相对于有风与无风状态之间的平均差异是很小的。其次,假定涂料在其压力敏感度与温度无关的前提下是理想的。现代涂料非常接近这种状态。这两种假设是上述综合校准技术的基础。

4. 向模型坐标的映射

最终的数据还原步骤并不要求适用于所有情况,而只需将经校准的 PSP 图像中所有点与模型的对应点相关联即可。应用摄影测量的直接纯属变换法是非常便捷的。该方法将模型坐标 X, Y, Z 与对应的图像坐标 x, y 通过下列方程组联系起来:

$$x = \frac{L_1 X + L_2 Y + L_3 Z + L_4}{L_9 X + L_{10} Y + L_{11} Z + 1}, y = \frac{L_5 X + L_6 Y + L_7 Z + L_8}{L_9 X + L_{10} Y + L_{11} Z + 1} \tag{8.5}$$

系数 $L_1, L_2, \cdots, L_{11}$ 是通过将已知的 x, y 与 X, Y, Z 坐标值代入式(8.5)计算得到的。所得到的方程组对应于未知系数 $L_1, L_2, \cdots L_{11}$ 而言是线性的,且可通过 6 个已知点的坐标来求解。Bell 和 McLachlan(1996)对该技术进行了充分的讨论。

8.3 剪切敏感液晶涂料方法

剪切敏感液晶涂层(Shear-Sensitive Liquid Crystal Coating, SSLCC)方法是一种基于图像的测量技术,兼有显示转捩与分离等表面动态流动现象与测量施加于气动表面连续剪切应力矢量分布的双重功能。剪切敏感液晶属于液晶的胆甾中间相(Fergason,1964)。在气动剪切应力的作用下,活性物质有选择地散射入射的白光,特定方向呈现特定颜色,亦即具有三维光谱。这种颜色变化的响应是连续可逆的,响应时间通常为毫秒量级。

克莱因将液晶测量方法引入空气动力学(Klein,1968)。基于这一早期的工作,液晶涂层被用来定性显示风洞(Hall et al.,1991)与飞行试验(Holmes et al.,1986)中施加于气动表面剪切应力量级。Reda 和 Muratore(1994)发现,剪切敏感液晶涂层对于剪切的颜色变化同时取决于剪切应力的大小与所施加剪切矢量相对于平面内观测者视线的方向。

8.3.1 剪切的变色响应

当白光沿法向照射涂层表面并以一个倾斜角观测该平面时,任何暴露于具有远离观测者剪切矢量分量的点都呈现变色响应(Reda 和 Muratore,1994),如图 8.3(a)所示。这种变色响应所呈现的特征是由未受剪切的颜色(红色或橙色)向可见光谱的蓝色端的偏移。变色的程度同时是剪切量级及其相对于观测者方向的函数。相反,任何受到剪切矢量分量作用且作用方向朝向观测者的点将不会展示颜色的变化,如图 8.3(b)所示。液晶物理学及其光学特性超出了本章讨论的范围。更多细节内容由 Chandrasekhar(1992)、De Gennes 和 Prost(1995)给出。

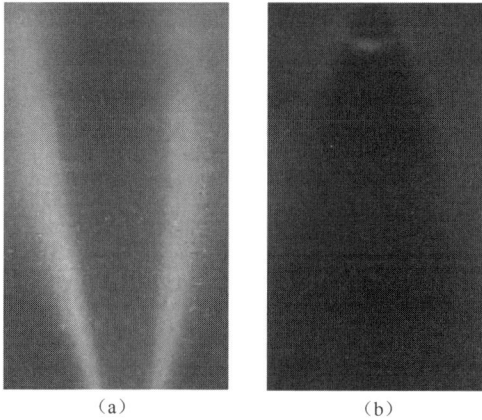

(a)   (b)

图 8.3　(见彩图 13)液晶涂层对于剪切射流的变色响应($\alpha_L = 90°, \alpha_C = 35°$)

(a)流动方向离开观测者;(b)流动方向朝向观测者。

图 8.3 所展示的剪切敏感液晶涂层的变色响应通过应用光纤探针和分光光度计来定量测量来自壁射流中心线上的点所散射的光谱(Reda,Muratore,1994)。其结果由图 8.4(a),(b)展示。在任何剪切应力量级(τ/τ_r),当剪切矢量与观测者一致及离开观测者(图 8.4(a)中, $\beta = 0°$)时,总会测量到最大变色(即主波长 λ_D 的变色)。变色随着相对平面内视角(β)变化而减小至矢量与观测者准直方向的任何一侧。变色是 β 的高斯函数,如图 8.4(a)所示。对于任何固定的平面视角 $|\beta| < 90°$,变色是剪应力量值 $|\tau/\tau_r|$ 的单调递增函数。图 8.4(b)所展示的是 $\beta = 0°$ 的情形。对于 $|\beta| > 90°$ 而言,液晶没有变色,即 λD 并不取决于剪切值,如图 8.4 所展示 $\beta = 180°$ 的情况那样。

所有上述结果是在法向照射二维平面而获得的。然而,实验表明,偏离正常的照度达到±15°时,并不会影响 $\beta = 0°$ 时变色的测量结果(Wilder,Reda,1998)。

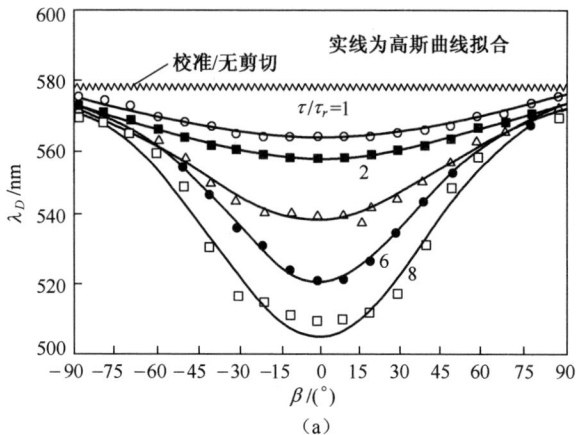

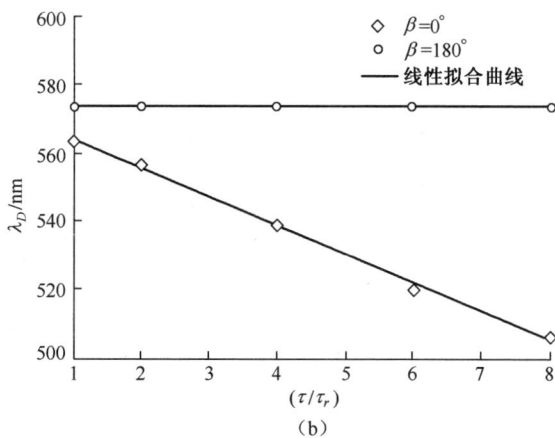

图 8.4 剪切敏感液晶涂层的变色响应

(a)主波长及观测者与剪切矢量间的平面内相对视角,以剪切应力量值为变量;

(b)主波长与平面内视角 0° 与 180° 时的相对剪切量值。

基于这些观察与测量,全表面剪切应力矢量显示(Reda,1995a;Reda et al.,1997a)与测量(Reda,1995b,Reda et al.,1997b)的全套方法正在形成与验证。每种方法的实例将会被图示给出。

8.3.2 涂层的涂敷

液晶涂层可购自位于美国格伦维尤的 Hallcrest 有限公司液晶部。剪切应力敏感液晶涂层材料的种类繁多,其黏性系数范围广。任何实验所对应的化合物是在剪切量值全范围内产生广域变色响应的化合物,但黏性不足以在表面流动。剪切应力敏感液晶涂层散射光的颜色测量只在不发生宏观移动的情况下才有效。

气动应用所采用的化合物类型包括 BCN/192、BCN/195、CN/R1 及 CN/R3。这些材料的可用剪切范围为 5~50Pa。水力学的应用应采用更黏的化合物,如 CN/R7 和 CN/R8。所有这样的化合物在宽范围内对温度是不敏感的,在 0°C 时会凝结,在 50°C 时会融化。其保存时间为一年。

将一部分液晶按体积混合至 9 份氟利昂及其替代物溶液(如 Dupont Vertrel XF-9571)中,将其喷涂于测试表面。对于小的被测面积,美术喷枪是非常合适的喷涂工具,每次使用后应使用纯溶剂冲洗。溶剂会在大气环境下蒸发,会剩下均匀的液晶涂层。与涂料不同,涂层不会干燥,但仍然是黏稠的,不应去触碰。光滑、平坦的黑色表面(如阳极氧化铝)对于颜色对比是必不可少的:颜色响应是一个低强度散射场,它容易被粗糙度低的表面散射光淹没。当需要定量测量结果时,表面参考校准对于图像配准是必要的。在涂敷前,应使用溶剂清洗测试表面,并在测试后除去涂层。

推荐的涂层厚度在 25~75μm。假设有 50% 的喷涂损失,这就要求测试表面用于喷涂的 9 合 1 混合物体积等于 0.15cc/cm² (1cc = 1mL)。测试表面喷涂的成本低于 200 美元/m²。

刚喷涂涂层内的分子通常并不与需要将白光分散为与色谱的分子方向一致。光学活性排列可通过剪切涂层来实现,或者通过在实验之前使加压空气射流通过涂覆表面,或者通过研究流动本身来实现。至于替代方案,重要的是,初始流动提供了涂层在实验期间将经历的最大剪切条件,否则涂层的轻微剪切区域可能无法获得合适的分子排列。

8.3.3 光照与成像

剪切敏感液晶涂层必须使用白光(色温接近 5600K)进行照射,以便产生全可见频段变色响应。以 1200 瓦西凡尼亚(Sylvania)PAR46 BriteBeam 光源为例,其应使用无闪烁镇流器。

对于定性的流动显示,变色响应可采用标准的彩色摄影机来进行成像采集。当需要定量测量时,可优先考虑 3CCD 共位采样的红黄蓝(RGB)彩色摄影机。该类型摄影机通常用于医疗成像,以三个 CCD 芯片分别记录散射光的 NTSC(美国国家电视系统委员会)格式标准 RGB 分量。诸如自动增益和无单位伽马的人眼非线性亮度响应补偿特征均需解除。每个颜色分量采用帧采样器进行数字采样。每个通道 8 位(24 位彩色)的数字转换器提供了 1nm 的颜色分辨率,涂层之间的颜色重复性通常为 2~3nm。

颜色测量被描述为照射不变量的颜色线性校正,它为所有测量提供了国际照明委员会(Commission Internationale d'Elairage,CIE)C 光源的标准参考。颜色通常通过所测得 RGB 强度的色调计算来确定(Hay,Hollingsworth,1996),强度不变的颜色度量直接与 CIE 比色系统的主波长相关联(Wyszecki,Stiles,1967)。

需要解决两个成像问题:一个或多个颜色信号的反射眩光与潜在饱和。反射眩光可通过调节两个偏振片相对角度来实现最小化:一个偏振片置于摄影机镜头前,另一片则置于光与测试表面涂层之间。剪切敏感液晶涂层所散射的圆偏振光通过这些路径不会发生改变。为克服第二个问题,图像可以两个或更多的曝光设置来采集,并采用每个图像中正确曝光的像素形成复合图像。该技术是可行的,这是因为颜色(主波长)与强度无关。

8.3.4 数据采集及分析

图 8.4 所展示的数据被用来形成图 8.5 所示的全表面剪切应力矢量测量方法。经涂敷的测试表面受到来自法向的白光照射,并将照相机定位在大约 30° 的俯视平面视角(α_C)。对于定量测量,剪切敏感液晶涂层对于剪切场的变色响应图像可从包括全部可测量剪切矢量方向的多个平面视角进行采集记录(图 8.5 中 ϕ_{C1} 到 ϕ_{C4})。如图 8.4 所示,对于恒定剪切应力矢量的变色响应是观测者与矢量方向之间相对平面视角的高斯函数。因此,测试表面上每个物理点的剪切矢量方

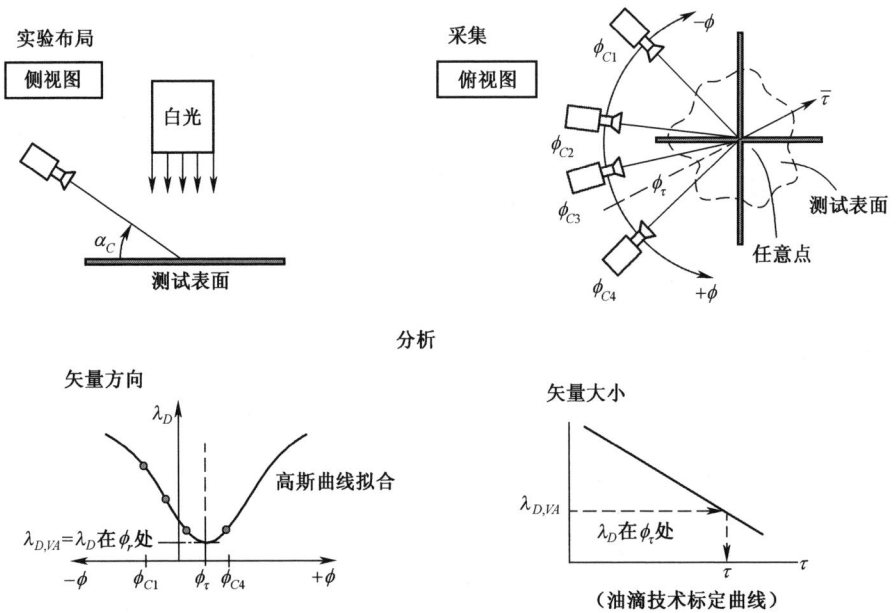

图 8.5 全表面剪切应力矢量测量方法示意图

向可通过对测量颜色(λ_D)随表面上相应点平面视角(ϕ_C)的变化进行高斯曲线拟合来确定。理论上,最少需要 4 幅图像才能进行高斯曲线拟合,但实际上这个数字通常随着光学通道数而增加。对应于曲线拟合的最大变色平面角度决定矢量方向 ϕ_r,与矢量相关的颜色($\lambda_{D,VA}$)通过采用常规点测量技术而获得的校准曲线同剪切量值相关联(譬如,条纹成像表面摩擦或"油滴"技术将在 8.4 节讨论)。

剪切敏感液晶涂层的原位校准可获得未经缩放的数据,包括与矢量相关的颜色(正比于剪切量值)与表面各网络点矢量方向。通过这种方式,所选择的点测量方法(如油滴技术)可应用于精确的位置,以便包含在流动研究中所发生的与矢量相关的颜色(剪切量值)变化全范围。

不推荐机械剪切装置(如旋转盘或旋转轴装置)中校准剪切敏感液晶。无滑移边界条件与运动和静止表面之间相对运动相耦合迫使速度分布发生于液晶材料之内。与将剪切力施加到非流动剪切敏感液晶表面相比,这种流动情况改变了液晶分子排列并因此改变了其颜色变化响应。

图像的信噪比可通过几幅图像平均(对于稳定流动应用)或通过图像空间滤波来得以提高。空间滤波涉及用其相邻像素的平均值替换每个像素的 RGB 值,以及牺牲空间分辨率来提高信噪比。通常采用像素 3×3 或 5×5 的邻域。

对高斯曲线拟合部分分析(图 8.5)中所采用的颜色(λ_D)测量必须在相同的表面物理位置以各平面视角来获得。这要求采用摄影测量原理将彩色图像映射至物理表面的公共网格(Stacy et al.,1994;Reda et al.,1997b)。可参照 8.2.4 节。

Reda 等人(1997b)、Wilder 和 Reda(1998)详细讨论了剪切敏感液晶涂层矢量测量分辨率及精准度问题。剪切矢量量值 2%~4% 及小于 1° 剪切矢量方向的不确定度可获得 5~50Pa 的绝对量值。

这些不确定度通过以 15°~25° 平面视角采集颜色图像来获得。剪切量值与方向的不确定度随着图像视角的增加而增大,而当测量视角大于 40° 时的不确定度大约为原来的 2 倍(Wilder,Reda,1998)。剪切敏感液晶涂层测量方法已被证实不适用于未经校准过程的油滴表面摩擦测量(Reda et al.,1997b,1998)。

8.3.5 范例:转捩与分离显示

图 8.6 通过剪切敏感液晶涂层独特的剪切方向显示能力的实例展示了模型飞机机翼的转捩与分离(Reda et al.,1997a)。该模型为 1.7m 翼展的通用商业运输飞机,位于波音 2.4m×3.6m 跨声速风洞中心线上。剪切敏感液晶涂层被涂敷于右机翼上表面,其内侧部分被白光(L)自上而下照射。两个同步的彩色摄影机(C)摆放位置如图 8.6 所示。

如此布局下,通过用面向下游的摄像机记录的剪切敏感液晶涂层颜色变化响应,可以看到在翼上表面上的过渡,其特征在于在主轴方向上的表面剪切应力大小的

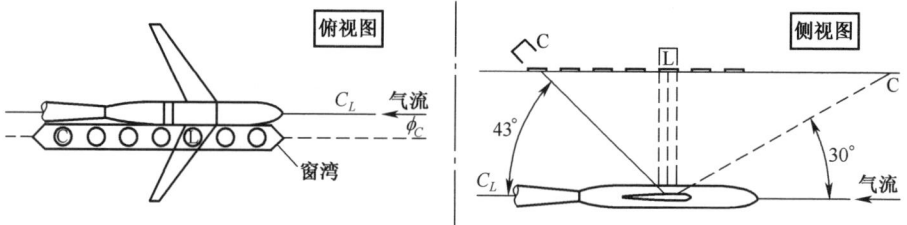

图 8.6　转捩与分离显示的实验布局示意图

突然增加。相反,由上游定向剪切矢量包围的逆流区域通过朝向上游相机记录的剪切敏感液晶涂层变色响应可见。暴露于朝向任意一部相机的剪切矢量没有产生变色响应,而显示为暗或红棕色区域,这主要取决于进入相机的绝对光照水平。由指向内侧或外侧剪切矢量包围且几乎垂直于主流方向的任何极端射流区域会同时通过两部相机呈现(如果表现出来)黄色变色响应(Reda,Muratore,1994)。

由于剪切敏感液晶涂层的变色响应是动态且可逆的,因而可以显示被测表面转捩前移的现象。图 8.7 给出了自由流 $Ma = 0.4$、雷诺数 $Re = 8.2 \times 10^6/m$ 条件下攻角(α)在其一定范围内缓慢变化时摄影机记录的两帧图像。低剪切量值区域以红色或黄色描绘,而高剪切量值区域则表现为绿色或蓝色。实验发现,弦向转捩区域随着攻角的增加而向前移动。起源于机翼前缘区域的离散湍流楔是由自由流污染物撞击表面形成孤立粗糙单元的结果。

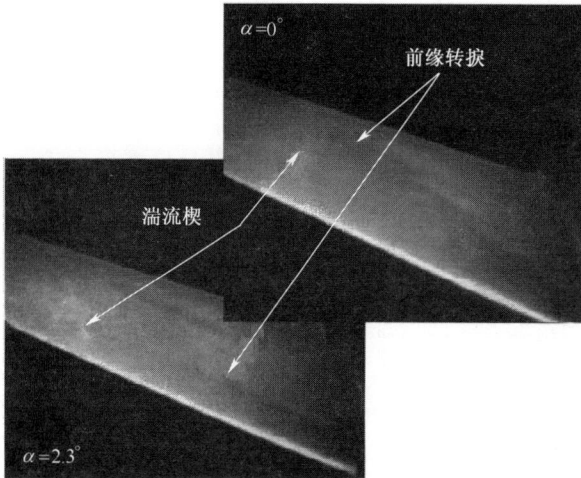

图 8.7　(见彩图 14)朝向下游相机在 $Ma = 0.4$,
$Re = 8.2 \times 10^6/m$ 时记录的前缘转捩流动显示图像

图 8.8(a)展示了通过朝向上下游的相机同时记录的变色响应的方式捕捉攻角 $\alpha = 8°$ 时机翼外侧上表面前缘分离区域。朝向下游视图中的红色区域及朝向上

158

游视图中的黄色区域显示了指向上游流动(逆流)的低剪切区域。

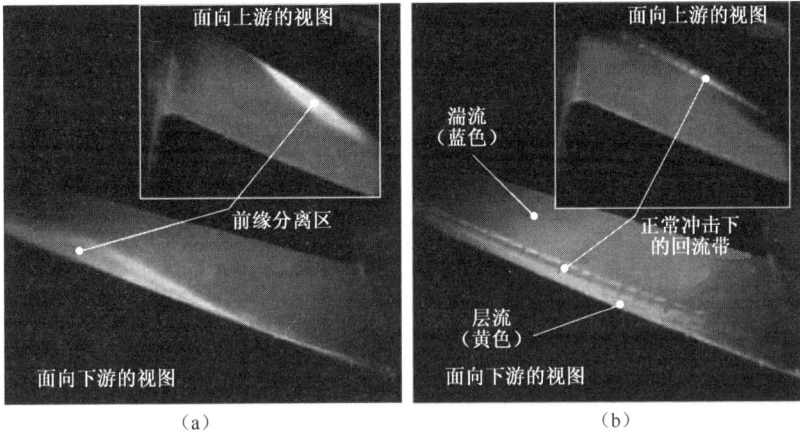

图 8.8 （见彩图 15）对视相机记录的变色响应

(a)前缘分离，$\alpha = 8°$，$Ma = 0.4$，$Re = 8.2×10^6/m$；

(b)法向激波/边界层相互作用，$\alpha = 5°$，$Ma = 0.4$，$Re = 11.2×10^6/m$。

对于较高马赫数 $Ma = 0.8$ 的自由流，在雷诺数 $Re = 11.2×10^6/m$ 和攻角条件 $\alpha = 5°$ 下，法向激波/边界层相互作用产生于机翼前缘略微下游的区域。图 8.8 (b)展示了由对视相机同时记录的剪切敏感液晶涂层变色响应。图中，由朝向下游相机记录的沿机翼前缘的黄色区域显示为激波/边界层相互作用上游的低剪切(层流)区域。相互作用区域下部所形成的逆流窄带在朝向下游视图中显示为红棕色，并同时在朝向上游视图中显示为黄色。逆流区域被前缘粗糙单元生成的诸多湍流楔破坏；这些贯穿相互作用区域的局部附着湍流楔通道通过朝向上游的相机记录，并显示为黄色窄带区域中的暗间断。

8.3.6 范例:剪切矢量方法的应用

与图 8.3 所展示的内容相类似,该测量方法用来确定切向壁面射流下的平面剪切应力矢量分布(Reda et al.,1997b),并在倾斜的冲击射流下方(Reda et al.,1998)。冲击射流实验结果如下所述。

射流直径 D 为 0.84cm,射流初始速度分布类似于出口中心马赫数 0.66 的完全发展圆管湍流流动。出口中心线位置基于直径 D 的雷诺数为 $1.36×10^5$。射流排入大气,且射流总温与环境温度为同一量级。射流出口平面离几何滞止点(GSP)13 倍直径,测试表面直径为 15.24cm。射流冲击角相对于表面为 57°。

测试全表面的帧平均图像基于 $0° \leqslant \phi_c \leqslant 180°$ 角度范围内 $15\phi_c$ 方向所记录的各个图像。利用对称流场的优势,图像在对称平面(法向矢量为 X 轴)上镜像,

形成 $0° \leqslant \phi_c \leqslant 360°$ 的完整图像集。根据图 8.5 所示的过程对图像进行分析,得到的表面剪切应力矢量分布如图 8.9 所示。图中的颜色代表剪切应力大小,而选择的剪切应力矢量方向由 Y 轴每隔 $\Delta X/D = \pm 1$ 开始的矢量横切轮廓示出。为了清晰起见,在每个轮廓中仅示出了间隔为 $\Delta Y/D = 0.15$ 的第五个矢量。

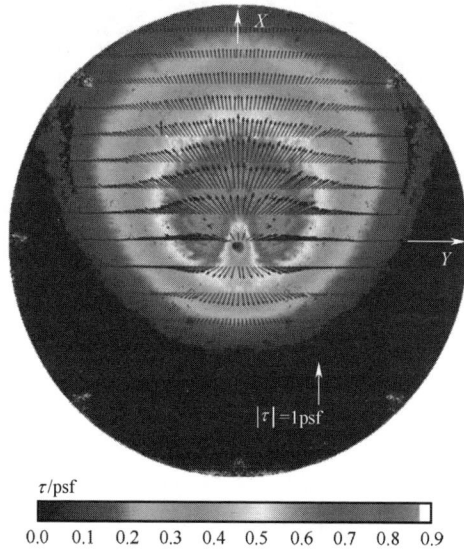

图 8.9 (见彩图 16)倾斜冲击射流之下测量所得的表面剪切应力矢量场,
颜色展示了剪切量值,且各 $\Delta X/D = 1$ 位置显示了剪切方向

剪切强度的局部最小值出现在小滞止点(GSP)附近。随着倾斜射流的旋转,剪切强度在所有方向上从停滞区迅速增加,使其与平板表面对齐,然后向外加速。

图 8.10 展示了来自剪切敏感液晶涂层方法与油滴技术点测量方法在 $X/D = 2$

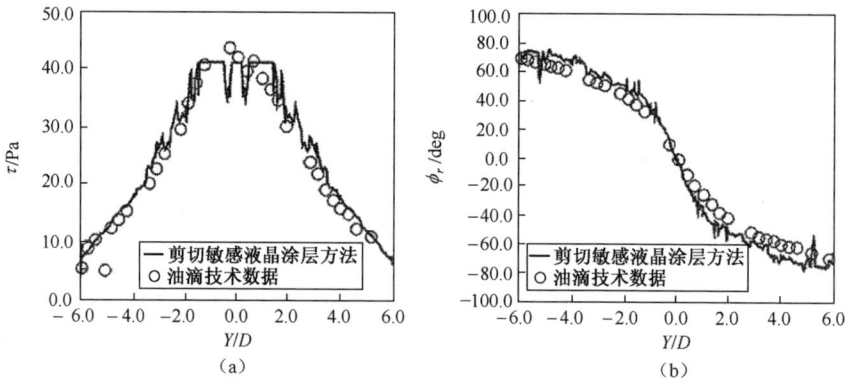

图 8.10 斜冲击射流在 $X/D = 2$ 处剪切矢量场的横截剖面
(a)数值;(b)方向。

160

处横向截面的连续测量结果,这里所展示的油滴数据均未用于校准。这两种方法测量的剪切矢量量值与剪切矢量方向之间有很好的整体一致性。对应于 $\tau > 41.7\text{Pa}$ 的校准数据不可用,因此剪切敏感液晶涂层量值数据被列在图 8.10 (a)中。

8.4 边缘成像表面摩擦干涉测量法

自 1976 年 Tanner 和 Blows 首次应用以来,油膜干涉测量法已被用于测量表面摩擦力。1993 年,Mouson 和 Mateer 开发了简化的油膜方程,从已知的油膜最终厚度与其他一些已经获知的量确定表面摩擦系数。他们也还演示了采用标准房间照明来显示油膜干涉图案,并表明可通过最少的设备与布局时间来进行表面摩擦测量。该技术现已扩展三维流动测量(Zilliac,1996),并应用于大型风洞(Driver,1997)。

8.4.1 物理原理

油膜技术的原理是当附着在表面的油受到剪切时将以剪切量值相关的速率变薄。表面摩擦测量涉及测量油膜厚度、记录风洞运行状态历史和掌握油的特性。

油膜的厚度分布是由在模型表面反射光与来自空气-油界面的反射光之间相互干涉所导致的可见干涉图案确定的(图 8.11)。暗带(或条纹)的间距是油面斜率的量度,该带是恒定油膜厚度的轮廓线。图 8.11 展示了典型的油膜截面平视图。

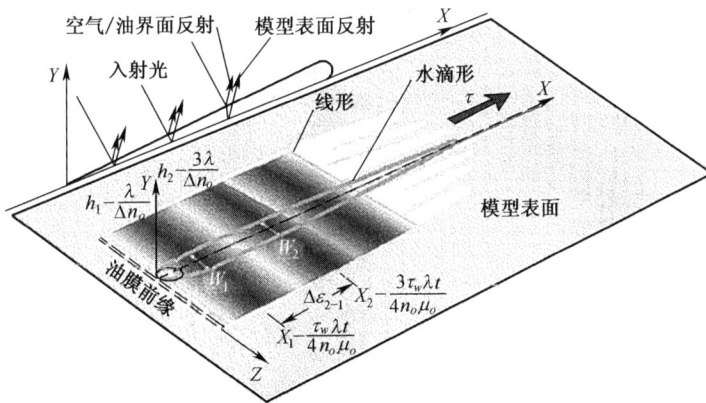

图 8.11 油膜及其截面

条纹之间的距离 Δs 与表面摩擦力成正比,这可由 Monson 和 Mateer(1993)根据一维润滑理论推导出来的方程可知：

$$C_f = \frac{\tau_\omega}{q_\infty} = \left[2n_o \cos(\theta_r) \frac{\Delta s}{\lambda} \right] \left[\int \frac{q_\infty}{\mu_o} \mathrm{d}t \right]^{-1} \tag{8.6}$$

式中：右侧分子是干涉测量中油膜斜率的倒数，其中，n_o 为油的折射率；θ_r 为油膜对光的折射角度；λ 为油膜照射光的波长。滑油黏度 μ_o、风洞动压 q_∞ 是风洞运行时间 t 的积分。通过空气–油界面的光折射角通过公式 $\theta_r = \arcsin(\sin\theta_i/n_o)$ 与光的入射角相关。

表面摩擦矢量方向是油流中的轨迹线。如果条纹间距 Δs 是沿油轨迹线测量获得的，则式(8.6)给出的 C_f 就是表面摩擦因数矢量的量值。

8.4.2 表面处理

油膜干涉测量法(也称为条纹成像表面摩擦干涉法,FISF)所运用的模型表面必须足够光滑,并且具有条纹可见的光学特性。在非理想状态采用油膜干涉测量法使得条纹具有高可视性是困难的。理论上,条纹的最佳可视性是在 2.0 表面折射率(对于硅油等 $n_o = 1.4$ 的流体)的表面获得的。

在尝试了许多不同的表面之后,发现重火石玻璃为最佳。由丙烯酸、玻璃或者经打磨的不锈钢为材质的测量表面可提供不错的条纹可视效果(经打磨的表面需达到 2μin 或更表面粗糙度)。镀镍或涂敷于光滑模型表面的亚光黑漆也可提供高的条纹可视性。铝被证明是一个相对较差的光学表面(其光吸收率过低)。判断表面材料的不错法则在于是否能够看到你自己在表面的映射。

当采用已有风洞模型时,通常不可能(或不允许)改变表面粗糙度。在此情况下,最简单的方法是将莫诺科特装饰片(MonoKote Trim Sheets,一种具有黑色着色衬垫和黏结涂层的光滑聚酯薄膜)涂敷于测试表面。聚酯薄膜(折射率为 1.67)和黑色颜料背衬(夹在聚酯薄膜和黏合剂化合物之间)的组合提供了部分反射表面,其反射的光强度与空气–油膜界面反射的光的强度大致相同(略小于 4% 反射)。莫诺科特装饰片由位于美国伊利诺伊州尚佩恩的 Top Flite Models 有限公司出售,通常在特定商店中有售。

风洞运行之前,将小块硅油(线段、油滴与斑点)方式涂敷于一系列经清洗的模型表面位置。道科宁公司[①]提供黏度为 $5\sim100000$cs 的硅油。黏度的选择基于风洞运行时间、动态压力、温度及所期望的条纹间距。涂敷位置相距应足够远,以避免油流块之间的相互作用与影响。

道科宁公司的硅油 200 并非是唯一有效的,但却是迄今最佳的选择,这是因

---

① 道科宁硅酮流体公司的信息:道科宁公司位于美国密歇根州米德兰县,1994 成立。

为其具有低表面张力、高透明度,以及相比于其他硅油具有相对较低的温度敏感度。

8.4.3 照射

在空气流过测试表面之后,下一步是记录油流图案。油膜最终的厚度分布状态将会保留一段时间,时间长短取决于潮湿程度、温度和表面粗糙程度。重力对油膜的影响可以忽略,因为油膜厚度只有微米量级。

应采用单色性好的光源对硅油进行照射,并以借助于框标或刻度尺进行成像采集。置于相机镜头之前的窄带陷波滤波器通常用来滤去照射光源不需要的波谱。光源需要在几微米内具有相干性(排除了钨灯),标准的充气灯泡均具有这种特性。例如,荧光灯、黑光灯以及其他形式的汞蒸气放电灯等光源可提供特定波长($\lambda = 546nm$)的相干强照射,该波长容易通过陷波滤波器进行隔离。标准氙气工作室闪烁提供良好的相干光源。另一个出色的光源是低压钠灯。通常,这些光源发出单一的波长(实质上是相隔紧密的发射双线 λ 纳米 $= 589nm$ 与 $\lambda = 589.6nm$),因而不再需要滤波。激光具有高度的单色性与想干性,但因存在散斑现象而难以形成相干条纹。

许多光源配置已被采用,涉及灯箱以及模型周围精心布置的反光伞,如图 8.12所示。Zilliac(1996)和 Driver(1997)围绕光源选择与照明技术给出了详尽的讨论。

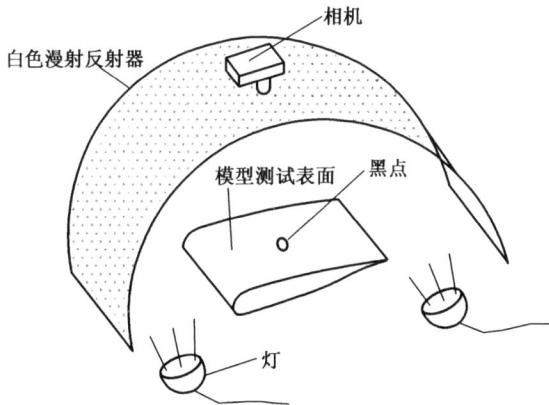

图 8.12　作为光源的前光漫射反射器原理示意图

表面照射的最理想方式是法向照明,但这种方式实现的难度大,这源于相机与光源对于最佳设置位置需求的矛盾。半镀银反射镜有可能实现模型小区域的法向照射,但并不太实用。其基本要求是来自光源的光直接从模型表面反射到相机中。

光源越大(越贵),模型上能够实现镜面反射的区域也越大。另外,可将风洞壁面喷涂成白色并使之作为光反射器,以便将来自点光源的光反弹到模型的表面上。相机可以放置在一个窗口(通过一个未喷涂的窗口部分查看)。图 8.13 展示的图像是通过喷成白色的风洞壁面窗口获得的其中一幅图像。图像中的黑点是因缺少相机镜头的反射光。孔面积通常是总面积的一小部分。Driver(1997)描述了各种照射方式的细节。

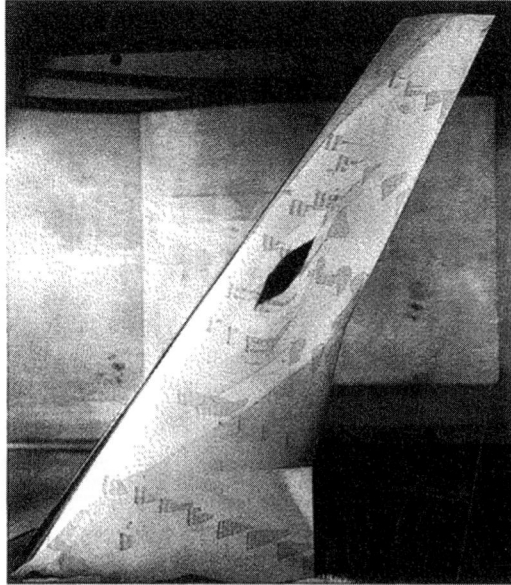

图 8.13　模型与试验段壁面受到的照射

8.4.4　成像

干涉图谱几乎可以用任何相机拍摄,但为得到最佳效果,采用具有高空间分辨率的黑白数码相机是最好的。黑白胶片相机具有不错的显示效果,但在负片扫描过程中的对比度较低。彩色数码相机也能够工作,但因存在着红绿蓝像素排列位置而出现伪影。对于基于金属汞的光源(发射光主要在光谱的绿色频段)而言,红蓝色调的像素并不包含与绿色像素一样的信号水平。

为了在大视场内捕捉到紧密间隔的干涉条纹细节,较高的空间分辨率是必要的。测定条纹间距的精度是分辨条纹的像素数目与条纹对比度的函数(ZiLac,1996)。从提高图像空间分辨率的角度,采用高质量的透镜是是必要的,同时还降低了图像畸变。

8.4.5 校准

道科宁公司生产的硅油200是这个领域研究者使用的典型牌号。其为聚二甲基硅氧烷聚合物,具有如表8.1所列的物理特性。生产商只给出了该产品在25℃时具有±5%不确定度的黏度,因而该产品需要单独进行黏度校准。并且,其黏度以2%/℃变化。采用坎南-芬斯克黏度计(产自美国宾西法尼亚州匹兹堡市的费雪科技公司)在接近风洞运行温度的单点校准通常已经足够了。流体运动黏度$v_{o,T}$是温度的函数,可通过下式确定:

$$\lg(v_{o,T}) = [C_1/(T + C_2) - C_1/(T_{cal} + C_2) + \lg v_{o,cal}] \tag{8.7}$$

式中:T的单位是开尔文(K);$C_1 = 774.8622$;$C_2 = 2.6484$。式(8.7)在255K<T<310K 和100Cs < $v_{o,cal}$ < 1000cs 范围内最为准确。而且,温度对其密度也有轻微的影响。该硅油的单位重量是温度的函数,其为

$$\rho_{o,T} = [(\rho_{o,T=25℃})/(1 + \alpha(T - 25))] \tag{8.8}$$

式中:膨胀系数α在表8.1中列出;T为温度(℃)。因此,$\mu_{o,T} = \rho_{o,T}v_{o,T}$。

表 8.1　硅油 200 在 25℃时的特性(道科宁公司,德克萨斯州米德兰市)

$v_{o,nom}$/cs	$\rho_{o,T=25℃}$/(kg/m³)	n_o	α/(cc/cc/℃)
10	931	—	0.00108
50	957	1.4022	0.00104
100	961	1.4030	0.00096
200	964	1.4032	0.00096
500	966	1.4034	0.00096
1000	967	1.4035	0.00096
10000	—	1.4036	—

8.4.6 数据处理

在数字图像上测定条纹间距可采用诸如 Photoshop(Adobe 公司)或其他定制的软件来实现(Zilliac,1999),也可以粗略地使用游标卡尺在照片或测试模型上直接测量。已经开发出了采用基于干涉条纹强度分布的多种算法来测定条纹间距Δs,这些算法包括多种快速傅里叶变换(FFT)算法(Monson 和 Mateer,1993)、希尔伯特(Hilbert)转换(Naughton 和 Brown,1996)以及基于物理的非线性回归算法(Zilliac,1996)。

一种沿流向直线分析强度的方法通常可由硅油的干涉条纹推导出来(Zilliac,1996),如图8.11所示。涉及表面坐标系的直线方向被假定为表面摩擦矢量方向。

包含 9 个参数的模型可通过非线性回归算法来拟合条纹的强度分布。该模型如下：

$$I = B_1 + B_2 s + B_3 s^2 + (E_1 + E_2 s + E_3 s^3)\cos(P_1 + P_2 s + P_3 s^2) \qquad (8.9)$$

式中：I 为光强；s 为油膜条纹中心线之间的距离（以像素表示）；B、E、P 为回归系数（Zilliac，1996）。

通常，强度分布所记录的最初两个条纹足以获得精确的条纹间距测量值 Δs。该方法的优势在于数学模型是由干涉测量的物理原理推导出来的，并允许表面曲率、噪声、小的光学缺陷及非均匀照明等影响因素的作用效果存在。此外，强度全记录通过回归分析确定条纹间距，而非简单地进行强度分布峰值的拟合测量。

典型的硅油点状条纹及其条纹强度分布如图 8.14 所示。表面摩擦因数大小可通过采用回归拟合条纹间距来确定，而后将基于像素长度的条纹间距转换为物理坐标（通常通过采用摄影测量方法实现）。表面摩擦因数矢量的方向可通过前缘附近所测得的油轨迹线来测定。

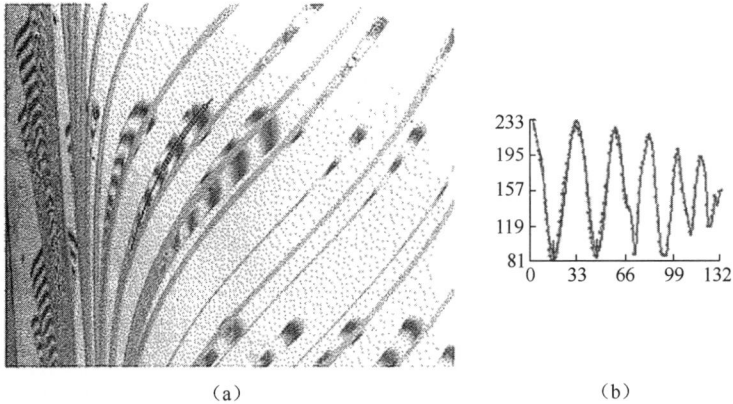

（a）　　　　　　　　　　　　　　（b）

图 8.14　硅油点状条纹图谱及其相应的强度分布（沿条纹锋面法向所画的黑线测量）

其他复杂精细的方法涉及油膜还原。可采用希尔伯特变换的厚度分布测量及其后数值解算油流偏微分方程确定何种表面摩擦分布会引起特定的油膜厚度分布（Naughton，Brown，1996）。二维希尔伯特变换和二维油膜方程可作为油膜块的位置函数来解算表面摩擦分布。

8.4.7　不确定度

条纹成像表面摩擦测量方法的不确定度取决于多种因素，其中最重要的因素见表 8.2。通过采用经校准的硅油以及精确测量动压 q_∞、表面温度和照射光入射角，有可能获得优于 $\pm 5\%$ 的 C_f 量值和优于 $\pm 1°$ 的矢量方向。目前，可实现的最低精度为 $\pm 3\% C_f$ 量值和 $\pm 2° C_f$ 矢量方向角。如表 8.2 所列，由不平行硅油流线和压力与剪切梯度效应引起的不确定度在特定环境（邻近激波、转捩和分离流）下采用简化的一维方程时是可预见的。对 C_f 的简单校正由式(8.6)给出,可将这些误差的影响最小化。例如,可通过将 C_f 乘以 $(1 - (h/C_f)\delta C_p/\delta s)^{-1}$ 校正压力梯度,乘以 $(1 + 0.25(\Delta s/C_f)C_f/\delta s)$ 校正建立剪切梯度的影响,其中, h 为由 $h = (\lambda N_f)/(2n_o\cos\theta_r)$ 确定的油膜厚度, N_f 为距油膜前缘的条纹数目(即首个暗条纹 $N_f = 0.5$,第二个暗条纹 $N_f = 1.5$)。对于条纹成像表面摩擦测量的校正而言,一个可替换的方法是采用专门用于高剪切梯度的式(8.6)替代方程(Zilliac,1996)。

表 8.2 条纹成像表面摩擦测量的误差来源

误差来源	不确定性范围	备　注
非平行流线	$0\% \sim 5\%C_f$	正偏差误差
硅油黏度	$\pm 0.2\% \sim \pm 5\%v_o$	校准硅油
温度	$\pm 0.05\% \sim \pm 1\%T_o$	T_o 测量
压力梯度影响	$\pm 0\% \sim \pm 0.14\%C_f$	通过 $h(\delta C_p/\delta s)$ 计算
剪切梯度影响	$\pm 0\% \sim \pm 20\%C_f$	通过 $\frac{1}{4}\Delta s(\delta C_f/\delta s)$ 计算
自由流动	$\pm 0.25\% \sim \pm 1.0\%q_\infty$	使用精确的传感器
回归和成像	$\pm 0.5\% \sim \pm 5\%\Delta s$	使用校准相机
启动和关闭	$\pm 0\% \sim ?\%C_f$	缩小风洞启动时间

8.4.8 范例

油膜干涉测量法已被用于从高速与低速生产型风洞的绕流模型以及盘旋的旋翼桨叶等诸多流场。图 8.15 展示了美国国家航空航天局(NASA)艾姆斯研究中

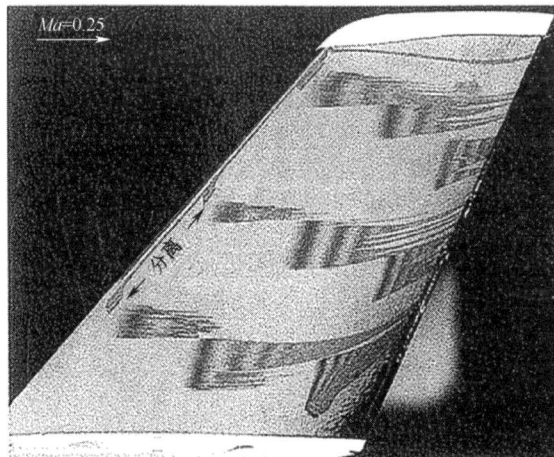

图 8.15　现代运输飞行器模型翼尖小翼在低雷诺数下的油腻条纹干涉图样

心 12ft 压力风洞中现代运输飞行器模型翼尖小翼在总压为 3 个大气压时的油膜图谱。干涉图样在翼尖前缘显示为层流分离泡，随后是湍流再附着。

图 8.16 展示了小展弦比机翼背风面的表面摩擦分布。2500 个条纹成像表面摩擦测量数据点是在 NASA 艾姆斯研究中心流体机械实验室的 32in×48in 风洞中获得的。

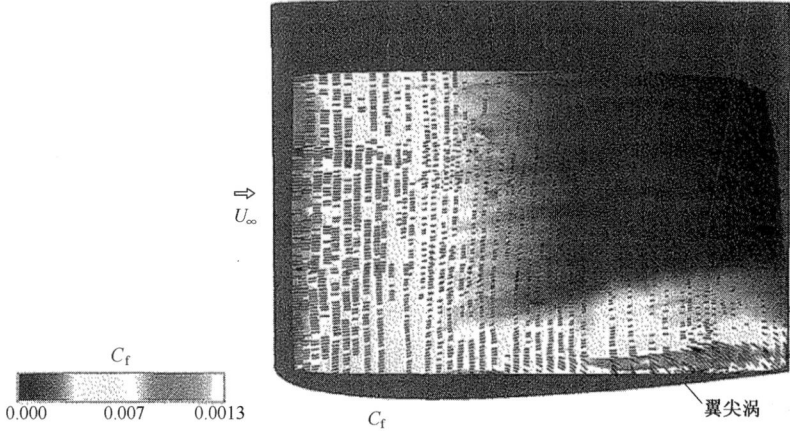

图 8.16　（见彩图 17）测量获得的翼尖小翼表面摩擦分布

8.5　参考文献

Bell, J. H. and McLachlan, B. G. 1996. Image registration for pressure-sensitive paint applications. *Exp. Fluids*, **22** (11), 78–86.

Chandrasekhar, S. 1992. *Liguid Crystals*. Cambridge University Press, Cambridge.

De Gennes, P. C. and Prost, J. 1995. *The Physics of Liguid Crystals*. Oxford University Press, New York.

Driver, D. M. 1997. Application of oil film interferometry skin-friction to large wind tunnels. *AGARD CP*-601, Paper no. 25.

Farina, D. J, Hacker, J. M., Moffat, R. J. and Eaton, J. K. 1994. Illuminant invariant calibration of thermochromic liquid crystals. *Exp. Thermal Fluid Sci*, **9**(1), 1–12.

Fergason, J. L. 1964. Liquid crystals. *Sci. Am.*, **211**, 76–85.

Hall, R. M., Obara, C. J., Carraway, D. L., Johnson, C. B., Wright, E. J., Covell, P. F. and Azzazy, M. 1991. Cormparisons of boundary - layer transition measurement techniques at supersonic Mach numbers. *AIAA J.*, **29** (6), 865–871.

Hay, J. L. and Hollingsworth, D. K. 1996. A comparison of trichromic systems for use in the calibration of polymer−dispersed thermochromic liquid crystals. *Exp. Thermal Fluid Sci.* , **12**, 1−12.

Holmes, B. J. , Gall, P. D. , Croom, C. C. , Manuel, G. S. and Kelliher, W. C. 1986. A new method for laminar boundary−layer transition visualization in flight: Color changes in liquid crystal coatings. *NASA TM*−87666.

Klein, E. J. 1968. Liquid crystals in aerodynamic testing. *Astronaut. Aeronaut.* , **6**, 70−73.

Liu, T, Campbell, B. T. , Burns, C. P. and Sullivan, J. P. 1997. Temperature−and pressure−sensitive luminescent paints in aerodynamics. *Appl. Mech. Rev.* , **50**(4), 227−246.

McLachlan, B. M. and Bell, J. H. 1995. Pressure−sensitive paint in aerodynamic testing. *Exp. Thermal Fluid Sci.* , **10**, 470−485.

Monson, D. J. and Mateer, G. G. 1993. Boundary−layer transition and global skin friction measurements with an oil−fringe imaging technique. *SAE* 932550, *Aerotech* '93, Costa Mesa, CA, September, 27−30.

Morris, M. J. , Benne, M. E. , Crites, R. C. and Donovan, J. F. 1993. Aerodynamic measurements based on photoluminescence. Paper 93−0175, *AIAA 31st Aerospace Sciences Meeting*, Reno, NV, January 11−14.

Naughton, J. W. and Brown, J. L. 1996. Surface interferometric skin−friction measurement technique. AIAA Paper 96−2183.

Oglesby, D. M, Puram, C. K. and Upchurch, W. T. 1995. Optimization of measurements with pressure sensitive paints. *NASA Technical Memorandum* 4695.

Reda, D. C. 1995a. Method for determining shear direction using liquid crystal coatings. *U. S. Patent* #5,394,752.

Reda, D. C. 1995b. Method for measuring surface shear stress magnitude and direction using liquid crystal coatings. *U. S. Patent* #5,438,879.

Reda, D. C. and Muratore, J. J. , Jr. 1994. Measurement of surface shear stress vectors using liquid crystal coatings. *AIAA J.* , **32**(8), 1576−1582.

Reda, D. C, Wilder, M. C. and Crowder, J. P. 1997a. Simultaneous, full−surface visualizations of transition and separation using liquid crystal coatings. *AIAA J.* , **35**(4), 615−616.

Reda, D. C. , Wilder, M. C. , Farina, D. J. and Zilliac, G. 1997b. New methodology for the measurement of surface shear stress vector distributions. *AIAA J.* , **35**(4), 608−614.

Reda, D. C. , Wilder, M. C. , Mehta, R. and Zilliac, G. 1998. Measurement of continuous pressure and surface shear stress vector distributions using coating and imaging techniques. *AIAA J.* , **36**(6), 895−899.

Stacy, K. , Severance, K. and Childers, B. A. 1994. Computer−aided light sheet flow visualization using photogrammetry. *NASA TP* 3416.

Tanner, L. H. and Blows, L. G. 1976. A study of the motion of oil films on surfaces in air flow, with application to the measurement of skin friction. *J. Phys. E*, **9**, 194–202.

Wilder, M. C. and Reda, D. C. 1998. Uncertainty analysis of the liquid crystal coating shear vector measurement technique. AIAA Paper 98–2717.

Woodmansee, M. A. and Dutton, J. C. 1998. Treating temperature–sensitivity effects of pressure –sensitive paints. *Exp. Fluids*, **24**(2), 163–174.

Wyszecki, G. and Stiles, W. S. 1967. *Color Science*. John Wiley & Sons, New York, pp. 228–370.

Zilliac, G. G. 1996. Further developments of the fringe–imaging skin friction technique. *NASA TM* 110425.

Zilliac, G. G. 1999. The fringe–imaging skin friction technique. PC application users manual. *NASA TM* 208794.

第9章
可压缩流动的流动显示方法

W. D. Bachalo[①]

9.1 引言

本章描述了基于流动流体折射率变化的流动显示方法。该方法能够提供关于流体密度、温度以及静压等参数空间变化的有效定性与定量信息,且在一定假设条件下提供流体流动的速度分布和马赫数分布信息。这些流动显示方法无须在流体中引入额外的附加物质。但在亚声速流动或液体流动中,折射率变化可以通过局部加热、引入不同折射率的额外气体或诸如盐水流动中的液体分层来实现。将要讨论的流动显示方法包括阴影法、纹影法和干涉测量技术。尽管这些方法相当古老,其中一些方法可追溯至19世纪初,但其对于有效地研究流动现象仍然是有价值的。

在可压缩流动条件下,气体的光学折射率是其密度的函数,因此气体流动会对穿越流场的光线产生光学扰动。为了更好地认识这些流动现象,本章首先会概述气体折射率与其密度的变化关系,还会给出基本的光学系统及其功能,以便更简捷地理解这些光学方法。然后,将讨论流动显示方法,并给出其功能、灵敏度与应用范围等方面的信息。最新的全息技术将被全面描述,这些全息方法拓展了流动显示技术的应用,并简化了其操作流程。全息方法使得研究人员可以记录由流场产生的光波阵面信息,其中包括振幅与由流场产生的相位扰动。这使得采用阴影、纹影与干涉技术研究流场时具有更大的灵活性。

9.2 光学基本概念

为了理解光学流动显示方法,就必须对光的性质及光学元件有基本的理解与

---

① Artium Technologies Inc., 150 West Iowa Avenue, Suite 202, Sunnyvale, CA 94086, USA

认识。光是电磁波的一种形式,而电磁波的特征由波长、频率、振幅、相位、偏振、速度以及传播方向来描述。当光穿越透明介质时,其任何或所有特性都可能因与介质的相互作用而发生改变。无论是几何光学还是物理光学理论都可以用来描述光的传播特性。当光波长与所采用的光学仪器或光学元件尺寸相比较小时,几何光学可用来进行初步模拟近似。如果光学仪器尺度相对于光的波长较小或者需处理光的干涉时,就需要以物理光学原理进行处理。物理光学理论表明,光的主要性质是其波动性。描述流动的显示方法中,同时采用物理或几何光学将会十分便捷。当采用几何光学方法时,可引入光线的概念来描述非均匀性对光的传播的影响。光线被定义为与光波阵面垂直的空间曲线或直线,因而与辐射能流的方向相一致。因此,光线和波动光学必定是相互关联的。有兴趣的读者可找到 Hecht 和 Zajac (1976)关于这些概念有用且图文并茂的描述。

首个需要牢记的重要概念是斯涅尔定律。回顾绝对折射率 n 仅是一个比值,该比值等于真空中光速与介质中光速的比值,即 $n = c/v$。

当光波与具有不同折射率的透明介质相互作用时,光波的传播方向在介质表面发生改变。采用惠更斯原理(Huygens Principle)可以很容易地描述波阵面的偏转。由于惠更斯原理与费马原理已由 Hecht 和 Zajac(1976)给出详细的讨论,这里只需简要地对一幅简单图例进行讨论,图 9.1 用来解释这些重要的概念。图 9.1 (a)给出了光线入射至高折射率透明介质的情况。

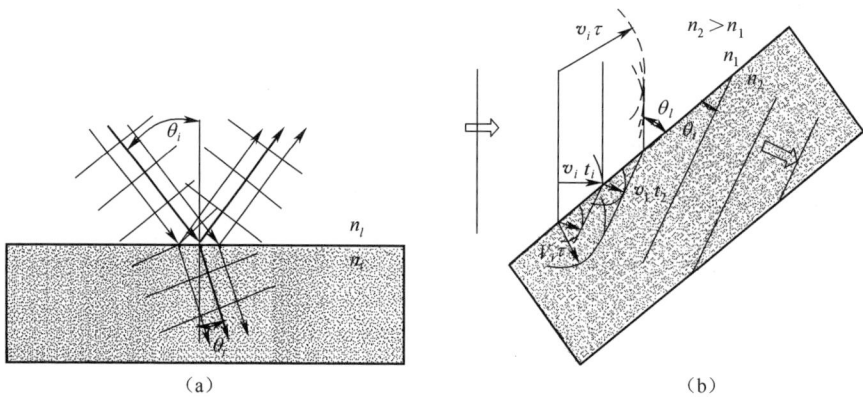

图 9.1　在具有不同折射率介质表面入射、反射与透射光波与射线示意图

部分光线被透射,而由菲涅尔反射系数决定的部分光则被反射(Hecht,Zajac,1976)。Snell 于 1621 年描述了光在传播方向上的偏转现象,并认为以角度 θ_i 入射的光在折射介质界面偏转,按照如下的关系改变方向:

$$n_i\sin\theta_i = n_t\sin\theta_t \tag{9.1}$$

式中:n_i 和 n_t 分别为入射介质和折射介质的折射率;θ_i 和 θ_t 分别为入射和折射光线与法线方向的夹角(图 9.1)。图 9.1(b)描述了源自物理光学方法的现象。光

172

速的变化改变了相位,从而改变了传播方向。类似的结果也可以由费马最小时间原理导出。这个似乎简单的概念是理解透镜设计、光与各种透明介质间相互作用及透明球体光散射现象的基础(Bachalo,1980;Bachalo 和 Houser,1984a,b)。

为了诠释广泛的光学现象,特别是重要的干涉测量的现象,必须采用经典波动理论来处理光的问题。这种处理方法称为"物理光学",其包括与光的性质有关的现象。通常,大尺度(远大于光波长)的效应可通过将光作为射线处理并应用几何光学来进行解释。但是,干涉和衍射现象会引起光线偏离直线运动,不能用折射或反射来解释,因而必须波动理论来处理。

光波是一种典型的宽范围电磁波。电磁频谱中,光波介于被认为是振荡与传播电场的长波无线电与被视为高能粒子的短波 X 射线之间。光的波长足够短,因此其传播可被视为直线运动,似乎光以粒子流传播,但又足够长,进而可观察到诸多干涉与衍射效应。

相对于其他的一些波动现象,光波不会传输任何物质属性,例如,传播空气压力和速度的声波或传播水位和速度的水波。电磁波是既是电场又是磁场的波。然而,这两个波在自由空间中紧密相连,场强度的比率是固定的,场方向是相互垂直的,且两者都与各自波的传播方向垂直。电场通常易于检测,因此电场 E 是用于描述这一现象的变量。E 矢量的瞬时方向称为光波的偏振方向。描述波的四个量包括波的波长、频率、速度和振幅。波长是两个连续的波峰(或波形中其他对应的部分)之间的距离。最常见的一维波动方程解形式为

$$\psi(x,t) = f(x - vt) \tag{9.2}$$

对于正弦波,其所采用的形式为

$$\psi(x,t) = A\sin k(x - vt) \tag{9.3}$$

式中:A 为波振幅;k 为波数或传播数,$k = 2\pi/\lambda$,波的空间周期是其波长。时间周期 τ 被定义为一个完整波通过平稳观测器所需的时间总量。如此,波的重复特性可表示为

$$\sin k(x - vt) + \sin k[x - v(t \pm \tau)] = \sin k(x - vt \pm 2\pi) \tag{9.4}$$

由此可见

$$|kvt| = 2\pi \tag{9.5}$$

所以

$$\frac{2\pi}{\lambda}vt = 2\pi \tag{9.6}$$

且有

$$\tau = \frac{\lambda}{v} \tag{9.7}$$

式中:τ 为周期,每个波的时间单位,其倒数为频率,即 $\nu = 1/\tau$ (Hz),角频率为 $\omega = 2\pi/\tau$ (rad/s)。

光谱中的可见部分从 $0.4\mu m$(接近紫外)延展至 $0.75\mu m$(接近红外)。频率是每秒通过给定点的波数,以周期数每秒或赫兹表示(光频率的量级约为 10^{14} Hz)。波速是波形向前移动的速度,其等于频率乘以波长。振幅是振动幅度的量度,定义为波峰的高度。由于光是矢量,所以它对描述偏振有额外的附加要求。

尽管这里给出的描述适用于所有电磁波,但本章主要关注的是可见光,其对应于 $3.84 \times 10^{14} \sim 7.69 \times 10^{14}$ Hz 的窄带辐射。需要重点关注的是,光波只是横波运动,即振动总是垂直于波的运动方向。描述动态电磁场的麦克斯韦理论要求光波的振动是严格的横向运动,并给出光与电之间的明确关系。该理论不必在此提及,只是为了将电场和磁场理论与电磁辐射关联起来。换句话说,描述电场和磁场的概念似乎可用来解释观察到的很多电磁辐射现象。

9.3 气体折射率

一束穿过流体介质的可见光束代表着一个强度为 E 的电场,分子电荷组态因电场存在而发生畸变,诱导产生偶极矩 p。偶极矩定义为

$$p = \alpha E \tag{9.8}$$

式中: α 为电子极化率。由于电场 E 是一个振荡区域,电场产生的畸变取决于频率。若假设气体分子的谐振频率与入射光频率有显著不同,则表达式可转变为(Merzkirch,1987)

$$n^2 - 1 = \frac{N}{\pi} \frac{e^2}{m_e} \sum_i \frac{f_i}{(v_i^2 - v^2)} \tag{9.9}$$

式中: N 为分子数密度; e 为电荷; m_e 为电子质量; v 为 E 的频率; v_i 为谐振频率; f_i 为振子强度,介于 $0 \sim 1$ 之间; N 可简化为更常用的密度 ρ,即 $\rho = Nm/L$,其中 m 为相对分子质量, L 为洛施密特数(Loschmidt)。采用近似关系 $n^2 - 1 \approx 2(n-1)$,格拉德斯通-戴尔(G-D)公式表示为

$$n - 1 = K\rho = \frac{\rho}{2\pi} \frac{L}{m} \frac{e^2}{m_e} \sum_i \frac{f_i}{(v_i^2 - v^2)} \tag{9.10}$$

式中:格拉德斯通-戴尔常数 K 取决于气体,且其具有 $1/\rho$ 的量级。将光波频率转换为波长可得到关于 K 的表达式:

$$K = \frac{e^2}{2\pi c^2 m_e} \frac{L}{m} \sum_i \frac{f_i \lambda^2 \lambda_i^2}{(\lambda - \lambda_i^2)} \tag{9.11}$$

空气,作为几种组分的混合物,其折射率 n 由下式给出:

$$n - 1 = \sum_i K_i \rho_i \tag{9.12}$$

式中: K_i 和 ρ_i 分别为格拉德斯通-戴尔常数与各组分密度。混合物的格拉德斯

174

通-戴尔常数为

$$K = \sum_i K_i \frac{\rho_i}{\rho} \qquad (9.13)$$

以及

$$n - 1 = K\rho \qquad (9.14)$$

表9.1给出了288K时的格拉德斯通-戴尔常数,表9.2给出了不同气体的常数,表9.3给出了有代表性的液体常数。

表9.1 空气的格拉德斯通-戴尔常数

$K/(\mathrm{cm^3/g})$	波长 $\lambda/\mu\mathrm{m}$
0.2239	0.9125
0.2255	0.6440
0.2264	0.5677
0.2281	0.4801
0.2304	0.4079

表9.2 不同气体的格拉德斯通-戴尔常数

气体	$K/(\mathrm{cm^3/g})$
O_2	0.190
N_2	0.238
He	0.196
CO_2	0.229

表9.3 不同液体的格拉德斯通-戴尔常数

液体	$-\mathrm{d}n/\mathrm{d}T(K^{-1})$ $\lambda = 0.546\mu\mathrm{m}$
水	1.00×10^{-4}
乙醇	4.05×10^{-4}
正己烷	5.43×10^{-4}
四氯化碳	7.96×10^{-4}

9.4 折射场中的光线偏转与延迟

利用流动密度、温度与流体成分的变化影响折射率的规律,可研究穿越折射率不均匀场的光线响应。流场中的折射率通常是三个空间坐标和时间 t 的函数,即

$$n = n(x,y,z,t)$$

通常,仅涉及空间变量。除非折射率的所有变化与光的传播方向正交,否则穿

过折射流场的光线将会发生偏转。图 9.2 展示了与流动相互作用的平行入射光束。光将会发生由斯涅尔定律预测的偏转,并将达到观测平面中的 P^* 点。光线所穿越的位置和光程长度与未扰动光线不同,且这种偏转能够被测量。光程长度(OPL)可通过积分算法定义:

$$\mathrm{OPL} = \int_S^P n(x,y,z)\,\mathrm{d}s \tag{9.15}$$

式中:s 为沿着光线路径的圆弧长度,可测量下列物理量:

(1) 相对于虚拟的未扰动射线,源自流场的受扰动射线的角度偏转。

(2) 射线在观察平面的投射点位移量。

(3) 因光程长度的不同而产生的扰动与未受干扰光线(通过未流动区域的光线)间相位变化。

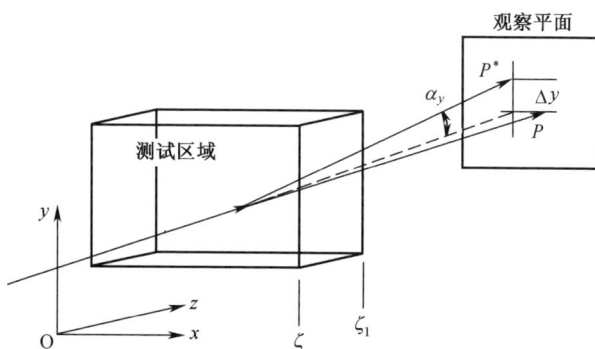

图 9.2　穿越非均匀流场时光线偏转的几何光学描述

光学显示方法采用这些量中的一个或多个来观测流动特征。该方法或对应于折射率的绝对变化,或对应于折射率的梯度或一阶导数,或对应于折射率的二阶导数。在文献中,密度常常是影响光线通过的主要条件。然而,可能存在具有相似密度的不同气体的不均匀混合物,使得光线发生偏转。因此,针对折射率提供了一般性的描述。

斯内尔定律适用于折射率不连续的界面所发生的光折射。然而,费马原理适用于流体流场中折射率的连续变化。费马原理可表述为:由点 S 到点 P 的光线必须穿越光路固定的光程长度(Hecht 和 Zajac,1976)。这意味着穿过这两个点的路径是历时最少的。采用变分原理可推导离开非均匀折射场的光线倾角表达式。穿越非均匀折射率场中未扰动与扰动光线所需的时间 t 与 t^* 可按下式给出:

$$\Delta t = t^* - t = \frac{1}{c} \int_\zeta^{\zeta_1} \left[n(x,y,z) - n_0 \right] \mathrm{d}z \tag{9.16}$$

式中:n_0 为真空折射率。式(9.16)对于采用干涉测量法评估由流动密度波动引起的相位变化是十分有用的。通常,假设流场引起的扰动很小,且穿越扰动的光线会

176

发生弯曲,而几何光线则是直的。

9.5 阴影法

或许显示折射率变化流场的最简单方法是阴影法,归功于 Ernst Mach 的合作者 Dvorak(1880)的发明。图 9.3 给出了阴影系统的简单光学配置。可采用球面透镜或反射镜。在风洞应用中,最常用的是球面反射镜,这是因为可以制造光学质量高的反射镜直径可达 1m 或 1m 以上。其目的在于产生可入射至由流场引起透明扰动的平行光。图像的清晰度取决于光源的大小。图像中的模糊由 $\ell d/f_1$ 给定,其中 f_1 为透镜或镜子的焦距,d 为光源的尺寸,ℓ 为光扰动面到观测平面(磨砂玻璃、胶片、CCD 相机等)的距离。光源必须要小,但也不能太小以致于衍射造成图像不清晰。采用大尺度的光学器件时,使用第二块球面透镜或平面镜来减小图像的尺寸。相机镜头放在第二块透镜的焦点处,聚焦于距光学扰动场中心 ℓ 的参考平面 P(如风洞试验段)。

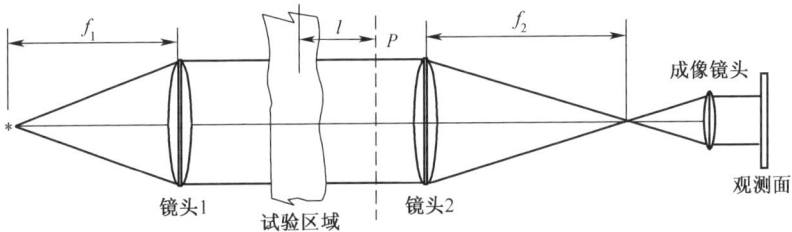

图 9.3　典型阴影测量系统的示意图

穿过流场的光线因折射而发生弯曲,相对于原路径倾斜了一个角度。如果密度的二阶导数不连续,阴影图将会显示密度的变化。这可以理解为采用简单的组件来模拟密度的局部变化,如图 9.4 所示。在不同于周围环境折射率的矩形透明块中光线没有发生偏转,但波阵面的相位发生了延迟。如果折射率梯度 $\partial n/\partial y$ 为常数时密度是线性变化的,那么所有通过这个流动区域的光线偏转角都是相同的。观测平面将会被显示为均匀照射的区域,密度梯度可以表示为恒定曲率块时,所对应密度场的 $\partial^2 n/\partial^2 y$ 也是常数。二阶导数为常数的密度场也将会形成一块被均匀照射的区域,尽管因光线均匀发散而导致曝光程度低。因此,阴影可用来显示具有非均匀 $\partial^2 n/\partial^2 y$ 的流动区域,即区域内随处 $\partial^3 n/\partial^3 y \neq 0$。严格地讲,分析流动显示时有必要考虑三维坐标中各个方向的梯度,但一维描述可以简单地推广到更普遍的情况。

如果考虑 $\partial^3 n/\partial^3 y \neq 0$ 有扰动的流场,被引导的光线可能在图像中显示出光强的分布,如图 9.5 所示。中心射线"b"穿过一处更强的扰动,因而比射线"a"与"c"偏转更大的角度。射线到达观测平面上的 a^*、b^* 与 c^* 点。平面上的相对光强与暗区域和亮区域之间的距离成正比,其中暗区域由 b^* 和 c^* 之间的光线产生,而较

177

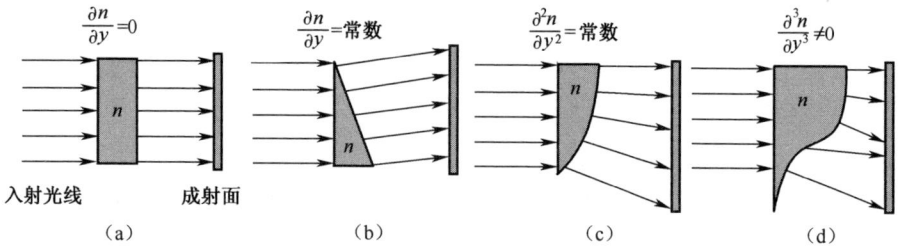

图 9.4 密度场不变引起的光线偏转、折射率梯度不变、折射率二阶导数不变和
折射率的三阶导数非零通过阴影图可视化的示意图

亮区域则位于 a^* 和 b^* 之间光线交汇处。光强度的相对变化大致与折射率的二阶
导数成正比,这与气体密度的变化成正比。

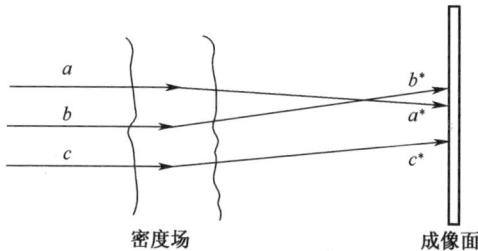

图 9.5 光线通过折射率二阶导数 $\partial^2 n / \partial^2 y$ 变化的非均匀折射介质示意图

  阴影法在超声速和跨声速流动研究中得到了广泛的应用,由于其简易性以及
易于观察激波、普朗特–迈耶膨胀和可压缩流动中边界层等流场结构的能力,因而
具有特殊的价值。作为实例,这里描述了超声速流动中由球体所产生的弓形激波
的情况。入射光被准直,使得入射光线平行于流动方向,图 9.6 中垂直于由左至右
的流动方向。由于激波上游没有扰动,经过激波上游的光直接穿过试验段。当光
线越过弯曲的弓形激波时,其向激波下游更密集的流动区域弯曲。由于穿过激波
的光线被偏转,因而在观测平面上出现了暗带,如图 9.7 所示。偏转的光线会聚成
一个焦散的或高亮度的区域,阴影的前缘表示激波前缘的准确位置。在某些条件
下,偏转的光线可能会导致出现在模型的阴影上。显然,观测屏幕可移近或远离试
验段以减小或增大屏幕上阴影图像的宽度。当观测不同流动特征时,进行如此调
整是有益的。需要注意的是,这也是改变观测系统灵敏度的方法。

  在对二维流动的显示过程中,由高度不连续的密度梯度所导致的光衍射将限
制激波图像的清晰度。这个问题在使用相干的激光光源时尤其明显。普朗特–迈
耶膨胀波系本质上是负透镜或凹透镜,并产生紧随波系前部亮带之后出现暗带的
强度分布。

  可压缩流动边界层同样可以使用阴影法进行显示与观测。作为近壁面(假设

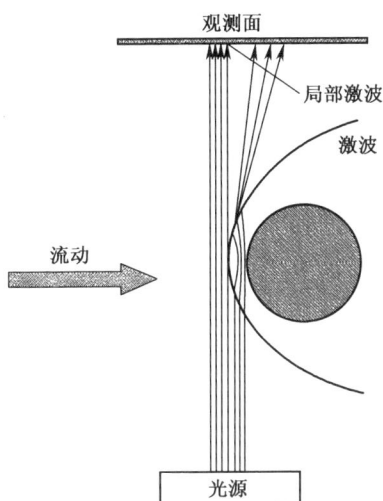

图 9.6　球体在超声速流中产生的圆柱形弓形激波形成的阴影

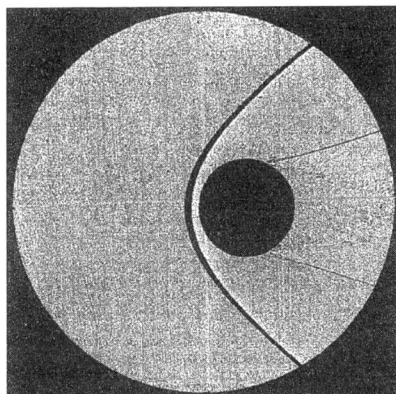

图 9.7　马赫数 1.7 的超声速流越过球体的阴影图像(Merzkirch,1987)

为绝热壁面)低气体密度的结果,平行进入壁面的准直光线将会比进入边界层外区域的光线偏转更大的角度,如图 9.8 所示。其结果是如同层流边界层光强分布那样边界层外区域出现集散的或明亮的区域。当流动向湍流转捩时,该亮带趋于消失。当应用阴影图像来显示边界层时,需要牢记两点。如果观测屏幕并不靠近与光源相对一侧的试验段壁面,或者成像系统未聚焦在大约 $2/3L$ 的平面上,其中 L 是从光源侧测量的流动宽度,边界层将会显得比真实值厚。由于光线在偏折穿过边界层时其后半部分所显示的曲率最强,该值可用作第一近似值。同样重要的是,必须明白光线是连续偏转的,因而进入边界层下部的光线向上偏转,且在离开边界层之前历经了梯度连续变化的过程。

　　当边界层向湍流转捩时,密度的波动起到了一系列小的凹透镜与凸透镜作用。

179

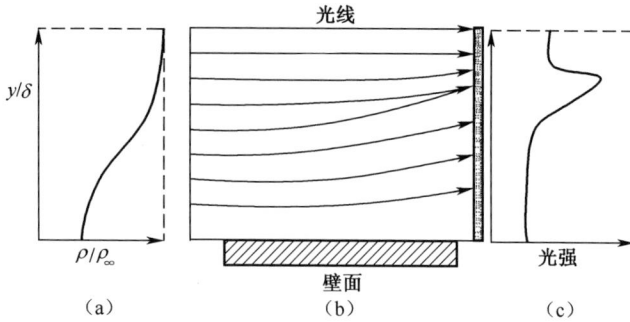

图 9.8　可压缩流中阴影图对边界层的响应

穿过这些流动的光线将会以随机方式偏转。尽管如此,平均密度梯度通常将会产生一个流场的阴影图。实际上,研究者(Uberoi 和 Kovasznay,1955)已经提出了阴影图自相关以获得湍流统计特征的方法。容易经常犯的错误是期望阴影、纹影或干涉图像能够揭示湍流的本质。实际上,采用短时长光源的显示方法允许由湍流引起的密度波动进行观测。然而,不仅密度波动可以描述湍流特征,而且还有未进行流动显示的速度场。需要强调的一点是,湍流本质上是三维的。此处描述的光学方法沿光学路径进行折射率信息的积分,但会引起沿光路的变化信息丢失。

9.6　纹影法

　　纹影法由福柯、特普勒分别于 1859 年和 1864 年发展的,普遍用于显示透明介质中局部光学不均匀性。该方法被用来显示非恒定密度梯度的流动($\partial^2 n / \partial^2 y \neq$ 0)。特普勒采用该方法用于可压缩流动的显示。与阴影法一致,纹影法也采用穿过流场的平行或准直光束,如图 9.9 所示。本质上,点光源可以是具有圆形光圈或狭缝的汞蒸气光源或弧光灯,也可以是激光,其被置于传输球面镜的焦点(图 9.9(a))或透镜焦点(图 9.9(b))。准直光穿过测试区域,第二球面镜或透镜会聚光线以形成光源图像。刀口位于第二反射镜或透镜的焦平面上。相机镜头位于刀刃之上,在记录图像时定位形成观测平面或胶片上的试验区域图像。小心地调整刀口以切断光源图像上的一部分光。光路中没有任何干扰情况下,由于刀口切断了部分光,原始光源将会均匀地降低光照射强度,如图 9.10 所示。

　　当光路中存在干扰时,光线偏转角度 α 。虽然光路中任何扰动都会导致透射光的偏转,但假定干扰只存在于试验区域。这些光线在焦平面的偏移量为

$$\Delta s = f_2 \tan \alpha_i \tag{9.17}$$

式中:f_2 为透镜或反射镜的焦距;Δs 位于垂直于刀口的方向(图 9.10)。图像平面光强相对变化由下式给出(Merzkirch,1987):

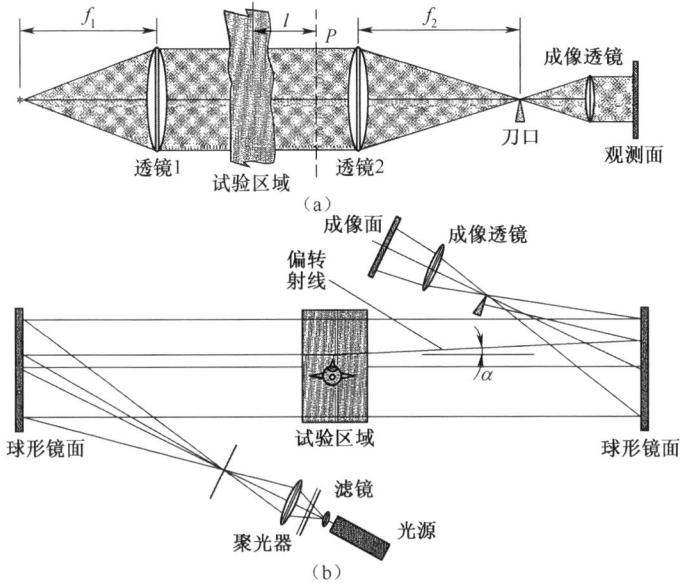

图 9.9 典型纹影光学系统示意图

(a)透镜系统设计;(b)球面反射镜。

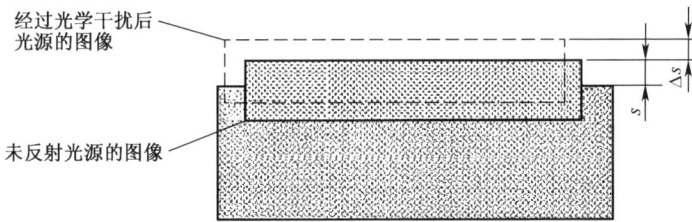

图 9.10 刀口和由于流场扰动引起的图像位移的示意图

$$\frac{\Delta I}{I} = \frac{K f_2}{s} \int_{\gamma_1}^{\gamma_2} \frac{1}{n} \frac{\partial n}{\partial z} \mathrm{d}y \qquad (9.18)$$

式中:y 为穿过测试区沿光学轴的坐标。对于气体介质,折射率 $n \approx 1$,可用格拉德斯通-戴尔关系对该关系式进行简化:

$$\frac{\Delta I}{I} = \frac{K f_2}{s} \int_{\gamma_1}^{\gamma_2} \frac{\partial \rho}{\partial z} \mathrm{d}y \qquad (9.19)$$

这种关系适用于刀口的任何方向,而折射率梯度方向垂直于刀口。在大多数系统中,刀口可以旋转,使得垂直于光束的平面中任何梯度方向的敏感度是可以实现的。上述关系中,可以发现,对于小比值 s/f_2,观测屏幕上的对比度将会更大。通过将探测相对光强变化程度降低至 0.1,则可测得所对应的最小偏转角 $\alpha_{\min} = 0.1(s/f_2)$。

图 9.11 展示了纹影显示方法的范例。需要注意的是,图中的密度梯度相对于图 9.7 所显示的密度变化是可见的。由激波角的量值判断,图 9.11 中的流动马赫数更高。还需要注意的是,随着图的梯度由上至下发生了符号的改变,表明图像光强量度出现逆转。

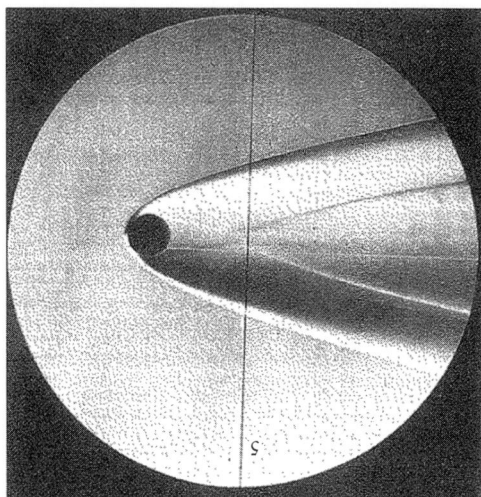

图 9.11 纹影法测量的超声速流中的球体图像(Merzkirch,1987)

目前,特普勒方法已进行了一些改进(Merzkirch,1987)。通过采用圆形或双截止刀口来对刀口形状进行了改进。其他研究者采用了光学密度逐渐变化与双色条带以及替代传统刀口的彩色条带过滤。采用彩色条带的优点在于人眼对颜色的变化比灰度阴影更敏感。彩色条带通常由市售的明胶过滤材料制成,被裁剪成与光源狭缝图像相等的宽度。显然,彩色条带只适用于白光或宽频带光源的照射条件,也可采用圆形截止系统以获得所有方向的灵敏度(Settles,1970,1982)。

9.7 干涉测量法

阴影图对折射率二阶空间导数产生响应,纹影图对折射率一阶导数发生响应,干涉仪直接响应折射率(可压缩流场中的密度)。穿过不同折射率介质的光波历经光速的变化,从而导致光的相位变化。这种相位变化可应用干涉测量技术。

电场 E 是一个矢量。关于衍射与干涉的讨论中,会采用关于电场的理想化描述。也就是说,假定光波是单色(由单一波长组成)和线性偏振的。激光接近这些理想条件,这就是激光作为干涉测量重要光源的原因。对于这些理想条件而言,沿 k 方向行进的线性偏振光场可表示为

$$E(r,t) = E_0(k \cdot r - \omega t + \varepsilon) \tag{9.20}$$

而光强或辐照度为

$$I = \varepsilon_0 c \langle E^2 \rangle \tag{9.21}$$

式中：ε_0 为外界介质的介电常数；c 为光速，$c = 3 \times 10^8 \, m/s$；在这种情况下，E 可看作光场；括号 $\langle \rangle$ 表示通常假设 E 场是静止的。如果只考虑相同介质中的相对辐照度，则可简单地表示为

$$I = \langle E^2 \rangle \tag{9.22}$$

注意到 E 为一个复数量，所以有

$$E^2 = (E_0 e^{i\alpha})(E_0 e^{i\alpha})^* \tag{9.23}$$

式中："$*$"表示复共轭。

光被视为波现象时，其波的表达式似乎表明光源是理想的单色，而波则为完美的平面或球面。然而，即便是激光也只能接近这些条件。光波的频率和振幅变化缓慢（相对于振荡，$10^{14} \, Hz$）。波序列维持其平均频率的时间是相干时间，且由光源频率带宽的倒数确定。

如果光源是理想的单色光，那么 $\Delta \nu = 0$，且由 $c\Delta t$ 确定的相干时间或长度可能会是无穷大。历经一个远远小于 Δt 的时间区间，实际的波所表示出来的特征更接近于单色。相干时间是一个时间区间，该区间中空间特定点的相位可被合理预测。当涉及时间相干性时，主要是指光源保持近似恒定频率所需的时间 Δt。长度 $c\Delta t$ 通常是指光源的相干长度，且该相干长度范围从汞灯的微米量级至一些激光的几米量级。干涉测量法中，干涉光束的路径长度是经匹配的，使得路径长度的差异小于相干长度。

通常，光波的时间相关性随给定波阵面而变化。这种波阵面变化的程度称为空间相干性。其因光源的有限照射范围而产生。假设采用经典的单色频带光源，并认为该光源有两个相隔一定横向距离的点光源，该距离大于 λ。这两个点光源可能将独自工作，且两个发射扰动之间存在的相位缺少相关性。空间相干性与波阵面的概念密切相关。如果两个横向旋转的点光源给定时间内驻留在相同的波阵面，则这些点的场称为空间相干。

9.8 干涉

关于光为电磁波本质的波动理论为光干涉现象的研究提供了基础。由于描述光学扰动的关系是线性的，因而可应用叠加理论，使得在两个或多个光波重叠的空间点处所产生的电场（或光场）强度等于单个扰动分量的矢量和。对于电场 E_1、$E_2, \cdots$，叠加场为

$$E = E_1 + E_2 + \cdots \tag{9.24}$$

考虑两个点源 S_1 和 S_2 在相隔情况下发射同样频率的单色光波,当间距 a 远远大于波长 λ 时场的干涉可以进行评估。观测平面上的点 P 远离两个光源,使得 P 点处的波可被视为平面波。假设光是线性偏振的,则这两个波的表达式为

$$\begin{cases} E_1(r,t) = E_{01}\cos(k_1 \cdot r - \omega t + \varepsilon_1) \\ E_2(r,t) = E_{02}\cos(k_2 \cdot r - \omega t + \varepsilon_2) \end{cases} \tag{9.25}$$

辐照度为

$$I = \langle E^2 \rangle \tag{9.26}$$

其中

$$\begin{aligned} E^2 = E \cdot E &= (E_1 + E_2) \cdot (E_1 + E_2) \\ &= E_1^2 + E_2^2 + 2E_1 \cdot E_2 \end{aligned} \tag{9.27}$$

在远大于光波周期($T \gg \tau$)的时间内进行时间平均之后,辐照度变为

$$I = I_1 + I_2 + I_{12} \tag{9.28}$$

式中:$I_1 = E_1^2$,$I_2 = E_2^2$ 和 $I_{12} = 2E_1 \cdot E_2$。$E_1 \cdot E_2$ 项是干涉项,且此时可表示为

$$E_1 \cdot E_2 = E_{01} \cdot E_{02}\cos(k_1 \cdot r - \omega t + \varepsilon_1)\cos(k_2 \cdot r - \omega t + \varepsilon_2) \tag{9.29}$$

经时间平均后,可得

$$\langle E_1 \cdot E_2 \rangle = 0.5E_{01} \cdot E_{02}\cos(k_1 \cdot r + \varepsilon_1 - k_2 \cdot r + \varepsilon_2) \tag{9.30}$$

可简化为

$$I_{12} = E_{01} \cdot E_{02}\cos\delta \tag{9.31}$$

式中:δ 为由组合路径长度和历元角差引起的相位差。

最常见的实际情况是,偏振矢量是平行的,此时干涉项可简化为一个标量:

$$I_{12} = 2\sqrt{|I_1 I_2|}\cos\delta \tag{9.32}$$

总辐照度为

$$I = I_1 + I_2 + 2\sqrt{|I_1 I_2|}\cos\delta \tag{9.33}$$

空间各点处,叠加的辐照度可能大于、小于或等于 $I_1 + I_2$,这取决于图 9.12 所示的 δ 值。辐照度最大值出现在 $\delta = 0$,$\pm 2\pi$,$\pm 4\pi$ …处,称为相加干涉;而最小值发生在 $\delta = \pm\pi$,$\pm 3\pi$,$\pm 5\pi$ …处,称为相消干涉。

为了使干涉图样可观测,两个光源的相位差 $\varepsilon_1 - \varepsilon_2$ 必须随时间保持完全恒定。这意味着光源必须是相干的。如果两个光源要发生干涉以产生稳定的干涉条纹,则其必须具有高度一致的频率,通常来自同一个起始光源。频率的显著差异将会导致具有时间相关性的相位差快速变化,反过来会引起 I_{12} 在检测时间间隔内的平均值为零。当干涉光波具有相同或几乎相同的振幅时,将会形成最为清晰的干涉条纹图案(具有最好的条纹可见性)。明暗条纹的中心区域对应于具有最大对比度的完全相加或相消干涉。

流场研究中经常采用的干涉仪使用两束光,即穿过流动区域周围的参考光(或表示全息干涉测量中的未扰动光)与物光。物体光束穿过正在观测的流场,并

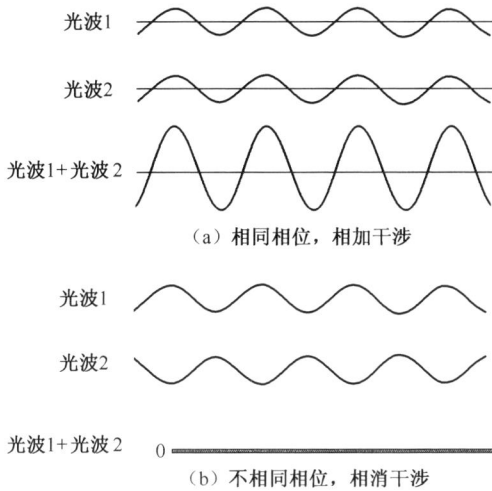

图 9.12　以两个相干光波的叠加表示其间的相对相位变化的干涉

随着折射率的变化而发生相位变化。定性显示与定量测量信息是由穿越待测流场的物光与参考光发生干涉而获得的,这两束光历经不同光路而到达同一观测平面,因此不会产生未知的干扰。

9.9　马赫-森德干涉仪

干涉测量技术的首次应用由恩斯特·马赫于 1856 年实现,并由其儿子路德维希·马赫(Ludwig Mach,1892)和森德(Zehnder,1891)开发形成实用的测量仪器。该系统采用足够大的光束来覆盖实验流场,参考光束与物体光束间具有相对宽的间隔,如图 9.13 所示。马赫-森德干涉仪(MZI)的基本组件包括相干光源、分光器、第一表面反射镜,以及用来观测实验区域与干涉条纹的成像系统。测量系统被精心设置,使得系统两条光路的光程长度尽可能靠近。所有光学组件在光学上必须是平坦的(通常为每厘米 $\lambda/10$),以产生有效的干涉图样。反射镜是可调节的,以精确控制光束方向。补偿窗口被用来处理试验段窗口较厚所引起光路长度相对较大的问题。原则上,参考光的光路长度会增加 $(n - 1) \times 2T$ 以避免采用额外的光学补偿窗口,其中 T 为窗口厚度。观测系统中的镜头用来使光线会聚于实验区域中的某一平面。

当采用高质量光学器件时,实验区域不会出现相位差,且系统被精确地校准,使得参考光束和物体光束被准直为平行光束,到达像平面的光波是平行的,不会形成干涉条纹。这种情况称为无限条纹,源于假设干涉条纹可以具有无限间距。如图 9.14 所示,通过调整干涉仪使两束光之间存在小的交会角度,将会出现平行条

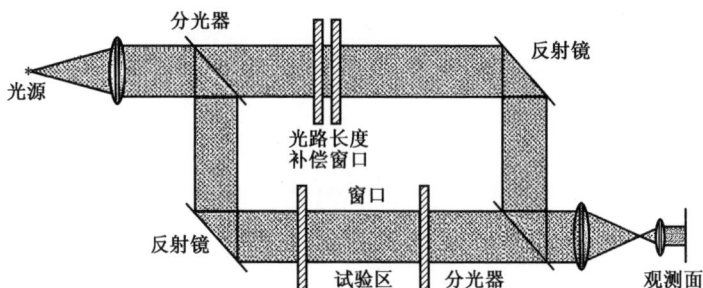

图 9.13 马赫–森德干涉仪示意图

纹。这种情况称为有限条纹。条纹间距可通过改变光束之间的交会角 γ 来调节，此时条纹间距为

$$\delta = \frac{\lambda}{2\sin\dfrac{1}{2}\gamma} \tag{9.34}$$

式中:λ 为光的波长。

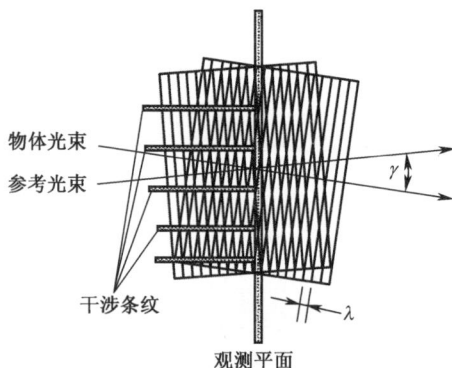

图 9.14 当光束以有限夹角交会时形成的条纹

当测试区域中存在诸如模型可压缩绕流的干扰时,密度变化会引起局部折射率改变。当物体光束通过测试区域时,由于光速的改变引起相位变化,物体光束的波前会发生畸变。无限条纹模式下,形成的条纹将会映射出流场的密度变化。这种情况系统如图 9.15 所示。此时,干涉条纹间距取决于折射率的梯度。物体光束的相位变化可通过下式与折射率关联:

$$\frac{\Delta\phi}{2\pi} = \frac{1}{\lambda}\int_{\varsigma_1}^{\varsigma_2} [n(x,y) - n_0]\,\mathrm{d}z \tag{9.35}$$

其中,在流场中的一些位置的 n_0 是已知的。通过格拉德斯通–戴尔常数将折射率与密度相关联,可获得如下积分关系:

$$\rho(x,y) = \rho_0 + \frac{N\lambda}{KL}$$

式中：N 为参考密度 ρ_0 已知时的条纹数；L 为穿过流动流体的光程长度。密度的参考值可通过获知流动中未扰动区域的状态或在已知位置实施压力测量，以及采用总温 T_0 与总压 P_0 下的理想气体假设来获得，并转换为密度。干涉条纹数自参考点开始计数，以获得流场中各点的密度。相位变化中的符号改变不明确，因而在解释结果时有必要获知流场的信息。然而，由参考点确定密度增加还是减少的信息通常是由流体动力学的基本知识来判断的。

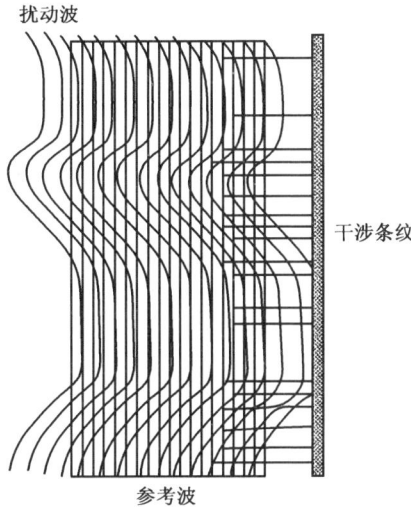

扰动波

干涉条纹

参考波

图 9.15　畸变的物体光波与平面参考光波的干涉示意图

基本的马赫-森德干涉仪有许多变体（Merzkirch，1987）。虽然该方法能够产生高质量的干涉，但也需要高质量的光学元件与非常稳定的平台。图 9.16 展示了德莱瑞等人于 1977 年所测量的跨声速流动无限与有限干涉条纹图谱。对于无限干涉条纹，每个条纹因波长在光路长度中的变化或流场变化引起相位变化 2π 而出现。对于有限干涉条纹，通过调节干涉仪的反射镜来设置有限交会角。干涉图谱能显示激波位置、激波-边界层相互作用、反射激波与边界层厚度等流动细节。

可以测量低至 $\lambda/100$ 的条纹变化来获得流场测量的高灵敏度，或许可采用涉及参考光波相位变化的技术来达到这一灵敏度水平。当然，光学系统必须是最高质量的，这是因为系统中最薄弱的组件决定了测量的分辨率与精度。流动显示系统中，大尺寸反射镜与窗口所允许的精度通常为 $\lambda/10$。其他诸如流动中缺乏二维性的误差源，以及观测通常透过具有湍流边界层的实际情况，均限制了测量的分辨率与精度。下节中的一些实际测量结果将会提供可能在实际风洞研究中测量精度的显示。

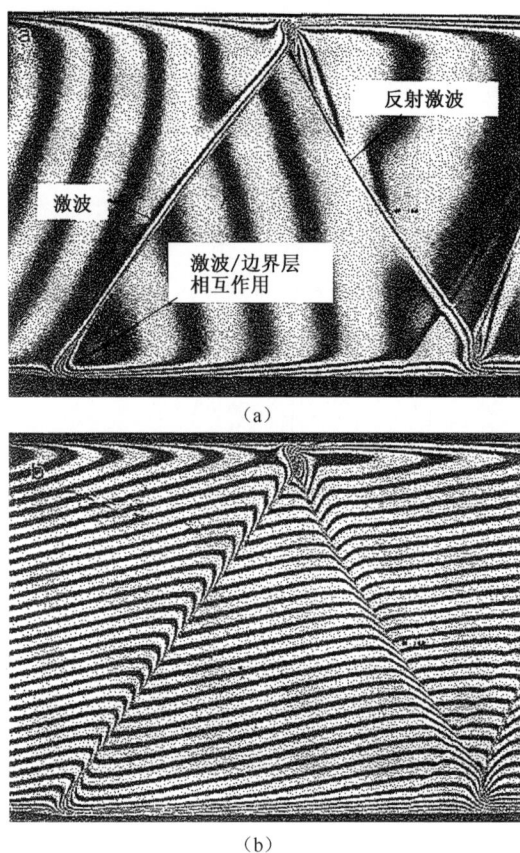

图 9.16　跨声速流动中马赫-森德干涉条纹图谱
(a)无限条纹;(b)有限条纹。

9.10　全息摄影

全息摄影技术提供了记录光的幅值与相位信息的极佳手段(详细描述请参见Vest,1978)。某一时间瞬间的信息可存储且随后重现,以便与包括试验段中无气流或光学扰动的其他条件所形成的光进行比较。采用全息技术记录干涉技术很大程度上放宽了严格限制干涉技术应用的光学要求。除干涉技术外,阴影法与纹影法也是可运用的。该信息可从相同的流场全息记录中获取。由流动实验设备特定时间瞬间的全息图重构流场能力为空间滤波与图像拍摄提供了更大的灵活性。记录过程通常由一个脉冲激光器完成,其曝光时间为 10ns 量级,重构过程由一个发射相同或近似波长的连续激光器完成。

由于摄影胶片或其他介质仅对辐照度作出响应,所以光波相位信息的分布将会丢失。幸运的是,干涉测量可以用来记录相位信息作为一种辐照度模式。干涉图谱的获得方式很大程度上与马赫-森德干涉仪的应用方法相同,采用参考光波对物体光波进行记录。所获得的干涉图谱被记录在非常高分辨率的胶片或其他介质上,如图9.17所示。通过原始参考光束的复制来实现胶片的照射显影。干涉图谱通过光衍射恢复物体光波的复振幅与相位。Gabor(1951)最初所采用的方法是基于一种联机系统,其通过偏转的物体光波与未反射的参考光波发生干涉。然而,Leith 和 Upatnieks(1962)开发出离轴全息技术作为干涉测量法。此时,用来记录光波的参考光束以与物体光束形成的某一角度投射至图像胶片,产生有限干涉条纹图谱,并作为空间载频来记录物体光波的相位和振幅信息。

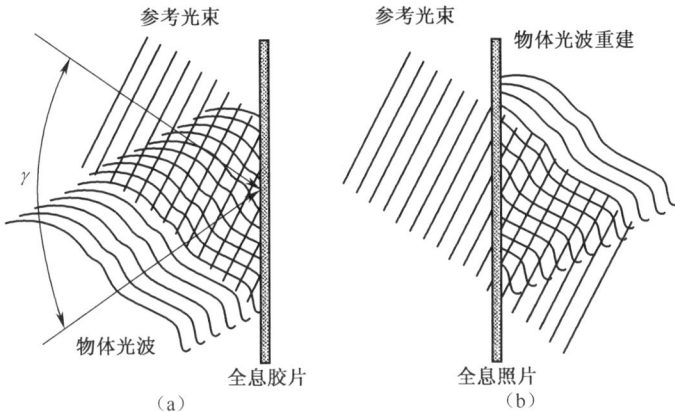

图 9.17　离轴全息图谱及其重构的示意图(Leith,Upatnieks,1962)

图 9.17 中,参考光束与物体光束的交会角 γ 是选定的,使得空间载频不会超过胶片的分辨极限。所用胶片必须拥有以科学研究为目的的高分辨率能力(包括全息摄影)。就马赫-森德干涉仪而言,空间频率 δ 定义为

$$\delta = \frac{\lambda}{2\sin\frac{1}{2}\gamma} \tag{9.36}$$

光束间的交会角可以设置,以使得空间载频加上对物体光束相位信息的频率调制不超过胶片的分辨率。为避免混淆,应当牢记全息干涉测量的第一步是记录穿过流场的光波。这是通过采用干涉测量来完成的,但需要额外的步骤来获得流场信息。

9.11　全息干涉测量法

全息干涉法之所以可实现,是因为物体光波的相位和振幅被记录下来并可以

进行高精度的重构。由于全部光波可记录在单个胶片(高分辨率胶片)上,可将经重构的光波与相同光路中不同时刻记录的另一光波进行干涉比较。光波也可以记录在单独的胶片上,而后可通过采用两块全息胶片在参考光束副本中的适当定位进行重构与叠加。由于这些能力,几种类型的干涉测量成为可能。虽然有许多可能的现成技术(Trolinger,1969,1974,1975),通常用于流场研究的方法有三种。为有助于描述,参考光波表征为 $U_R(t_i)$,物体光波为 $U_0(t_i)$,重构光波为 $U_i(t_i)$,如图 9.18 所示。

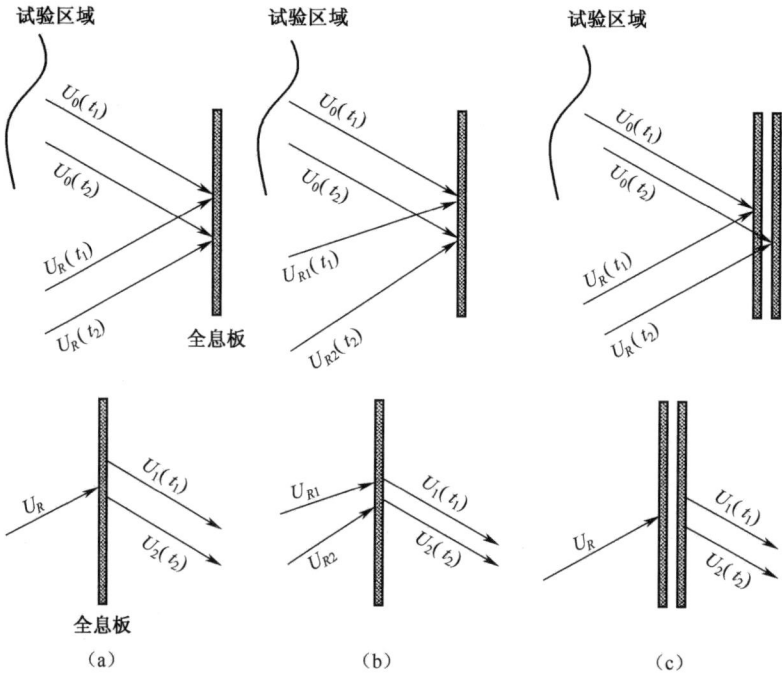

图 9.18 产生全息干涉图的方法

上图为记录方法;下图为重构方法:(a)双曝光;(b)双曝光,双参考光;(c)双成像平面

1. 方法 1——双重曝光

所采用的方法是取时间 t_1 和 t_2 在同一屏幕上进行再次全息曝光。曝光之间的间隔可从 10^{-8} s 到 10^{-3} s 甚至更长,主要取决于系统的振动稳定性与所研究流动的特征时间尺度。

在处理全息图谱(感光胶片)并采用复制参考光进行全息图谱重构后,两束光波 $U_1(t_1)$ 与 $U_2(t_2)$ 同时再现。由于两个曝光之间的流场存在时变密度差异,两个重构波将相互干涉并形成干涉条纹。该技术最易于执行,并产生最高质量的干涉图谱。然而,其通常用于评估流场中的非定常现象。例如,流动中的声波、旋涡脱落和湍流引起的密度波动均可在可压缩流中予以显示。

2. 方法2——双参考光束

通过采用与物体光束成 $U_{R1}(t_1)$ 角的一束参考光来记录实验参考条件并采用第二束参考光以 $U_{R2}(t_2)$ 角(第二空间载波频率)记录试验条件的做法优点。电光调制器(EOM)可用于重构时对其中一束参考光进行频移。这样会导致干扰条纹似乎以移动频率运动。通过应用两个相位检测器,一个在参考位置;另一个扫描重构图像,有可能对干涉数据进行快速数字采样。在需要高灵敏度位置,可将 $\pi/2$ 或 π 的相位变化引入其中一束参考光以产生观测的相位对比模式。重建过程中也有可能改变一束参考相对于另一束的角度以期引入有限条纹模式。

3. 方法3——双成像平面

该方法发现对于可压缩流研究是最为有效和通用的。采用该方法时,参考光束 $U_0(t_1)$ 用来在一个成像平面上记录一种流动条件(如无流动扰动、风洞处于关闭状态)。然后移除参考成像平面,随即在其他成像平面上记录不同流动条件下的实验光波。最后成像平面进行处理,并采用复制参考光束的方式重构光波。通过对成像平面进行适当定位并重构参考光束的方式叠加经重构的光波以形成干涉。通过特殊设计的微米控制成像平面的定位,可以进行6个自由度的移动(三个位移方向与三个旋转方向),当记录进行时,成像平面可被精确地定位于相对位置。因此,可调整成像平面以便在所需方向上产生无限条纹与有限条纹的干涉图谱。一束参考光可通过简便地改变平面来实现对不同物体光波的比较,这样有助于提高数据采集质量。

实用的全息干涉仪光学元件如图9.19所示。红宝石激光器或倍频 Nd∶YAG 激光器的脉冲激光器作为光源。可处理高能激光脉冲的高质量介电分光镜被用来将光束分成参考光束与物体光束。参考和物体光束路径长度在激光器的相干长度内尽可能保持接近。物体光束被扩展后进入球面镜或抛物镜,并生成穿过实验段的准直光束。第二反射镜用来将光束重新定向至全息屏幕。需要缩少"Z"形角度,以尽量减小光束像散。参考光束被引导至流场周围并被扩展到全息屏幕以形成全息图谱。如果采用红宝石激光器,图9.20所示的重构系统应采用氦-氖连续激光器以复制初始的参考光束。虽然波长略有不同($0.6943\mu m$ 和 $0.6328\mu m$),但这只会稍微改变图像的尺寸。这同样适用于模拟倍频 Nd∶YAG 激光器光束的氩离子激光器。

将图9.21所示的典型全息干涉仪与马赫-森德系统进行比较是建设性的,可以展现相对于后者放宽机械与光学限制的缘由。采用马赫-森德系统时,相干光路分成两路:一路穿过试验区域,因此,干涉由沿不同光路同时到达的两束光形成;另外,进行全息干涉测量时,包含流场信息的干涉条纹由两束重构光波产生,于不同时刻采集但光程相同。需要明确的是,光学系统的任何瑕疵应当予以消除。长期存在于大型风洞设施的振动并不作为难题,这是因为用来采集全息图谱的脉冲激光脉冲间隔为10ns量级。采用连续激光器的干涉图谱重构与分析对振动敏感,

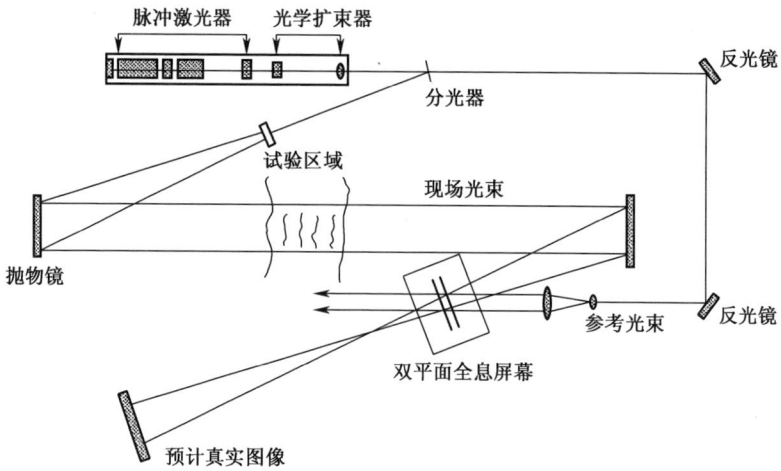

图 9.19　展示全息干涉仪光学元件的系统示意图

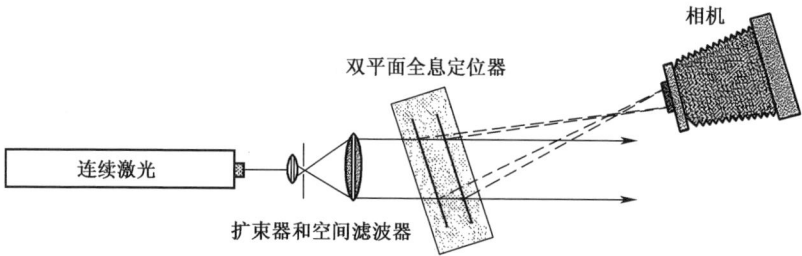

图 9.20　全息干涉仪双成像平面重构系统的示意图

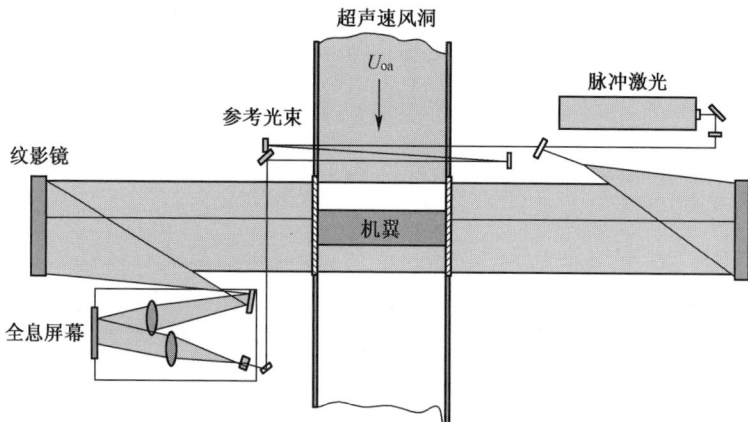

图 9.21　现有风洞纹影光学和脉冲激光的全息干涉仪系统

但这部分过程是在实验室中进行的。当采用双成像平面方法时,可在重构光波过程中补偿光波采集失准。

9.12 应用

通过与表面压力与皮托静压测孔、激光多普勒测速仪(LDV)等其他手段获得的数据进行比较,验证了基于干涉测量技术的流场显示与定量测量结果的精准性。曾有一些理由质疑该方法的准确性,其中包括干涉仪准直不确定度、流动的三维性变为二维的假设。由于光波沿光路对与密度相关的相位调制进行积分,因而流动中的三维性会在观测中导致不确定性。例如,在风洞中采用二维模型,风洞边界层及其与流动中压力梯度的相互作用将会对流场产生不需要的三维性效应。目前,已经进行了大量实验来验证该方法的准确性并研究跨声速流动细节(Bachalo 和Johnson,1978;Spaid 和 Bachalo,1981)。

NASA 阿姆斯研究中心已在 2in×2in 跨声速风洞中研究包括 NACA 64A010 与超临界翼型在内的各种二维翼型相关的流场。现有的纹影系统很容易改进为全息干涉仪,该系统具有足够大直径的高质量抛物面镜,允许直径 46cm 的经准直光束穿过实验段。一部功率 50mJQ 开关激光器作为光源。参考全息图谱在风洞关闭的大气条件下采集。然后,将有气流的记录置于保持器中的连续平面上,该连续平面的原始位置之后中有一个空间,这样它们就可以在相同的相对位置一同重构。处理之后,如图 9.20 所示的重构系统用于干涉图谱的观测。其后进行全息图谱的相互调整以恢复有限条纹与无限条纹干涉图谱。空气动力学知识在这一点上是适当准直的有用线索,特别是当整个视场被流动干扰。

图 9.22 展示了翼型上表面终止于正激波的高气流加速超声速区域内高密度干涉条纹。激波下游的流动中可见弱压缩波,由干涉条纹图谱中垂直移动的波表示,尾迹也清晰可见。图 9.23 为显示尾缘区域边界层的放大图,局部压力的最大值位于下尾缘区域,分离发生于尾缘下尖区。

由干涉图谱获得的流动显示与定量信息通过与表面压力测量值的比较来评估。假设流动为等熵,由干涉图谱获得的密度值可以通过以下关系来还原为表面压力系数 C_p:

$$\frac{p}{p_0} = \left(\frac{\rho}{\rho_0}\right)^{\gamma} \tag{9.37}$$

和

$$C_p = \frac{2}{\gamma M_\infty^2}\left[\left(\frac{p}{p_0}\right)\left(\frac{p_0}{p_\infty}\right) - 1\right] \tag{9.38}$$

式中:p 为表面压力或静止压力;p_0 为总压;p_∞ 为自由流静压;对空气 $\gamma = 1.4$;M_∞

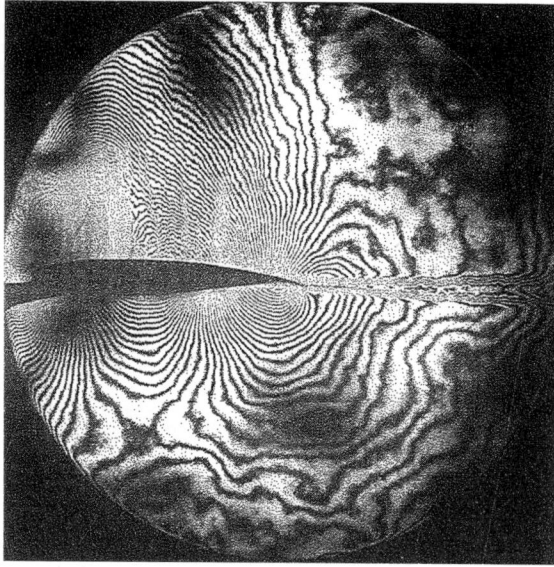

图 9.22　麦克唐纳-道格拉斯超临界翼型在马赫数 0.73 和攻角 4.32°
下的无限条纹全息图谱(Spaid 和 Bachalo,1981)

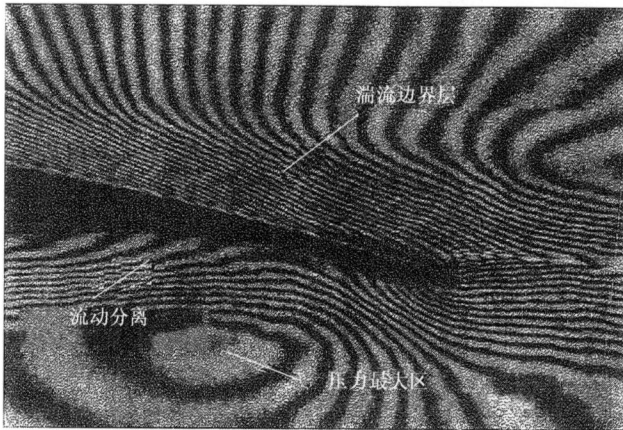

图 9.23　超临界翼型尾缘区域的流动细节(Spaid 和 Bachalo,1981)

为自由流马赫数。由于视场并未延伸至上游未受扰动区域,因此可利用风洞表面压力、总压与总温条件来识别远离模型的条纹。而后从参考点起进行条纹计数,以获得流场中各点的密度。作为实例,图 9.24 展示了 NACA 64A010 翼型在 $M_\infty =$ 0.8 和 $\alpha = 3.5°$ 条件下的对比。相对应的干涉图由图表显示。一旦无限条纹干涉图的精度被确认,则可假设条纹图谱为这种流动条件下密度轮廓的精确显示,其关系式如下:

$$\frac{\rho}{\rho_0} = \left(1 + \frac{\gamma-1}{2}Ma^2\right)^{1/(\gamma-1)} \tag{9.39}$$

也同时表明干涉条纹也是恒定的马赫数线。

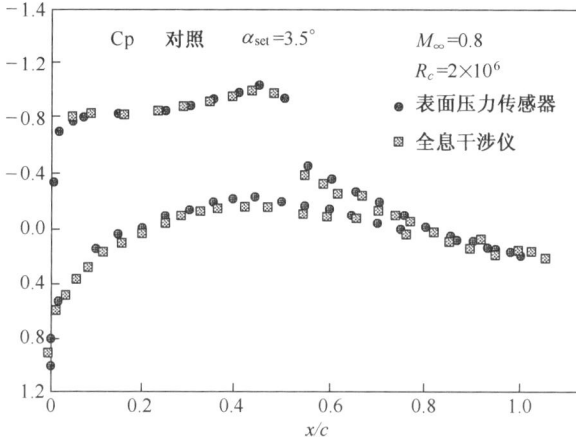

图 9.24 由全息干涉图获得的表面压力系数与
表面压力测孔数据的对比(Bachalo 和 Johnson,1978)

最后,由干涉数据获得的边界层与尾迹密度分布可通过采用克罗科关系简化为流速(只是速度幅值)分布:

$$\frac{T}{T_e} = 1 + \frac{T_\omega - T_{ad}}{T_e}\left(1 - \frac{U}{U_e}\right) + \gamma\frac{\gamma-1}{2}M_e^2\left[1 - \left(\frac{U}{U_e}\right)^2\right] \tag{9.40}$$

式中:下标"e"表示边界层的边缘条件;γ 为恢复因子;T_ω 为模型表面的温度;U 为局部流速(Bachalo 和 Johnson,1978)。通过与理想气体状态方程联立可得到流速分布。与图 9.25 所示的 LDV 测量结果较好的一致性表明,边界层可准确地显示。

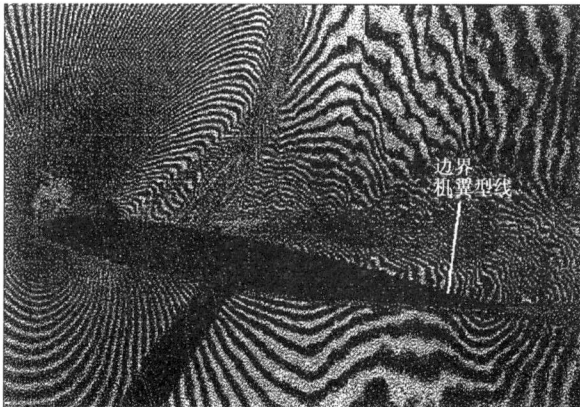

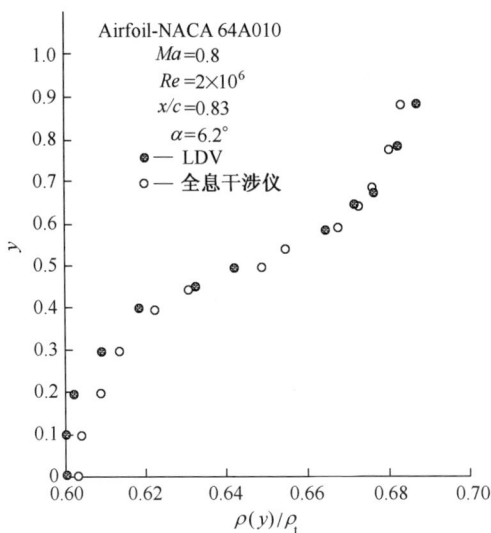

图 9.25　显示 NACA 64A010 翼型边界层平均密度分布的
全息干涉图与 LDV 数据(Bachalo 和 Johnson,1978)

9.13　小结

  本章描述了利用流体折射率的变化来进行流动显示并获得定量信息的方法。具有超过百年应用历史的阴影和纹影方法是研究可压缩流或具有热诱导折射率梯度流动的非常实用方法。也可应用不同折射率的气体来显示不可压缩流动。18世纪后期,马赫–森德干涉仪的出现提供了流动显示的更多细节,同时也具备了提供定量信息的能力拓展。但是,若要获得可靠数据,干涉仪就需要极高质量的光学元件与高稳定性的光学系统。这对于跨超声速风洞中的大规模应用给出了严格的限制。全息技术已被引入以明显放宽该系统的光学与机械性能要求。虽然当采用全息图来记录光波相位与幅值信息时,干涉图的质量并不高,但该方法适用于大规模系统。特别是随着脉冲激光器的发展,纹影系统的转化相对比较直接。

  本章已给出了应用这些方法获取数据的实例。阴影和纹影系统信息可用于识别激波位置、普朗特-迈耶膨胀波系以及边界层范围等特征。干涉测量技术清楚地提供了流动显示中更大的细节,且具有产生流动密度场定量信息的额外能力。本章已给出了在 NASA 艾姆斯研究中心风洞中获得的全息信息的实例。通过对比诸如表面压力与 LDV 数据等更为基础的测量,对干涉测量结果进行了广泛的评价。具有较好一致性的结果证实了流动显示信息的可靠性以及可获得的定量数据。对更多细节与更多议题感兴趣的读者可参考 Merzkirch(1987)和 Vest(1978)的论述。

196

9.14 参考文献

Bachalo, W. D. 1980. A method for measuring the size and velocity of spheres by dual beam scatter interferometry. *Appl. Opt.*, **19** (3), 363–370.

Bachalo, W. D. 1983. An experimental investigation of supercritical and circulation control airfoils at transonic speeds using holographic interferometry. Paper 83–1793, *AIAA Applied Aerodynamics Conference*, Danvers, MA, July, 13–15.

Bachalo, W. D. and Houser, M. J. 1984a. Phase Doppler spray analyzer for simultaneous measurements of drop size and velocity distributions. *Opt. Eng.*, **23** (5):583–590.

Bachalo, W. D. and Houser, M. J. 1984b. Optical interferometry in fluid dynamics research. *Opt. Eng.*, **24**:455–461.

Bachalo, W. D. and Johnson, D. A. 1978. Laser velocimetry and holographic interferometry measurements in transonic flows. *Third International Workshop on Laser Velocimetry*, Purdue University, IN, July.

Delery, J., Surget, J. and Lacharme, J. P. 1977. Interferometrie holographique quantitative en écoulement transsonique bidimensional. *Rech. Aerosp.* **12**, 89–101.

Dvorak, V. 1880. Uber eine neue einfache Art der Schlierenbeobachtung. *Ann. Phys. Chem*, **9**, 502–512.

Gabor, D. 1951. Microscopy by reconstructed wavefronts II. *Proc. Phys. Soc.*, **64**, 449–469.

Hecht, E. and Zajac, A. 1976. *Optics*. Addison–Wesley, Menlo Park, CA.

Leith, E. N. and Upatnieks, J. 1962. Reconstructed wavefronts and communication theory. *J. Opt. Soc. Am.*, **52**, 1123–1130.

Merzkirch, W. 1987. *Flow Visualization*. 2nd edition, Academic Press, New York.

Settles, G. S. 1970. A direction–indicating color schlieren system. *AIAA J.*, **8**, 2282–2284.

Settles, G. S. 1982. Color schlieren optics – A review of techniques and applications. In *Flow Visualization II*, ed. W. Merzkirch, Hemisphere, Washington, DC, pp. 749–759.

Spaid, F. W. and Bachalo, W. D. 1981. Experiments on the flow about a supercritical airfoil including holographic interferometry. *J. Aircraft*, **18** (4), 287–294.

Trolinger, J. D. 1969. Conversion of large scale schlieren systems to holographic visualization systems. 15*th National Aerospace Instrumentation Symposium*, Las Vegas, NV, May.

Trolinger, J. D. 1974. Laser instrumentation for flow field diagnostics. *AGARDograph No. 186*,

March.

Trolinger, J. D. 1975. Flow visualization holography. *Opt. Eng*, **14** (5), 470–481.

Uberoi, M. S. and Kovaszny, L. S. G. 1955. Analysis of turbulent density fluctuations by the shadowgraph method. *J. Appl. Phys.*, **26**, 19–24.

Vest, C. M. 1978. *Holographic Interferometry*. John Wiley & Sons, New York.

第10章
三维成像

R. M. Kelso[1] 和 C. Delo[2]

10.1 引言

本章主要关注流场的三维成像。虽然相对较新,但是该研究领域已经发展了大量的技术。这些技术在成本和复杂程度方面相差较大,最便宜的片光系统成本在绝大多数实验室的预算范围之内,而最昂贵的核磁共振成像系统只能为极少数实验室所选择。通常认为最有可能开发的系统是那些使用片光的系统,作者结合自身知识与经验对这些系统进行介绍。其他的系统也将简要介绍,并且给出相关的文献参考。

流动的结构本质上是三维的,即便是那些名义上二维表面构型周围的流动也是如此。科学家与工程师发现,无论是大尺度流场还是小尺度流场,流动的三维性对于流动的整体结构与流体种类、动量与能量输运而言是十分重要的。此外,人们已经习惯从三维观察世界,因而以三维视角观察、测量并解释流场是十分自然的。不幸的是,三维图像并不能便捷地在纸面显示,这也是所面临的挑战之一。

10.2 三维成像技术

复杂流动的三维成像是众多研究者多年来努力的目标。由于该技术可采用多种不同的形式且涉及庞大的技术范围,难以追溯其起源。诸如摄影胶片等记录介质面世,摄影技术推动了诸如立体成像、全息摄影与采用片光的层析成像等一系列成像技术的发展。激光作为功率强劲的准直光源,其可用性进一步提高了层析成

① Department of Mechanical Engineering, University of Adelaide, Adelaide, SA5005, Australtia.

② Engineering Faculty, SUNY Maritime College, NY 10465, USA

像技术的可行性,也促进了光敏标记染料的应用。

早期,三维显示范例是以正交或堆叠方式应用静态片光来进行多截面层析成像。其中的一个实例就是 Garcia 和 Hesselink(1986)所进行的强迫共向流动射流显示,其通过重构流动空间产生射流的三维图像。另一个实例由 Perry 和 Lim(1978)提供,其通过在射流或尾迹中散布烟雾进行流动显示的方式研究强迫共向流动射流与尾迹的发展。Perry 和 Lim 采用频闪灯和扫描激光束在几个位置进行流动成像,并利用这些信息来构建流动的线网模型,为流动物理分析提供清晰的视觉观察。这些静态片光技术依赖于流动的高度周期性。然而,对于不具有这种周期性的流动,其结构可通过采用不同位置的多截面瞬态或准瞬态层析成像来实现。为达到这一目的需采用多种技术,大多数情况下采用一个或多个振动反射镜来对空间进行扫描。如后所述的其他技术则采用转鼓或棱镜实现空间扫描。这些技术已成功应用于全域三维粒子成像测速(PIV)中。

科技进步也带来了复杂与昂贵的核磁成像技术(MRI)。该技术提供了流动的详尽层析图像,特别适于无光路或不透明的流动。该技术的数据采集速率较慢,且极其昂贵。Miles 和 Nosenchuck(1989)对一些实例进行了讨论。

由于具有记录与再现高数据密度与无限景深全域流动结构能力,全息摄影具有最终有可能成为三维可视化和测量的终极工具。全息粒子成像测速中,通过对已散布粒子流动的体视特写可得到全息图。体视全息图被回放,而后借助于通过在三维图像中移动成像器来进行信息查询。作为位置函数,成像器的输出构成了表征所测量体积空间的数据库。该方法通常需要大量的后处理来重构采样体积。然而,其优势在于数据平面的数目与位置在后处理阶段是可选的和可改变的。

不幸的是,全息成像系统的发展并没有像体积扫描与三维粒子成像测速等其他三维技术那样受到普遍关注,这在很大程度上源于全息成像设备的昂贵价格与复杂程度。然而,一些技术已经证明其能够提供非凡的性能。例如,Zhang 等人(1997)所开发的系统获得了雷诺数 1.23×10^5 的方形管道中网格数 97×97×87 的三维速度分布。这超出了多数三维粒子成像测速系统的空间分辨率,但并没有提供时间分辨的测量结果。Hinsch(1995)给出了另一种称为多片光全息摄影的成像技术描述。该技术采用大量平行激光片光的全息记录来产生瞬态多截面粒子成像测速结果。温斯坦与比勒、孟与侯赛因给出了关于时间分辨的全息粒子成像测速或全息摄影粒子成像测速的应用(Weinstein 和 Beeler,1988;Meng 和 Hussain,1991)。如要了解更多信息,可参考相关的文献(Zimin et al.,1993;Barnhart et al.,1994;Blackshireet al.,1994;Hussain et al.,1994;Meinhart et al.,1994;Hinsch,1995;Meng 和 Hussain,1995)。

光学层析成像是从物体或许多共面光学投影的流动中构建多截面图像的技术总称。图像是通过从共面光源照射关注平面而产生的,而后从一系列平面内视点进行成像,通常呈半圆排列或投影,可用来重构完整平面图像的强度分布。这与激光截面技术形成对比,其中平面图像得自成像器外部(通常垂直于)的照射平面。有几种平面重构算法,卷积与傅里叶变换方法是最为常用的流体力学层析数据处理方法,详细内容请参照相关文献(Eckbreth,1988;Hesselink,1988)。成像方法自身也可采用阴影、纹影、干涉等以及密度、温度与浓度等物理量吸收分布的方法。

光学层析成像技术研究流体流动的主要缺点在于实验的复杂性。为获得足够的空间分辨率,必须采用相当数量的投影来重构被测体积空间。这需要从一系列视点连续采集或者同步记录强迫流动的周期性流场。目前,已实现了基于18个同步观测点的应用(Snyder 和 Hesselink,1988),但是其空间分辨率较低。为能够从诸如平面成像等其他技术获得相应的分辨率,实验的复杂程度将似乎变得难以想象。无论是必要的成像设备还是后处理阶段所需的计算,其工作成本最初是昂贵的,其发展也仅限于医学领域。这些发展持续的好处是创立了重构层析空间数据库的空间流动显示软件。后面将予以讨论。必须要说明的是,体视激光技术通常描述为层析成像技术。但是,采用平面成像技术获取的截面数据与格式上与重构的层析平面图谱是相似的,层析成像技术获得图像的方式并非是层析方式(Hesselink,1988)。

利用立体成像技术获取空间分布数据是双目视觉识别功能的一种拓展。通常,该方法利用相互成一定角度的两个成像器采集流动中的相同区域。立体成像技术的主要局限在于景深确定时的不确定性,虽然这种不确定性可通过采用两个或者三个正交视轴来达到最小化。为实现对整体流动区域成像,必须具有光学透明性。因此,相比于染料标记流动,该方法更适于在撒布粒子的流动中应用(Praturi 和 Brodkey,1978)。然而,为实现混叠问题的最小化,撒布粒子的密度必须非常小。迈尔斯和诺斯金克给出了一种粒子撒布的可选方法,其提出了将网格线写入流动的可能性(Miles 和 Nosenchuck,1989)。对于流动介质为水的情况,可采用氢气泡或光致变色激发方法。立体成像技术可应用于平面粒子成像测速之中解析平面外流体运动(Prasad 和 Adrian,1993;Hinsch,1995;Brücker,1995a),也可应用于跟踪氢气泡与荧光标记(见第 2 章与第 4 章)。

为全面系统讨论上述技术及其相关背景知识,建议参阅 Hesselink(1988)、Miles 和 Nosenchuck(1989)以及 Hinsch(1995)的工作。这些综述文章也讨论了一些不常用的成像方法,诸如立体纹影、声成像等不在本章讨论的内容。

10.3 图像数据类型

三维成像技术会提供定性或定量的数据。基于染料的定性流动显示、标量定量流动显示以及三维流动中不同平面的粒子成像测速都是目前非常普遍的方法。实际上,能够应用于单个平面的任何技术均可应用于通过采用多平面连续快速成像来获得流动的空间信息。然而,体视测量技术也会促进获取诸如耗散标量速率、应变率、涡度以及速度等更多详细信息的一系列方法。下面将给出一些实例。

到目前为止,三维成像流动显示在三维流动结构的研究中最常见。例如,Nosenchuck 和 Lynch(1986)应用三维染料显示技术来研究扰动边界层内流动结构的变化。Garcia 和 Hesselink(1986)则进一步采用该技术来研究同向射流的结构,其采用浓度等值面来获得面积-体积比以及由此出现的夹带率。Goldstein 和 Smits(1994)以及 Delo 和 Smits(1993,1997)采用定量数据来产生湍流边界层的空间重构,并应用条件采样和统计方法来抽取流动结构的相关信息。其他的实例包括 Yoda 和 Hesselink(1990)以及 Kelso 等人(1993,1995)的工作。许多研究者都应用三维成像技术通过诸如分子瑞利散射等散射技术来测量气体浓度。这些研究包括 Yip 和 Long(1986)、Mantzaras 等人(1988)、Yip 等人(1988)以及 Sen 等人(1989)的工作。Forkey 等人(1994)采用过滤的瑞利散射方法(见第 5 章)来研究超声速流动,主要是通过将自然生成的冰晶雾作为散射媒介。这种方法为重构测量空间三维图像提供了一系列的浓度场信息。

Brucker(1992,1995a,b,c,1996,1997a,b,1998)给出了体视粒子成像测速的应用范例,其主要是应用体视技术来研究诸如涡破碎、T 形连接处的流动、球冠的近尾迹、气泡流动、圆柱绕流以及气缸内流动等的研究。其中,两个范例通过粗糙间隔的离散平面方式运用二维粒子成像测速系统,并在不同位置平面上采集三维速度信息;另外三种通过将粒子成像测速技术与立体成像相结合,或采用近间隔的片光或种颜色编码片光来获得测量平面之外的速度分量。其他的实例包括石岛与田中采用两个正交扫描系统来研究旋转流动。

截止目前,由 Dahm 和 Buch 及其同事、Dracos 和 Rys 及其同事组成的两个研究团队应用三维空间扫描技术来研究湍流微观结构(见第 11 章)。这些研究者采用间隔非常近的成像平面来研究湍流射流中的小区域。其所采用的技术首次同时获得诸如标量耗散率、应变率、涡量及速度场等数据。

10.4　激光扫描仪的设计

后面介绍一系列已应用或能够应用于三维成像的激光扫描技术。这些扫描系统均可产生一系列平行成像平面或片体,以实现图像、速度场及其他流动空间描述方式的重构。所列的系统清单虽不详尽,但的确说明了一系列的可能性与概念。

激光扫描系统基本上可分为两类:产生离散片光的系统与可产生可移动片光的系统。此类系统的采用取决于可用的设备、所获取的数据、未来的可拓展性及成本。有时,可以采用不同系统类型或基于相同光学元件构建两类系统。几乎所有情况下,光学系统采用两个不同的光学部件来实现空间成像过程,以沿两个正交方向进行激光束的传播、扫描或横越。自此,可将这些部件区分为主要光学元件(PO)与辅助光学元件(SO)。有些系统将这两类元件成一体。

下面的讨论中,将对流动空间的每个完整扫描作为一个时间步。每个时间步均包含一系列片体或成像平面,即流动中单个激光截面。不同的系统类型及其光学设置将会通过范例按序逐一介绍。表10.1总结归纳了许多范例,为每个扫描系统的设计提供了参考。

表 10.1 体视扫描技术的三维流动显示实验一览表

离散片光系统
鼓式扫描仪/扫描光束:Kelso 等人(1993,1995);Guezzennec 等人(1996);Brucker(1996,1997b,1998);Delo 和 Smits(1997)
鼓式扫描仪/圆柱透镜:Brucker(1995c,1997a)
振动反射镜/振动反射镜:Prenel 等人(1986a,b);Dahm 等人(1992);Buch 和 Dahm(1995b);Ruck 和 Pavlovski(1998)
圆柱透镜/振动反射镜:Brucker(1995b);Ushijima 和 Tanaka(1996)
多边形反射镜/振动反射镜:Brucker(1992)
振动反射镜/横向平移反射镜:(Perry,Lim,1988)
固定光学器件:Mantzaras 等人(1988);Yip 和 Long(1988);Forkey 等人(1994);Arndt 等人(1998)
移动片光系统
振动反射镜/圆柱透镜:Yip 等人(1988);Sen 等人(1989);Prasad 和 Sreenivasan(1990);Goldstein 和 Smits(1994);Merkel 等人(1995);Ushijima 和 Tanaka(1996)
圆柱透镜/振动反射镜:Yoda 和 Hesselink(1990)
多边形反射镜/圆柱透镜:Nosenchuck 和 Lynch(1986)
伽利略变换/圆柱透镜:Garcia 和 Hesselink(1986)

10.5 离散激光片光系统

这些系统在流场中固定平面上生成多个离散平行的激光片光。这些平面通常以步进方式被逐一照射。这样系统的主要优点在于流动中固定的静止平面被照射,并且如果需要,每个平面都被重复照亮从而能够实现多脉冲PIV的测量应用。这种系统可采取多种形式。最常见的形式是双扫描激光系统,激光束在流动中的偏转与扫描通过诸如振动反射镜与旋转棱镜那样的两个扫描仪来实现。不常用的替代仪器是可同时产生片光或扫描光束且可按间隔实现和照射平面步进的鼓式扫描仪。其他系统包括用来进行流动结构时均成像的手动扫描片光、可产生非平行设计片光的扫描仪以及采用由光学手段分辨、可同时产生且具有不同颜色的激光片光。

203

10.6　双激光扫描系统

激光扫描系统通常采用双扫描振动反射镜来实现准直激光束对流动的同时扫描。每次扫描过程中,通过保持相机快门处于开启状态来采集图像。通过该方法,系统可产生一系列平行片光,类似于阴极射线管中电子束所产生的扫描光栅。典型的系统如图 10.1 所示。每个主要与辅助光学部件均包括单个的振动反射镜。为获得光栅效应,两个反射镜的振动频率必须有所不同,即一个反射镜以高频率扫描来产生独立的激光片光,而另一反射镜则以较低频率扫描以实现光束从一个平面移动至另一平面。每次扫描结束之时,每个反射镜通常在下次扫描之前快速归位。一般而言,反射镜频率之比定义了各个单位体积中的片光数目。低频率反射镜可从一个水平面阶跃至另一水平面,或连续移动。后者会引起光栅以一个角度倾斜,这是因为两个扫描仪同时移动,而倾斜的角度取决于频率之比。例如,等频率会产生一个 45°片光。这些系统提供了额外的灵活性,可实现设计者规划的扫描路径,如 Prenel 等人(1986a,b;1989)所演示的那样,可针对不同实验应用产生平行、圆柱、交叉和放射状光栅。

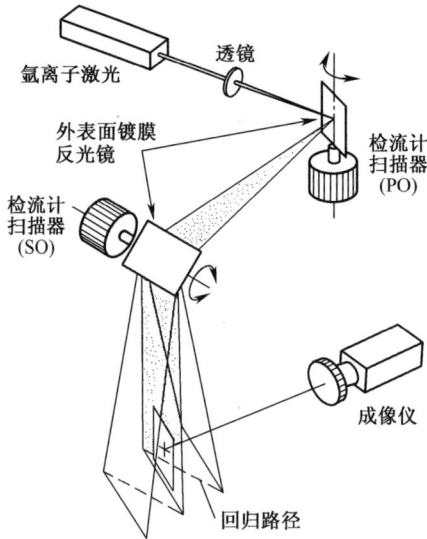

图 10.1　典型的双扫描激光系统

图 10.2 介绍了双扫描技术中的两个典型应用中所采取的单位体积内激光路径。这里,z 坐标与成像平面垂直。该图展示了归位时间的重要性,其为激光束每次扫描后遍历回归路径所需的时间。双扫描系统中,两个扫描仪的回归时间影响

各成像平面中可获得的光总量以及可获得的最大扫描速率。为获得最佳性能,回归时间应尽可能小。Rockwell 等人(1993)给出了关于该问题的详细讨论。图 10.2 展示了许多扫描模式中的两种。图 10.2(a)表示典型的步进扫描模式,而图 10.2(b)描述了在每个成像平面上采集短时间间隔图像对的模式。正如 10.11.6 节所讨论的那样,这种情况对于粒子成像测速(PIV)的数据采集十分有效。在采用检流计或类似扫描仪的情况下,只有当低频扫描仪以步进方式移动时后者模式才有可能出现。

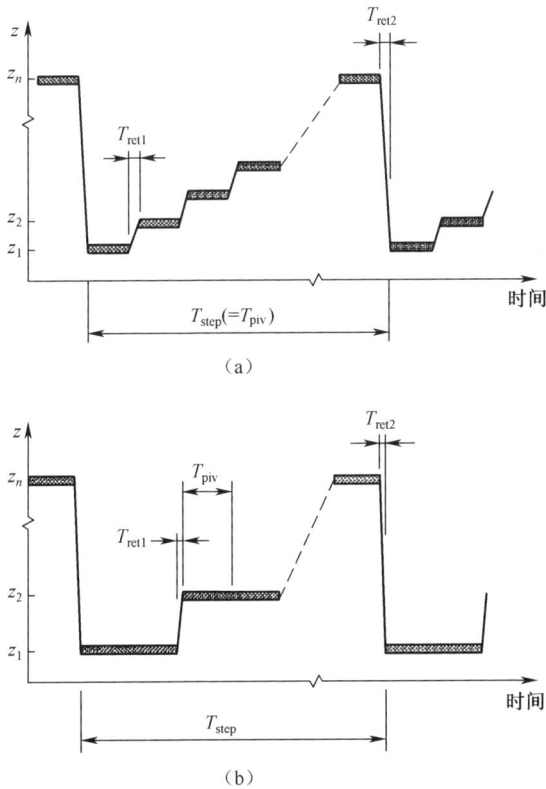

(a)

(b)

图 10.2 双扫描技术的两种典型应用中激光扫描单位体积时所采取的路径,
图中 T_{step} 为完成每个成像扫描单位体积空间所需的时间,即时间步长;
T_{ret1} 为高频扫描仪回归时间; T_{ret2} 为低频扫描仪回归时间;
T_{piv} 为取决于粒子成像测量的任意给定平面内两种连续扫描之间的最小时间。
(a)标准步进扫描模式;(b)适于粒子成像测速应用的双脉冲模式。

振动反射镜通常是具有 100Hz 的转动频率和线性响应的商用检流计驱动模块。反射镜及其运动组件通常很小,以便减少惯性和增大频率响应。反射镜的线性与频率响应最终由最大扫描速度和系统定位精度确定,并以此为思路进行选择(Rockwell et al. ,1993)。

像这样的系统通常基于小角度扫掠来保证成像平面接近于相互平行。在许多应用中,激光片光之间的小偏差是可接受的,绝大多数研究者均采用了该方法。角度偏差可通过采用平凸透镜来进行光学校正,后面的实例将予以说明。

图10.3给出了另一种采用双反射镜系统的可选方法。该系统与 Brucker (1992)进行粒子成像测速时所采用的系统相似,采用了一个可旋转的多面镜作为主要光学元件,以振动反射镜作为辅助光学元件,两者均由步进电机驱动。该系统也同样采用了平凸透镜(柱面透镜)将发散光束转换为平行光束。与上述的反射镜系统相比,该系统具有许多优点。第一,步进电机以中等速度连续驱动旋转部件,保证与成像系统完全(频率与相位)同步。第二,对于旋转的反射镜而言,其回归时间非常小(Rockwell 等人,1993)。第三,低频反射镜由步进电机驱动,通过确定扫掠光束之间的角度步进值来转动反射镜,而后在下一个时间步进之前快速归位。此外,步进电机非常适于这样的任务。Brucker 所采用的系统可完全达到 500 帧/s 的采集频率。

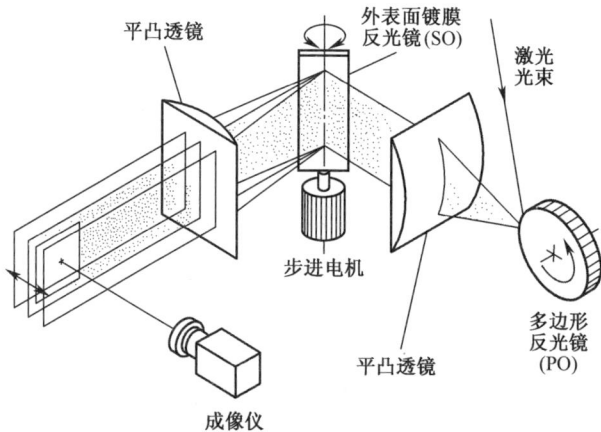

图 10.3　备选的双扫描激光系统,与布鲁克所用系统相类似(Brucker,1992)

图10.4描述了可分别单独或同时替换图10.3所示搭配有平凸透镜的多边反射镜与振动反射镜的适宜设备。该设备与 Schluter 等人(1995)、Deusch 等人(1996)以及 Cutler 和 Kelso(1997)所采用的棱镜扫描仪相似。这种称为旋转棱镜折射仪或旋转棱镜的设备在旋转时起到了激光光束平移装置,使得光束平移时平行于自身且仅在一个方向扫掠。其归位时间类似于上述的多边反射镜。旋转棱镜可与步进电机或类似设备相连接,可以恒定速度或步进方式旋转。

位移 δ 与转动角度 θ 之间的关系是非线性的,但这种非线性随着棱镜面数目的增加而迅速减小。描述位移 δ 与宽度 A、转动角度 θ_1 之间的关系式为

$$\delta = A\sin\left(1 - \frac{n_1\cos\theta}{(n_2^2 - n_1^2\sin^2\theta)^{1/2}}\right)$$

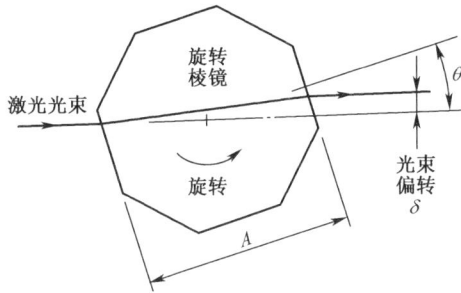

图 10.4 旋转棱镜扫描仪

对于空气中的旋转棱镜,$n_1 = 1.0$。

镜面的数目为偶数才能确保正确的运用,且当棱镜面的数目充足时才能在任何度数下保证 δ 与 θ 关联曲线的线性关系。例如,对于宽度 100mm 的丙烯酸八面棱镜($n_2 = 1.495$)而言,总的扫描宽度 $2\delta_{max} = 27.6mm$,δ 与 θ 关联曲线的最大线性偏离量为 0.3mm。该设备的主要缺点是对于许多面来说棱镜直径相对于需扫掠的距离变大。

10.7 单激光扫描系统(离散)

这些系统可采用单柱面透镜(见 10.11.4 节)作为主要光学元件,并将单个振动反射镜作为辅助光学元件,以产生以步进方式移动的激光片光。通过在每个单独步骤保持相机快门处于开启状态来采用图像。与 Brucker(1995a,b)所用系统相似的粒子成像测速(PIV)典型系统如图 10.5 所示。Ushijima 和 Tanaka(1996)提供了另一个采用高帧频相机的两个正交系统。如果采用柱面透镜作为辅助光学元件,且以振动反射镜用作主要光学元件,系统也可以正常工作,尽管激光片光的扩

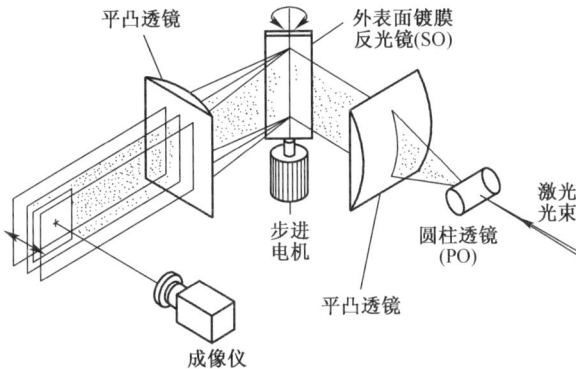

图 10.5 与 Brucker(1995a,b)所用系统相似的典型单扫描激光系统

散角随着激光片光与柱面透镜之间入射角而变化。最佳的系统配置主要取决于可获得光学部件的尺寸、几何形状与质量,特别是柱面透镜与扫描反射镜。

基于检流计的振动反射镜的替代方案是布拉格盒(Bragg)或声光调制器(AOM)。它们是快速的固态装置,以正比于所施加电压的角度反射光束。典型的最大反射角度约1°或2°。设备布局需要将声光调制器作为主要光学元件,柱面透镜(或扫描仪)作为辅助光学元件。光束可经步进、扫掠或调制实现任何所需的空间和时间照射方式。这种装置的优势在于低复杂度、高操作灵活性及短归位时间。其主要的缺点是超过50%的光强损失,并且激光限制在单线运行模式,可用光强损失超过50%。Rockwell 等人(1993)曾给出了关于声光调制器的详细讨论。

单扫描激光系统本质上与下面讨论的可移动片光设计相同,唯一不同之处是可移动片光设计使得激光片光以连续运动方式维持自身的平行状态,但离散的单个激光片光以步进方式移动。片光的步进位移能够保证在每个测量平面形成激光多脉冲,允许粒子成像测速或粒子跟踪测速正常实施。

10.8 鼓式扫描仪

图10.6描述了体现完全不同扫描概念的系统,该系统采用主要与辅助光学元件相结合的方式,称为鼓式扫描仪。由 Delo 和 Smits(1993)首次发明的鼓式扫描仪由一组呈螺旋排列的45°反射镜构成,其固定于旋转鼓盘的20个表面上。当与连续激光器(CW Laser)共同应用时,聚焦激光以平行于鼓中心轴的方式进入鼓式扫描仪,并随着鼓的旋转由各个反射镜反射出来。平面反射镜面的运动使光束扫过18°的角度,产生类似于上述激光片的激光片。扫描期间通过保持摄像机快门开启来采集图像,当鼓保持续转动时,光束经反射离开下一个反射镜,以形成另一个不同高度的片光。由于片光高度由相应反射镜的高度确定,片光位置可反复精确定位,且可以通过单一静态校准来准确决定。单个激光扫描之间和一个时间步与下一个时间步之间的归位时间是相同的,表示约1°转动的。需要说明的是,由于平面镜上激光束入射点高度的变化,这种设计在每个扫描平面都会产生小的曲率。这种效应随着反射镜数目的增加而减少,且每个反射镜扫掠角减小。对于德洛与斯密茨描述的布局而言,这种影响作用相对于激光片光厚度可以忽略。Kelso 等人(1993,1995)、Delo 等人(1994)以及 Delo 和 Smits(1997)给出了这种系统更多完整的描述。

这种形式鼓式扫描仪已能在粒子成像测速中应用。Brucker(1996,1997,1998)曾给出了两个这样系统的应用实例,其采用这样的系统来测量三维速度。上述德洛与斯密茨系统速度测量的调试相对简单,主要是在每个成像平面设置连续图像时间间隔 T_{piv} 的问题,以便提供粒子成像测速中所需的动态范围。如果必

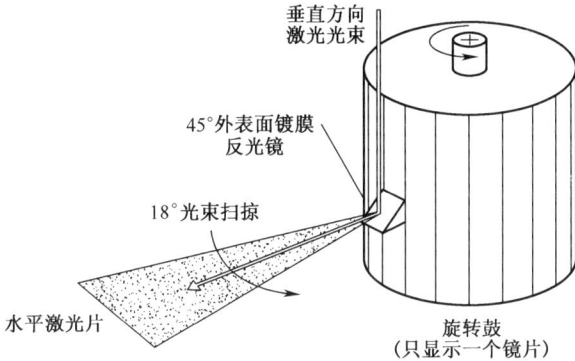

图 10.6　Delo 和 Smits(1993) 所采用的鼓式扫描仪

要,可设置鼓上的扫描反射镜,使得每个平面在每个时间步中可被扫描 2 或 3 次(等于鼓转动的时间),如图 10.2 所示。速度测量可通过对连续图像进行互相关处理来获得。在受制于成像器帧频的系统中(相对于流动的时间尺度),可有必要在每个水平面成对确定反射镜的位置,如 Brucker(1996,1997b)所述。采用高帧频成像器的系统中,有可能通过对一个、两个或更多时间步分隔的图像进行互相关处理来获得更宽的动态范围。显而易见,对于现有的鼓式扫描仪而言,每个平面的反射镜越多,可扫描的平面就越少。例如,一个具有 20 个反射镜的鼓可采用两次扫描对 10 个平面进行成像,采用三次扫描对 6 个平面进行成像,或 4 次扫描对 5 个平面成像等诸如此类。

Brucker(1996)已进一步改进了鼓式扫描技术来实现应用单扫描仪的三维粒子成像测速。该技术采用多线氩离子激光器和分束器来产生两束波长分别为 488nm 与 514nm 的光。该系统采用鼓式扫描技术实施同步扫描,使得两束片光(两束扫描光)重叠程度可达到 50%。被扫描的区域可通过三个 CCD 彩色摄像机来对蓝光与绿光分别采集。由一个平面至另一平面的粒子运动可通过所采集连续图像中蓝色通道图像与绿色通道图像的互相关处理确定,该方法的均方差误差可达到平均速度的 16%。在另外一个系统中,Brucker(1997b)采用双平面法测量方向偏差已知流动中的平面外速度。第三个系统中,Brucker(1998)采用相互正交的扫描仪来测量相互正交的两个平面中的(二维)速度,进而实现三维速度的测量。一个分束光学系统使得单部高速成像器能够同时采集两个扫描平面的图像。

Brucker(1995c,1997a)还报道了上述鼓式扫描仪的逻辑变体,其将平面反射镜替代为曲面(圆锥)镜来实现无扫掠的光束高度的递进,如图 10.7 所示。激光片光的扩散通过采用柱面透镜来实现,如此可照射各成像面。每次光脉冲的持续时间取决于安装在扫描鼓顶部的快门平板(有孔的平板以透过或阻止光束)。Brucker 采用两个这样正交设置的扫描仪来测量三维速度(与其 1998 年所采用的方法相似)。由于 Brucker 所采用的超级家用摄像系统采集帧频较低,在每个成像

209

位置成对设置反射镜就显得十分必要。同样,这可通过在成像位置设置单反射镜,并凭借光脉冲(采用声光调制器或脉冲激光器)或快门(快门平板)控制激光光束来产生各成像平面中的两束或更多片光。这样的系统在采用染色剂流动显示与粒子成像测速时都是十分有益的。

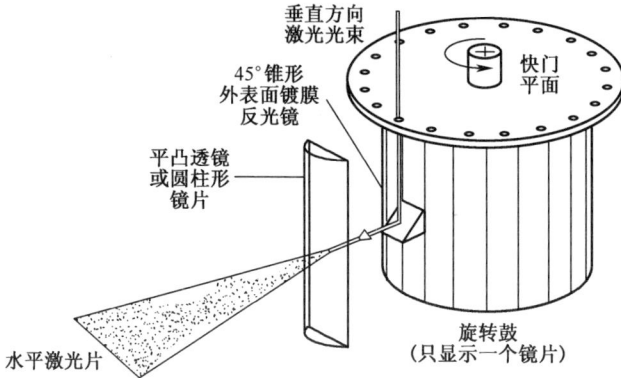

图 10.7   布鲁克所采用的鼓式扫描仪(Brucker,1995c、1997a)

10.9   固定的激光多片光

除扫描光束外的另一选择是对一系列多激光片散射光进行同步成像。该原理是利用了多波长激光器所产生的高亮度波长,分别进行准直,并分散成相互平行的片光。这样的系统具有低机械复杂性的优点(没有相关运动部件)但需要多个激光器(或调制器)来同步形成两至三个以上的片光。该技术通过采用不同波长的激光片光和配置有光学滤光器的两部相机进行了成功的尝试(Yip 和 Long,1986)。该方法随后被拓展,包括有四束激光片光(两部激光器加拉曼频移器)(Mantzaras et al. ,1988)。由单部相机通过附加适合滤光片的四棱镜进行流动成像。

Forkey 等人(1994)提供了深化空间可视化方法的一种选择,其利用自然生成的冰粒子通过经滤光的瑞利散射方法来对超声速进气道模型中的流场进行成像采集(第 5 章)。相机与片光产生组件通过人工设置方式形成 26 个成像平面。通过从各个平面随机地选择各自的瞬态图像,该系统允许重构基于时间平均的流动图谱。

重要的是,多普勒测速和热线风速仪中常见的相位平均技术在成像采集中很少采用。三维成像尤其是体视粒子成像测速中,相位平均可显著降低系统复杂度与相关费用。通过在流动中(如 Perry 和 Lim,1978)或在所选的高周期性流动中强迫形成完美周期性的流场,通过采用锁相方式来调节或选择每个图像相位的方式可实现流动或单个平面的成像。通过设置排列紧密的足够数目成像平面与可分辨足够数目的相位,可获得高质量的数据。Green 等人(2010,2012)给出了非常好的实例,其研究了用来模拟理想梯形鱼尾鳍刚性俯仰控制面的三维尾迹。每个俯仰周期中,可在 121 个平面的每个平面上获得 25 组相位平均的平面粒子成像测速数据。需要指出的是,该技术通过采用平面粒子成像测速来节省时间与成本(无须空间扫描),但需要额外时间来采集数据。假设数据阵列大小和处理器相同,则处理时间基本上不依赖于收集数据的方式。此外,采用二维技术所节省的成本可用于更高分辨率的成像器和更快的数据处理器。显然,该技术不如三维空间成像系统更引人入胜,但某些情况下可作为可接受的低成本妥协方案。

10.10 可移动的激光片光系统

可移动的片光系统与上述的离散激光单扫描系统非常相似。而离散单扫描系统以步进方式移动片光,可移动的片光设计可连续地移动激光片光。可移动片光系统的主要优点在于速度与操作的灵活性。然而,片光的连续移动严重限制了该系统作为粒子成像测速的能力。因此,大多数片光系统已被应用于标量场的显示。

如前所述,这些系统可采用单一柱面透镜作为主要的光学器件,以单一振动反射镜为辅助光学器件来产生可移动的激光片光。然而,迄今最常见的布局是采用振动反射镜作为主要光学器件,而以柱面透镜作为辅助光学器件。不同情况下,图像通过相机快速快门来采集,并捕捉相对于可移动光束的流体运动(捕捉每幅图像期间使得相对于流体移动的距离最小)。该系统的三个变型已经得到成功应用。其中的两个变型中,振动反射镜被多面反射镜(图 10.3)与旋转棱镜扫描仪(图 10.4)替代。第三种变型以对流作为流动固有特征来提供片光的有效位移。这类似于应用泰勒假设进行空间和时间坐标之间的转换。Perry 和 Lim(1978)应用该方法来采集空气中共射流与尾迹的图像,Garcia 和 Hesselink(1986)则采用该方法采集水中共射流的图像。该方法在流动特征的畸变速率十分小的前提下有效地再现了流动拓扑。显然,涡旋结构的空间生长不能再现。该方法仅对于单调增长区域中的平面流动、轴对称射流、尾流和剪切层等流动是可行的。采用可移动激光片光系统的显著收益是几乎可无限增加每个时间步长的图像数目。不同于许多具有步进电机或鼓式扫描仪等硬件的离散激光片光系统定义了图像间最小间距及时间步长内图像数目的运行方式,可移动片光基本上没有这样的限制。此外,当采用多面反射镜或棱镜时,扫描速度相对而言不受硬件频率响应的限制,为能够以更高的频率进行扫描,因而光学器件可更快地旋转,或多面反射镜的面数可再增加。因而,可移动激光片光系统拥有全部扫描系统中最快的速度和最高的空间分辨率。主要系统的局限在于成像设备的采集速度与有效的光照射。

进行粒子成像测速尝试时,由于激光片光需要连续运动,可移动激光片光系统的应用还存在不少问题。当图像间延迟时间小于所需的时间步长时,流动中每个成像平面必须捕获多幅图像。对于所捕获的多幅图像,时间延迟必须足够小,以使得激光片光的移动距离相对于其厚度足够小。这使得延迟时间的极限趋向于极小值,这是一个严重的限制,降低了可移动激光片光技术在粒子成像测速应用的可行性。但也有例外的情况,当激光片光随流动结构的平均对流速度运动时,这样的系统应会显现出其技术优势。因此,激光片光相对于流动是静止的,因此可采用静止片光的应用规则。

10.11 成像问题及其权衡

在采集速率无穷大的理想成像系统中,无穷大激光功率与无穷小激光脉冲持续时间是可行的。但是,实际情况是成像速率、激光功率与脉冲持续时间受到限制,有时会严重受限,这取决于应用者可承受的经济负担和技术的现有发展状态。因此需要权衡这些制约条件实现特定应用与系统性能的最佳平衡。下面将讨论影响空间扫描系统应用的主要问题以及解决问题的方法途径。

10.11.1 激光片光的定位精度

激光片光或激光扫描的定位精度在空间扫描系统中是一个重要问题。静态或低速振动中,机械振动或共振以及频率响应的衰减等问题可能不存在,但在高速条件下会导致较大的误差与不确定度。例如,Goldstein 和 Smits(1994)所采用基于电流计的可移动激光片光系统由 50Hz 三角波驱动时出现了较大的问题。正如 Delo 和 Smits(1993)所提出的那样,这些问题包括在最大加速度点的振动以及在任意图像位置处从一个扫描(时间步长)到下一个扫描的显著不确定性。虽然这些问题在本实例中对于扫描仪模型是特有的,但其强调了运行条件下检验或校准该系统的必要性。如 Brucker(1992,1995a,b)用来驱动扫描与振动反射镜的步进电机能够提供图像定位的更大确定度,尽管其在原始控制器驱动下遭受严重的共振(凭作者个人经验)。再次重申,有必要在运行条件下对系统进行确认或再次校准。最后,或许最大的确定度或定位精度由 Delo 和 Smits(1993,1997)、Brucker(1995c,1996,1998)所设计的鼓式扫描仪来保证。这些粗糙的扫描仪提供了机械定位的激光扫描或激光片光位置。通过校准维持其高速条件下的准直性。

Yip 等人(1988)提出了解决应用振动反射镜时存在的片光位置与速度问题的有效方案。其扫描反射镜的速度与位置通过由镜面反射氦-氖激光触发的一对光电倍增管来进行监控。显然,反射光束的路径及其向远处壁面或屏幕的投射也会提供对于反射扫描精确性的深入理解。

10.11.2　照射问题

上述单、双与鼓式扫描系统适于连续激光照射,5~7W 氩离子激光的频繁应用证明了这一点。然而,对于特定应用可采用如铜蒸气激光器那样适宜的同步脉冲激光器来保证,产生足够的脉冲宽度。实际上,脉冲激光器在双扫描与鼓式扫描仪的应用中具有优势,这是因为在连续扫描之间的回归过程中可避免光照射,从而将信号污染与杂光反射的可能性降到最低。在多个固定激光片光的应用中,连续激光器与脉冲激光器均是可行的。可移动的激光片光系统对于连续或脉冲激光照射都是兼容的。

通常对基于激光的光学测量系统而言,照射是决定空间成像系统性能的决定性因素。可以很有把握地说,永远不可能获得足够的光!如下所述,扫描系统运转得越快,则染色剂或粒子被抓拍得越好,但该系统运转得越快,成像时间也就越短。若采用连续激光器,较短的成像时间导致成像设备所获得的光更少。因此,当其他所有方法(如调节成像设备的光圈大小或降低成像区域尺寸)不能奏效时,即对于缺乏成像设备所需充足光照条件下实现图像全灰度采集的情况,速度最终可解决这类难题。当采用主帧频 CCD 相机时,该问题会进一步恶化,这是因为快速成像的 CCD 相机敏感度低于常规的 CCD 相机。可通过采用铜蒸气激光器等脉冲激光器来降低这些限制,通过改变频率来实现在恒定功率下获得较大的脉冲光功率。如 10.11.3 节所述,当采用连续激光器时,激光束扫描会比短持续时间的激光脉冲更有优势。

当应用染色剂流动显示技术时,散射光(或荧光)强度有时可通过调节标量标记的浓度来得以改善。浓度提高还需谨慎以确保不会出现高染色剂浓度区域所产生的阴影。例如,在进行湍流射流流动显示与标量场测量中,Prasad 和 Sreenivasan (1989) 将 0.001% 的钠荧光素引入射流之中。Delo 和 Smits (1997)、Kelso 等人 (1992,1995) 将 0.05% 浓度的染色剂引入边界层中。这种做法以产生阴影为代价来获取额外的荧光强度。在粒子成像测速技术中,采用若丹明或荧光素填充的乳胶微球等荧光粒子同样会提高进入成像设备的光强度。

10.11.3　连续激光的扫掠及其片光

是否通过柱面透镜(及其等价物)实现激光光束扫掠以形成激光片光或散布激光光束的问题对采用连续激光器的应用而言是至关重要的。这一选择主要取决于系统复杂性(成本)、光强与时间分辨率之间的权衡。

对于连续照射的平面,在同一扩展角与扇形传播源条件下由扫掠光束或连续

(非脉冲)片光所提供的面积平均照射并不存在本质上的差异。若成像设备集成了光束一次完整扫掠的被动标量散射光,相机传感器上每个像素或晶粒的平均照度对于同一时间均匀传播的片光也是相同的。但当需要短持续时间的脉冲,且被特定的时间延迟分隔,采用连续激光器的脉冲片光平均强度会明显比扫掠光束的强度低。对于脉冲而言,脉冲之间的延迟时间表示被浪费的光,这样有效照明同脉冲持续时间与延迟时间成比例,即占空比。对于扫掠光束而言,假定激光光束直径小于成像平面宽度,延迟时间等同于每个扫描周期,无须对光束进行调制。如此,扫掠光束的面积平均光强不受影响。扫掠光束因而可由连续激光获得最大程度的照射(Rockwell et al. ,1993)。

此外,传播片光与扫掠光束技术在不同情况下采集不同的图像。对于传播片光而言,成像设备在光脉冲的整个周期采集流体运动,且图像的各个部分均是同步采集的。对于扫掠光束而言,激光光束只沿细直线照射,这样流场中各个点的采集时间非常短,流场中不同区域在不同的时间间隔内采集。因而在典型的应用中,传播片光以较低的时间分辨实施同步成像,而扫掠光束则以更好的时间分辨实施非同步成像,遍及各个像素。显然,两种方法之间的差别取决于传播片光的占空比,并且对于扫掠光束而言,则取决于与成像平面宽度相对应的光束直径。例如粒子成像测速或染色剂成像的许多应用中,可通过保证每个成像平面的总成像时间比所研究最小时间尺度还小的任意一种方法可得到可接受的性能折中,根据尼奎斯特准则应总成像时间小于最小时间尺度的1/2。对需要非常高空间分辨与时间分辨的研究,如 Buch 和 Dahm(1996)、Deusch 等人(1996)的标量成像试验,其长度尺度低于黏性长度尺度的问题必须予以解决,扫描片光的收益是明显的。引用 Buch 和 Dahm(1996)所述:"有效的时间分辨率可通过将准直激光光束扫掠流动的流体来得到显著的提升,而并非通过对固定激光片光的成像来实现。这将每个像素的有效采集时间降低至像素的视场所耗费的时间,且降低了两个数量级以上。"

10. 11. 4　光学部件

选择光学部件在空间扫描系统的发展中非常重要。在激光光束遭遇或穿过固体壁面的时候光束会有误差与缺失(源于散射、吸收与反射),这种固体壁面可以是反射镜、透镜、棱镜或风洞视窗。因此,重要的是光学部件应尽可能小,而每个部件的质量应尽可能高。

为获得最佳性能,光学部件应具有尽可能高的保真度,且应与激光光源相匹配。平面光学部件应尽可能具有 10 波长以上的光滑度。较差的表面质量会同时导致光散射与成像位置的误差。反射镜的前表面应有反射层,而不应采用后表面反射镜,这是因为后表面反射镜会产生双图像(会浪费光)。商业制造的反射镜通常通过镀膜来抗磨损与腐蚀能力。透镜应具有完美的"激光"品质,且防反射涂层是其一个优势。光学玻璃、反射膜、保护或防反射膜应尽可能与应用相匹配。

但是,有限的预算不会影响到高保真度的系统集成。许多杰出的实验系统由军方与工业剩余设备来构建,并充分利用冗余、损失或退役的设备。许多公司专门从事从前面反射镜、棱镜、激光打印扫描仪与透镜直至步进电机与电源等冗余设备。这些组件中的许多都是高质量的。

常用的节省成本策略是采用玻璃或聚丙烯酸材质的棒材作为柱面透镜。作为准则指南,玻璃棒材焦距约与其直径相等。玻璃棒材的第一个缺点是传播激光片光时会产生高斯光强分布。虽然这种情况可通过图像处理予以校正,但光强变化会浪费已有的光强,并会降低由成像设备分辨的灰度值,特别是在扇形激光片光的边缘处。均匀的光照射是理想的,并可通过适当设计、商业购置的"线发生器"透镜(鲍威尔透镜)来产生。第二个缺点是玻璃和聚丙烯酸不可避免地存在表面缺陷,会造成片光条纹。这可通过打磨或抛光玻璃棒材或将棒材附着于小电机并以高速旋转来消除。这可有效地将条纹均匀地涂覆于整个纸张上。在理想情况下,棒材旋转周期应比每个平面成像时间小一个数量级。

10.11.5 控制方法

空间扫描系统的高效运行依赖于各组件频率与相位的同步性。现代数字控制设备允许系统以很多方式来保持同步性。当采用老旧或低复杂度组件时,可选择的方法数量就会减少。

第一种同时也是最困难的方法是使扫描系统跟随相机移动。但是,该方法在采用电影摄像机和模拟摄像机以及不能被外部设备取代的低成本数字相机时是必要的。除了这种复杂性,只有当达到目标实际运动速度时一些相机都会产生帧脉冲,特别当采集时间有限时需要扫描仪的快速同步。该问题是 Kelso 等人(1993,1995)开发手动系统的主要动机,下面将予以讨论。阿得雷德大学开发了控制系统,用来进行高帧频 16mm 电影摄像机或任何外部成像设备的帧脉冲提取。可以采用可编程逻辑控制器驱动直流电机,提供快速响应与非常精确的速度控制。相位控制虽然较难实现,但也可获得大约 ±1% 的精度。

第二种方法是在可行的条件下,采用更为简单的方法使得相机跟随扫描仪。许多数码相机可轻易地受外部脉冲驱动。显然,在此情况下扫描系统可由任何手段(直流电机、交流电机、步进电机、同步电机等)驱动,前提是相位脉冲可用来触发成像设备。例如,可为扫描系统选择合适的光学编码器,这样就可通过扫描仪实际位置来获得最大的相位精度。这样的系统中,进行相位的调节是非常必要的,如此可将成像设备的运行(如快门控制)与脉冲和激光光束的扫掠相匹配。Brucker

（1997a,b）采用了这样的系统。

第三种方法是将扫描仪与相机服从于共同的外部时钟。此外,其通常对于提供时钟信号与每个设备之间的相位调节通常是必要的,这可通过对每个设备的时钟输入采取可调相位延迟的方式实现。

10.11.6 操作因素

1. 成像光学器件

需要阐述关于成像光学器件的三个重要问题。

第一个问题是景深,表达如下:

$$\delta_Z = 4(1 + M^{-1})^2 (f^{\#})^2 \lambda$$

式中:M 为透镜的放大系数;$f^{\#}$ 为透镜的焦距比数;λ 为光波长。对于三维空间显示而言,所需景深最高比二维平面成像系统所需的景深大两个数量级。因此,若采用高的放大系数($M > 1$)获得高的空间分辨率,则将需要高的焦距比数获得所需要的景深,这意味着成像设备可获得的光更少。对于粒子或染色剂图像而言,这也会导致更大的衍射限制。另外,或者采用小的焦距比数来获得成像设备足够的饱和度和相同的景深,则需要小的放大系数($M < 1$),会导致低的空间分辨率。稍微限制将相应地减小。显然,每个试验设置都会在这些相互矛盾的因素中找到其独特的权衡。Adrian(1991)提供了更多的细节。

第二个问题与放大系数的变化相关,这源于成像平面与成像设备之间距离的差异。如果景深足够包括全部测量区域,则希望其影响要小。如果不是这种情况,则每个图像必须单独校准以确定放大系数的差异,特别是当数据不能用于定量应用时。应系统地检查放大系数与实际图像失真,并且考虑每个新的设置。由绘图设备供应商提供的精确绘图网格可用来作为有效的校准工具。

第三个问题是,当激光片光的厚度与成像平面到相机间距离相比较大时,或成像设备透镜的角度范围足够大时,平面内位移的测量将会被平面外位移干扰。染色剂显示的实例中,染色剂图谱会在图像边界与角落处发生畸变,这源于成像设备从侧边观测成像平面。粒子成像测速的实例中,平面内运动会受到平面外运动的干扰,导致速度计算的误差。该影响可通过采用更薄的激光片光或长焦距透镜来实现最小化。Adrian(1991)给出了更深入的讨论。

2. 空间与时间分辨率

所需的空间与时间分辨率取决于需要采集信息的类型。将系统时间分辨率作为整体参数,表述为空间完整扫描所需时间,即一个完整的时间步长 T_{step}。这与抓拍该测量区域的优劣相关,或者具体地说,是与连续时间步(空间扫描)期间及每个时间步之间流态在对流与空间的演化相关。空间分辨率与所关注区域中能分辨的最小空间相关。这取决于测量区域的尺度、成像设备的分辨率(通常是阵列的像素数)、光学元件的特性以及成像平面的厚度与间距。所关注的大多数湍流流动中,单一的成像设备不太可能分辨流动中所有尺度的运动。空间扫描系统所获得的空间与时间分辨率表示了相互矛盾的影响因素间的权衡。为实现每个试验应用可能的最佳权衡,必须做出妥协。接下来将讨论这些问题。

二维图像序列的空间分辨率取决于几个参数。序列中每个图像的空间分辨率取决于所关注区域的尺寸、成像设备的空间分辨能力(像素阵列的大小)及所采用的光学元件。此外,片光成像沿成像设备的视线进行光学采集,通常在片光自身的厚度上。因此需采用最薄的片光来进行测量区域照射,同时还要保证足够的照射强度。片光间距是在垂直于片光方向引入的另一个更苛刻的空间分辨率限制。为加速空间区域成像(改善时间分辨率),减小片光数目(并非改变片光间距)降低了测量区域的空间可分辨程度。此外,通过拉开片光间距来提高测量区域范围,并保留片光之间的未扫描空间,能够降低垂直于片光方向的空间分辨率,通常需要采用插值网格补齐所缺的信息。如 10.11.3 节所讨论的,扫描方法也很重要,因为其涉及每个成像平面成像时流体的对流。回归时间也会对时间分辨率产生影响,这是因为其表示各个激光扫掠之间或连续空间扫描之间的时间延迟。回归时间最小的成像系统通常更胜一筹。

为了与给定的流动匹配三维成像系统,必须确定时间与空间分辨率要求。譬如,可分辨大尺度流动特征的系统中,视场必须包含流动中最大的长度尺度,即与射流宽度或物体宽度 L 或边界层厚度 δ 相同,具体视情况而定。区域之间的时间 T_{step} 必须小于相关流动的时间尺度,即涡平动时间 L/U 或外部时间尺度 δ/U,以及所谓的涡回转时间。尼奎斯特准则要求 T_{step} 低于相关流动时间尺度的一半,以保证实现没有模糊的观测。这同时适用于粒子成像测速与标量场研究。

如果关注湍流流场的最小尺度,染色剂标记流动所需的分辨率取决于染色剂的标量扩散率 D,而非动量扩散率 ν。如果标记物的标量扩散率显著低于动量扩散率,即施密特数 $Sc(=\nu/D)$ 很大,标量场内可分辨梯度将会低于柯尔莫哥洛夫长度尺度 η($\eta = (\nu^3/\varepsilon)^{1/4}$,其中 ε 为能量耗散)。因此,有必要分辨明显较小的长度尺度,即扩散长度尺度或巴彻勒尺度 $\lambda_D(=(D/\varepsilon)^{1/2})$。所对应的时间尺度为当地局部分子扩散平动时间 λ_D/U。第 11 章会对这一概念进行更为详细的讨论。边界层内部流动结构的研究中,成像系统就具有(最小)足够的空间分辨率捕捉最小的移动,其量值尺度为 $10\nu/u_T$,拥有足够的时间分辨率来捕捉最小的时间尺度,其量值尺度为 $\nu/(u_T^2)$。尼奎斯特准则给出了所有情况下所需的最大空间与时间频率以避免采集数据的偏差。

最后分析中,系统选择与设计的过程最初取决于所研究的流动种类、所需要的数据类型、以及所采用的成像设备与激光光源(用于购置的经费)。其他的选择(扫描系统设计、片光的数量与间隔)必须随后进行。

当将三维显示技术应用于粒子成像测速时,情况变得更加困难。Brucker

(1995b,1997b)给出了两个不同系统相关问题的详细描述。该技术的应用必须考虑两个时间尺度。首先,要有完整的空间扫描持续时间 T_{step} ,其必须低于整个流动的时间尺度;其次,每个成像平面连续图像之间所需时间 T_{piv} ,取决于成像设备空间分辨率、光学系统放大系数与需要分辨的速度(见第 6 章)。正如 Brucker (1995b) 所指出的那样,理想系统是扫描系统与相机拍摄速度足够高的系统以致于 T_{step} 、T_{piv} 可以是相同的。如果不能实现,那么有必要设置不同的成像模式使得 T_{piv} 小于 T_{step} ,每个时间步长内每个平面的两幅图像如图 10.2 与图 10.5 所示。在一些采用检流计反射镜的系统中,光学器件的频率响应与回归时间将确定 T_{piv} 的最小值。多面反射镜、棱镜扫描仪及鼓式扫描仪的采用克服了因连续转动部件更高转速能力与较短回归时间产生的限制。

综上所述,所有应用于单平面粒子成像测速的原则也同样适用于全三维空间粒子成像测速。这些问题已在第 6 章由 Adrian(1991) 与 Rockwell 等人(1993) 进行了讨论。关于流场尺度的信息,读者可参阅 Landahl 和 MoHo – Christensen (1992)、Tennekes 和 Lumley(1973) 发表的文献。

10.11.7 成像设备

在确定三维成像系统性能方面,成像设备的选择是极为重要的。对于给定照射光源的预算,成像设备最终决定了最大空间成像速率,要么直接通过其最大帧速率限制,要么间接通过其光灵敏度限制。对于给定的成本与技术,相机的选择通常需要在帧频与分辨率之间做出权衡,即要么是快帧频低空间分辨率,要么是慢帧频高空间分辨率。在主流技术中,感光胶片可提供最高的空间分辨率,而高帧频可通过采用敏感的感光乳剂来获得。主要的缺点在于处理胶片并数字化图像所需的时间。短持续时间的图像序列可能会以最高 30000 帧/s 的拍摄速度并采用鼓式相机来获得。更长持续时间的序列可通过 100~10000 帧/s 的较低帧频并采用快速胶片相机进行成像。最便捷的技术是视频,通常全帧采集频率为 1~5000 帧/s,大幅度降低空间分辨率条件下采集帧频可超过 100000 帧/s。标准视频(25~30Hz) 会被限制使用,尽管其可通过分离隔行扫描场牺牲空间分辨率来改善时间分辨率 (50~60Hz) (如 Brucker,1992)。高帧率的数码 CCD 相机通常可以 1280×1024 分辨率与 2000 帧/s 成像帧频进行图像采集。根据存储技术的不同,该相机可存储 250~10000 幅数字图像或 40000 幅模拟图像。采用电子采集相机可获得更快的速率,充当存储设备,储存由 CCD 相机检测器采集的有限数目的帧图像。

选择成像设备时,应考虑以下问题:感光度、分辨率(阵列像素数目)、像素填充系数(检测器填充像素的比例)、像素形状、成像速率(帧频)、快门速度调节特性、帧存储数目以及帧同步脉冲输入与输出的可用性。

特别是当扫描系统随相机运动时,一个重要的问题通常是帧频的抖动以及由此引起的帧同步脉冲的抖动。显著的抖动在机械系统（电影或模拟摄像）中并不常见，且能够导致从运行时维持扫描仪同步的不稳定性到粒子成像测速中不可接受的大误差等许多问题。这样的问题并没有出现于数码成像系统中。但是，生产商并不总是关注抖动问题，因而购买前或购买前试用时咨询成像设备的使用者以及安排演示实验是有益的。

10.12 详细实例

下面详细描述由气体动力学实验室与普林斯顿大学联合开发的一个成像系统。希望这样的描述能够说明前文提出的一些观点。Delo 和 Smits(1997)揭示了研究的细节。

采用该装置的目的是研究低雷诺数、名义上零压力梯度的湍流边界层。试验是在闭环实验段中全宽度平板自由表面上进行的。实验配置如图10.8所示。流动显示通过由两个位于测量空间前缘上游39与4.7倍边界层厚度处的横向染色剂槽口引入荧光素二钠完成。由槽口引入的染色剂浓度分别为0.025%与0.05%（按质量）。自由流速度 $U = 229\text{mm/s}$，且测量区域上游边缘的边界层厚度 $\delta = 26.9\text{mm}$。基于边界层动量厚度的雷诺数为701，剪切速度 $u_\tau = 11.1\text{mm/s}$，而卡门数（Karman number：$u_\tau \delta / \nu$）为299。询问区域有效部分的尺寸为 $L_x/\delta = 3.53$，$L_y/\delta = 1.49$ 与 $L_z/\delta = 3.34$（黏性单位中 $L_x^+ = 1054$，$L_y^+ = 444$，$L_z^+ = 999$）。

曾采用如图所示的旋转鼓筒式激光扫描仪器对测量区域进行扫描。20个激光片光的积叠可通过穿越流动区域且平行于平面（x-z 平面）的20个位置形成。为能实现光束扫掠，将45个反射镜螺旋固定在旋转鼓的20个面上。以单线态方式运行的连续氩离子激光聚焦光束（501nm，1.8W 标称功率）被设置为与鼓的轴线平行，并由各个反射镜随着鼓的旋转反射激光。平面镜面的旋转使得反射光束扫过18°。所形成的激光片光具有均匀的亮度，且其在 y 方向的位置（通过鼓上反射镜的位置来确定）可精确重复。当鼓持续转动时，光束由螺旋排列的下个反射镜反射出来，在不同的位置形成另一个片光。为了将平板的反射降至最低，x-z 平面底部片光设定于 $y = 2\text{mm}$ 位置。为了方便进行空间重构，片光间隔被均匀地设置为 y 方向上 2mm（$\Delta y/\delta = 0.074$，$\Delta y^+ = 22.2$）。

扫描仪由与模拟视频成像设备所产生帧频信号同步的步进电机驱动。激光片光直接由位于上方配有 12.5~75mm $f1.8$ 变焦透镜的柯达 Spin Physics Ektapro 1000 高速摄像机进行成像。图像采集速率为500帧/s，每秒可获得25幅全空间区域的结果。鼓的旋转使得每个空间顶部的区域可首先完成成像采集；然后进行0.002s后下个低位片光的成像，以此类推。后续区域间所经历的时间（0.04s）对应于典型涡旋运行时间的1/3（$\Delta t U_e/\delta = 0.34$，$\Delta t U_T^2/\nu = 4.9$）。因此，时间分辨率

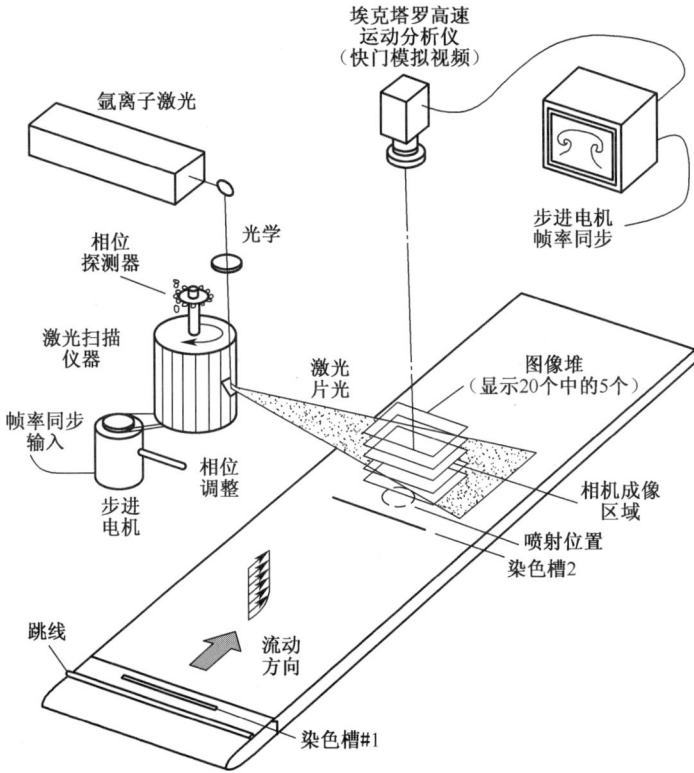

图 10.8　用于采集空间数据库的实验配置(Delo,Smits,1997;Kelso et al.,1993,1995)

足以进行大尺度相干结构的测定,而无须进行时序插值。

　　相机的激光扫描系统与水洞试验设施被用于研究横向射流尾迹结构(Kelso et al.,1993,1995)。实验配置如图 10.8 所示。射流在无横向流动时呈现礼帽状速度分布,从高于通道底部的水平平板表面垂直的方向流出。实验的射流直径为25mm,在射流上游层流边界层厚度 δ =13mm 情况下自由流速为 150mm/s。射流出口距平板前缘 1.1m。基于自由流速度与射流直径的雷诺数为 3800。基于平均射流速度的射流与横向流动速度之比为 4.3。荧光素染色剂(浓度为 0.05%)由位于射流上游的两个注射槽孔注入平板边界层。成像区域尺寸为流向 96mm,横向120mm。平板上方有 20 个间隔 2mm 的水平片光,最低片光距平板 1mm,最高片光距平板 39mm。相机的采集帧频为 250 帧/s,相当于 12.5 个时间步长(鼓式扫描仪旋转时)。相机的空间分辨率为 238×192 像素,具有 0.5mm 的空间分辨能力,足以清晰地分辨所有大尺度流动特性。

　　该实验的要求稍逊于其他边界层实验的要求。这些实验被设计用来研究尾迹

220

涡卷起过程。已知该过程涉及射流下游平板边界层的分离与卷起。其目标是跟踪涡旋在空间的卷起与对流,以确定涡旋的形成与相互作用过程。标量场与速度场的细节没有被关注。

边界层分离涡的时间尺度是 $\delta/U_e = 0.087$s,而尾迹涡的时间尺度为 $D/U_e = 0.167$s。当扫描速率为每秒 12.5 个时间步长(250 帧/s)时,时间步长为 0.08s。因此,扫描速率似乎足以分辨尾迹涡的精细结构,尾迹涡的时间步大约是流动时间尺度的一半,但扫描速率并不足以分辨边界层涡旋卷起过程。然而,额外的考虑是尾迹的平均周期,1.4s。如果假设边界层分离事件之间的周期与之相似,则 0.08s的时间步似乎已足以追踪空间涡系。

10.12.1 控制系统设计

综上所述,控制扫描系统最困难的方式是使其跟随相机运动。目前,成像设备(模拟的柯达 Ektapro 1000 型号)不能由外部同步脉冲触发,因而有必要采用该成像设备驱动扫描系统。另一复杂的问题是,只有当系统达到目标运行速度时,Ektapro 系统才会产生帧脉冲。因此,有必要开发一种系统,其中扫描仪在成像器开始之前已经接近目标速度。当相机以合适的速度运行时,扫描仪的控制方式可切换至成像设备同步脉冲。额外的要求是系统应该简单且便宜。

用来向成像设备提供频率与相位锁定同步脉冲的系统,如图 10.9 所示。该电路采用反馈环路中具有 10 除法的相位锁定回路来锁定,并将同步频率乘以系数10。该电路还包括了虚拟信号与成像设备同步信号之间的同步电子开关切换。实际上,激光扫描系统通过采用虚拟脉冲发生器将速度提升至高于工作速度 5%。成像系统随后接受指令开始工作。一旦达到全速运行速度,成像设备就会输出同步脉冲,并且驱动电路的同步脉冲输入就会切换至成像设备的同步脉冲。步进电机的速度就会降低并锁定新的脉冲频率。扫描系统的相位的机械调节则用来进行光束扫掠与成像设备电子快门的协同。这一过程通过比较成像设备同步脉冲与鼓式扫描仪转轴上的相位体测器(光学编码器)来完成。调节通过以机械方式驱动步进电机在其底座内旋转来实现。同步过程约需要 20s,约占据全部运行时间的 25%。

内有电阻电容滤波器的驱动系统用来提供阻尼与转换速率的限制,从而限定输出频率的变化率。这些均得到优化以保证步进电机的稳定运行。步进电机自身是设计适用于低频运行的高扭矩与高感抗驱动单元。其也可通过初级控制器来驱动。因此,为能以高至 12.5r/s 的频率运行,需通过高电压(96V 直流电)下采用限制电流为目的的串联高电阻方式驱动。在全运行速度下,电机容易受到电子噪声和信号抖动的影响。这就是采用虚拟信号源而非切换成像设备同步脉冲源来驱动扫描系统达到高于所需运行速度 5% 的原因。如果虚拟信号源处于或低于所需要

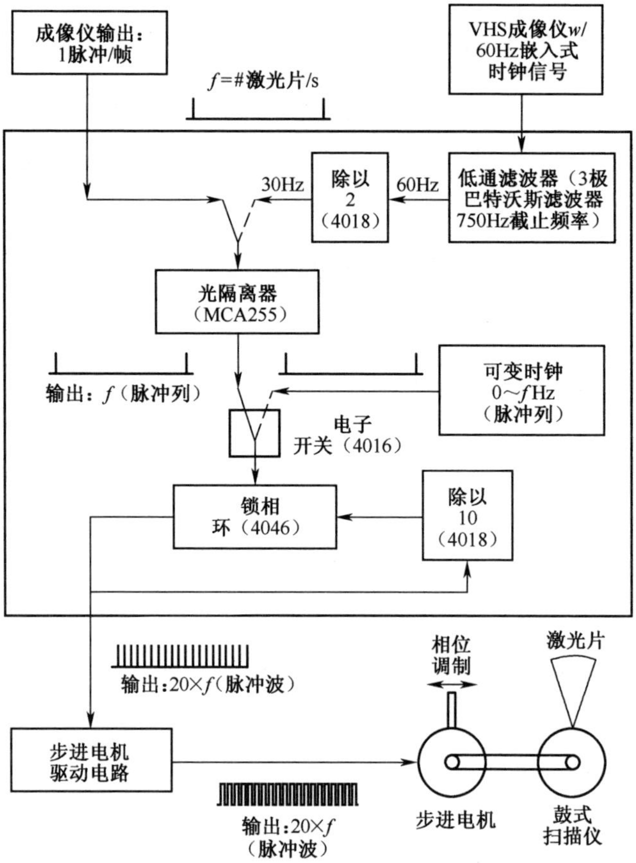

图 10.9　用于驱动并同步激光扫描系统的控制电路示意图
（Delo 和 Smits,1997;Kelso et al. ,1993,1995）,大多数情况下均采用半导体芯片

的频率,信号源切换过程中就足以引起抖动,导致电机丢失脉冲信号或失速。

　　需要指出的是,该系统可由以 250 帧/s 的高速棱镜相机来驱动,也可采用标准的 30Hz 摄像机。采用后者时,同步脉冲是通过对 60Hz 场脉冲进行低通滤波的方式在复合视频信号中提取的。通过对同步脉冲进行缓冲、调理与频率减少 1/2,最终产生 30Hz 的帧脉冲。该过程也可通过采用现有的视频信号抽取芯片来实现。

　　一旦记录到柯达模拟视频磁带上,首先图像就会以 1 帧/s 的速率下载至录像带,然后通过松下 AG-6500 可编辑盒式磁带录像机与成像技术序列 151 图像采集卡转换至个人图像工作站。采用温德姆-汉纳威图像处理软件来控制图像采集卡并增强图像。图像的三维空间重构则由 Delo 等人(1994)及后面介绍的软件来实现。

10.13　数据分析与演示

10.13.1　数据处理与分析

空间数据分析的绝大部分内容与平面数据分析相同。上述所有技术(包括全息)均涉及将空间数据表示为一系列的平面数据。其增强与分析方法与基于平面测量的二维图像处理方式相同。Hesselink(1988)描述了用于处理平面浓度与粒子成像测速数据的许多技术。Garcia 和 Hesselink(1986)、Pratt(1991)给出了对标量图像进行图像处理的详细讨论(见第 6 章与第 11 章)。

应针对平面测量环境下没有得到明确处理的一些额外问题给出具体的参考。首先,就是三维粒子成像测速中第三(平面外)速度分量的问题。该问题可采用多种方式解决,包括连续方程的应用(Robinson,Rockwell,1993)、彩色编码表的空间相关处理(Brucker,1996)以及立体观测(Briicker,1995a)。其次,三维标量测量一直被用来计算速度场数据。这些方法包括标量图像速度测量法(Dahmet et al.,1992)与图像相关速度测量法(Tokumaru,Dimotakis,1995;Deusch et al.,1996)。这些方法已成功用于诸如速度场、涡度及直接源于标量场的应变率等信息的提取。

获取数据并进行处理后,无论是速度场还是标量场,可以对数据进行重新采样以产生任何截面的数据场。这类似于在数据集的时间与空间分辨率限制之内对流场进行显示或测量。此时,可能需要在数据网格内进行插值。应当指出的是,空间中的每个平面在不同时刻均进行了成像,且当流动为整体对流时,流型在每个平面之间发生运动。如果流动中存在平均速度梯度,就像 Delo 和 Smits(1997)的边界层研究中遇到的那种情况,对流速度将会随高度而变化,并将通过平均速度分布的测量来进行校正。当然,这样的速度分布可由每个平面的互相关图像序列构成的三维空间速度数据获得。显然,对流效应的量级取决于 T_{step} 与流动适当时间尺度的比值。为实现定性显示,可能不需要对对流效应进行小的校正。然而对于定量测量而言,如果可能的话都需要进行校正。

显著的对流效应在扫描空间内图像平面方位的选择方面发挥着额外的作用。在边界层的研究中,所选的图像平面平行于壁面。因而平均速度在每个平面内是均匀的,且对流的校正直截了当,平均速度通过成像平面向下游简单的转换来实现,无须改变其相对于壁面的位置。通过图像平面平行于壁面且垂直于平均速度梯度的类似取向可用来指示混合层、长展向圆柱绕流等。对于轴对称流动(如协同射流、球体绕流等),将成像平面垂直于主流似乎更为合适。平均对流的校正展示为图像平面的法向移动,即对于平面间距相对简单的调整。显然,流动状态的细

223

节将决定扫描模式的选择。

10.13.2　表现与显示的方法

全三维流场显示将会最有效地揭示流动中复杂空间相互联系,这是合乎逻辑的。完整的空间视图可被子采样形成标准的渲染图像,但是为了使二维采样有效地揭示重要动力学,空间整体信息的获取是必要的。因此,有必须以适合的方式表现数据。有许多方法可以实现这一点,现在将对此进行描述。

速度场数据无疑是最有难度的一种有意义表现方法。尽管平面速度数据可由速度矢量、流线与云图表示,但当试图表示整个空间信息时,数据会变得模糊。因此将数据呈现为速度与涡量、流面、一系列有意义的表征流线等参数的表面云图将更为常见与有效。对于浓度数据,通常将数据表征为浓度的三维等值面或采用源衰减法表征为半透明的云状图像。Russell 和 Miles(1987)、Hesselink(1988)、Yoda 和 Hesselink(1989)以及 Delo 等人(1994)给出了这些技术的阐述与讨论。

三维空间数据表征方面的进展主要归功于非侵入式医学成像技术的进步。医学影像领域中有许多用来显示空间数据集的典型计算机应用。一个范例就是美国国立卫生研究院开发的一种免费体视图像处理软件包"NIH Imge"。NIH Image 最初被专门设计用来显示与分析层析数据。其随后被基于 Java 语言、独立于平台、具有强大空间分析能力的开源软件包"ImageJ"取代。现在可以为大多数计算机平台获得用于三维显示,动画和空间效果的程序,包括免费软件包至昂贵的综合软件包。此外,不应忽视提供诸如空间效果等功能的标准计算机辅助设计包(Ruck 和 Pavlovski,1998)。

最大的挑战是数据本身最终的呈现。其中最为真实的是实体模型。Perry 和 Lim(1978)采用钢丝与木勺模型描述他们的观测。近年来,发展的三维显示系统适于采用平板材料铣削而成的片体或快速成型技术直接形成的实体模型。

在文献中,有四种方法已成功使用。

第一个方法是空间渲染图像,其中透视、纹理与截面提供了有效的深度线索。Hesselink(1988)曾给出了这样图像的范例。

第二种方法是全息图像,Hessetlnk 也给出了一个范例。

第三种方法是由简单的立体图或立体图像对所产生的立体视图,这些图像(由每只眼睛所观察到的)并排放置。立体图像对而后通过简单的校正透镜(或者经实际操作后不需要)获得,以展示立体效果。图 10.10 给出了横向流动中射流尾迹的立体图。

第四种方法将单体图像对以红绿通道图像方式组合在一起。这里,空间的两个单独投影由对应于人双目视觉的视角产生。这些单独的视图是彩色的和组合式的,可在计算机屏幕或由彩色眼镜来观察。眼镜起到滤镜的作用,将正确的视图呈

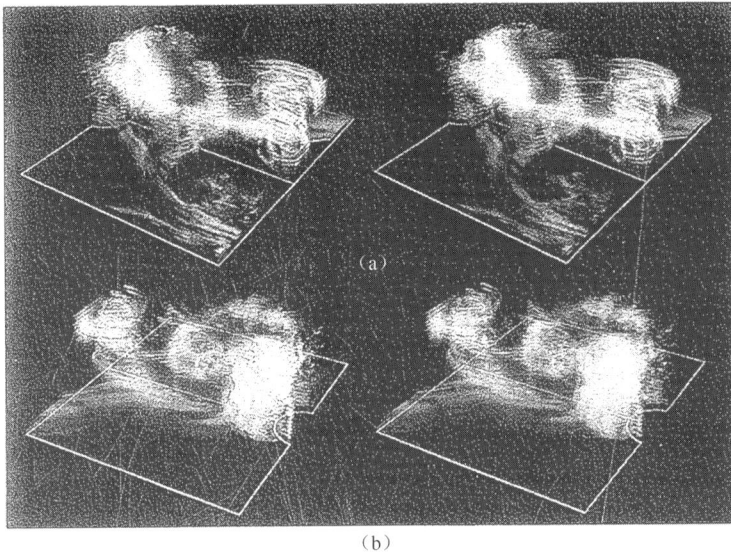

图 10.10 横向流动中射流尾迹的三维重构图(立体图像对)。(a)、(b)图像对表现在雷诺数 Re = 3800 , δ/D = 0.5 及 R = 4 条件下同一时间步的不同视角。
(a)横向流动朝向右下方;(b)横向流动走向左上方(图中给出了平面壁与射流的后半部)。

现给每只眼睛。两个视图的光学合成会产生立体效果。可从 Delo 和 Smits(1997)所发表的文献中发现许多红绿通道立体图像的实例。用来创建立体显示的空间数据成对投影来通过 3Dviewer5.4 软件进行计算,这是由 Delo 等人(1994)为创建立体显示而开发的空间效果渲染程序。该程序采用射线追踪法通过源衰减模型(比尔定律)来创建二维图像序列的单色投影图像对。其为一系列可变的视觉参数,包括不透明度、透视点、方向角、投影平面位置、观测距离以及双目视差角。两个视角的投影分别计算,然后组合形成立体图像对或红绿通道立体图像。

由成对投影构建红绿通道立体图像的过程是很直接的。红绿蓝(RGB)三色由单色立体图像对创建,左眼所见的视图处理图像的红色频带,而右眼所见视图处理蓝绿频带,最终生成红与蓝绿色立体图像。单色视图经合成后,彩色立体图像可采用伽马直方图调节,这是增强色彩饱和度和图像锐化方法,每个这样的处理增强了立体图的感知深度。需要指出的是,这种流动图谱的产生或重构可提供通过处理平面图而获得的清楚图像。该过程可能涉及以消除未经标记的流体的背景噪声为目的的数据阀值化处理,也包括保证将数据填充至图像动态范围的灰度调节。预处理时应注意保证目标的特征不会被噪声云雾遮盖。

目前,可用于三维数据显示的最强大工具是动态展示(Russell, Miles, 1987)。无论是包括旋转染色剂图谱的动画,还是显示涡旋演化时序的视频,都可以是最为有效的显示工具。当与立体视觉方法结合时,效果是惊人的。

目前,很少有采用计算机显示器或传统电视来实现立体效果。其中最为简单的是红绿通道立体图法,立体显示屏幕可采用红/蓝绿色眼镜来观看。更为复杂的方法是采用与屏幕刷新率同步的快门眼镜,使得每只眼睛接受不同序列的图像。在撰写本书时,可以显示三维电影与三维体育节目的电视机已进入消费市场。其中绝大部分均采用配有与视频信号频率同步的液晶快门的眼镜。一些制造商也正在生产三维视频采集设备,三维视频采集设备设计应用自身的显示系统来工作。目前,制造商之间缺乏标准化的技术,也难以判断所使用的技术未来是否被接受认同。短期来看,实验室研究环境中使用已建立的计算机显示技术似乎是谨慎的。

10. 14 小结

我们试图概述用于设计、构造和操作经济实惠的三维可视化系统的方法。这样的系统设计显然是照明、空间分辨率、时间分辨率、实验要求及其他因素之间的权衡,其中最主要的是成本。这些相互矛盾的要求导致各种各样的系统出现,这里仅介绍了很小的部分。持续进步的与逐渐适用的成像技术无疑将推动未来功能齐全的三维成像系统的应用。作者希望本章将为这一进步做出积极贡献。

作者在此感谢英联邦科学和工业研究组织(澳大利亚)、澳大利亚研究理事会、房利美与约翰·赫兹基金会(美国)以及美国国家科学基金会的支持。感谢包括 R. B. Miles、J. P. Poggie、P. R. E. Cutler、T. T. Lim、A. J. Smits、F. A. Brake 及 K. V. McKenzie 等人对这项工作的支持与鼓励。作者希望感谢 T. T. Lim 与 A. J. Smits 作为本书编辑所做出的贡献及所给予的宽容。

10. 15 参考文献

Adrian, R. J. 1991. Particle-imaging techniques for experimental fluid mechanics. *Ann. Rev. Fluid Mech.*, **23**, 261-304.

Arndt, S., Heinen, C, Hubel, M. and Reymann, K. 1998. Multi-colour laser light sheet tomography (MLT) for recording and evaluation of three-dimensionalturbulent flow structures. *Proceedings IMechE International Conference on Optical Methods and Data Processing in Heat and Fluid Flow*, London, Paper No. C541/005/98, 481-489.

Barnhart, D. H., Adrian, R. J. and Papen, G. C. 1994. Phase-conjugate holographic system for high-resolution particle-image velocimetry. *Appl. Opt.*, **33**, 7159-7170.

Blackshire, J. L., Humphreys, W. M. and Bartram, S. M. 1994. 3-Dimensional, 3-Component velocity measurements using holographic particle image velocimetry (HPIV). *Proceedings 18th AIAA Aerospace Ground Testing Conference*, Colorado.

Brücker, C. 1992. Study of vortex breakdown by particle tracking velocimetry (PTV). Part 1:

Bubble-type vortex breakdown. *Exp. Fluids*, **13**, 339-349.

Brücker, C. 1995a. 3D-PIV using stereoscopy and a scanning light sheet: Application to the 3D unsteady sphere wake flow, In *Flow Visualization VII*, ed. J. Crowder, Begell House, Redding, CT, pp. 715-720.

Brücker, C. 1995b. Digital-Particle-Image-Velocimetry (DPIV) in a scanning light-sheet:3D starting flow around a short cylinder. *Exp. Fluids*, **19**, 255-263.

Brücker, C. 1995c. Study of the 3-D flow in a T-junction using a dual-scanning method for 3-D Scanning-Particle-Image-Velocimetry (3-D SPIV). In *Turbulent Shear Flows*, **10**, 7-19-24.

Brücker, C. 1996. A new method for determination of the out-of-plane component in three-dimensional PIV using a colour-coded light-sheet and spatial correlation: simulation and feasibility study for three-dimensional scanning PIV. *Proceedings IMechE International Seminar on Optical Methods and Data Processing in Heat and Fluid Flow*, Paper No. C516/014/96, 189-199.

Brücker, C. 1997a. Study of the 3-D flow in a T-junction using a dual-scanning method for 3-D Scanning-Particle-Image-Velocimetry (3-D SPTV). *Exp. Thermal Fluid Sci*, **14**, 35-44.

Brücker, C. 1997b. 3D scanning PIV applied to an air flow in a motored engine using digital high-speed video. *Meas. Sci. Technol.*, **8**, 1480-1492.

Brücker, C. 1998. Time-recording scanning-particle-image-velocimetry (SPIV) technique for the study of bubble-wake interaction in bubbly two-phase flows. *Proceedings IMechE International Conference on Optical Methods and Data Processing in Heat and Fluid Flow*, London, Paper No. C541/064/98, 31-40.

Buch, K. A. and Dahm, W. J. A. 1996. Experimental study of the fine-scale structure of conserved scalar mixing in turbulent shear flows. Part 1. $Sc \gg 1$. *J. Fluid Mech.*, **317**, 21-71.

Cutler, P. R. E. and Kelso, R. M. 1997. Private communication.

Dahm, W. J. A. Su, L. K. and Southerland, K. B. 1992. A scalar imaging velocimetry technique for fully resolved four-dimensional vector velocity field measurements in turbulent flows. *Phys. Fluids A*, **4**, 2191-2206.

Delo, C. and Smits, A. J. 1993. Visualization of the three-dimensional, time-evolving scalar concentration field in a low Reynolds number turbulent boundary layer. In *Near-Wall Turblent Flows*, eds. C. G. Speziale and B. E. Launder, Elsevier Science Publishers, 573-582.

Delo, C. and Smits, A. J. 1997. Volumetric visualization of coherent structure in a low Reynolds number turbulent boundary layer. *Int. J. Fluid Dyn.*, **1**, Article 3. Available at: http://elecpress. monash. edu. au/ijfd/index/html.

Delo, C., Poggie, J. and Smits, A. J. 1994. A system for imaging and displaying three-dimensional, time-evolving passive scalar concentration fields in fluid flow. *Technical Report 1992*, Mech. & Aerosp. Eng. Dept., Princeton University.

Deusch, S., Dracos, T. and Rhys, P. 1996. Dynamical flow tomography by laser induced fluorescence. In *Three Dimensional Velocity and Vorticity Measuring and Image Analysis Techniques*, Kluwer Academic Publishers, Dordrecht, pp. 277-297.

Eckbreth, A. C. 1988. *Laser Diagnostics for Combustion Temperature and Species*. Abacus Press, Cambridge, MA.

Forkey, J. N., Lempert, W. R., Bogdonoff, S. M., Miles, R. B. and Russell G. 1994. Volumetric imaging of supersonic boundary layers using filtered Rayleigh scattering background suppression. *AIAA 32nd Aerospace Sciences Meeting and Exhibit*, Reno, NV.

Garcia, J. C. A. and Hesselink, L. 1986. 3-D reconstruction of flow visualization images. In *Flow Visualization IV*, ed. C. Veret, Hemisphere, Washington, DC, pp. 235-240.

Goldstein, J. E. and Smits, A. J. 1994. Flow visualization of the three-dimensional, time-evolving structure of a turbulent boundary layer. *Phys. Fluids*, **6**, 577-587.

Green, M. A., Rowley, C. W. and Smits, A. J. 2010. Using hyperbolic Lagrangian coherent structures to investigate vortices in bio-inspired fluid flows. *Chaos*, **20** (1), 017510.

Green, M. A., Rowley, C. W. and Smits, A. J. 2012. The unsteady three-dimensional wake produced by a trapezoidal pitching panel. *J. Fluid Mech.*, **685**, 117-145.

Guezennec, Y. C., Zhao, Y. and Gieseke, T. 1996. High-speed 3-D scanning particle image velocimetry technique. In *Developments in Laser Techniques and Applications to Fluid Mechanics*, ed. R. J. Adrian, Springer-Verlag, Berlin, 392.

Hesselink, L. 1988. Digital Image Processing in flow visualization. *Ann. Rev. Fluid Mech.*, **20**, 421-485.

Hinsch, K. D. 1995. Three-dimensional particle velocimetry. *Meas. Sci. Technol.*, **6**, 742-753.

Hussain, F., Meng, H, Liu, D., Zimin, V., Simmons, S., and Zhou, C. 1994. Recent innovations in holographic particle velocimetry. *Proceedings 7th ONR Propulsion Meeting*, 233-249.

Kelso, B. M., Delo, C, and Smits, A. J. 1993. Unsteady wake structures in transverse jets. *AGARD CP-534*, Paper No. 4.

Kelso, R. M, Delo, C. and Smits, A. J. 1995. An experimental study of the flow around a transverse jet. In *Flow Visualication VII*, ed. J. Crowder, Begell House, Redding, CT, pp. 452-460.

Landahl, M. T. and Mollo-Christensen, E. 1992. *Turbulence and Random Processes in Fluid Mechanics*. 2nd edition, Cambridge University Press, Cambridge.

Mantzaras, J., Felton, P. G. and Bracco, F. V. 1988. Three-dimensional visualization of premixed-charge engine flames: islands of reactants and products; fractal dimensions; and homogeneity. SAE/SP - 88/759 *Proceedings International Fuels and Lubricants Meeting and Exposition*, Portland, OR.

Meinhart, C. D., Barnhart, D. H. and Adrian, R. J. 1994. An interrogation and vector validation system for holographic particle image fields. *Proceedings 7th International Symposium on Applications of Laser Techniques to Fluid Mechanies*, Lisbon, 1.4.1-1.4.6.

Meng, H. and Hussain, F. 1991. Holographic particle velocimetry; a 3D measurement technique for vortex interactions, coherent structures and turbulence. *Fluid Dyn. Res.*, **8**, 33-52.

Meng, H. and Hussain, F. 1995. In-line recording and off-axis viewing (IROV) technique for holographic particle velocimetry. *Appl. Opt.*, **34**, 1827-40.

Merkel, G. J., Rys, F. S., Rys, P. and Dracos, T. A. 1995. Concentration and velocity field measurements in turbulent flows using Laser Induced Fluorescence (LIF) tomography. In *Flow Visualization VII*, ed. J. Crowder, Begell House, Redding, CT, pp. 504-509.

Miles, R. B. and Nosenchuck, D. M. 1989. Three-dimensional quantitative flow diagnostics. In *Advances in Fluid Mechanics Measurements*, ed. M. Gad-el-Hak, Springer-Verlag, New York, pp. 33–107.

Nosenchuck, D. M. and Lynch, M. K. 1986. Three-dimensional flow visualization using laser-sheet scanning. *AGARD CP-413*, 18-1-13.

Perry, A. E. and Lim, T. T. 1978. Coherent structures in coflowing jets and wakes. *J. Fluid Mech.*, **88**, 451–463.

Porcar, R., Prenel, J. P., Diemunsch, G. and Hamelin, P. 1983. Visualizations by means of coherent light sheets; applications to various flows. In *Flow Visualization III*, ed. W. J. Yang, Hemisphere, Washington, DC, pp. 123–127.

Prasad, R. R. and Adrian, R. J. 1993. Stereoscopic particle image velocimetry applied to liquid flows. *Exp. Fluids*, **15**, 49–60.

Prasad, R. R. and Sreenivasan, K. R. 1989. Scalar interfaces in digital images of turbulent flows. *Exp. Fluids*, **7**, 259–264.

Prasad, R. R. and Sreenivasan, K. R. 1990. Quantitative three-dimensional imaging and the structure of passive scalar fields in fully turbulent flows. *J. Fluid Mech.*, **216**, 1–34.

Pratt, W. K. 1991. *Digital Image Processing*. 2nd edition, Wiley, New York.

Praturi, A. K. and Brodkey, R. S. 1978. A stereoscopic visual study of coherent structures in turbulent shear flow. *J. Fluid Mech.*, **89**, 251–272.

Prenel, J. P., Porcar, R. and Diemunsch, G. 1986a. Visualizations by means of coherent light sheets; applications to various flows. In *Flow Visualization IV*, ed. C. Veret, Hemisphere, Washington, DC, pp. 299–103.

Prenel, J. P., Porcar, R. and Diemunsch, G. 1986b. Visualisations tridimensionnelles d'écoulements non axisymetriques par balayage programme d'un faisceau laser. *Opt. Comm.*, **59**, 92–96.

Prenel, J. P., Porcar, R. and El Rhassouli, A. 1989. Three-dimensional flow analysis by means of sequential and volumic laser sheet illumination. *Exp. Fluids*, **7**, 133–137.

Robinson, O. and Rockwell, D. 1993. Construction of three-dimensional images of flow structure via particle tracking techniques. *Exp. Fluids*, **14**, 257–70.

Rockwell, D, Magness, C., Towfighi, J. and Corcoran, T. 1993. High image-density particle image velocimetry using laser scanning techniques. *Exp. Fluids*, **14**, 181–192.

Ruck, B. and Pavlovski, B. A. 1998. A fast laser-tomography system for flow analysis. *Proceedings IMechE International Conference on Optical Methods and Data Processing in Heat and Fluid Flow*, London, Paper No. C541/032/98, 465–473.

Russell, G. and Miles, R. B. 1987. Display and perception of 3-D space-filling data. *Appl. Opt.*, **26** (6), 973–982.

Schluter, T., Merzkirch, W. and Kalkhuler, K. 1995. PIV measurements of the velocity field downstream of flow straighteners in a pipe line. In *Flow Visualization VII*, ed. J. Crowder, Begell House, Redding, CT, pp. 604–607.

Sen, S, Lyons, K, Bennetto, J. and Long, M. B. 1989. Scalar measurements in two, three and four dimensions. *Proceedings International Congress on Applications of Lasers and Electro-Optics*, Orlando, FL, pp. 177-184.

Snyder, R. and Hesselink, L. 1988. Measurement of mixing fluid flows with optical tomography. *Opt. Lett.*, **13**, 87-89.

Tennekes, H. and Lumley, J. L. 1973. *A First Course in Turbulence*. The MIT Press, Cambridge, MA.

Tokumaru, P. T. and Dimotakis, P. E. 1995. Image correlation velocimetry. *Exp. Fluids*, **19**, 1-15.

Ushijima, S. and Tanaka, N. 1996. Three-dimensional particle tracking velocimetry with laser-light sheet scannings. *Trans. ASME J. Fluids Eng.*, **118**, 352-357.

Weinstein, L. M. and Beeler, G. B. 1986. Flow measurements in a water tunnel using a holocinematographic velocimeter. *AGARD CP-413*, 16-1-7.

Yip, B. and Long, M. B. 1986. Instantaneous planar measurement of the complete three-dimensional scalar gradient in a turbulent jet. *Opt. Lett*, **11**, 64-66.

Yip, B. , Schmidt, R. L. and Long, M. B. 1988. Instantaneous three-dimensional concentration measurements in turbulent jets and flames. *Opt. Lett.* ,**13**, 96-98.

Yoda, M. and Hesselink, L. 1989. Three - dimensional measurement, display, and interpretation of fluid flow datasets. *SPIE*, **1083**, 112-117.

Yoda, M. and Hesselink, L. 1990. A three-dimensional visualization technique applied to flow around a delta wing. *Phys. Fluids*, **10**, 102-108.

Zhang, J. , Tao, B. and Katz, J. 1997. Turbulent flow measurement in a square duct with hybrid holographic PIV. *Exp. Fluids*, **23**, 373-381.

Zimin, V. , Meng, H. and Hussain, F. 1993. Innovative holographic particle velocimeter: a multibeam technique. *Opt. Lett*, **18**, 1101-1103.

第11章
四维全分辨率成像的定量流动显示

W. J. A Dahm 和 K. B. Southerland[①]

11. 1　引言

对于读者而言,本书的一个明晰主题是由传统流动显示向基于多维成像测量的全定量显示的转变,传统流动显示通常提供流动结构及其动力学的定性图像,而全定量流动显示则提供只与数值模拟类型和量级相关联的细节信息。这种转变在很大程度上是由于计算机及其相关技术同时代进步的结果,且其在试验流动显示与流体流动分析的能力方面产生了某种意义上的革命。今天的流动可视化可以直接实验获得关于复杂流动的三维空间结构和时间动态的定量信息,其详细程度以前几乎是不可想象的。此外,这些显示技术可提供直接数值模拟(DNS)无法获得的信息。实际上,数值模拟、计算机可视化与实验室实验三者之间的显著区别正变得无关紧要。如今流体流动的实验可视化工具在某些方面与数值模拟之间的差别日益缩小,并且在离散数学,图像处理和科学可视化方面有许多相同的工具和技巧。

本章将介绍一种已成功用于实现多维流动定量显示的方法,即三维与四维时空全分辨湍流成像技术。该技术属于非侵入光学测量技术这一广泛领域中的一部分,其中一些已经开发了几年,可以对湍流中的速度和标量梯度场进行定量显示。这些技术充分利用先进的激光诊断方法、高速成像阵列以及高速数据采集系统来实现多种基于光学的测量,从而提供许多点空间场上的信息。这些技术具有高空间与时间分辨率,可提供真正的空间场信息,而不是传统的单点时序数据。

这些技术中应用最为广泛的是基于粒子的测量技术,其中许多种方法在本书其他章节进行了介绍。同时,该技术有可能实现复杂流动中守恒标量场三维与四维全时空分辨的测量(Dahm et al. , 1991;Southerland, Dahm, 1994;Buch, Dahm,

---

①　湍流与燃烧室实验室(LTC),密歇根大学航空航天工程系,美国密歇根州安阿伯市,MI48109-2140,美国。

1996）。本章主要讨论空间分辨率比标量扩散长度尺度更精细、时间分辨率比标量平流时间尺度更小的测量方法。所获得的守恒标量场数据 $\zeta(x,t)$ 同时跨越三个空间维度与时间维度，且拥有足够高的信号质量精确测定真实标量梯度场 $\Delta\zeta(x,t)$。这样的四维数据包含了上百个不同的三维空间数据空间、上千个二维平面及几乎数十亿单点测量数据。

此外，速度测量不再像基于粒子的测量技术那样寻找粒子位移，而是基于对守恒标量场时空发展的反演来提取速度场 $u(x,t)$。这样的标量成像方法已被用来实现四维全时空分辨的湍流精细测量。小尺度湍流中三维空间结构、包括全部 9 个速度分量的瞬态张量时序变化 $\nabla u(x,t)$ 以及守恒标量梯度场 $\nabla\zeta(x,t)$ 的显示，对于更加全面理解湍流机理及其形成机制具有重要的意义。后续章节将阐述多维定量流动显示的关键基础。

11.2　技术因素

这样的显示技术主要用于两流掺混问题，包括湍流剪切流动与涉及多股流体的其他流动形式。守恒标量场 $\zeta(x,t)$ 是通过将消极亲水惰性激光染色剂（如二钠荧光素）的浓度引入其中一组自由流而获得的，染色剂随后与所关注流动的其他流体混合。在测量中对染色与未染色流体混合而产生的激光诱导荧光场进行四维流动成像，其随后被转换为空间与时间变化的真实守恒标量场。

11.2.1　激光诱导荧光

二纳荧光素的荧光特性众所周知，并且很容易在相关文献中查到。在现有的显示技术中，常用氩离子激光器以多线发光模式来激发荧光素。由荧光素分子吸收的每个光子将分子外部电子由电子基态提升至受激单线状态。在 10nm 的极短时间内，电子由受激单线态的最低振动水平回归至电子基态。发射光子具有比入射光子更低的频率（更长的波长）。所得到的吸收与发射宽带频谱跨越了不同的频带，并可采用光学滤波器有效地进行分离。通常采用滤光器（如 HOYA O（G））阻隔流动中任何粒子的米氏散射光。滤光器最高可在最大激光发射波长（514.5nm）处有效阻隔 92% 的光，以及表 11.1 所列的几乎全部剩余激光短波长谱线的光。在接近染色剂峰值发射光谱（520nm）附近，滤光器只透过了 19% 的入射光，但直到发射光依旧很强的 540nm 处，78% 的入射荧光强度被透过。

11.2.2　光束扫描电子学

流动中关注区域内染色剂浓度场的激光诱导荧光强度图谱采用准直激光照射

表 11.1　多线发射模式下氩离子激光的相对线强度

波长 λ /nm	相对线强度 $\alpha(\lambda)$
514.5	0.392
501.7	0.075
496.5	0.116
488.0	0.262
476.5	0.116
472.7	0.039

光束下的平面激光诱导荧光高速高分辨率连续成像。光束以栅格模式快速扫掠测量区域,栅格模式包括快速的垂直扫描与慢速的水平扫描,与成像阵列电子器件同步。每次垂直扫描中,一个 256×256 像素的成像阵列捕捉该区域内二维平面 x-y 所产生的激光诱导荧光强度场。同步进行的水平扫描可有效地将此 x-y 测量平面步进到第三 (z) 方向上最多 256 个增量的预定集合,以生成离散的一组数据平面。总体上,这些平面产生包括高达 256^3 个数据测点的单个三维空间数据集,如图 11.1 所示。这些数据集中,每个数据平面中测量点之间的空间间隔 (Δx 和 Δy) 由光电二级管阵的元件尺寸和光学系统有效放大率决定。平行平面间的有效空间间隔 Δz 通过平面之间距离与激光光束直径来设置。大多数情况下,平面之间的距离略微小于光束直径,使得平行的 x-y 平面稍微有些重叠。采用反卷积方法来将有效的 Δz 降低至平面之间的间隔。

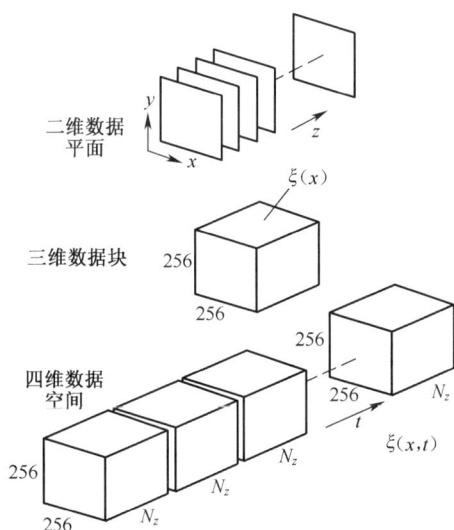

图 11.1　四维时空数据结构

一旦平行平面光束扫描完成所需的次数 N_z，激光光束将会快速回复至初始位置并重复该扫描过程。这样，可持续获得三维空间数据集的时间序列以生成四维时空数据空间。光电二级管阵列中每个元件被照射的持续时间 $\Delta\tau$ 由激光光束直径与激光扫描速率决定，该时间间隔可有效地决定各数据点的时间分辨率。实际上，$\Delta\tau$ 的值通常比任何相关的流体动力学时间尺度至少小三个数量级。给定空间内连续平行数据平面间所经历的时间由成像阵列的采集帧频决定，这是因为驱动光束扫描仪的时序信号从属于阵列的帧启用（FEN）信号。因此，Δt 决定了任何测量"冻结"染色剂浓度场演化的程度，也由此在一定程度上决定了每个三维空间数据集合中 z 方向的可微性。Δt 通常的量级要小于染色剂浓度场中的最短相关流体动力学时间尺度。最终，时间连续的三维空间获取相同空间点数据的时间由阵列采集帧频与每个三维空间中平面数决定。时序数据集合之间的时间间隔由每个集合中的平面数 N_z 决定，并且有效地决定了数据的时间可微性。对于足够小的 N_z，所获取的数据是时间与空间完全可微的，可得到四维时空数据空间。

　　准直激光束扫描由两个快速、低惯性、热稳定的电流计反射镜扫描仪及其相关的控制器来实现。经典的范例有 General Scanning 公司的 Models G120DT 与 CX-660，来自成像阵列格式器的帧启用采集信号触发快速反射镜扫描仪控制器内置的斜坡发生器。这使得高速扫描的启动与成像阵列的帧启动同步，如图 11.2 所示。斜坡周期设置为阵列的帧周期。在下一个阵列数据读取开始之前通过改变时钟周期数来增加相机积分成像时间，可以满足所需要的最小扫描器回归时间。由函数发生器产生的斜坡波形控制第二反射镜扫描仪的位置，由帧启用产生的 TTL 信号以频率 FEN/N_z 触发斜坡波形。全 z 向扫描范围的距离 $(N_z - 1)\Delta z$ 及因此产生的平面之间间隔 Δz 由扫描仪位置信号输出电压与测量扫掠角的校准来确定，其中扫描仪位置信号由扫描控制器产生。

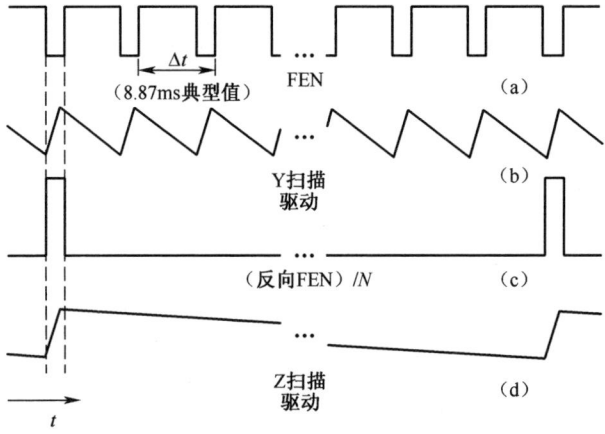

图 11.2　相机与扫描仪的时序图
(a)启用信号；(b)快速扫描仪驱动；(c)慢速扫描仪触发；(d)慢速扫描仪驱动。

11.2.3 数据采集系统

含染色剂流体沿激光扫掠光束的荧光强度通常通过采用具有 40μm 中心光点的 256×256 光电二极管阵列(如 EG 和 G Reticon 公司生产的 MC9256/MB9000 光电检测器)测量。经滤光器透射的荧光通过以满光圈运行的大透镜(如维瓦塔尔 100mm f 2.8 透镜)进行采集,并投射至成像阵列。数据采集系统将光电二级管的串行输出信号转换为 8 位数字格式并储存于磁盘组之中。阵列格式化器控制阵列的顺序(非隔行)读出,向模/数(A/D)转换器提供采样与保持的输出信号。通过向格式化器提供外部时钟信号,阵列被驱动的可变像素速率高达 11MHz,对应于将近 120 帧/s 的采集速率,其中包括容许扫描仪快速回归周期在内的所有实际循环。格式器采用与可编程积分相匹配的信号来产生用于控制激光光束扫描仪的线启用(LEN)与帧启用(FEN)信号。

双端口图像处理机(如 Recognition Concepts 公司的 Model Trapix 55/256)具有一组 4 个 823.9MB 的硬盘驱动器和用于数据采集的数据分发管理器。磁盘的总存储容量为 3.1GB,允许以 9.3MB/s 的最大传输速率存储将近 200 个 256^3 容量的空间数据集或超过 50000 个 256^2 容量的平面数据集。数据采集的控制由独立的计算机来完成。

11.2.4 信号电平

测量数据的可微性要求荧光强度测量的信号质量足够高。为获得最高总体信噪比,信号水平通过多线激光运行模式、自由流流体酸碱度设置以及染色剂浓度的优化来增强。

1. 多线激光运行

连续激光通常以多线方式运行来获得最高输出功率。然而,激光激发所产生的多光谱特性使得由测量获得的荧光强度场向染色剂浓度场的转换变得复杂。表 11.1 给出了氩离子激光器每个发射谱线的相对强度。主要的激发波长为 514.5nm 与 488.0nm,但激光束也在 501.7nm、496.5nm、476.5nm 与 472.7nm 处具有足够的能量。对于任何单独的波长 λ ,染色剂对光束的吸收率为

$$dP(\xi) = - \varepsilon(\lambda)c(\xi)P(\xi)d\xi \qquad (11.1)$$

式中: P 为局部激光功率; c 为局部体积摩尔浓度; ε 为激发波长的摩尔消光系数; ξ 为沿激光光束传播路径的位置。式(11.1)的积分给出了关于光束穿过染色剂介质后功率衰减的经典比尔定律。所得到的荧光强度场 $F(\xi)$ 则与摩尔消光系数、局部染色剂浓度与局部光束强度线性相关,有

$$F(c(\xi)) = \phi\varepsilon(\lambda)c(\xi)P(\xi) \qquad (11.2)$$

式中：φ 为量子效率。

激光以多线模式运行时，必须考虑所有激发波长的组合效应。此时荧光强度为

$$F(c(\xi)) = \sum_i F_i(c(\xi)) \tag{11.3}$$

$$= \phi c(\xi) P_0 \sum_i \alpha(\lambda_i) \varepsilon(\lambda_i) \exp\left(- \varepsilon(\lambda_i) \int_0^\varepsilon c(\eta) d\eta\right) \tag{11.4}$$

式中：$\alpha(\lambda_i)$ 为激光的相对线强度。现有每个波长的独立摩尔消光系数 $\varepsilon(\lambda_i)$ 如图 11.3 所示。应当注意，两个主要波长中较短的波长（488.0nm）的强度比荧光素分子的激发效率要高 6 倍。

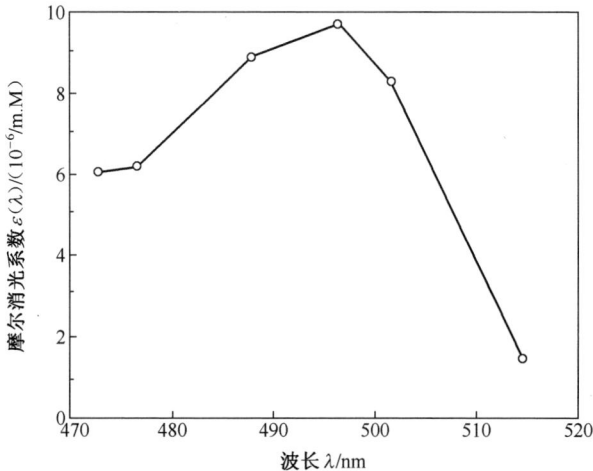

图 11.3　表 11.1 中对每个激光谱线测量所得的摩尔消光系数 $\varepsilon(\lambda_i)$

对于功率恒定的光束，图 11.4 证实了荧光强度甚至在多谱线运行时与染色剂的浓度线性相关。此外，对于每个波长而言，作为摩尔消光系数 ε 与浓度 c 乘积的消光函数与浓度线性相关。图 11.5 显示了以 488.0nm 与 514.5nm 为主要波长的结果，每个曲线斜率给出了与特定波长相关的摩尔消光系数。图 11.6 给出了整个光束在单独净消光函数按前述定义下的测量结果。基于各波长的线强度与摩尔消光系数的理论结果显示出良好的一致性。该结果表明，多线光束衰减特性可精确地由表 11.1 中各分量的特性来确定，这对于将荧光强度测量数据转换为染色剂浓度场是必不可少的。

2. 酸碱度效应

酸碱度对于相对荧光强度的影响如图 11.7 所示。水的自然酸碱度值（为 7 左右）为该曲线中最陡部分，因此酸碱度的微波变化可导致消光系数的误差。酸碱度值大于 8 时，图 11.7 中的曲线是平的，不仅可保证浓度场与光束功率的变化只影响荧光水平，而且还能使荧光强度为最大。正由这些原因，自由流流体的酸碱度

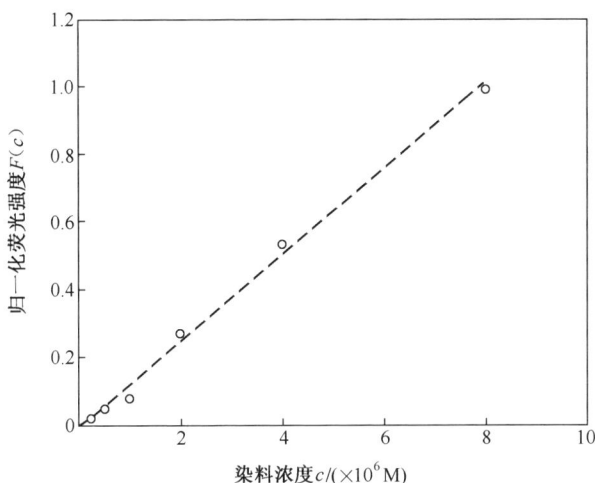

图 11.4　单独激光频率下对应于固定激光光束功率与
不同染料浓度 c 所测得的荧光强度 $F(c)$ 变化

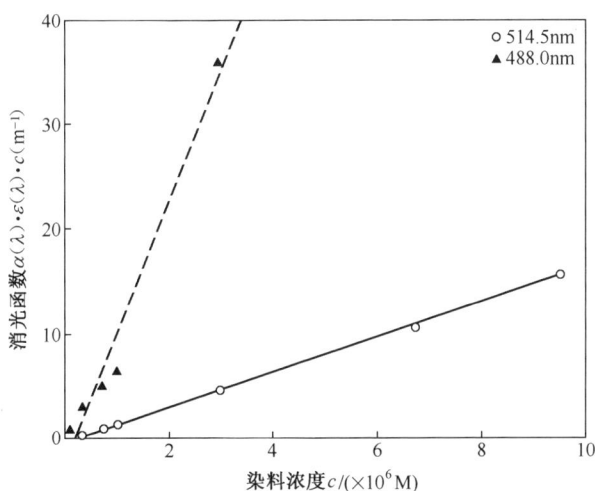

图 11.5　在 514.5nm 和 488.0nm 处的荧光强度 $F(c)$
显示出摩尔消光系数对激光线的高度依赖性

值为 11 时通常是通过向两种水溶液中加入少量氢氧化钠实现的。

3. 染色剂浓度

染色剂浓度的选择对于荧光强度最大化是重要的。式(11.2)表明,光束功率与染色剂浓度共同决定了荧光强度。但是,式(11.4)表明,这两个因素也是相互竞争的。增加染色剂浓度 c 也增加了沿光传播路径光束的吸收,这样就降低了测量位置的局部功率。光束功率通过测量位置的染色剂浓度场的指数积分而减小。

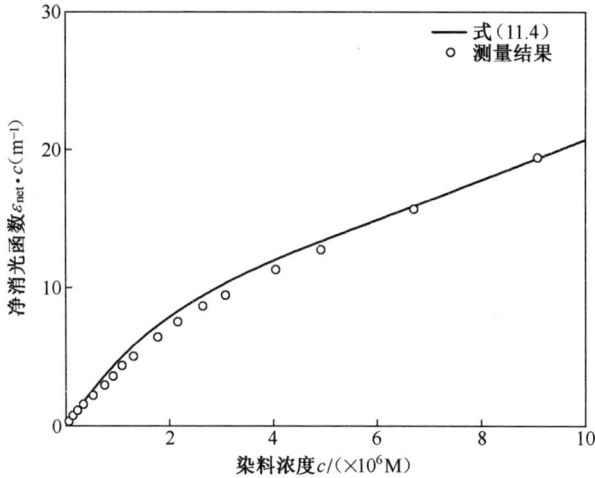

图 11.6　激光器在多线模式下工作时的净消光功能，
与图 11.3 中的初始线强度和系数的测量结果与式(11.4)一致

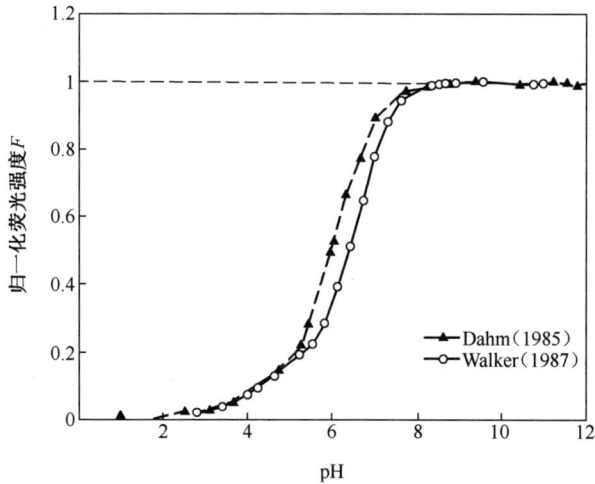

图 11.7　测量的归一化荧光强度 $F(c)$ 对多线模式激发的 pH 值的依赖性

因此,对于非常低的染色剂浓度而言,光束的衰减可以被忽略,且局部荧光强度与局部染色剂浓度成正比,但荧光强度非常低。另外,对于非常高的浓度而言,当光束传播到达测量空间时,染色剂吸收绝大多数的激光能量,从而降低了荧光强度。在这两个竞争性因素的影响中存在着使测量位置荧光强度为最大的最佳染色剂浓度,这是通过式(11.4)中对应于理论平均染色剂浓度分布 $c(\xi)$ 的 $F(c(\xi))$ 最大化实现的。

11.2.5 信噪比

成像阵列的噪声源可分为两种,即取决于入射光强的噪声源及与入射光强无关的噪声源。入射光强无关的噪声源由源于光电检测器及其相关电子元件所产生的热(约翰逊)噪声引起的"暗"电流来控制,与信号水平 S 无关。因此,弱光检测比高光测量更容易受到此类噪声的影响。当这类噪声源起主导作用时,绝对噪声水平 N 是恒定的,因此所获得的信噪比(S/N)随信号水平线性增加,即 $S/N \propto S^1$ 。另外,光子散粒噪声随光照水平而增加。因而当散粒噪声占主导时,所得到的信噪比按 $S/N \propto S^{1/2}$ 增加。

为确定成像阵列噪声级别与噪声源,需要在不同焦距位置获取均匀白色片光照射下大数量的数据平面。激光功率及所有增益与实际荧光强度测量相同,使得测量结果符合实验数据的真实噪声特性。图 11.8 给出了每个照明等级下由校准获取的8位数字信号值典型分布。应注意,分布的宽度随着平均信号水平的增加而增大。对应于每个这种分布的噪声如图 11.9,其中对于每个照射量级所获得所有平面的平均信号是从数据中提取的,以便得到可显示的噪声分布。对应于最低信号水平的4个分布可很好地重叠为单条曲线,其宽度(均方根噪声水平)是恒定的。其他对应于高平均信号水平的曲线显示出通过噪声分布宽度增长与不对称逐渐偏离上述噪声分布。噪声分布宽度的增长反映出噪声水平的增强。需要注意的是,即使在最坏情况下,均方根噪声水平要小于8位测量信号所占256个可辨别信号量级中的1.25个数字信号量级。

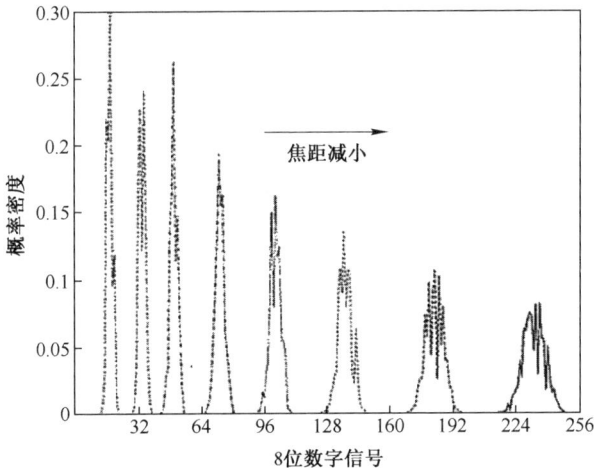

图 11.8　测量所得均匀照射下8位不同光圈设置的绝对信号分布,
同时给出了相关的噪声分布

图 11.10 中的双对数图给出了这些分布的均方根噪声水平(宽度)。表示了

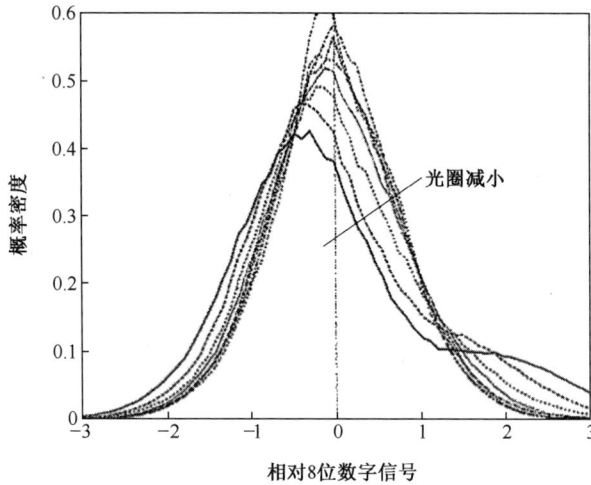

图 11.9　由图 11.8 所得显示测量噪声 N 对信号水平 S 依赖性的相对信号水平(见图 11.10)

采用信噪比(S/N)平均数字信号水平的比例,定义为平均数字信号水平 S 除以每个噪声分布的均方根宽度 N 。结果明显显示了由低于数字信号水平约为 50 的暗噪声受限测量(由特性 $S/N \propto S^1$ 定标)向散粒噪声有限区域(特性为 $S/N \propto S^{1/2}$)的转变。荧光强度测量通常在相同运行条件下涵盖全部 256 个数字信号水平,因而包含从有限的暗(相机)噪声至有限的散粒噪声。更为重要的是,图 11.10 中的结果表明当信号水平最大化时信噪比略微超过 200,甚至在平均数字信号水平为 50 时,绝大多数典型测量所得的信噪比仍高于 65。

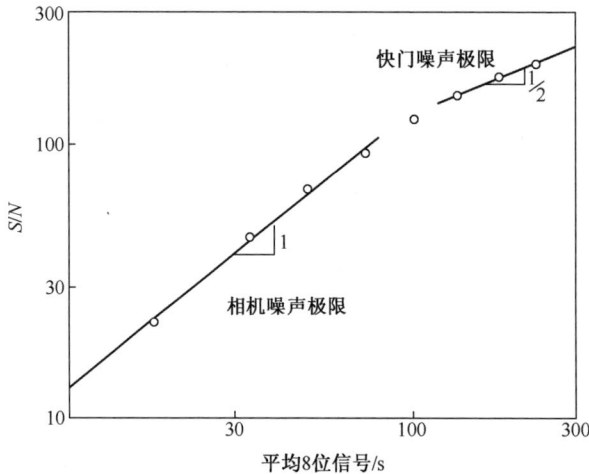

图 11.10　由图 11.8 与图 11.9 所得的信噪比(S/N),其表示
相机噪声受限范围内特性 $S/N \propto S^1$ 定标与散粒噪声区间内的 $S/N \propto S^{1/2}$ 定标

11.2.6 空间与时间分辨率

流动显示的典型目标是由三维和四维守恒标量场 $\zeta(\boldsymbol{x},t)$ 获得高分辨标量能量耗散率场时空结构的数据 $(ReSc)^{-1}\nabla\zeta\cdot\nabla\zeta(\boldsymbol{x},t)$。除了上述的信号质量,还要求标量场数据必须同时在时间与空间中具有足够高的可分辨能力,从而给出梯度矢量场下的单个空间导数的精确值。

由激光光束成像区域的所测厚度与平面间距离以及阵列元件尺寸与测量的镜像比,可快捷地确定流动中投影至每个像素的空间区域 $(\Delta x,\Delta y,\Delta z)$。此外,对于所采用的时钟速率与每个空间中的平面数目,也可确定每个空间区域内获得连续数据平面之间的时间 Δt 及连续数据集合中相同数据平面之间的时间 ΔT。这些数据中可辨别的最小时空尺度必须与所关注流动中守恒标量场的最精细时空尺度相比较,以便评估通过测量所达到的相对分辨率。

1. 外部尺度

在剪切驱动的湍流流动中,局部外部长度与速度尺度 u 与 δ 为表征局部平均剪切分布特性。例如,在射流和羽流中,这些是局部平均中心线速度和局部流动宽度,而在剪切层中,相关的量是自由流速度差和局部流动宽度。所有与外部尺度相关的物理量由 u 与 δ 进行适当的归一化,由此局部外部时间尺度为 $\tau_\delta \equiv \delta/u$。所得的局部外部尺度 $Re_\delta \equiv u\delta/\nu$ 则对流动的局部湍流特征进行适当的标度,其中局部外部尺度与局部内部尺度之间的联系是关键。

局部外部尺度下的工作具有超出射流喷管直径、射流出口速度等流动特定源常用变量的优势。从适当的基于动量定校准律可以看出,这样的源变量只对外部尺度产生间接作用,从而对局部湍流特性产生间接且潜在与混淆的影响。此外,基于局部外部尺度的相同雷诺数 Re_δ 下湍流剪切流动充分小的尺度应具有基本相似的结构与统计特性。基于流动特定变量的参数化和标准化掩盖了这种准普遍性,并由此混淆了湍流研究中的一项最强的组织原则。

2. 内部尺度

湍流内部尺度的特征是最细长度尺度与流动中发生变化的最细拉格朗日时间尺度。最细长度尺度源于应变的竞争效应,应变的作用是降低梯度长度尺度与用来增加梯度尺度的分子扩散。这些尺度在速度梯度场中,应变受到黏性扩散尺度 λ_ν 限制与标量梯度场中应变受到标量扩散尺度 λ_D 的限制达到平衡。这些内部长度尺度与局部外部尺度 δ 相关,且有 $\lambda_\nu/\delta = \Lambda \cdot Re_\delta^{-3/4}$ 与 $\lambda_D/\lambda_\nu = Sc^{-1/2}$。由 Southerland 和 Dahm(1994)、Buch 和 Dahm(1998)所进行的测量给出了 $\langle\Lambda\rangle \approx 11.2$,该数值得到了由 Su 和 Clemens(1998)所进行测量的证实。如上所述,当以局部外部尺度 Re_δ 流动时,Λ 的数值应是通用的;当以基于源的雷诺数流动时流动似乎从一种类型变为另一种类型。

黏性尺度 λ_{ν} 直接与以平均耗散速率 ε 为经典定义的科尔莫哥罗夫长度尺度 $\lambda_{\kappa} \equiv (\nu^3/\varepsilon)^{1/4}$ 成比例,采用如上的湍流射流耗散结果与 Λ 给出了 $\lambda_{\nu} \approx 5.9\lambda_{\kappa}$。尽管 λ_{κ} 给出了最细速度梯度长度尺度的正确比例,但其完全基于尺寸范围,因此并不直接对应于分辨率要求。与此相似,标量扩散长度尺度 λ_D 与巴特勒尺度成比例,但其给出了湍流流动中标量耗散场最小结构的物理尺寸。

除内部长度尺度外,黏性是内部长度尺度的唯一直接相关物理参数,对应的内部时间尺度为 $\tau_{\nu} = (\lambda_{\nu}^2/\nu)$,并给出了底层涡度场在拉格朗日坐标系中演化的最短时间尺度。局部外部尺度 Re_{δ} 则可提供与局部外部时间尺度的联系 $\tau_{\nu}/\tau_{\delta} = \Lambda^2 \cdot Re_{\delta}^{-1/2}$,其中 $\tau_{\delta} \equiv (\delta/u)$。内部时间尺度直接与经典的科尔莫哥罗夫时间尺度 $\tau_{\kappa} \equiv (\nu/\varepsilon)^{1/2}$ 成比例,其中 $\tau_{\nu} \approx 35\tau_{\kappa}$。

当外部尺度 Re_{δ} 足够大,速度场 $u(x,t)$ 与标量场 $\zeta(x,t)$ 从内部尺度看时应与 Re_{δ} 无关。此外,因外部变量只能通过 Re_{δ} 影响控制方程组,速度场与标量场也应当与外部尺度变量无关,并且作为进一步的结果,也与特定的剪切流动无关。从这个意义上讲,从高雷诺数湍流的内部尺度来观察,相信速度场和标量场的精细尺度结构很大程度上是非常普遍的(与雷诺数和特定流动种类无关)。

3. 平流尺度

内部拉格朗日时间尺度 τ_{ν} 并非湍流流动测量的时间分辨率要求。任意固定的空间位置上测量所得的欧拉特性,采用速度梯度场中更短的黏性平流时间尺度 $\tau_{\nu} \equiv (\lambda_{\nu}/u)$ 及标量梯度场中所对应的标量平流时间尺度 $\tau_D \equiv (\lambda_D/u)$。全分辨的速度场与标量场测量需要满足这些更为苛刻的欧拉分辨率要求。需要注意的是,这些参数将 $\tau_{\nu}/T_{\nu} = \Lambda \cdot Re_{\delta}^{1/4}$ 与局部内部时间尺度相关联,将 $T_{\nu}/\tau_{\delta} = \Lambda \cdot Re_{\delta}^{-3/4}$ 与局部外部时间尺度相关联。同样也注意到,对于欧拉时间序列的测量,速度场与标量场的统计在外部时间尺度 δ/u 上收敛,而速度梯度场与标量梯度场在平流时间尺度 T_{ν} 或 T_D 上收敛。

4. 分辨率要求

分辨率要求 $(\Delta x \cdot \Delta y \cdot \Delta z) \ll \lambda_D$ 与 $t \ll (\lambda_D/u)$ 必须满足每个三维空间数据集合内所有三个方向进行微分,以便确定标量梯度矢量场 $\nabla\zeta(x,t)$。如果所获得的数据在连续的三维空间数据集合之间也是时间可微的,则额外的时间分辨率要求 $\Delta T \ll (\lambda_D/u)$ 也必须满足。这些要求最终限制了有可能进行全分辨四维流动显示的 Re_{δ} 最高值。

对于 Δx 与 Δy 的分辨率要求可通过简单地降低镜像比来满足,分辨率 Δz 名义上由激光光束厚度与成像平面间距确定。通常,光束厚度要大于连续平面之间所需的空间间隔;但如果平面之间所经历的时间 Δt 足够小,使得标量场得以有效地捕获,则测量获得标量场中的重叠区域表示了真实标量场与激光光束分布的卷积。该测量获得标量场则可进行测量所得激光光束分布的去卷积来获得相邻平面之间空间间隔的空间分辨率 Δz,相邻平面之间的空间距离可由水平扫描仪设置且可被

242

调至任意的数值。

与空间分辨率相关的最后问题是景深,可以通过空间数据集内最上部至最下部平面之间几个 z 方面测量表观光束直径的测量来表征。

5. 全分辨与超分辨测量

全分辨标量场测量至少需要空间上相对于 λ_D 且时间上相对于 T_D 的奈奎斯特采样,速度场测量需要相对于 λ_v 与 T_v 的奈奎斯特采样。分辨率允许空间与时间的精确可微可以确定相关的梯度矢量场。虽然这些尺度设置了完全分辨测量所需的最小分辨率,但值得注意的是,更高空间或时间分辨率并非总是需要的。由于数据不仅在空间和时间是离散的,而且在数字信号水平也是离散的,因而显然存在着最细的分辨率极限,超过该极限的相邻点呈现出相同的信号水平,从而危及数据的可微性。对于任何场 $f(\boldsymbol{x},t)$ 而言,最小分辨率 Δx 与最小时间分辨率 Δt 发生于 $B_x = |\nabla f| \cdot \Delta x/\Delta f$ 与 $B_t = |\nabla f| \cdot u\Delta t/\Delta f$ 的临界值,其中 $|\nabla f|$ 表征局部梯度量级,且 ∇f 为连续数字信号水平之间 f 的差值。当 B 充分小,空间与时间上的相邻点将会处于同一个数字信号水平,导致梯度场 $\nabla f(\boldsymbol{x},t)$ 或时间导数 $\partial f(\boldsymbol{x},t)/\partial t$ 的量级被低估。

6. 分辨率验证

定量多维流动显示数据分辨率可通过类似于数值研究的网格收敛程序来评估。与测量参量 $f(\boldsymbol{x},t)$ 的能量 $1/2 f^2(\boldsymbol{x},t)$ 相关的耗散场 $\nabla f \cdot \nabla f(\boldsymbol{x},t)$,可以通过对测量区间进行积分获得,通过反复运用对相邻点进行连续平均的程序来有意降低数据中的分辨率。如果所获得的总耗散达到了与分辨率无关的数值,则数据是全分辨的。

图 11.11 展示了将这样收敛程序应用于全分辨四维标量场数据现有类型的结

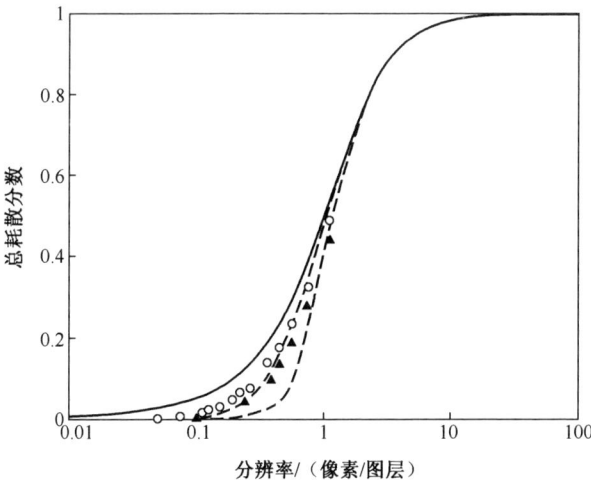

图 11.11　由"网格收敛"的结果确定实际达到的分辨率,呈现不同 $\Delta x/\lambda_D$ 下测得的总耗散分数,实线为理论结果

果。这表明所获得的分辨率基本达到曲线中的拐点,大约位于测量获得标量能量耗散的80%。要获得98%的能量耗散,需要以10倍因数提高分辨率,3倍因数的粗糙的分辨率会捕捉到少于15%的总能量耗散。

11.2.7 数据处理

数据处理包含将荧光强度数据 $F(x,t)$ 转换为向真实染色剂浓度场 $c(x,t)$ 与守恒标量场 $\zeta(x,t)$ 的转换。首先,成像阵列与光学系统的非理想性可通过帧图像荧光强度数据逐帧地除以测量所得的传递函数 $h(x,y)$ 共同消除,该传递函数通过对均匀染色剂浓度场的成像并进行以消除任何噪声影响的多帧图像平均来获得。其次,去卷积将激光光束分布从测量中解耦,以平面外的空间分辨率。经去卷积的荧光强度场向染色剂浓度场的转换包括了式(11.4)中沿穿过瞬时染色剂浓度场的光束路径积分。由于衰减是一种积分效应,并且该路径长度通常相对于染色剂浓度场中发生变化的 λ_D 要长,成像区域的积分衰减通常几乎是恒定的。

图11.12给出了两个独立实验中沿几千个瞬态数据平面的光束路径所得到的典型平均荧光强度场。经上述的数据处理后,同样的数据以真实染色剂浓度场的方式呈现,可以发现两者与理论平均场吻合,仅表明了统计收敛的影响,并且证实了由所测得的荧光强度场向真实守恒标量场换算程序的有效性。

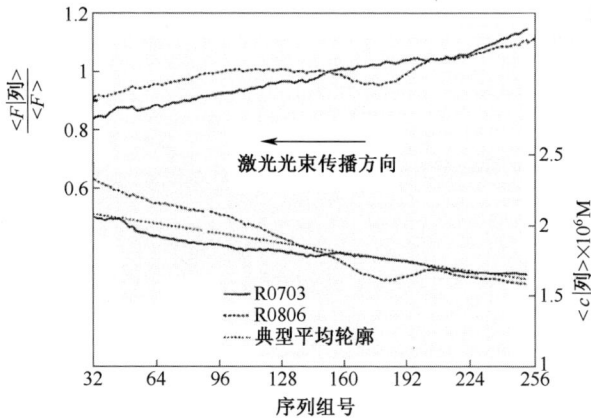

图11.12 穿过测量区域的平均荧光强度(上)与全校正的染色剂浓度(下),
后者与经典均值的偏差源于不完全统计收敛

11.3 应用示例

本节给出了说明将此类多维定量流动显示用于湍流流动物理机制研究与显示

244

的一些简要范例。

11.3.1　湍流标量场精细结构

图 11.13 展示了守恒标量场 $\zeta(\boldsymbol{x}, t)$ 准普遍小尺度及湍流中相关标量能量耗散速度场 $\nabla \zeta \cdot \nabla \zeta(\boldsymbol{x}, t)$ 的全分辨时空测量。这些展示了从外部尺度 Re_δ 为 2600~5000,并且泰勒尺度 Re_λ 为 38~52 的范围内自轴对称湍流射流的自相似远场。这些数值似乎足够高,使得具有内部流动尺度 λ_ν 的标量场基本结构获得其渐近的高雷诺数形式。作为结果,这些定量很大程度上代表了所有高雷诺数湍流剪切流动中存在 $Sc \gg 1$ 标量掺混的小尺度结构。

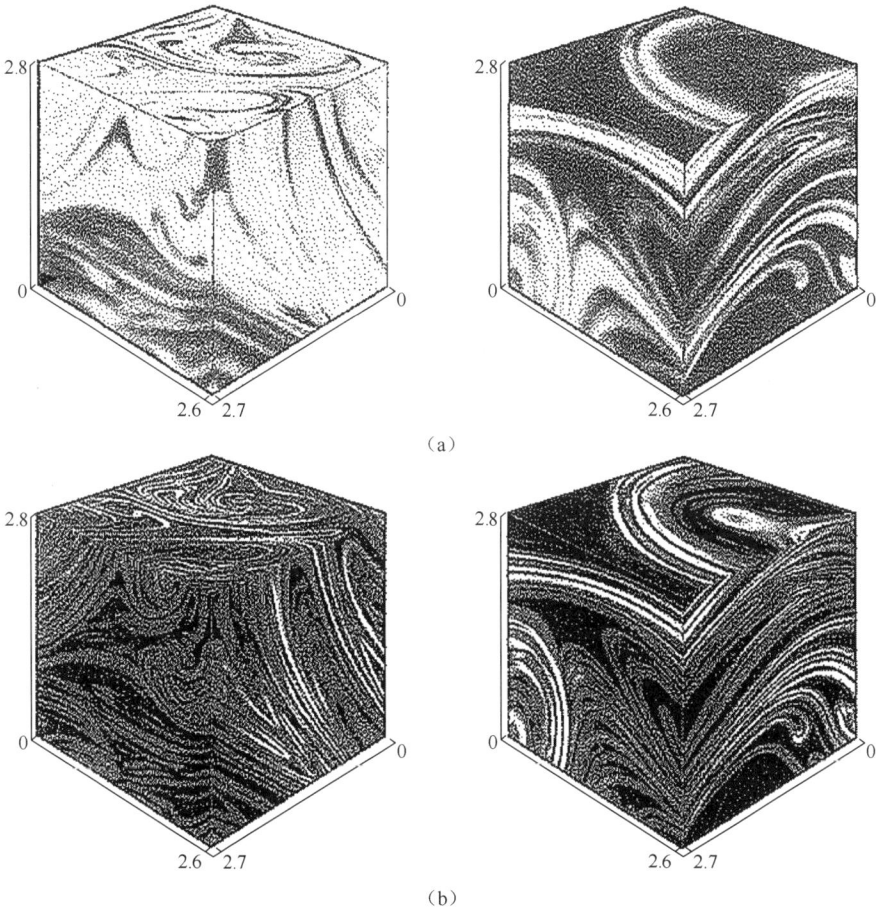

(a)

(b)

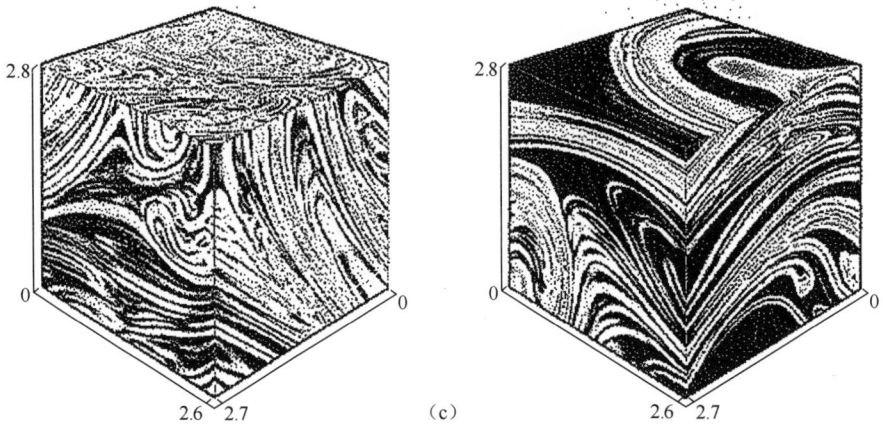

图 11.13 （见彩图 18）定量显示的典型全分辨三维 256^3 空间数据集
(a)展示守恒标量场 $\zeta(\boldsymbol{x},t)$；(b)标量能量耗散速率场 $\nabla\zeta\cdot\nabla\zeta(\boldsymbol{x},t)$；(c) $\log[\nabla\zeta\cdot\nabla\zeta(\boldsymbol{x},t)]$
(Southerland,Dahm,1994；Frederiksen et al.,1996)。

这样的三维空间数据集(256^3)揭示了小尺度标量耗散场的片状基础物理结构。概率密度函数、密度谱以及其他描述掺混过程的结构及其统计特性可从这些数据(图 11.14)中获得。应注意的是,这些显示的特性提供了许多方面更象直接数值模拟而非传统实验测量的详细时空数据,但不同于直接数值模拟,其能够解决全湍流剪切流动中 $Sc \gg 1$ 掺混小尺度结构方面的问题。

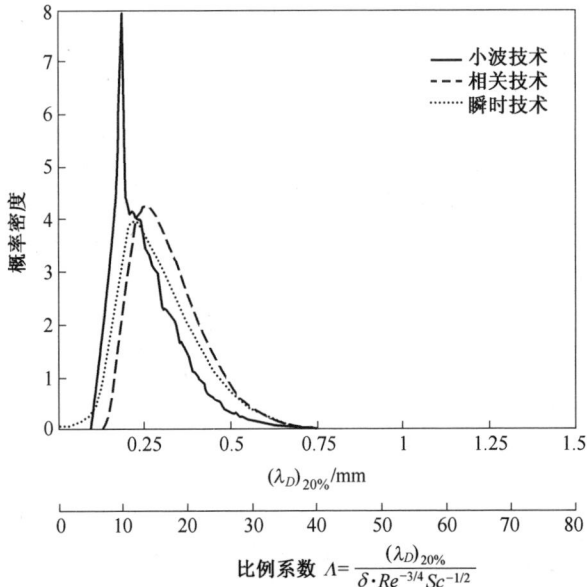

图 11.14 由图 11.13 所示定量流动显示而获得的标量耗散层厚度分布,厚度 λ_D 表示为绝对值,
也作为内部变量,比例常数 Λ 由 $\langle\Lambda\rangle=11.2$ 确定(Southerland 和 Dahm,1994)

246

11.3.2 泰勒假设的评估

四维数据允许湍流剪切流动中小尺度下真实标量梯度场 $\nabla\zeta(\boldsymbol{x},t)$ 与时间导数场 $(\partial/\partial t)\zeta(\boldsymbol{x},t)$ 的全三维瞬态评估。这些数据可用来评估在传统测量中采用泰勒假设估计湍流空间导数时所产生的误差。图 11.15 中标量能量耗散率场的各种近似与射流中最大湍流强度位置的真实耗散场进行了对比。传统的单点时间序列近似与真实耗散的相关度为 0.56,而混合了一个空间导数与时间导数的组合估计则给出了 0.72 的相关度。最佳的混合耗散估计(Dahm 和 Southerland,1997)可获得 0.82 的相关度。

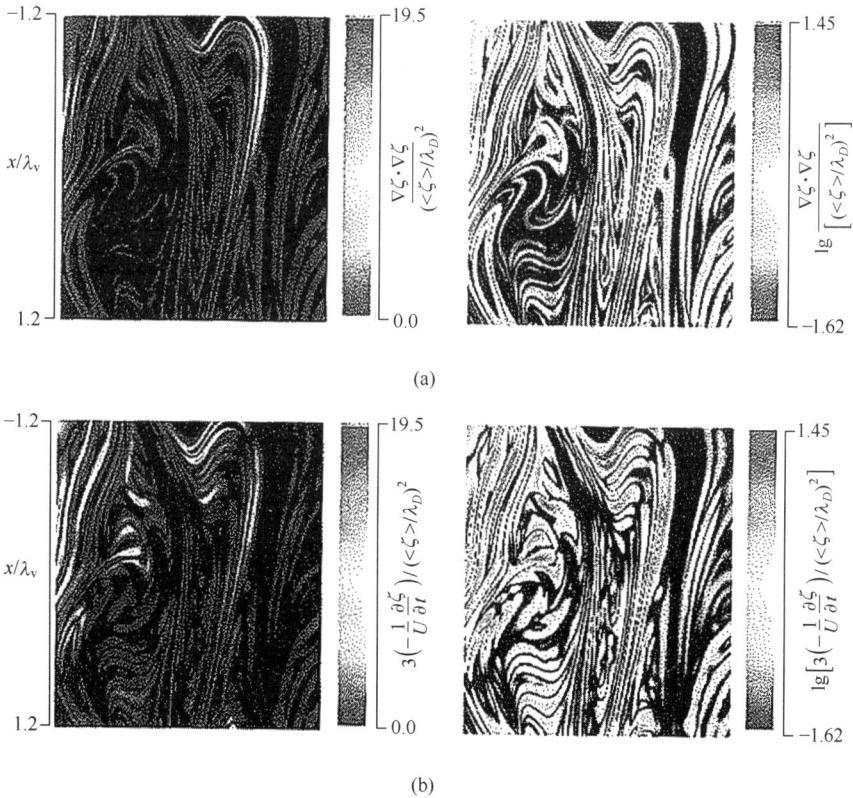

(a)

(b)

247

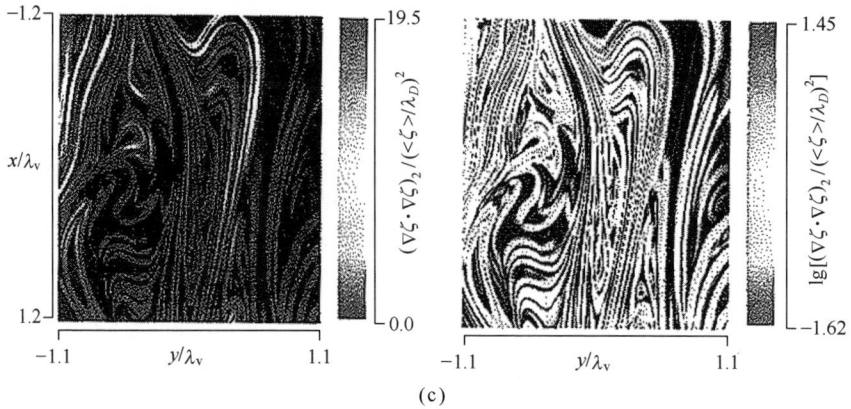

图 11.15 （见彩图 19）真实标量耗散速率场（a）分别与基于时间导数和单方向空间导数的单点泰勒级数近似估计（b）、两点混合近似估计（c）的比较。线性部分（左）是与相对高的耗散速度相比较的结果,对数部分则是与较低数值比较的结果（Dahm,Southerland,1997）

11.3.3　标量成像测速技术

为在标量成像过程中获得速度场 $u(x,t)$,有可能采用此类全分辨四维时空数据反演标量输运方程（Dahm 等人,1992;Su 和 Dahm,1996a,b）。所产生速度场的三维空间自然特性使得速度梯度张量的全部 9 个分量均可获得。相应地允许涡量矢量、应变速率张量以及高阶梯度量等物理量可被显示。图 11.16 展示了湍流研究中所关注各种动态场的时空结构,这些物理量对湍流中速度梯度场时空结构首次进行了全分辨、非侵入的测量。为了从测得的标量场中获得速度场,一种基于模式匹配采用光流概念替代标量输运方程反演的不同方法在一些研究中进行了验证（Maas,1993;Merkel,1995;Merkel et al. ,1995;Tokumaru,Dimotakis,1995）。

11.3.4　湍流标量场的分型尺度

图 11.17 展示了小尺度湍流流动中标量掺混的尺度相似特性,该情况下,关注的重点是可能的支撑集分形结构,也是图 11.13 与图 11.15 中此类标量耗散速率场所关注的内容。由于所涉及数据的四维时空特性,因此有可能在每个空间数据集内并沿时间演化方向考察尺度相似性（Frederiksen et al,1996,1997a,b）。因此,嵌入式无分形流型的显示,其通过耗散场上的应变速率和涡度场在重复的拉伸和折叠动作中从扩散截止中产生。其他研究也采用了定量的多维成像测量检验湍流中的相关的定标过程（Sreenivasan 和 Meneveau,1986;Meneveau 和 Sreenivasan,1991）。

248

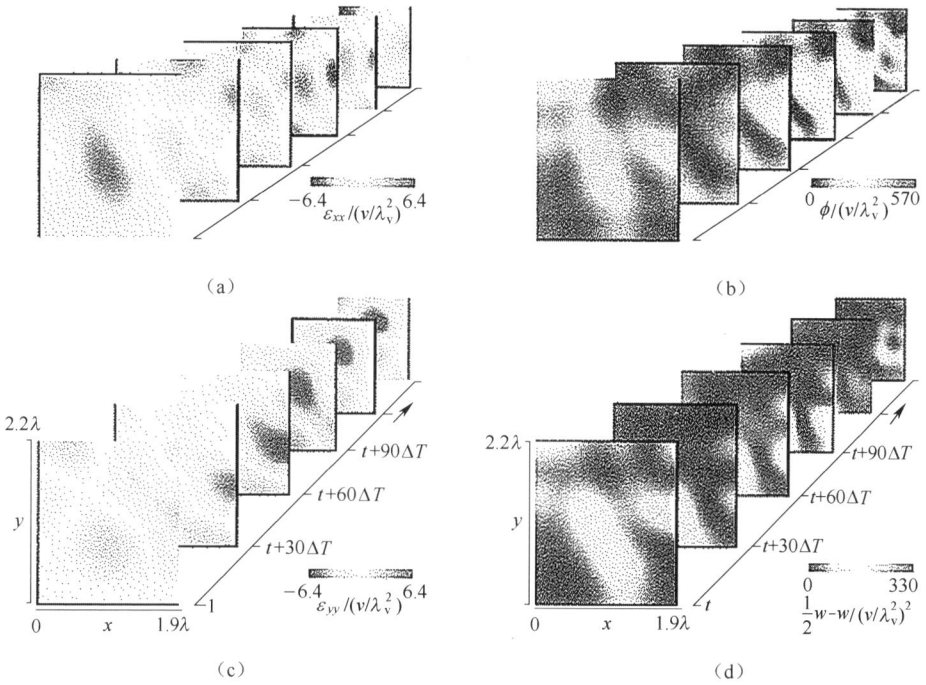

（a）　　　　　　　　　　　　　　　（b）

（c）　　　　　　　　　　　　　　　（d）

图 11.16　全分辨四维时空数据集合中的标量成像测速结果,其中包括展示法向分量
$\varepsilon_{xx}(x,t)$（a）与 $\varepsilon_{yy}(x,t)$（c）的应变速率张量场,以及展示动能耗散速率（b）
与涡度拟能（d）的高阶速度梯度场（Su,Dahm,1996b）

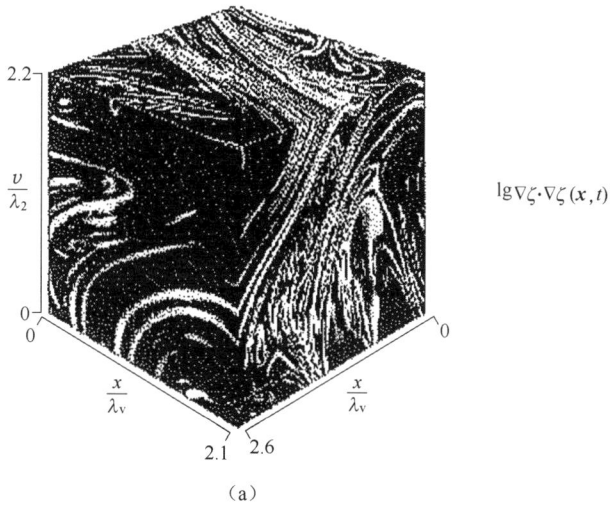

$\lg \nabla \zeta \cdot \nabla \zeta (x,t)$

（a）

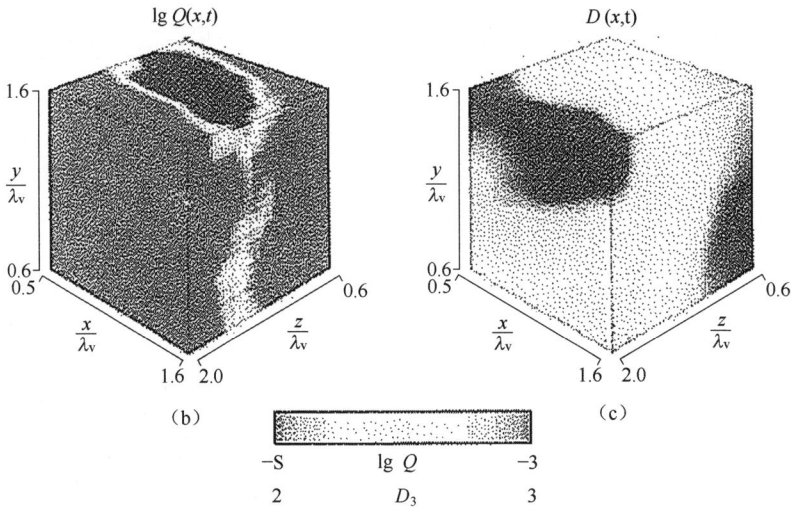

图 11.17 典型耗散率场(a)的定量可视化,得到的分形缩放质量 $Q(\boldsymbol{x},t)$ (b)和局部分形维度 $D(\boldsymbol{x},t)$ (c),显示其他分形中的局部非分形背景结构(Frederiksen et al. ,1997a)

11.4 更多信息

本章试图展示全分辨多维流场的定量显示技术为获取各种流场复杂物理过程更详细特性提供了直接的实验途径。虽然简短,但是它介绍了所涉及的主要概念,并且指出了可以实现的结果类型。关于这里描述的技术的更多详细信息,可参考 Southerland(1994)、Merkle(1995)、Buch 和 Dahm(1996,1998)以及 Dahm 和 Southerland(1997)的相关文献。

最后有几点值得注意,每个这样的显示通常会产生四维时空区域内标量场的几十亿全分辨点测量数据。但是由于这些测点非常高的分辨率,其通常只跨越一些局部时间尺度 δ/u 。因此,尽管这些测量提供了关于流动的空间结构及其时间动力学的非常详细信息,但长时间统计的获取仍存在着固有的难度。这些测量因而被视为传统单点时间序列数据的实现,其中空间结构与梯度信息很难获取,但提供了适于其他物理量的长时间统计记录。

类似地,尽管这些测量提供了数据集合中高达 256^3 的大密度与高度分辨三维空间信息,需要分辨这些数据集合中最小的标量梯度,最小标量梯度在将其物理尺寸限制在各个方向上的内部流动尺度 λ_ν 。因此,可获得流动耗散尺度下非常详细的空间信息,但目前难以达到空间尺度的惯性区域。在此意义上,这些测量是传统时间序列测量的补充,传统方法无法实现三维的空间测量,但可测得时间频谱中的惯性尺度。

最后,尽管这些多维定量显示的可实现途径对于实验流体力学家而言是震惊的,必须注意到,相对于传统流动显示方法,该方法是以更大的复杂性为代价的。公平地说,流动显示对于临时用户不太适用。然而在信息类型及其可提供的详细程度为必不可少的情况下,其表示在流体流动显示及解释其复杂过程的能力方向迈出了重要的一步。

11.5 参考文献

Buch, K. A. and Dahm, W. J. A. 1996. Experimental study of the fine-scale structure of conserved scalar mixing in turbulent flows. Part I. $Sc \gg 1$. *J. Fluid Mech.*, **317**, 21-71.

Buch, K. A. and Dahm, W. J. A. 1998. Experimental study of the fine-scale structure of conserved scalar mixing in turbulent flows. Part II. $Sc \approx 1$. *J. Fluid Mech.*, **364**, 1-29.

Dahm, W. J. A. and Southerland, K. B. 1997. Experimental assessment of Taylor's hypothesis and its applicability to dissipation estimates in turbulent flows. *Phys. Fluids*, **9**, 2101-2107.

Dahm, W. J. A., Southerland, K. B. and Buch, K. A. 1991. Direct, high resolution, four-dimensional measurements of the fine scale structure of $Sc \gg 1$ molecular mixing in turbulent flows. *Phys. Fluids A*, **3**, 1115-1127.

Dahm, W. J. A, Su, L. K. and Southerland, K. B. 1992. A scalar imaging velocimetry technique for four-dimensional velocity field measurements in turbulent flows. *Phys. Fluids A*, **4**, 2191-2206.

Frederiksen, R. D., Dahm, W. J. A. and Dowling, D. 1996. Experimental assessment of fractal scale similarity in turbulent flows. Part 1: One-dimensional intersections. *J. Fluid Mech.*, **327**, 35-72.

Frederiksen, R. D., Dahm, W. J. A. and Dowling, D. 1997a. Experimental assessment of fractal scale similarity in turbulent flows. Part 2: Higher dimensional intersections and nonfractal inclusions. *J. Fluid Mech.*, **338**, 89-126.

Frederiksen, R. D., Dahm, W. J. A. and Dowling, D. 1997b. Experimental assessment of fractal scale similarity in turbulent flows. Part 3: Multifractal scaling. *J. Fluid Mech.*, **338**, 127-155.

Maas, H. -G. 1993. Determination of velocity field in flow tomography sequences by 3-D least squares matching. *Proceedings 2nd Conference on Optical 3D Measurement Techniques*, Zürich.

Meneveau, C. and Sreenivasan, K. R. 1991. The multifractal nature of turbulent energy dissipation. *J. Fluid Mech.*, **224**, 429-484.

Merkel, G. J. 1995. *Tomographie in einem turbulenten Freistrahl mit Hilfevon pH-abhängiger Laser Induxierter Fluoreszenz*. Ph. D. Thesis No. 11174, Eidgenössische Technische Hochschule Zürich, Zürich.

Merkel, G. J, Rys, P., Rys, F. S. and Dracos, Th. A. 1995. Concentration and velocity field measurements in turbulent flows by Laser Induced Fluorescence Tomography. *Proceedings 7th Interna-*

tional Symposium on Flow Visualization, Seattle.

Southerland, K. B. 1994. *A Four-Dimensional Experimental Study of Passive Scalar Micing in Turbulent Flows*. Ph. D. Thesis, The University of Michigan, Ann Arbor.

Southerland, K. B. and Dahm, W. J. A. 1994. A four-dimensional experimental study of conserved scalar mixing in turbulent flows. University of Michigan, *Report No. 026779-12*.

Sreenivasan, K. R. and Meneveau, C. 1986. The fractal facets of turbulence. *J. Fluid Mech.*, **173**, 357-386.

Su, L. K. and Clemens, N. T. 1998. The structure of the three-dimensional scalar gradient in gas-phase planar turbulent jets. *AIAA Paper* 98-0489, AIAA, Washington, DC.

Su, L. K. and Dahm, W. J. A. 1996a. Scalar imaging velocimetry measurements of the velocity gradient tensor field at the dissipative scales of turbulent flows. Part I: Validation tests. *Phys. Fluids*, **8**, 1869-1882.

Su, L. K. and Dahm, W. J. A. 1996b. Scalar imaging velocimetry measurements of the velocity gradient tensor field at the dissipative scales of turbulent flows. Part II: Experimental results. *Phys. Fluids*, **8**, 1883-1906.

Tokumaru, P. T. and Dimotakis, P. E. 1995. Image correlation velocimetry. *Exp. Fluids*, **19**, 1-15.

第12章
高梯度可压缩流动数值显示的可视化、特征提取与量化

R. Samtaney[1] 和 N. J. Zabusky[2]

12.1 引言

可压缩流体无黏流动由双曲线守恒方程组表征(也称为可压缩欧拉方程组,Courant 和 Friedrichs,1948)。只有在非常罕见的情况下,这些非线性偏微分方程组才会有封闭形式的解析解。绝大多数情况下,对于几乎所有具有实际意义的问题,这些方程组只能求得数值解。

众所周知,C^∞ 柯西数据满足双曲守恒定律的非线性系统,该数值解可能在有限时间内存在不连续性。范例包括跨声速飞行中机翼上激波的形成或活塞压缩运动所产生的激波传播。气体动力学中最常见的不连续类型是激波与接触不连续。双曲守恒律理论中,激波称为真正的非线性波,而接触不连续称为线性衰减波。在数值上,不连续性通常通过激波捕获技术来获得,该技术通常使单元网格过渡区域的不连续性发散或不清晰(LeVeque,1992;LeVeque 等人,1998)。下面将这些近似不连续性称为"不连续性"。此外,随着网格精细化,不清晰激波的物理长度尺度减小,而不清晰的网格数量仍与所给定的数值方法相同。因此,虽然各种场量(密度或压力)导数的定义不清晰,但数值解中所捕获的不连续性在非常小的空间尺度下展示出大的梯度,并允许导数的数值计算。关于高梯度的类似讨论适用于涡度相关的接触不连续性。需要提醒的是,可压缩流动中存在着爆震波等其他类型的波,本章并未涉及。

激波显示的最早科研工作源于发明纹影方法的托普勒(Krehl 和 Engemann,

---

① Princeton Plasma Physics Laboratory,Princeton,NJ08543-0451,USA.

② Laboratory for Visiometrics and ModeCing,Department of Mechanical and Aerospace Engineering and CAIP Center,Rutgers University,Piscataway,NJ 08854-8058,USA.

1995)，随后是马赫助手之一的德沃夏克，其将纹影方法修改为了阴影方法（见第9章）。但是，可视化学术文献中并没有关于流动显示、数据提取及不连续性流场量化的充足实例。值得注意的是激波研究成果包括了时变结构量化问题的 Vorozhtsov 和 Yanenko（1990）的工作，以及 Pagendarm 和 Seitz（1993）、Ma 等人（1996）以及 Lovely 和 Haimes（1999）。但是，文献中大部分的讨论是围绕稳定三维流场中的激波捕捉。一些激光捕捉算法依赖密度场梯度与单位马赫数等值面。这样的做法是有效的，因为马赫数从大于1（超声速流动）经激波降低至小于1（亚声速流动）。然而，这个标准（ $Ma = 1$ ）对于非定常流动是无效的。值得注意的是，Lovely 和 Haimes（1999）提供了非定常流动算法中的校正项。基于连续流场（如果不是几个导数的连续性）的几个显示算法遇到意想不到的问题。

本章回顾了可能用于数值模拟的变换函数，以产生对应于实验技术的视觉图像。但是，主要关注点超越了产生具有不连续性的流场图，以便提取流动中激波位置及激波接触面不连续的特征。内容也包括了相关算法的细节。

12.1.1　基本配置

将本章中出现的方法用于平面激波与平面倾斜接触线之间非定常相互作用的二维模拟，这是里克特迈耶–梅什科夫（非均匀加速）流动的基本结构（Samtaney 和 Pullin，1996；Zabusky，1999）。该典型的非定常问题展示了包括激波相互作用与分叉、新出现剪切层的三点及接触不连续性形成的一些有趣的不连续特征。图12.1展示的是该物理问题的示意图。自左向右 Ma 的激波遇到以 α 角倾斜的初始界面，分离两种气体。左（右）边有气体密度为 ρ_1（ ρ_2 ）。激波在界面处折射并分叉形成透射激波与反射波，其中反射激波可以是激波或膨胀波。这些波在顶部与底部的进一步反射及二次相互作用导致不连续性丰富的复杂流场。为方便起见，假设两种气体均满足相同的理想状态方程，即其具有相同的比热比 γ 。因此，三元组（ Ma 、 ρ_2/ρ_1 与 α ）定义了这个相互作用的主要参数。本章所采用的参数为（2.0,3.0,π/4）及 $\gamma = 1.667$ 。

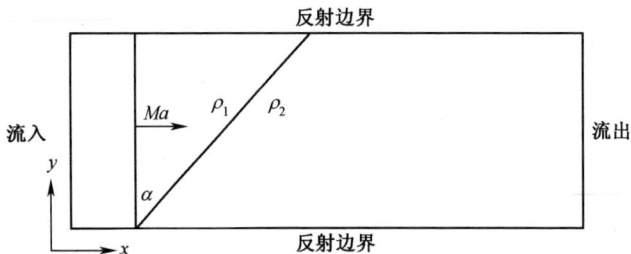

图12.1　非稳态二维激波接触–不连续相互作用的初始条件示意图
（几何形状是一个二维矩形激波管）

通过二阶模拟方法、戈杜诺夫方法与平衡通量法（EFM）获得相关的解（Samtaney 和 Zabusky,1994;Pullin,1980）。需要注意的是,戈杜诺夫方法属于通量差分裂解格式,而平衡通量法属于通量矢量裂解格式。网格为均匀的正方形。这不是一个限制,因为现有的技术可以扩展到贴体曲线网格。模拟域为 $[-0.5,1.5] \times [0,1.0]$,并且两个离散化分辨率为 x 方向具有 800 点与 1600 点, y 方向具有 400 点与 800 点。所命名的模拟操作可参见表 12.1。

表 12.1 模拟操作命名表（其中 GL 为戈杜诺夫低分辨率,GH 为戈杜诺夫高分辨率,EL 为平衡通量法低分辨率,EH 为平衡通量法高分辨率）

数值方法	低分辨率 (400 × 800)	高分辨率 (1600 × 800)
戈杜诺夫	GL	GH
EFM	EL	EH

除非在图标题中特别说明,本章所展示的图像与结果是在时间 $t = 0.72$ 获得的。需要注意的是,时间是归一化的,即以在无激波入射气体 ρ_1 中声波穿过激波管宽度的时间为基准。

图 12.2 展示了 $t = 0.72$ 时戈杜诺夫高分辨率的密度图。其展现了各种强弱的激波和层流剪切层。需要注意的是,波纹界面源于沉积的涡旋卷起。该效应在模拟戈杜诺夫低分辨率与平衡通量法低分辨率时是不存在的。戈杜诺夫与平衡通量法代码的不同结果被展示出来,分辨率与收敛问题也进行了讨论。方法与分辨率之间的比较作为首个视觉测量方法来量化基本二维构型代码的质量。

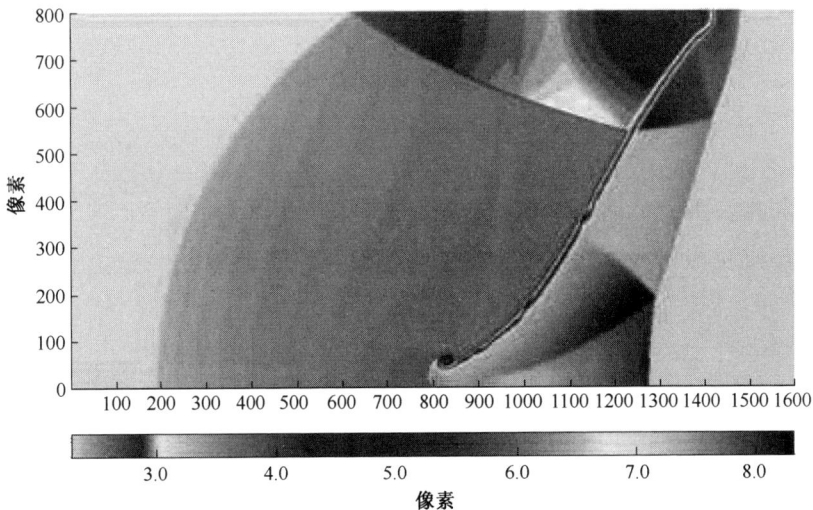

图 12.2 （见彩图 20）时间 $t = 0.72$ 时二维激波接触面不连续性相互作用的密度场（模拟戈杜诺夫高分辨率图像）

12.2 显示技术

12.2.1 试验技术的数值模拟

在试验中,当光线穿过密度变化的可压缩气体时,密度变化与格拉德斯通-戴尔公式中折射率变化相关(Merzkirch,1974),将会经历三种效应。首先是未受扰动路径的角位移,第二种是均匀介质中所经历的路径位置,而第三种是不受扰动光线的相位变化(见第9章)。这三种效应与具有不连续性流动的三种主要的实验显示技术相对应。

1. 纹影成像

纹影成像依赖于折射率变化所引起的光线角度偏转,其中折射率是气体密度的函数。纹影图像的强度对应于密度梯度(Merzkirch,1974)。在边缘检测文献中,梯度在许多方法中都是用来识别边缘。这些方法包括罗伯特交叉、索贝尔、罗盘及普雷维特边缘探测器(Schalkoff,1988)。每种方法均采用不同的"卷积掩膜"(卷积掩膜是用于二维离散函数或滤波器的图像处理中的术语)。罗伯特交叉边缘探测器可表示为

$$\begin{cases} \nabla_x \rho_{i,j} \equiv \dfrac{\rho_{i+1,j+1} - \rho_{i,j}}{\sqrt{2}\,h} \\[2mm] \nabla_y \rho_{i,j} \equiv \dfrac{\rho_{i,j+1} - \rho_{i+1,j}}{\sqrt{2}\,h} \\[2mm] \nabla \rho_{i,j} \equiv \left[(\nabla_x \rho_{i,j})^2 + (\nabla_y \rho_{i,j})^2 \right]^{\frac{1}{2}} \end{cases} \tag{12.1}$$

式中:ρ 为密度场;h 为网格步长。索贝尔边缘检测检测器可表示为

$$\begin{cases} \nabla_x \rho_{i,j} \equiv \dfrac{1}{8h}\left[2(\rho_{i+1,j} - \rho_{i-1,j}) + \rho_{i+1,j+1} - \rho_{i-1,j} + \rho_{i+1,j-1} - \rho_{i-1,j-1} \right] \\[2mm] \nabla_y \rho_{i,j} \equiv \dfrac{1}{8h}\left[2(\rho_{i,j+1} - \rho_{i,j-1}) + \rho_{i+1,j+1} - \rho_{i+1,j-1} + \rho_{i-1,j+1} - \rho_{i-1,j-1} \right] \\[2mm] \nabla \rho_{i,j} \equiv \left[(\nabla_x \rho_{i,j})^2 + (\nabla_y \rho_{i,j})^2 \right]^{\frac{1}{2}} \end{cases}$$

$$\tag{12.2}$$

图 12.3 展示了对应于上述两种方法的纹影图像。索贝尔边缘检测器因其较大模版而更为平滑且对噪声不太敏感。本示例中可注意到索贝尔边缘检测器与罗伯特交叉边缘检测器似乎区别不大。

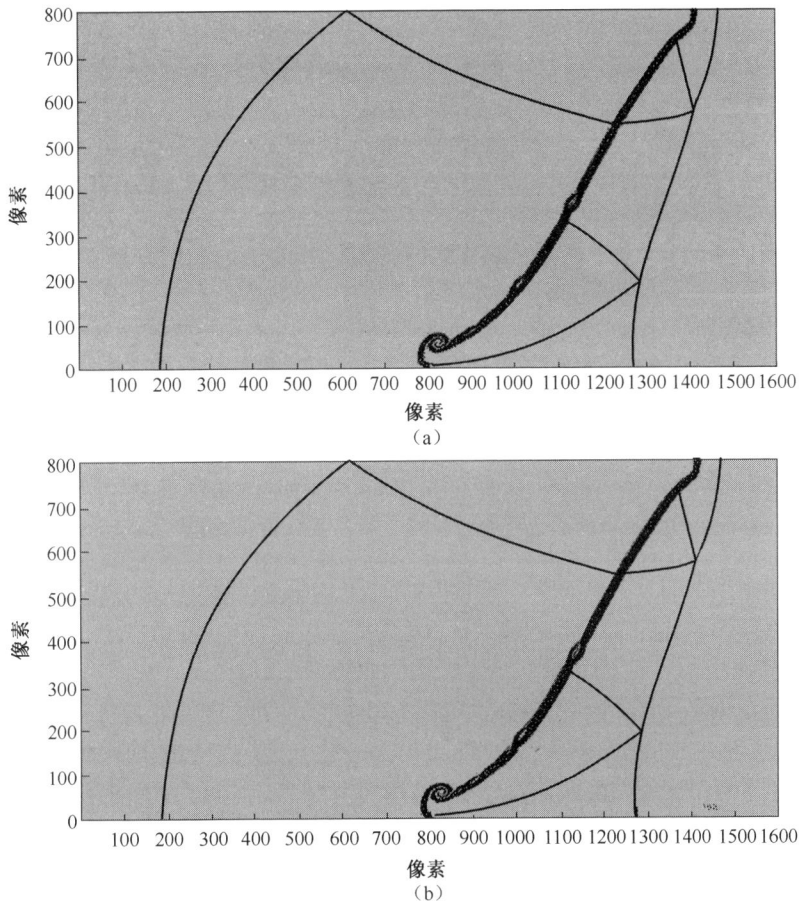

图 12.3   时间 $t = 0.72$ 的戈杜诺夫高分辨率模拟中二维激波接触面不连续性的数值纹影图
(a)采用罗伯特交叉检测器所产生的纹影图;(b)采用索贝尔边缘检测器的产生的纹影图。

2. 阴影法

这种技术依赖于因气体空间密度变化导致折射率变化而引起的光线位移(Merzkirch,1974)。可以证明,光线的位移取决于密度的二阶导数。数值上等价的量是通过密度场二阶导数来获得的。均匀网格中点 (i,j) 的中心差分格式近似值为

$$\left\{ \nabla^2 \rho_{i,j} \equiv \frac{\rho_{i+1,j} + \rho_{i-1,j} + \rho_{i,j+1} + \rho_{i,j-1} - 4\rho_{i,j}}{h^2} \right. \tag{12.3}$$

式(12.3)适用于激波接触面模拟中的密度场。图 12.4 展示了时间 $t = 0.72$ 的阴影法图像。边缘检测文献中,这种边缘检测技术有时称为马尔边缘检测器(Parker,1997)。需要注意的是,实验室实验过程中激波接触面不连续性实际上引起大量的光衍射而非光折射。尽管如此,该技术仍被建议用来突现数值流场的不连续性。

257

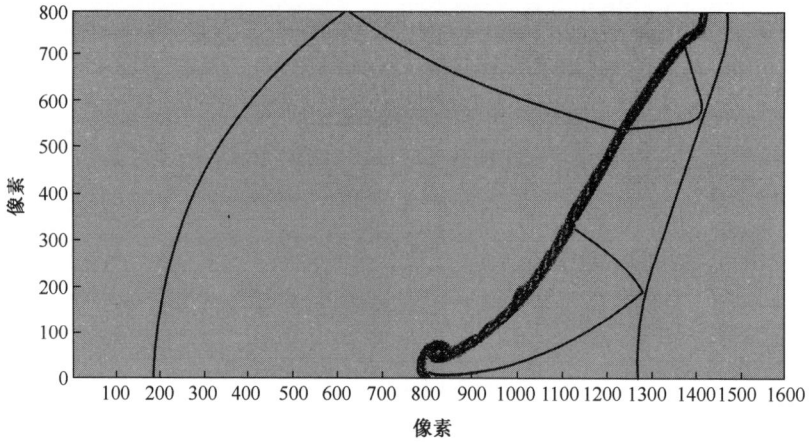

图 12.4　由戈杜诺夫高分辨率模拟所获得的 $t = 0.72$ 时
二维激波接触面不连续性相互作用的数值阴影图

3. 干涉法

干涉图中的条纹图样是由于光通过密度场时的相移而产生的(Merzkirch, 1974)。数值上近似的干涉图公式如下:

$$I_{i,j} = 0, \text{其余为 } 1$$

$$\mathrm{mod}\left(\mathrm{interger}\left(N_f \frac{\rho_{i,j} - \rho_{\min}}{\rho_{\max} - \rho_{\min}}\right), 2\right) = 0, \text{其余为 } 1 \qquad (12.4)$$

式中: N_f 为 $[\rho_{\min}, \rho_{\max}]$ 范围内所测得的条纹数目; I 为所得图像的强度。条纹图样的变化出现在不连续处,如图 12.5 所示。

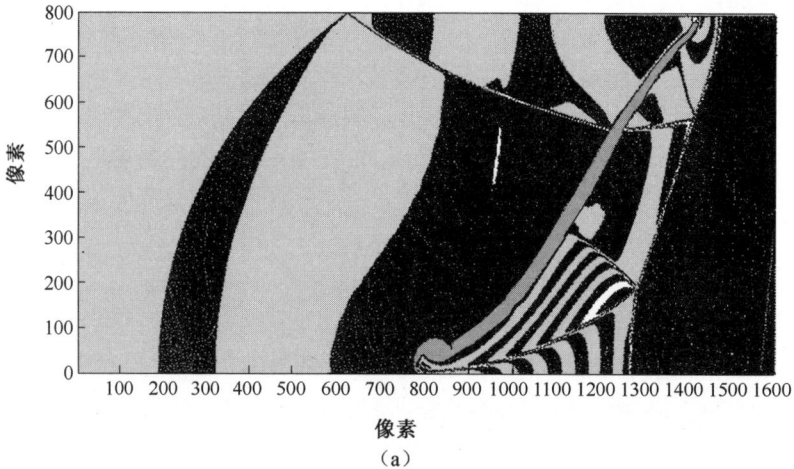

(a)

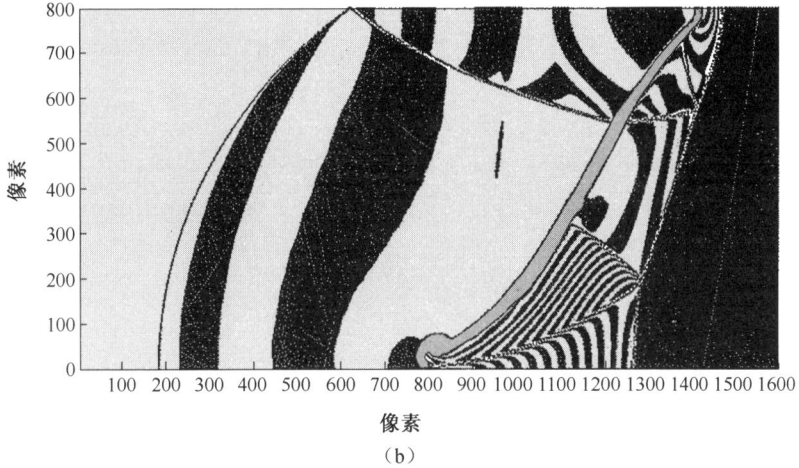

图 12.5　由戈杜诺夫高分辨率模拟 $t = 0.72$ 时所获得的
二维激波接触面不连续性相互作用的数值干涉图，
（a），（b）分别为产生 64 和 128 个干涉条纹的图像。

上述的数字显示技术适用于流动变量而非密度场。需要注意的是，这三种方法广泛用来显示实验结果，其中在一个方向求密度积分以期获得关于二维流场的信息。因此，这些技术在显示二维实验结果时是有效的。也有获取彩色纹影图与干涉图的实验技术。此外，本章并未讨论几种改进的纹影法与干涉法，可参考第 9章及 Merzkirch（1974）的专著。本章的目的在于证明数值阴影 $\nabla^2 \rho$ 在非定常二维数值实验中隔离不连续性方面是有效的。

12.2.2　滤波与噪声抑制

因为微分运算的精度通常低于计算解的精度，阴影法与纹影法易受误差噪声的干扰。由于大多数激波捕捉方法为保持单调性而在不连续性附近将精度降低至一阶，从而使得该问题进一步恶化。为了降低噪声影响，采用了以下几种平滑滤波技术。第一种方法采用了围绕点窗口，其表示如下：

$$\widetilde{q}_{i,j} = \sum_{k=-n/2}^{n/2} \sum_{l=-n/2}^{n/2} \omega_{k,l} q_{i+k,j+l} \tag{12.5}$$

以保证权重 $\sum \omega_{k,l} = 1$。式（12.5）中，$\widetilde{q}_{i,j}$ 为经平滑滤波后的场。图像处理文献中另一个重要的平滑滤波函数是各向同性高斯场的卷积，表示如下：

$$\begin{cases} \widetilde{q}_{i,j} = \sum_k \sum_l G_{k,l} q_{i+k,j+l} \\ G_{k,l} = \dfrac{1}{2\pi\sigma^2} \exp\left(-\dfrac{x_{k,l}^2 + y_{k,l}^2}{2\sigma^2}\right) \end{cases} \tag{12.6}$$

其中,σ 为高斯分布的标准差。边缘检测中,常见的做法是将拉普拉斯运算和高斯运算结合到一个称为高斯拉普拉斯算子或 LoG 的卷积掩膜中(Parker,1997)。

12.2.3 显示参数的选择

选择变量及其颜色映射来突出流动中的不连续性是一个非常重要的问题。根据由边缘检测算法应用于诸如密度、压力、熵等各种场的已有经验,推荐以下变量。

(1) 密度:通过梯度量级与密度拉普拉斯算子来显示激波接触面不连续性。

(2) 压力与速度散度:梯度量级与密度拉普拉斯算子(图 12.6)以及速度场散度来显示激波。由于理论上压力与法向速度在接触不连续面上都是连续的,因而接触不连续性并不出现在这些变量之中。速度场散度 $\nabla \cdot V$ 在分辨激波波阵面上是有效的(图 12.7)。需要注意的是,由于理想气体中的激波总是压缩的,因而激波的 $\nabla \cdot V$ 总是负的。

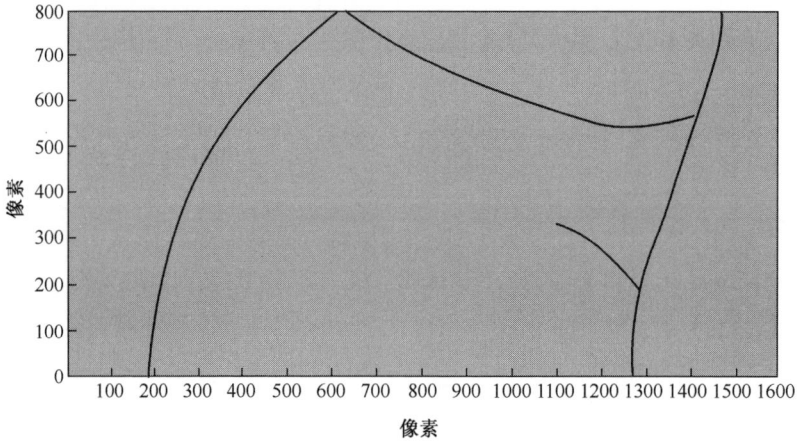

图 12.6 由戈杜诺夫高分辨率模拟 $t = 0.72$ 时所获得二维激波接触面不连续性相互作用下压力场的拉普拉斯图

(3) 熵:研究表明穿过激波的熵突增是一个三阶量,即 $\Delta s = O(Ma - 1)^3$ (Thompson,1972),其中 Ma 为激波马赫数。因此,熵梯度对于识别流场中强激波是有效的。需要注意的是,熵在穿过接触面时也是不连续的。变量 $\nabla^2 s$ 如图 12.8 所示。透射激波与主要接触面非常清晰,而明显较弱的反射激波没有被检测到。

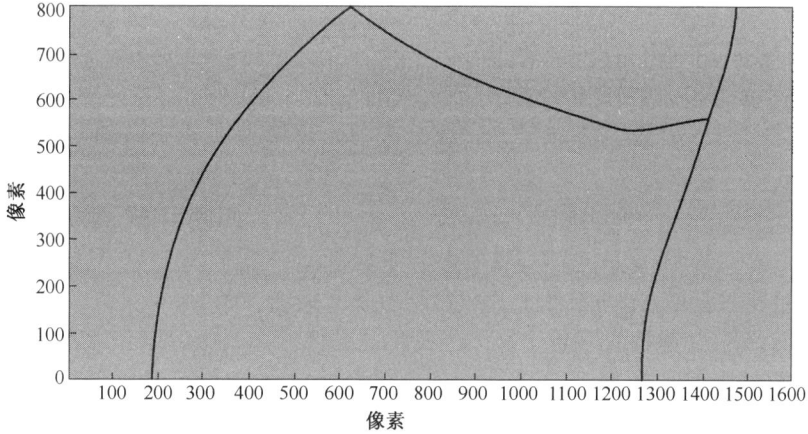

图 12.7　由戈杜诺夫高分辨率模拟 $t = 0.72$ 时所获得
二维激波接触面不连续性相互作用下速度场的散度

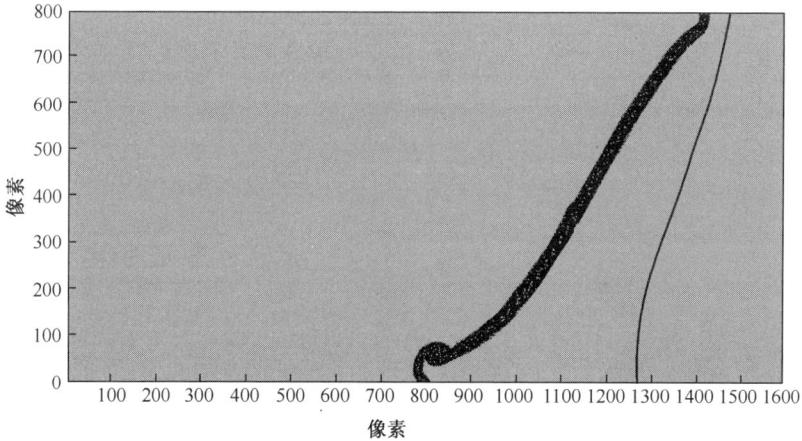

图 12.8　由戈杜诺夫高分辨率模拟 $t = 0.72$ 时所获得
二维激波接触面不连续性相互作用下熵场的拉普拉斯图

12.3　激波和接触面的量化

通过不连续性的量化,意味着通过曲线(及其法线与曲率)来表征二维流场中的不连续性,而沿这些曲线可确定特定的特性。例如,激波特征可能包括局部强度(压力阶跃)或局部马赫数(或其阶跃)(Sarntaney 和 Zabusky,1994),其中阶跃总是沿下面讨论的局部法向。所提取的轮廓对应密度场拉普拉斯的零交点,该密度场受到零交点处密度梯度大于用户指定的阈值。未来必须关注这些波与涡过渡域或结构的拓扑、长度、宽度及其混沌复杂性的其他量度。

261

12.3.1 一维示例

本节将确定如下问题,即拉普拉斯零交点在量化激波和接触面不连续位置时的精度如何? 该问题通过将解析解(Samtaney 和 Zabusky,1994)与由戈杜诺夫代码获得的一维激波接触—面不连续性相互作用(图12.1 中的 $\alpha = 0$)模拟的比较予以解决。还检验了 $\nabla^2\rho$ 的零交点的数值解与解析解的位置差异。这种差异通过网格间距归一化并在 $t = 0.54$ 时绘制到图12.9 中。

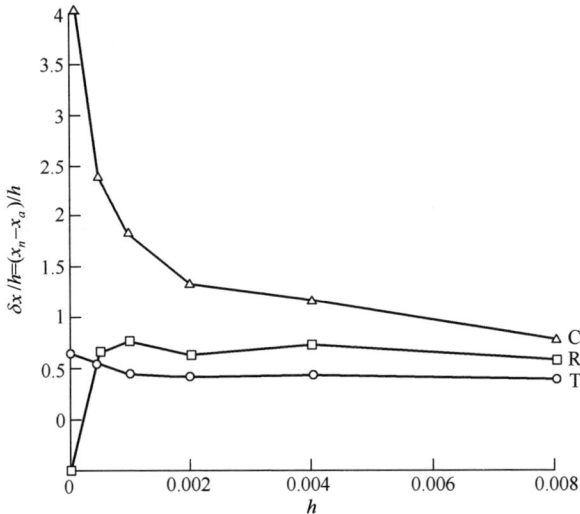

图 12.9　不同分辨率一维激波接触面不连续性相互作用下反射激波 R、接触面不连续性 C 及透射激波 T 在数值定位 x_n 与解析定位之间的差异,

相互作用参数为 $(M,\rho_2/\rho_1,\alpha) = (2.0,3.0,0.0)$,网格间隔为 h

对于所有分辨率而言,激波数值位置与其解析位置的差异小于一个网格单元。更大范围内模糊的接触面不连续可在 $2h$ 内精确定位,是低分辨率下网格间隔的 2 倍。但是,随着网格精细化,$\nabla^2\rho$ 的零交点不会收敛至接触面不连续性的解析位置。相关解释有待进一步研究。

12.3.2 算法

二维可压缩流动中量化激波接触面的算法细节如下。

1. 网格简单分解

网格由四边形组成并且被编号,使得四边形 (i,j) 在 $\bar{x}(i,j)$、$\bar{x}(i+1,j)$、$\bar{x}(i+1,j+1)$ 与 $\bar{x}(i,j+1)$ 处具有四个顶点 $(i = 0,1,2,\cdots,M;j = 0,1,2,\cdots,N)$。

每个四边形网格可分解成两个三角形。需要注意的是,这种分解不是唯一的,但现在不用关心这个问题。每个三角形被赋予唯一的编号 $id = 2(M-1)j + 2i + k$ ($k = 0,1$)。具有属性的三角形表得以产生。图 12.10 描绘了该步骤在算法中的初始设置。然后,生成网格中的边缘全局表(称为边缘表)。每个边被赋予唯一的编号 $eid = 3Mj + 3i + k(k = 0,1,2)$ 。三角形表中,每个元素都是由三角网格表中的唯一标识并包含两个指针的三个值组成的数据结构 (E_0, E_1, E_2) 。其中第一个指针指向全局边缘表,由于每个边缘由两个三角形共享,或者位于区域的边缘;第二个指针指向三角形表中的一个条目,该三角形表包含了共享该边缘的相邻三角形。如果该边缘在边界处,则第二个指针指向 NULL。全局边缘表中的每个条目基本上都包含指向存储真实顶点坐标的顶点表(未在示意图中给出)的指针。

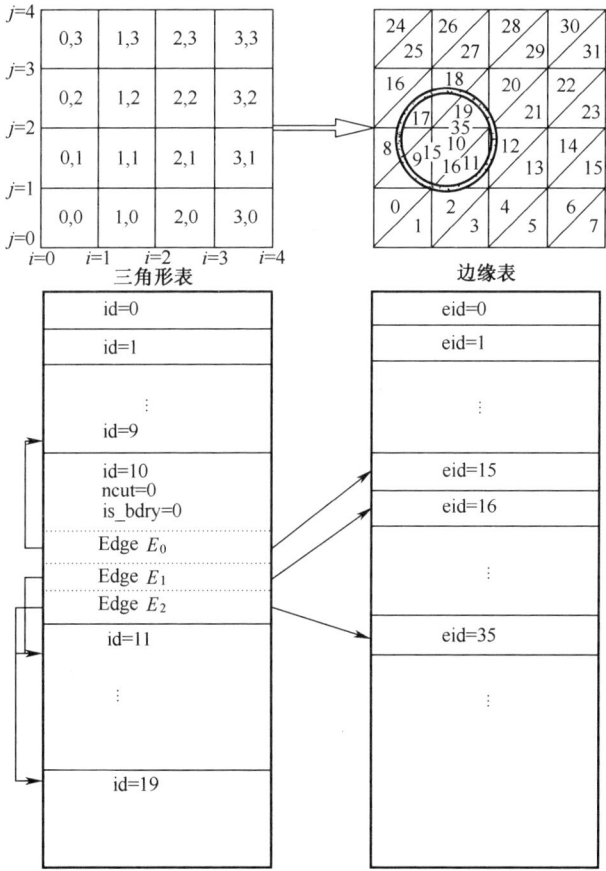

图 12.10   网格的单纯分解与三角形表、边缘表的生成

2. 拉普拉斯零交点

该步骤就是计算所关注场变量的拉普拉斯算子,与拉普拉斯算子零等值线相交的边能被识别出来。此外,可去除与拉普拉斯算子零等值线相交且场梯度低于

263

阀值的边缘。数学上,相交点可按如下计算:

$$
\begin{cases}
\bar{x} = \bar{x}_1 + (\bar{x}_2 - \bar{x}_1) \dfrac{\nabla^2 \rho(\bar{x}_1)}{\nabla^2 \rho(\bar{x}_1) - \nabla^2 \rho(\bar{x}_1)} \\[2mm]
\text{当 } \nabla^2 \rho(\bar{x}_2) \cdot \nabla^2 \rho(\bar{x}_1) < 0 \\[2mm]
\text{且 } |\nabla \rho(\bar{x}_2)| + |\nabla \rho(\bar{x}_1)| > 2 |\nabla \rho|_{\text{threshold}}
\end{cases} \tag{12.7}
$$

式中:$\bar{x}_1$、$\bar{x}_2$ 为边缘的顶点。因此,在式(12.7)中,$\bar{x}$ 是拉普拉斯算子在端点为 $\bar{x}_1$ 与 $\bar{x}_2$ 的边缘上零交点位置,而只选择所关注场中平均梯度大于用户指定阀值 $|\nabla\rho|_{\text{threshold}}$ 的那些边缘。这样做的目的在于消除拉普拉斯算子为零,但不在高梯度区域内的点。在该步骤的最后,零等值线与所有边缘的全部交点已确定。

3. 不连续性曲线的提取

在该步骤中,前一步所确定的交点被连接以形成流动中不连续性曲线。每个不连续性就是一条曲线,被存储为点的链接表。识别曲线的过程是递归的,伪代码由附录 A 给出。

4. 样条插值

上述步骤中,可以获得由点列表所构成的曲线。这些点的分布显然是不均匀的。在此步骤中,可采用自然三次样条来对这些点进行拟合(Press et al.,1988)。这些曲线被重新划分使得沿曲线的各点均匀分布。

5. 激波接触面不连续性识别和量化

对于每条曲线(为拟合后的样条曲线),可判别不连续性属于激波、接触面或者两者均不是,即识别谬误的不连续性曲线。识别激波的过程如下:①由于曲线是通过等间隔方式进行离散化的,沿曲线各点处,以等间距生成垂直于曲线的法线。对于曲线两侧的等间距点,采用双三次插值法计算密度、压力和速度 $(\rho, p, \bar{u})$ 等流动变量。②按下面的方法在曲线两侧采取等距点来评估正阶跃条件。出现的问题是:在法向必须走多远才能远离不连续性的模糊区域?

对于激波而言,沿法向行进并寻找特定成本函数最小的位置。显然,最接近激波的点因为模糊的原因并不满足阶跃条件。

假设 W 与 u_n 分别表示垂直于激波波阵面的激波速度与气流速度,激波速度可通过下列阶跃条件计算:

$$
W = \frac{\rho_2 u_{n2} - \rho_1 u_{n1}}{\rho_2 - \rho_1} \tag{12.8}
$$

在此通过采用以速度 W 运动的平面激波三种阶跃定义成本函数 S,其为

$$
S_1 = 1 - \frac{\mu^2 p_r + 1}{(\mu^2 + p_r)\rho_r} \tag{12.9}
$$

$$S_2 = 1 - \frac{p_2 + \rho_2 (W - u_{n2})^2}{p_1 + \rho_1 (W - u_{n1})^2} \qquad (12.10)$$

$$S_2 = 1 - \frac{h_2 + \frac{1}{2} (W - u_{n2})^2}{h_1 + \frac{1}{2} (W - u_{n1})^2} \qquad (12.11)$$

$$S = \omega_{S,i} S_i, \quad i = 1, 2, 3 \qquad (12.12)$$

式中：$\rho_r \equiv \rho_2/\rho_1$，$p_r \equiv p_2/p_1$；$\mu^2 \equiv (\gamma + 1)/(\gamma - 1)$；$h$ 为焓。在理想情况下，穿过激波的阶跃条件必须满足，且由此有穿过激波时 $S_i = 0 (i = 1, 2, 3)$。在数值上，阶跃条件不能精确满足，这是因为激波边界模糊，且对应于激波波阵面的等值线只能近似表示。成本函数 S 的最终形式是具有权重 $\omega_{S,i}$ 的 S_i 加权平均值。对于无激波的曲线，阶跃条件明显不能满足。存在着一些基于物理的简单约束，可消除不属于激波的点。例如，理想气体中穿过激波的密度比与压力比两者都必须大于 1。此外，通过由相对速度计算获得的局部法向马赫数由大于 1 到穿过激波的小于 1。因此，为降低计算成本，不满足这些约束的的点被剔除，不再进行处理。

对于接触面不连续性，实际上压力与法向速度在穿过接触面时是连续的。接触面的一个难点是其比激波更易扩散。接触不连续性成本函数的定义为：

$$C_1 = 1 - \frac{p_2}{p_1} \qquad (12.13)$$

$$C_2 = 1 - \frac{u_{n2}}{u_{n1}} \qquad (12.14)$$

$$C = \omega_{C,i} C_i, \quad i = 1, 2 \qquad (12.15)$$

连续性任意一侧的位置使成本函数最小化（S 表示激波，C 表示接触面不连续）。然后评估这些位置的属性，可沿激波波阵面分配激波速度、激波强度等，以及涡流片沿接触不连续性的强度。

12.3.3 二维示例

现将上述提取不连续性曲线的算法应用于激波与倾斜平面接触不连续性的二维相互作用。式（12.7）所采用的阈值是 $|\nabla\rho|_{\text{threshold}} = 0.008 |\nabla\rho|_{\text{max}}$，其中 $|\nabla\rho|_{\text{max}}$ 为密度梯度最大值。此外，将 $n = 2$，权重 $\omega_{\pm 1, \pm 1} = 1/16$，$\omega_{0, \pm 1} = 1/8$，$\omega_{\pm 1, 0} = 1/8$，$\omega_{0,0} = 1/4$ 代入式（12.5）对场 $\nabla^2\rho$ 进行 4 次递归平滑。提取的曲线如图 12.11 所示。编号为 1、3、5、6、7 的曲线为激波，而编号 2、8 是接触面不连续性（剪切层）。编号系统的简要解释如下：该算法从扫描 (x, y) 区域开始，从左到右，从底部到顶部。

每当遇到不连续性，就会生成一个编号。因此，本例中首先遇到的是编号为 1

的反射激波,随后是编号为 2 的主要接触面不连续性。算法遇到的下一个不连续性是编号为 3 的透射激波,并以此类推。

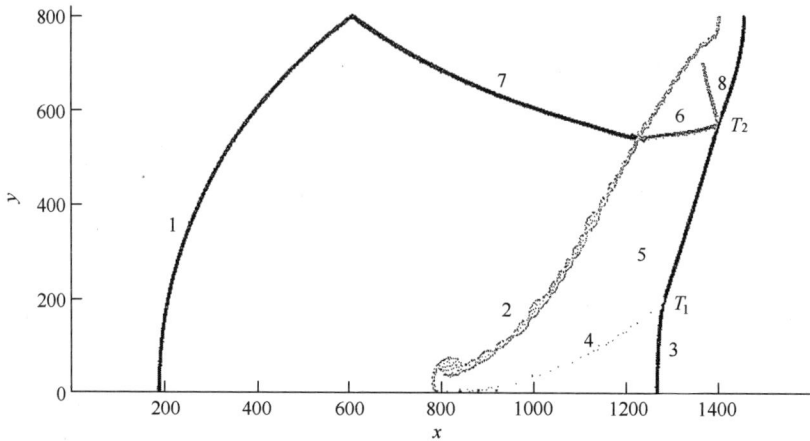

图 12.11 （见彩图 21)在戈杜诺夫高分辨率模拟 t = 0.72 时所获得二维激波接触面不连续性相互作用下提取的激波与接触面不连续性(剪切层),编号 1、3、5、6、7 的曲线为激波,而其余的则为接触面不连续性,编号 T_1 与 T_2 为激波与接触面相交的三重点位置,图中 x 轴与 y 轴由网格间隔进行归一化处理

尽管图 12.11 中不明显,但在放大该图时会发现反常现象。在不连续性彼此接近的区域,如理想的三重点 T_1 处,会发现弱提取的不连续性曲线并未与较强的曲线交于一点。三重点 T_1 周围区域如图 12.12 所示。当弱提取的曲线靠近一个理想三重点时,其在该区域呈现为具有高曲率的非物理转折。最大偏移量约为 5 个网格点。T_2 与 2、6、7 曲线相交也是如此。应注意的是,量化过程中非相交(非物理转折)区域必须被忽略,直至获得可解决该问题的算法为止。在以前的工作中发现了与分叉骨架提取相类似的不相交问题(Feher 和 Zabusky,1996)。

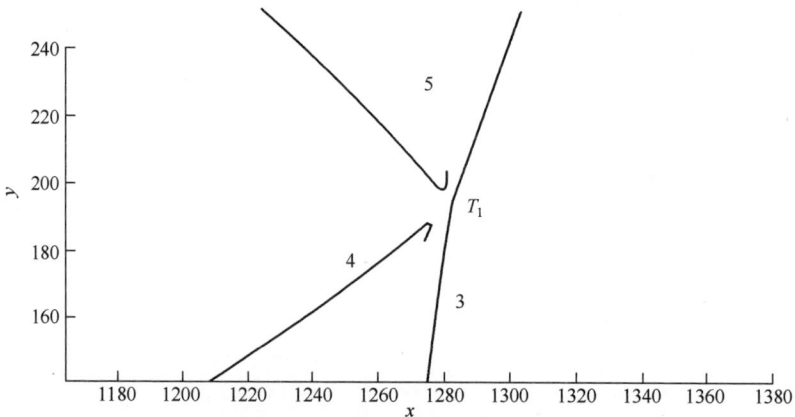

图 12.12 放大的三重点 T_1 区域,所提取的激波为 3 与 5,接触面为 4,图中 x 轴与 y 轴由网格间距进行归一化处理

266

需要注意的是,原始的直线接触间断已演变成左下方有许多旋转壁涡的编号2连续曲线,沿其整个长度上有许多涡卷。该问题及其相关的收敛问题将在下节讨论。

12.3.4　接触面追踪与模拟的收敛性

一些与接触位置相关的收敛问题已经在一维示例(见 12.3.1 节)予以讨论。为了说明与更好地理解涡度存在时与界面相关的收敛问题,将给出额外的一个交界面结果,并且可通过二维水平集偏微分方程求解得到的(Sethian,1996):

$$\frac{\partial \rho \zeta}{\partial t} + \frac{\partial \rho \zeta u}{\partial x} + \frac{\partial \rho \zeta v}{\partial y} = 0 \qquad (12.16)$$

式中:ζ 为水平集变量。在接触位置任意侧初始化 $\zeta = \pm 1$,使得在时间 t 时以水平集 $\zeta(x,y,t) = 0$ 来定义交界面。图 12.13 给出了 $\zeta(x,y,t) = 0$ 在不同时刻的模拟戈杜诺夫高分辨率模拟与迅速出现的小规模结构外形。

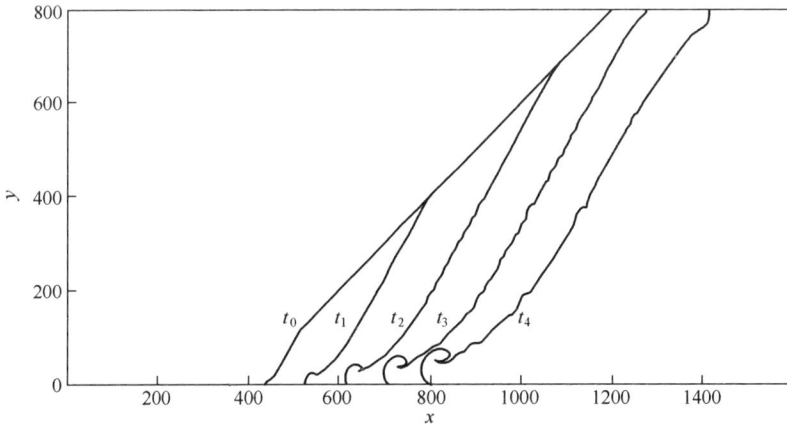

图 12.13　不同时刻具有戈杜诺夫高分辨率的二维激波接触间断
相互作用零水平集,所显示的时刻分别为 $t_0 = 0.0$,$t_1 = 0.20$,$t_2 = 0.38$,
$t_3 = 0.54$,$t_4 = 0.72$,图中 x 轴与 y 轴由网格间距进行归一化处理

如 12.3.3 节所述并在图 12.13 中的进一步展示,小规模结构在接触间断处出现。理想情况下,接触间断是可压缩涡旋片,但事实上是可压缩涡旋层。众所周知,对流马赫数小于 1 的可压缩涡旋片而言,所有的波数扰动都是不稳定的(Miles,1958)。因此,平面涡旋片的线性稳定性较差,高频模态会迅速增长。随着网格细化,涡层上的环流趋于收敛,涡层的空间范围减小,局部涡量增大。本质上,涡旋层在平衡通量法与戈杜诺夫更高分辨率模拟中形成高涡度或卷起的局部区域。为了更详细地讨论可压缩欧拉方程的数值解在涡旋片存在下的收敛问题,读

者可以参考 Samtaney 和 Pullin(1996)的工作。

将图 12. 14 中两条曲线的涡度(轮廓或颜色)与作为主要接触间断的壁涡放大区域内拉普拉斯算子零水平集与零交点($\zeta(t) = 0$ 和 $\nabla^2\rho = 0$)并列。结果来自对平衡通量法与戈杜诺夫高分辨率模拟,为方便起见平衡通量法高分辨率结果置于 x 轴上。

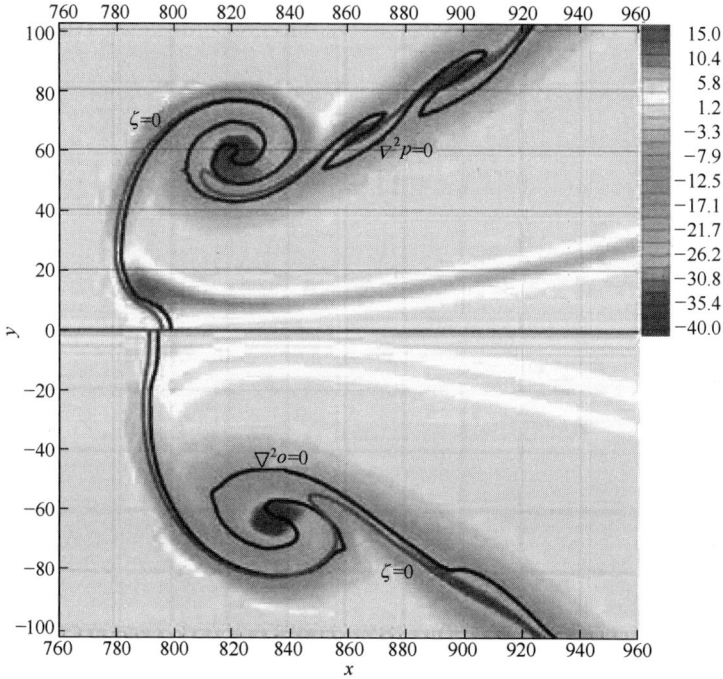

图 12. 14　(见彩图 22)戈杜诺夫(a)与平衡通量法(b)高分辨率模拟中 $t = 0.72$ 时
$\zeta = 0$ 与 $\nabla^2\rho = 0$ 两个交界面曲线的比较(结果源自平衡通量法高分辨率
模拟在 x 轴的反射), x 轴与 y 轴经网格归一化处理

需要注意的是,曲线 $\zeta = 0$(红色)没有曲线 $\nabla^2\rho = 0$(黑色)那么曲折。在涡度最小处(涡量最小的地区被染成深蓝色),曲线 $\xi = 0$ 表现出比曲线 $\nabla^2\rho = 0$ 更少的局部旋转或回旋。这在以曲线 $\nabla^2\rho = 0$ 为中心的主要壁涡上尤其明显,但移动至($\zeta = 0$ 曲线)所描绘的更重的流体域中。由此得出结论,这些模拟中的水平集解是一个更具扩散性的界面表示。对于平衡通量法高分辨率模拟,高频区域的显示并不如戈杜诺夫高分辨率模拟那么剧烈。此外,与戈杜诺夫高分辨率模拟相比,曲线 $\nabla^2\rho = 0$ 在平衡通量法高分辨率模拟中显示出更少的壁涡回旋。这是因为平衡通量法比戈杜诺夫法更具扩散性。需要注意的是,平衡通量法与戈杜诺夫低分辨率模拟此时并无任何小涡卷起。为此,提供了另一种方法来量化代码的扩散特性。

现将焦点集中于"尖部分离"现象。如图 12. 14(a)所示,最左端形状是锯齿状的("尖部分离"),这是近壁剪切层4(近 x 轴的红/黄正值区)的结果。还需要注意的是,扩散性的显示在分离尖部的量级范围内,该量级要比 $\zeta = 0$ 曲线更小。从图 12.14 中可以发现尖部分离的原因。基本上起自 T_1 的剪切层非常靠近壁面,且处于主壁涡的下方。这是一种竞争态势,其中顺时针旋转的主壁涡使剪切层卷起位置向左上移动,而当偶极实体向右移动时,位置区域与其镜像图像在近距离处相互作用。向右运动胜出,偶极实体夹带界面引起凹凸。显然,该竞争状态受到扩散的影响,实际上在平衡通量法与戈杜诺夫低分辨率模拟中并未看到,只是在杜诺夫高分辨率模拟中稍微明显。

12.3.5 量化局部激波特性

应用 12.3.2 节中所提出的算法量化部分。实际上,发现最能量化激波的成本函数是具有权重 $\omega_{S,1} = 1, \omega_{S,2} = \omega_{S,3} = 0$ 的函数。该成本函数当沿激波曲线法向时与压力与密度阶跃相关,具有非常明显的最小值。编号1与编号3的激波法向速度量级作为激波曲线长度的函数如图 12.15 所示。作为参考,还绘制了一维相互作用下的反射激波与透射激波的速度。需要注意的是,编号3的激波实质上包含三个不同的激波波阵面。这些是由下部边界层向 T_1 的马赫杆,紧接着由 T_1 向 T_2 以及最终由 T_2 至上层边界层的激波波阵面。密度(实际上甚至包括其他变量)的拉普拉斯算子零交点不能区分这三个激波,只能识别其为一个激波。但是,在激波波阵面的量化中可见正激波的速度变化。

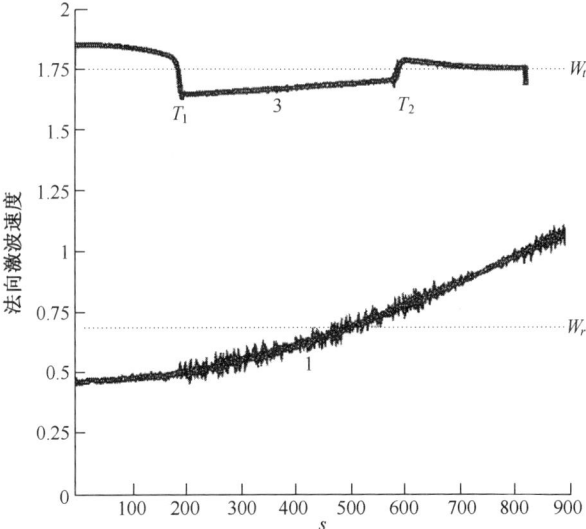

图 12.15　由编号1与3所标识的激波波阵面弧长 s 函数的法向激波速度,编号3激波上标签 T_1 与 T_2 点为激波波阵面上三重点的大致位置,水平线为一维激波-接触面相互作用下反射激波与反射激波的速度 W_r 与 W_t,其显示用来作为参考。

也可发现编号 1 正激波的速度是噪声较大的曲线。这可能源于这种弱激波的几个误差来源:用来计算流动的数值方法、零交点识别方法的误差(基本上采用线性插值)或用来量化激波波阵面的成本函数或上述因素的组合。

12.4 小结

本章提出了针对激波与接触不连续性可压缩气体的实验流动显示技术数值模拟。然而,本章主要强调了这些不连续性曲线的提取、识别与量化,以及法向变化的物理量。这有助于深入理解复杂非线性流体现象的数字与计算特性。特别是,本章考察了收敛性、戈杜诺夫与平衡通量法代码的误差及水平集接口跟踪器。

开发了一种基于场量(通常为密度)的拉普拉斯算子零交点的算法用于提取不连续性。这种不连续性由采用递归技术所提取的曲线来表征。此外,还沿所提取的曲线量化了诸如激波局部长度或法向激波速度等的特性。这种计算确定是基于激波波阵面法向成本函数的最小值。所提取的相关特性不连续性可能被认为是一种数据归约措施。通过展示的方式将所发展的方法应用于本章中激波与接触间断之间的相互作用,获得具有丰富的分叉与不连续性的流场。

本章简要介绍了包括变量选取的其他一些相关话题。推荐基于密度来同时捕捉激波与接触间断,基于压力与速度散度来捕捉激波,基于熵捕捉接触面与强激波。既然已涉及边缘检测技术,推荐采用密度的拉普拉斯算子零交点来捕捉不连续性。一维实验表明,接触层质心位置可能会受系统误差的影响。最后应该注意的是,全过程存在着几个误差源(噪声),包括模拟方法、不连续性提取技术、用来量化不连续特性的成本函数形式。谨慎地应用一些滤波平滑方法可抑制噪声。随时跟踪不连续性曲线以并生成三维的自适应网格十分重要。此外,量化误差源及其在可观测动力学方面的影响也是十分重要的,其中包括变量及其阀值的选择、拓扑变化、不连续性曲线中所提取区域的长度与宽度,以及为适应激波的非定常运动所进行的成本函数改进等。

本章在在量化方面会对数值计算后处理领域有所贡献。这是将大量数据集还原为基本数学物理实体数值解的一个公认有效方法。

R. 萨姆尼的工作得到了美国国家科学院与美国国家航空航天局(NASA Contract NAS2-14303)的部分支持。N. J. 扎布斯基的工作主要得到美国能源部(Grant DE-FG02-98ER25364)弗莱德·豪斯博士与丹尼尔·希区柯克博士的支持,也获得了美国放射肿瘤学管理者协会(SROA)与罗格斯大学先进信息处理中心(CAIP Crnter)的资助。

附录A
提取不连续性曲线的伪代码

```
Triangle triangle[ NTriangles] ;
Curve curve[ ] ;
int n;
int ncurve ;
int nedge ;
int I ;

for( n = 0 ;n< NTriangles ;n++) {
// If triangle is cut omly once
// this is the beginning of a curve.
if( triangle[ n]. ncut = = 1) {
// Determine which edge is cut.
    for( i = 0 ;i<3 ;i++) {
    if( triangle[ n]. edge[ i]. iscut)
nedge = i;  break ;}
}
// Get the coordinates of the
// intersection point with the cut edge.
    triangle[ n]. edge[ nedge].
        GetIntersectionPoint( &x ,&y) ;
    triangle[ n]. edge[ nedge]. iscut = 0 ;
    if( triangle[ n]. edge[ nedge].
    neighbor_triangle!  = NULL) {
    nt = triangle[ n]. edge[ nedge].
        neighbor_triangle. id ;
    triangle[ n]. ncut = 0 ;
// Add intersection point to the curve.
```

```
        curve[ncurve]. AddPoint(x,y);
// Traverse the curve using the
// following recursive routine.
    TraverseCurve(ncurve,nt);
    }
ncurve++;


// The curve can also start at the boundary.
    if(ncut==2 && triangle[n]. IsOnBoundary) {

    for(i=0;i<3;i++) {
      if(triangle[n]. edge[i]. iscut &&
triangle[n]. edge[i].
neighbor_triangle==NULL) {
nt=triangle[n]. edge[i].
neighbor_triangle. id;
triangle[n]. ncut=0;
triangle[n]. edge[i]. iscut=0;
triangle[n]. edge[i].
      GetIntersectionPoint( &x,&y);
// Add intersection point to the curve.
curve[ncurve]. AddPoint(x,y);
// Traverse the curve using the
// following recursive routine.
      TraverseCurve(ncurve,nt);
ncurve++;
break;
}
  }
  }
}


// Recursive routine to traverse the curve.
TraverseCurve(int ncurve,int n)
{
// Reached end of curve
```

```
if( triangle[ n ]. ncut = = 1 ) {
  triangle[ n ]. ncut = 0;
  return;
}

// Still on the curve.
if( triangle[ n ]. ncut = = 2) {

  for( i = 0; i<3; i++) {
    if( triangle[ n ]. edge[ i ]. iscut &&
  triangle[ n ]. edge[ i ].
  neighbor_triangle = = NULL) {
nt = triangle[ n ]. edge[ i ].
  neighbor_triangle. id;
triangle[ n ]. ncut = 0;
triangle[ n ]. edge[ i ].
      GetIntersectionPoint( &x, &y) ;
triangle[ n ]. edge[ i ]. iscut = 0;
  // Add intersection point to the curve.
curve[ ncurve ]. AddPoint( x,y) ;
  // Traverse the curve using the
  // following recursive routine.
TraverseCurve( ncurve, nt) ;
break;
    }
  }
}
// Should never reach here.
return;
}
```

参考文献

Courant, R. and Friedrichs, K. O. 1948. *Supersonic Flow and Shock Waves.* Springer – Verlag, Berlin.

Feher, A. and Zabusky, N. J. 1996. An interactive imaging environment for scientific visualization and quantification. *Int. Imaging Syst. Technol.* , **7**, 121–130.

Krehl, P. and Engemann, E. 1995. August Toepler–the first who visualized shock waves. *Shock Waves*, **5**, 1–18.

LeVeque, R. J. 1992. *Numerical Methods for Conservation Laws*. Birkhauser Verlag, Basel.

LeVeque, R. J. , Mihalas, D. , Dorfi, E. A. and Müller, E. 1998. *Computational Methods for Astrophysical Fluid Flow*. Springer–Verlag, Berlin.

Lovely, D. and Haimes, R. 1999. Shock detection from the results of computational fluid dynamics. *AIAA Computational Fluid Dynamics Conference*, Paper 99–3291, June 20–21.

Ma, K. –L. , Van Rosendale, J. and Vermeer, W. 1996. 3D Shock wave visualization on unstructured grids. In *Proceeding of the 1996 Symposium on Volume Visualization*, San Francisco, California, October 28–29, pp. 87–94. ACM SIGGRAPH.

Merzkirch, W. 1974. *Flow Visualication*. Academic Press, New York.

Miles, J. W. 1958. On the disturbed motion of a plane vortex sheet. *J. Fluid Mech.* , **3**, 538–552.

Pagendarm, H. –G. and Seitz, B. 1993. An algorithm for detection and visualization of discontinuities in scientific data fields applied to flow data with shock waves. In *Visualization in Scientific Computing*, ed. P. Palamidese, Ellis Horwood Workshop Series, Chichester.

Parker, J. R. 1997. *Algorithms for Image Processing and Computer Vision*. John Wiley and Sons, New York.

Press, W. H. , Flannery, B. P, Teukolsky, S. A. and Vetterling, W. T. 1988. *Numerical Recipes in C*. Cambridge University Press, Cambridge.

Pullin, D. I. 1980. Direct simulation methods for compressible ideal gas flow. *J. Comput. Phys.* , **34**, 231–244.

Samtaney, R. and Pullin, D. I. 1996. On initial–value and self–similar solutions of the compressible Euler equations. *Phys. Fluids*, **8** (10), 2650–2655.

Samtaney, R. and Zabusky, N. J. 1994. Circulation deposition on shock–accelerated planar and curved density–stratified interfaces: models and scaling laws. *J. Fluid Mech.* , **269**, 45—78.

Schalkoff, R. J. 1988. *Digital Image Processing and Computer Vision*. John Wiley and Sons, New York.

Sethian, J. A. 1996. *Level Set Methods: Evolving Interfaces in Geometry, Fluid Mechanics, Computer Vision, and Material Science*. Cambridge University Press, Cambridge.

Thompson, P. A. 1972. *Compressible Fluid Dynamics*. McGraw Hill, New York.

Vorozhtsov, E. N. and Yanenko, N. N. 1990. *Method for the Localication of Solutions of Gas Dynamic Problems*. Springer–Verlag, Berlin.

Zabusky, N. J. 1999. Vortex paradigm for accelerated inhomogeneous flows: Visiometrics for the Rayleigh–Taylor and Richtmyer–Meshkov environments. *Annu. Rev. Fluid Mech.* , **31**, 495–526.

274

彩色图片和流动画廊

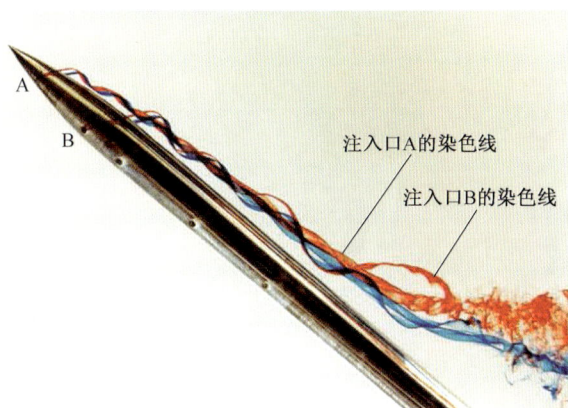

彩图 1　（图 3.2）大攻角下正切拱形圆柱绕流的染色剂示线图。流动方向从左向右。
值得注意的是型线图案取决于染色剂释放的位置（Luo et al.，1998）

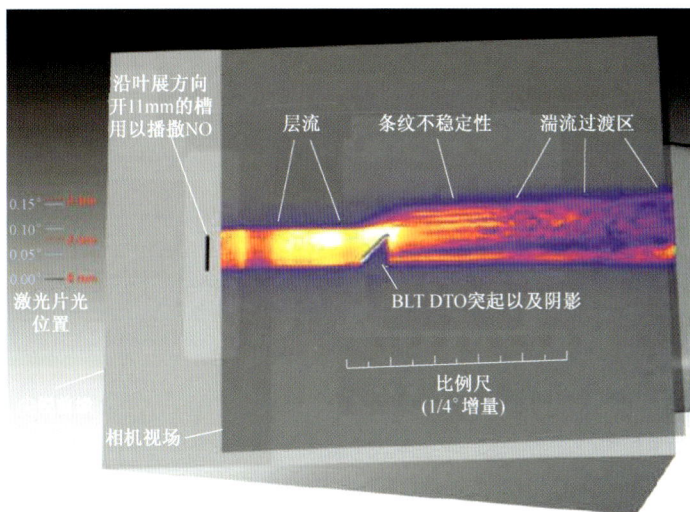

彩图 2　（图 5.2）超声速转捩流动中以一氧化氮为示踪物质的平板边界层激光诱导
荧光图像（Danehy et al.，2010b）

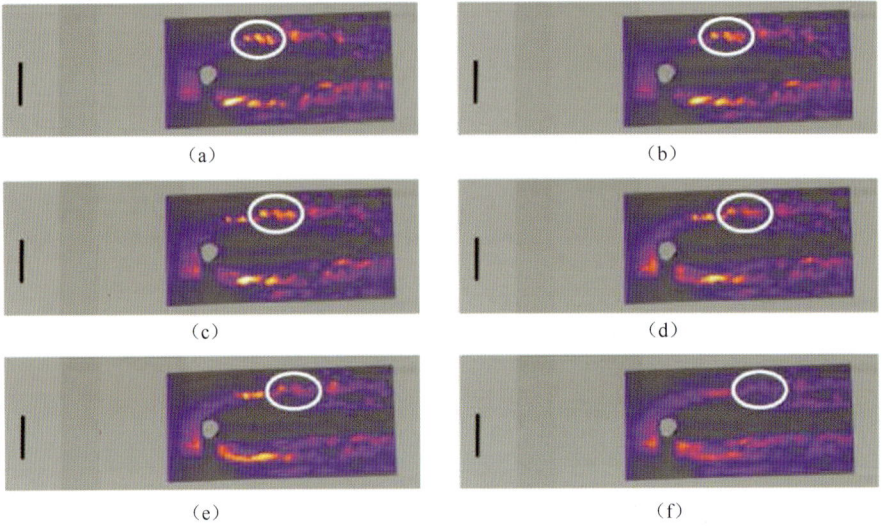

彩图 3　(图 5.3)马赫数 10 流动中 20°攻角下柱状转捩带下游湍流结构的一氧化氮激光诱导荧光图像(Danehy et al. ,2010a)

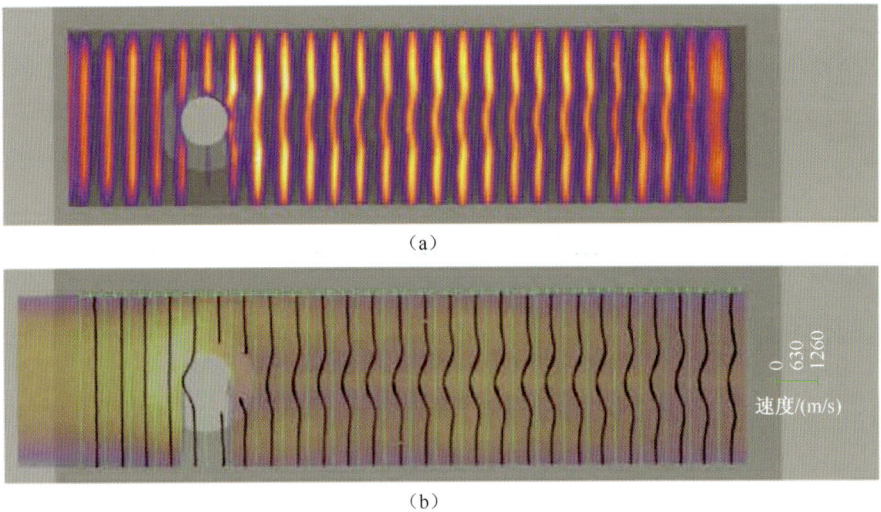

彩图 4　(图 5.9)(a)10°半角楔柱状转捩带之后马赫数 10 流动的一氧化氮荧光标记线 500nm 延迟图像;(b)由圆柱尾迹中标记线变形确定的速度分布(Bathel et al. ,2010)。

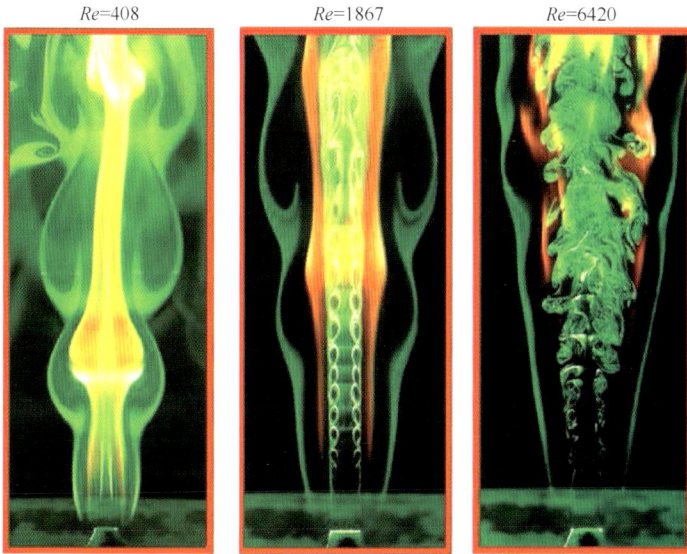

彩图 5　(图 5.12)甲烷与空气扩散火焰掺混层与燃烧区域中所生成二氧化钛粒子的散射图像，用于研究层流、过渡流和湍流燃烧。火焰亮度(橙色)被同时采集(Roquemore et al. ,2003)

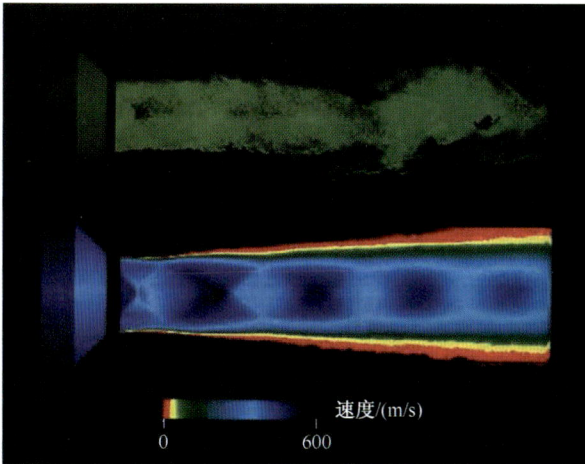

彩图 6　(图 5.23)过膨胀超声速射流中的瞬时与时均速度场(Smith,Northam,1995)

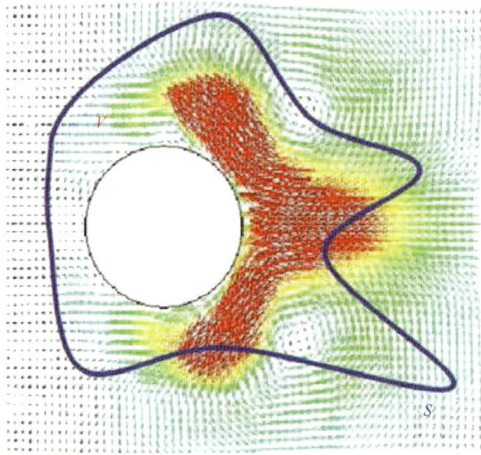

彩图 7　（图 6.15）振荡圆柱的瞬时速度场所用的控制表面和体积（图片由 F. Noca 提供）

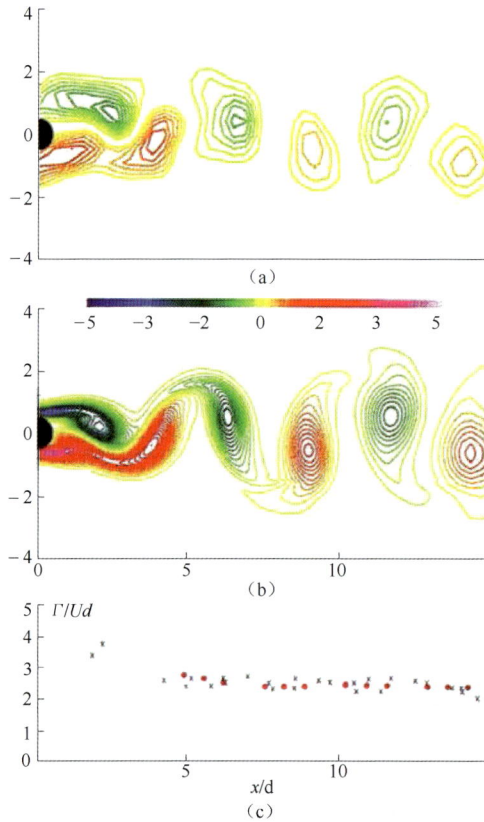

彩图 8　（图 6.17）圆柱体尾迹的涡度（$Re = 100$）

(a)DPIV 测量法；(b)二维数值模拟；

(c)实验中尾涡环流的计算值(以叉号表示)和模拟值(以实心黑点表示)。

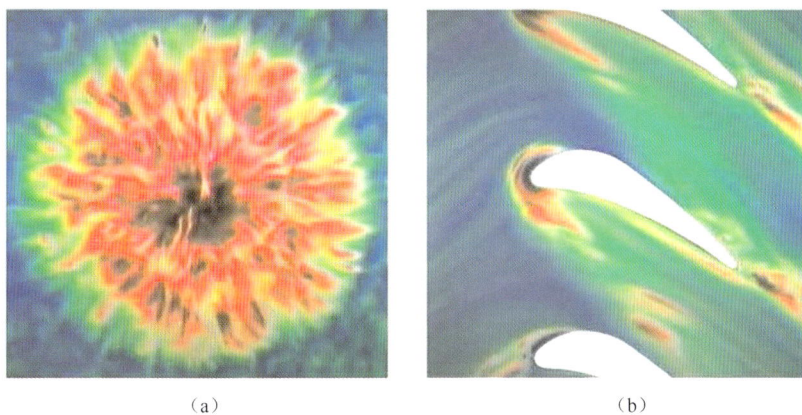

(a)   (b)

彩图 9　（图 7.3）通过以下方式产生的瞬时液晶表面温度的真彩色图像
（a）垂直于热表面照射的射流；（b）平面涡轮叶栅端壁处的湍流（Sabatino，Praisner，1998）。

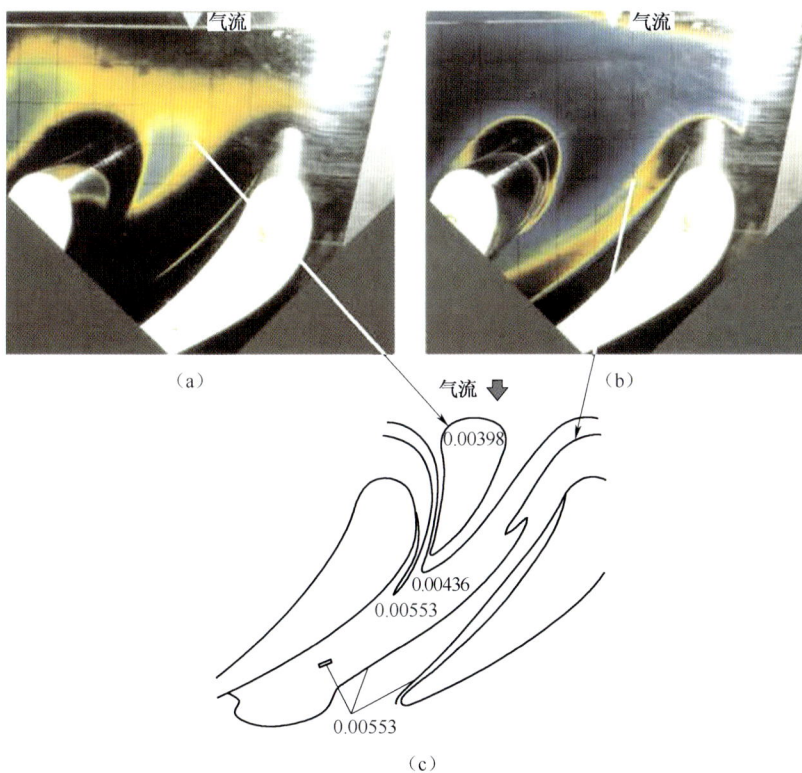

彩图 10　（图 7.6）展示平面叶栅端壁采用恒定热流表面的窄带校准技术的摄影图像
（a）与（b）用于确定（c）中的斯坦顿数（Hippensteele，Russell，1988）。

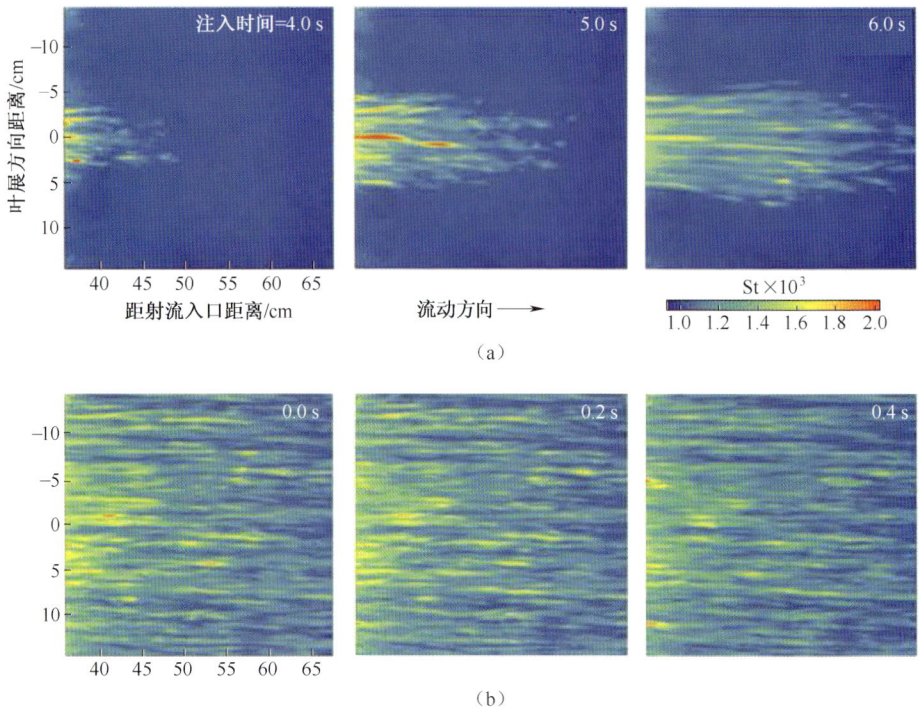

彩图11 （图7.7）由(a) $Re_x = 10^5$ 时流经恒定热流表面由人工生成的湍流斑及(b) $Re_\theta = 10000$
时充分发展的湍流边界层产生的瞬时表面传热图谱(Sabatino,1997)。

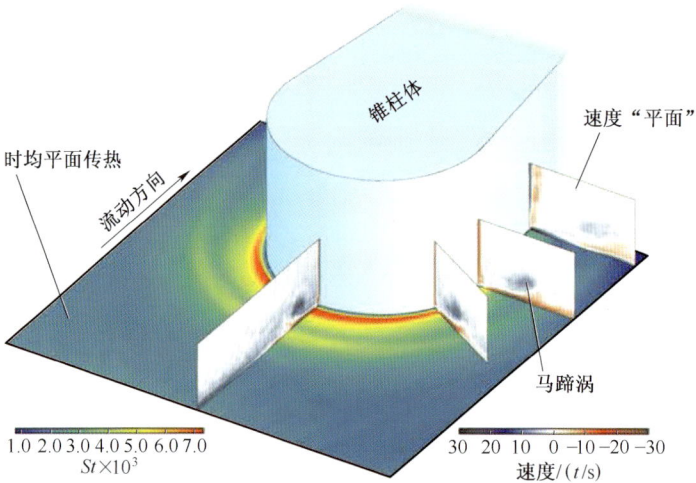

彩图12 （图7.9）涡轮端壁连接处的时均涡度与端壁传热复合图像,除圆柱体高度为2倍
直径外,图中其他部分均按比例显示的(Praisner,Smith,2006)

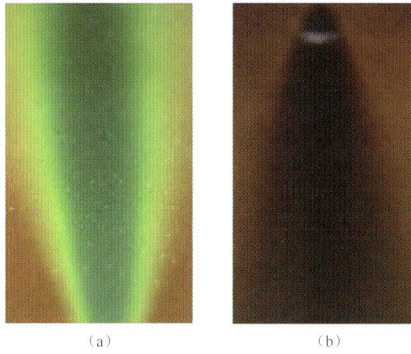

(a)   (b)

彩图 13 （图 8.3）液晶涂层对于剪切射流的变色响应（$\alpha_L = 90°, \alpha_C = 35°$）

（a）流动方向离开观测者；（b）流动方向朝向观测者。

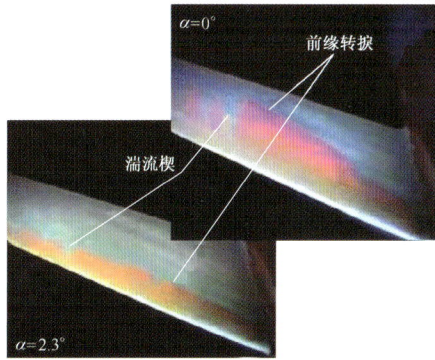

彩图 14 （图 8.7）朝向下游相机在 $Ma = 0.4, Re = 8.2 \times 10^6/m$ 时记录的前缘转捩流动显示图像

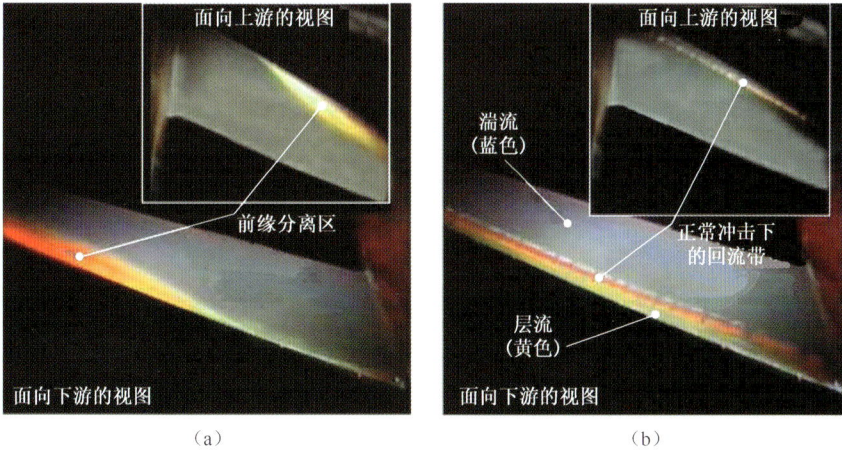

（a）   （b）

彩图 15 （图 8.8）对视相机记录的变色响应

（a）前缘分离，$\alpha = 8°, Ma = 0.4, Re = 8.2 \times 10^6/m$；（b）法向激波/边界层相互作用，

$\alpha = 5°, Ma = 0.4, Re = 11.2 \times 10^6/m$。

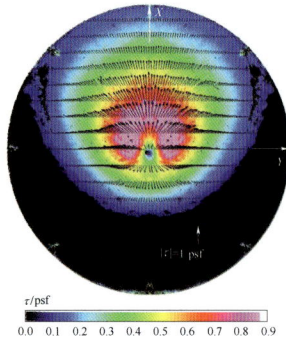

彩图 16　(图8.9)倾斜冲击射流之下测量所得的表面剪切应力矢量场,颜色展示了剪切量值,且各 $\Delta X/D = 1$ 位置显示了剪切方向

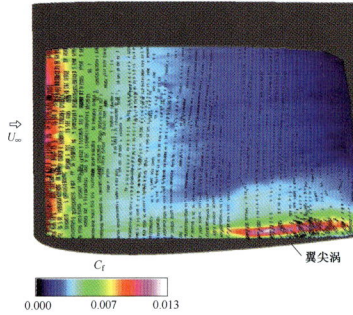

彩图 17　(图 8.16)测量获得的翼尖小翼表面摩擦分布

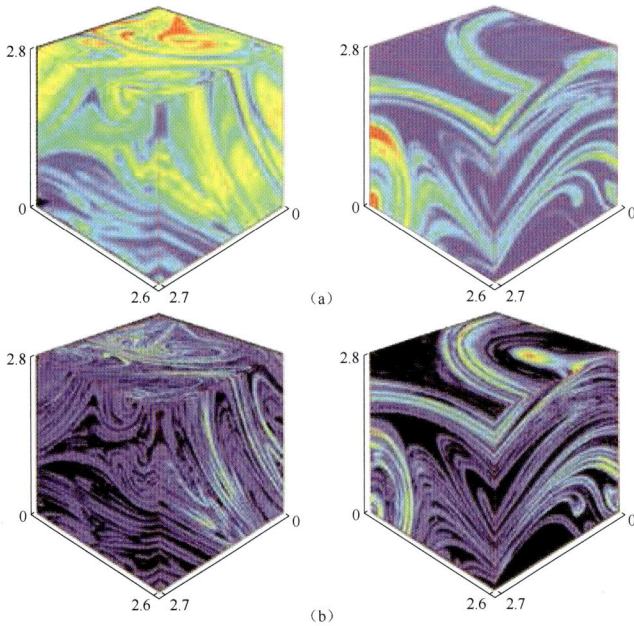

282

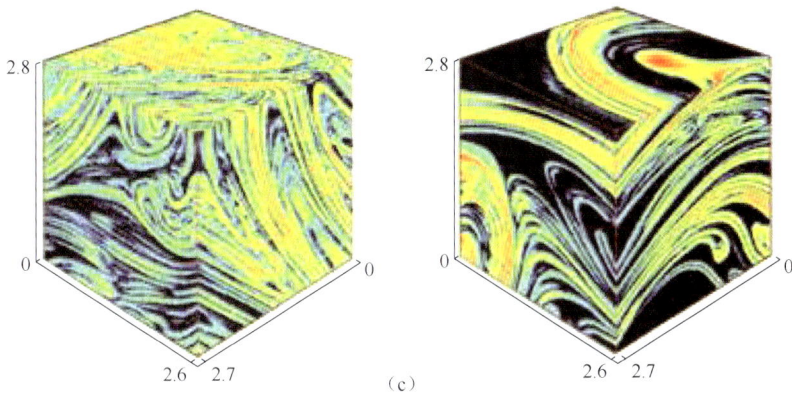

彩图18　（图11.13）定量显示的典型全分辨三维 256^3 空间数据集

（a）展示守恒标量场（x,t）；（b）标量能量耗散速率场 $\nabla\zeta\cdot\nabla\zeta(x,t)$；

（c）及 $\log[\nabla\zeta\cdot\nabla\zeta(x,t)]$（Southerland，Dahm，1994；Frederiksen et al.，1996。

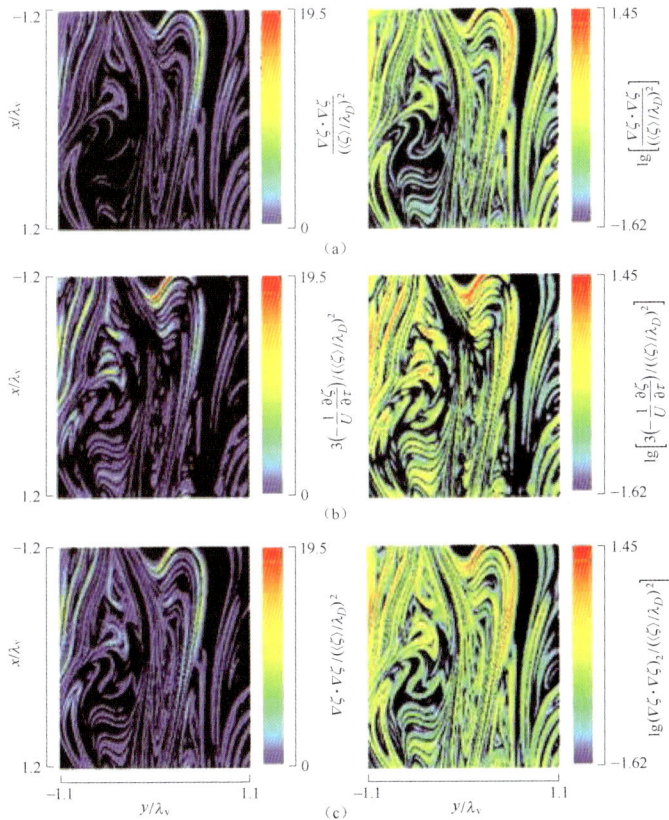

彩图19　（图11.15）真实标量耗散速率场（a）分别与基于时间导数和单方向空间导数的单点泰勒级数近似估计（b）、两点混合近似估计（c）的比较。线性部分（左）是与相对高的耗散速度相比较的结果，对数部分则是与较低数值比较的结果（Dahm，Southerland，1997）

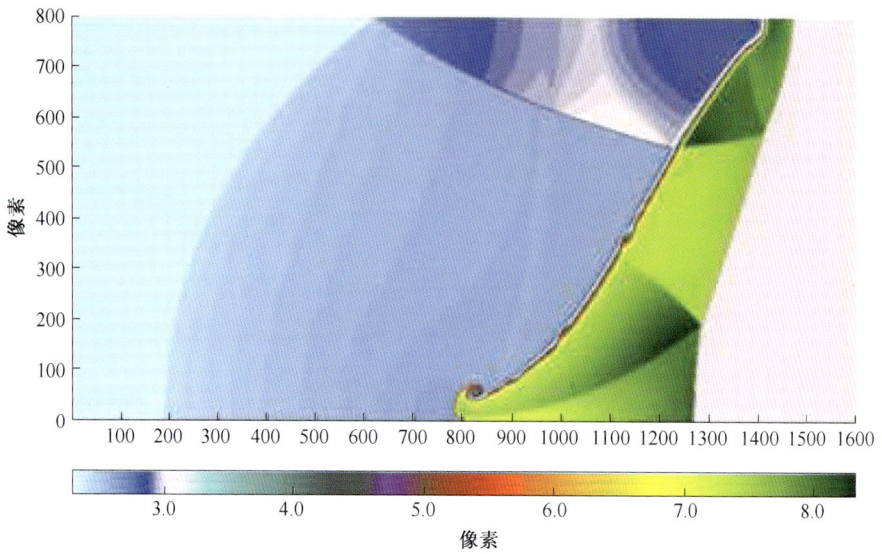

彩图 20　（图 12.2）时间 t = 0.72 时二维激波接触面不连续性相互作用的密度场（模拟戈杜诺夫高分辨率）

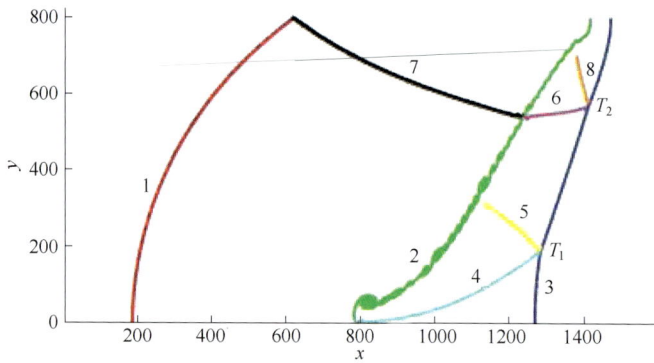

彩图 21　（图 12.11）在戈杜诺夫高分辨率模拟 t = 0.72 时所获得二维激波接触面不连续性相互作用下提取的激波与接触面不连续性（剪切层），编号 1、3、5、6、7 的曲线为激波，而其余的则为接触面不连续性，编号 T_1 与 T_2 为激波与接触面相交的三重点位置，图中 x 轴与 y 轴由网格间隔进行归一化处理

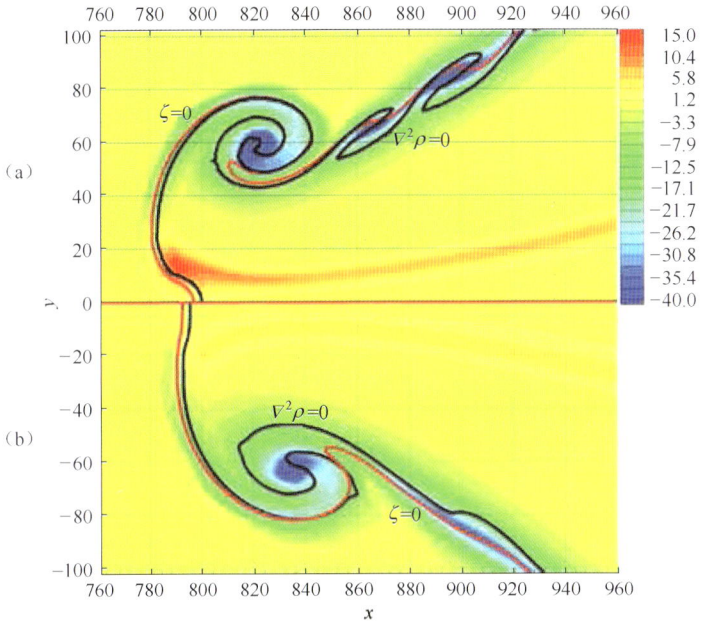

彩图 22 （图 12.14）戈杜诺夫（a）与平衡通量法（b）高分辨率模拟中 $t = 0.72$ 时 $\zeta = 0$ 与 $\nabla^2\rho = 0$ 两个交界面曲线的比较（结果源自平衡通量法高分辨率模拟在 x 轴的反射），x 轴与 y 轴经网格归一化处理

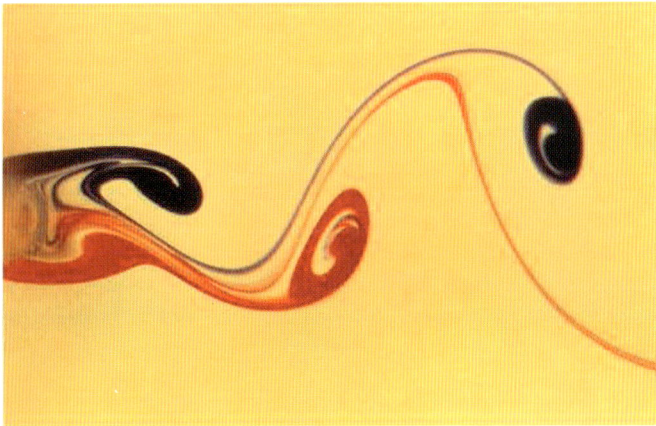

彩图 23 圆柱筒后染料卡门涡街的轨迹
蓝色染料对应于正涡度,红色染料对应于负涡度。基于圆柱直径的雷诺数约为 80（Perry et al. ,1982）。

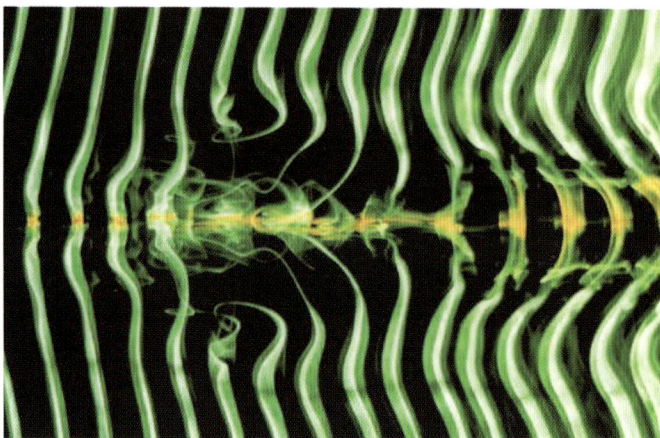

彩图 24　在层流涡旋脱落状态下（Re = 120），在圆柱体尾流中强迫的双侧或对称涡旋错位。流动从左到右。该实验是通过沿着拖曳槽的长度方向拉拽圆柱体（具有位于圆形中间跨度的小环）进行的，并且使用激光可视化旋涡（垂直绿线），激发荧光素和罗丹明染料洗净了模型表面。在这里可以看出，对称错位的翼展范围远大于小环扰动的宽度（显示为黄色染料）。此外，这些结构在环扰动的任一侧都非常对称，甚至包括类似的涡流连接和拉伸涡流管的"缕"。有趣的是，这些大型的双侧结构在尾流过渡中自然发生，但尚未完全模拟出来（Williaxmson, 1992）

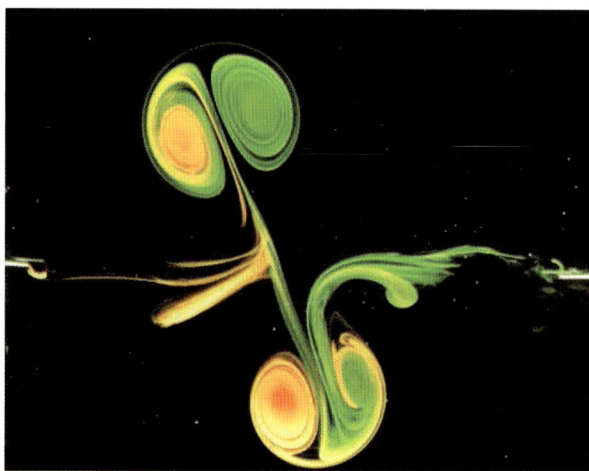

彩图 25　偶极子在分层流体中碰撞。在这个实验中，两个"相同"的偶极子是通过两个相距一定距离彼此相对放置的两个新的测试仪同时注入固定体积的混合物而制成的。雷诺数基于管直径约为 1000。在注入停止后 225 s 获得光电图。当两个偶极涡旋正面碰撞时，观察到了这样的"分离交换"：每个偶极子分裂为两个，并形成两个沿着直线轨迹移动的新偶极子。这里，通过使用两种不同的染料来显示分离交换（原始偶极子是绿色和橙色）。碰撞不是完全对称的并且略微错位（Heijst, Flor, 1989）

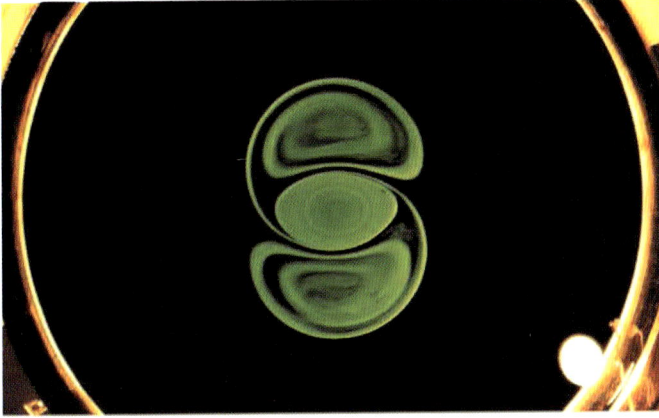

彩图 26　该照片显示了三极涡旋,其由均匀旋转流体中的不稳定气旋涡旋产生。它由核心
中的气旋运动和集中在两个卫星涡流中的反气旋运动组成(Heijst,Kloosterziel,1989)

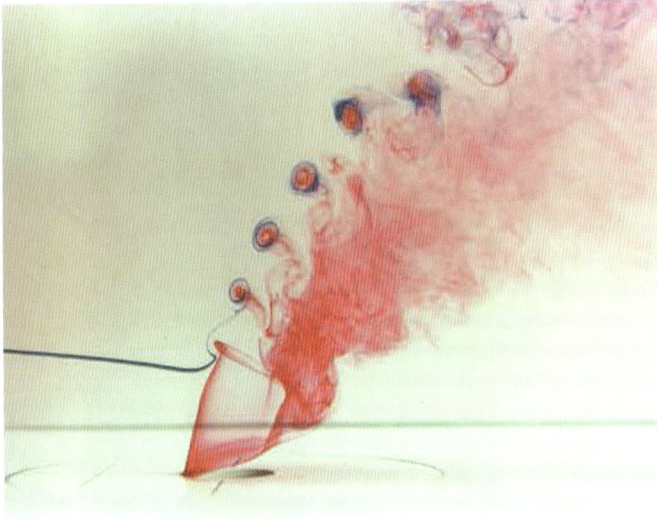

彩图 27　圆形射流在水流中垂直于交叉流释放。射流的雷诺数为 3800,射流/交叉流速度
比约为 5。可视化是通过从圆形管下方的小孔和远离上游的染料探针释放的有色染料展现的。
染料代表着射流剪切层,其自然卷起以产生扭曲的环形涡流。在下游处也可以看到通向
射流中的反向旋转的涡旋的剪切层卷起。观察到这些涡流在射流出口下游的短距离
处消失(Kelso et al. ,1992,1996)

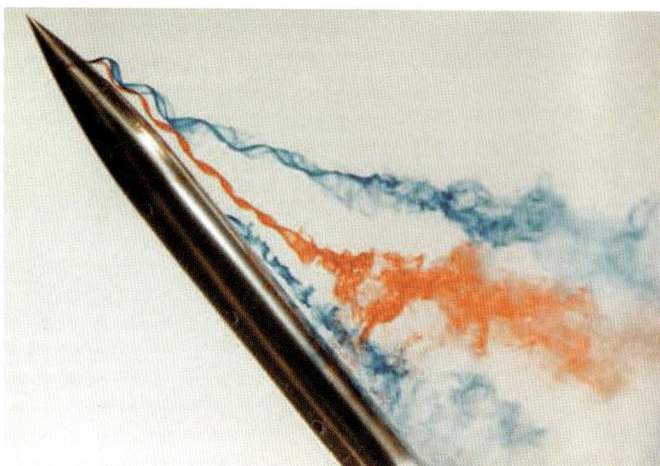

彩图 28　照片显示了在高攻角时穿过切线圆柱体的流动。
基于圆柱体直径的雷诺数约为 2400,攻角约为 50°。染料从靠近尖部的选定排放口释放。
可以清楚地看到涡流流形的不对称性,右侧涡旋比排放口侧涡流更早地从气缸中卷起。
流动不对称是造成作用在气缸上的侧向力的部分原因(Luo et al. ,1998)

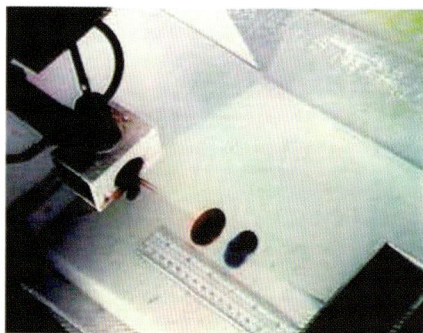

（a）t=0.00s

膜

（b）t=0.80s

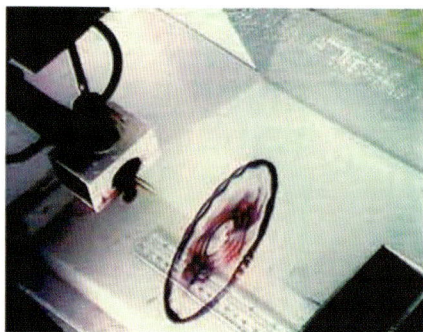

（c）t=1.40s

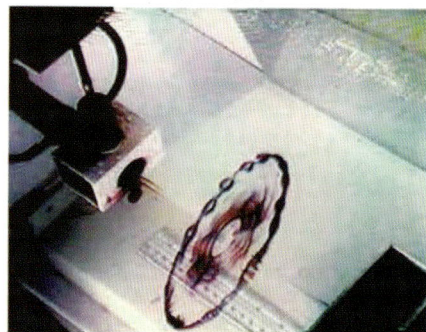

（d）t=1.60s

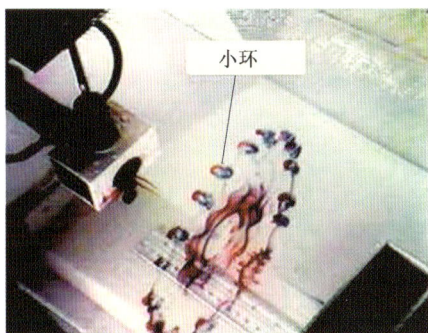
小环

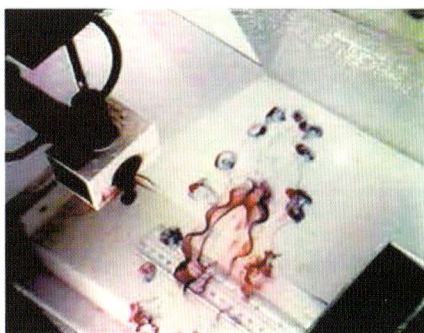

（e）*t*=2.40s   （f）*t*=4.00s

彩图29　两个相同的涡流环之间的正面碰撞的不同阶段，这两个相同的涡流环是通过两个相等直径的喷嘴同时喷射流体而产生的，这两个喷嘴彼此相隔220mm。基于初始平移速度和环直径的雷诺数约为1000。通过围绕喷嘴周围释放的蓝色和红色染料使涡流环可见。指定第一张照片为 *t* = 0.00 s。每张照片下方显示了碰撞后续阶段的经过时间。在碰撞过程中，涡流环发展成方位角波，直到它们接触为止。在接触点处，发生"涡旋重新连接"，随后形成较小的环（Lim，Nickels，1992）

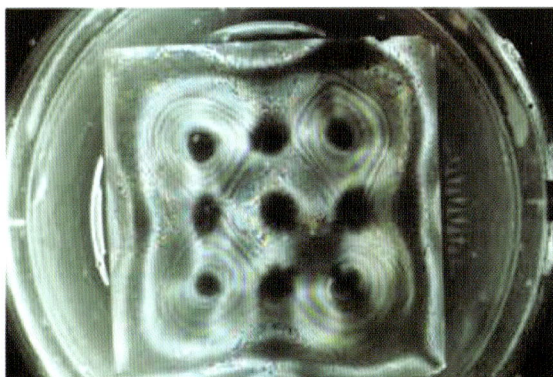

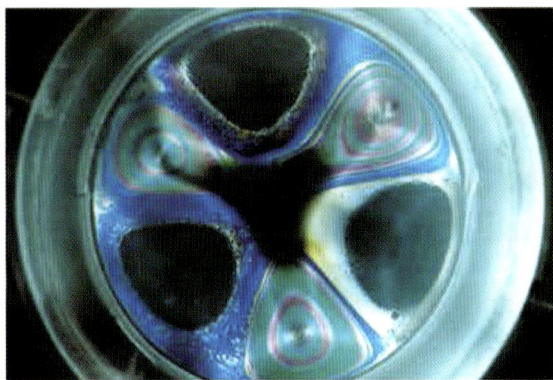

彩图30　由水平肥皂薄膜产生的模式图案在 7.0cm 的方形框架和直径为 8.0cm 的圆形框架上延伸，在不同的频率和加速度下周期性横向振荡。皂液通常由94%的水、5%的甘油和1%的液体肥皂组成。方形单元在 $f=70$ Hz 和 $g/g_0=13.7$ 处展示了相对较新的薄膜的弯曲模式图案的阴影图像，其中 g_0 是地球的引力。圆形薄膜显示出干涉条纹，在相对较老的丝中显示涡旋运动（薄，通过蒸发），$f=40.4$Hz 和 $g/g_0=17.1$（Afenchenko et al.，1998）

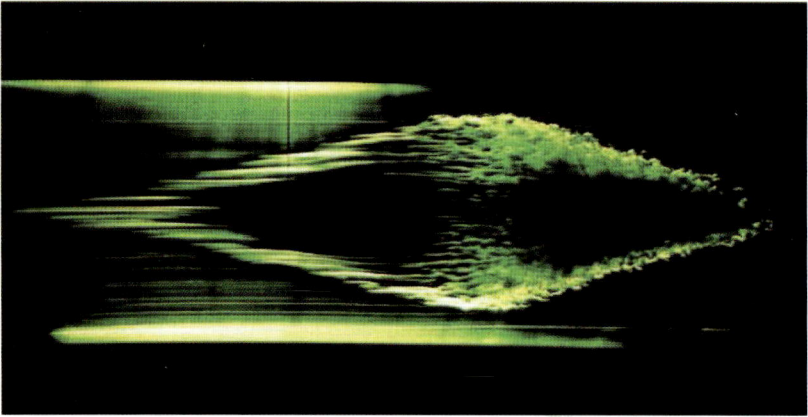

彩图 31　从位于平板前缘下游 33cm 处的 0.5mm 直径的孔中喷射少量流体时,产生湍流点的平面图。通过激发从翼展方向槽均匀释放的荧光染料可以看到湍流斑点。基于 40cm/s 的板的拖曳速度和注入孔处的位移厚度的雷诺数约为 625(Gad-el-Hak et al.,1981)

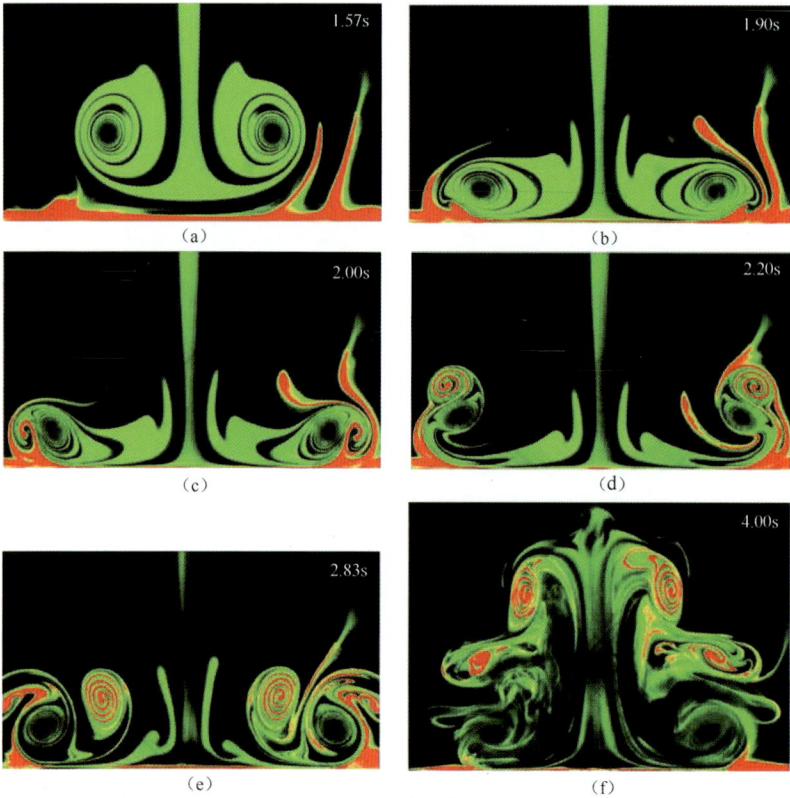

彩图 32　当涡流环垂直入射接近壁面时,壁面上不稳定的逆压梯度导致边界层分离,形成与主环相反的二次涡。在这里所示的情况下,当初级和次级涡流相互作用时,形成三级涡流,并且随后次级涡流环快速地远离壁移动。这里显示的流动可视化图像是使用两种颜色的 LIF 获得的,其中涡旋环和边界层流体分别用绿色和红色激光染料标记(Gendxich et al.,1997)

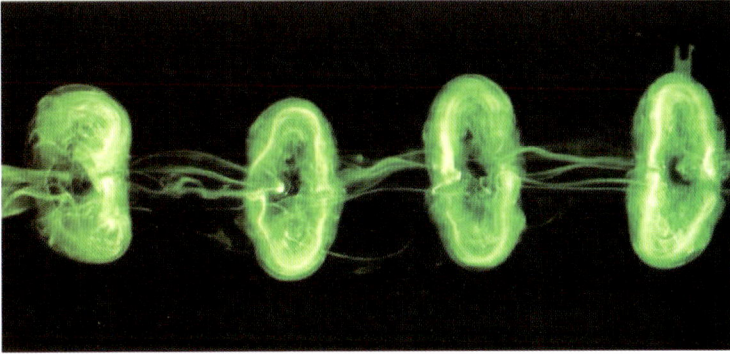

(a)

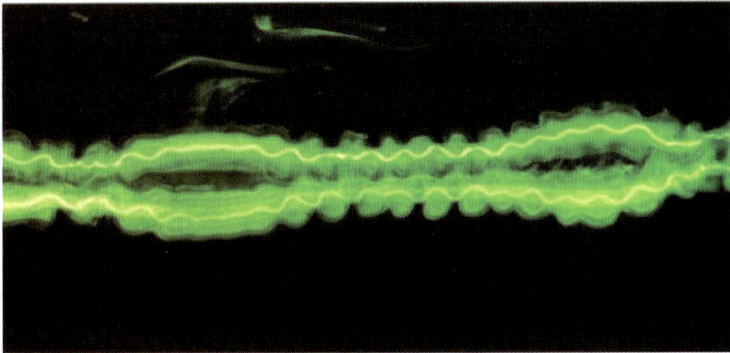

(b)

彩图33　涡旋对的长短不固定。这里,涡流对在两个平板的尖锐边缘处产生,有着共同的初始条件并以规定的对称方式移动。使用荧光染料实现可视化。发现涡旋对的演变强烈依赖于涡旋速度分布,涡旋速度分布由板的运动决定。这些照片显示了已经确定的三种不同长度尺度中的两种。(a)长波不稳定性后期的平面图,其轴向波长是涡旋中心之间(初始)距离的几倍。最初的直线涡流产生波纹(类似于下图中的长波长变形),波纹被放大,直到它们接触、分裂并重新连接以形成周期性涡旋环,然后在横向方向上伸长。(b)叠加在长波上的短波不稳定性(波长小于一个涡旋分离)的发展。涡核非常清晰地可视化揭示了其复杂的内部结构,并且观察到的相位关系表明流动相对于涡流中间平面失去了对称性(Leweke,Williamson,1996)

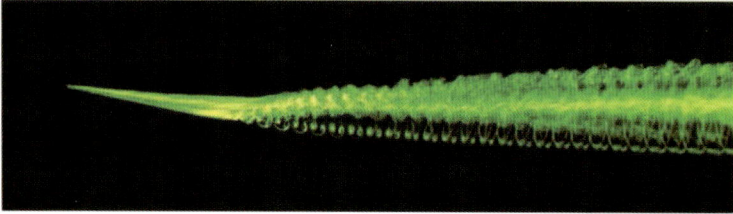

（a）

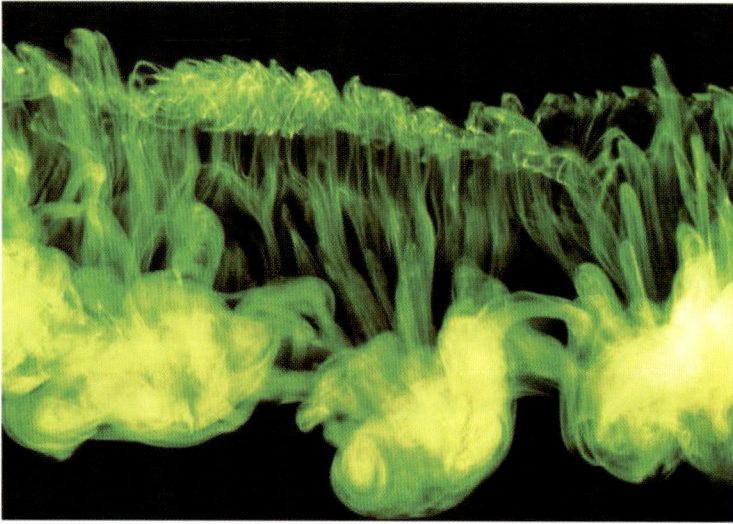

（b）

彩图 34　在水中自由飞行的三角翼。这些照片以侧视图显示了尾涡对沿着下游行进时的发展。由激光照射的荧光染料表明近尾迹区包括强主流涡流对和弱"编织"尾迹涡之间的相互作用。在远离下游（机翼后面 64 倍弦长）的情况下，主涡旋对已经重新相连并成为大尺度涡流环（图（b）），尽管标准化长度尺度明显小于 Crow 的不稳定性预测（Miller，Wiliamson，1995）

彩图35　在不同时间,底盖旋转的封闭圆柱体中,涡旋破裂的自然极限循环状态的中心核心区域通过染料可视化。流域的长宽比 $H/R = 2.5$ 和 $Re = 2800$,其中 R 和 H 分别是圆柱的半径和深度。在顶部固定盖的中心注入染料。轴上的再循环区的脉冲、形成和裂片的折叠是清晰明显的,并且遵循 Lopez 和 Perry(1992)对该流动的混沌平流的详细描述(Lopez et al. ,2008)

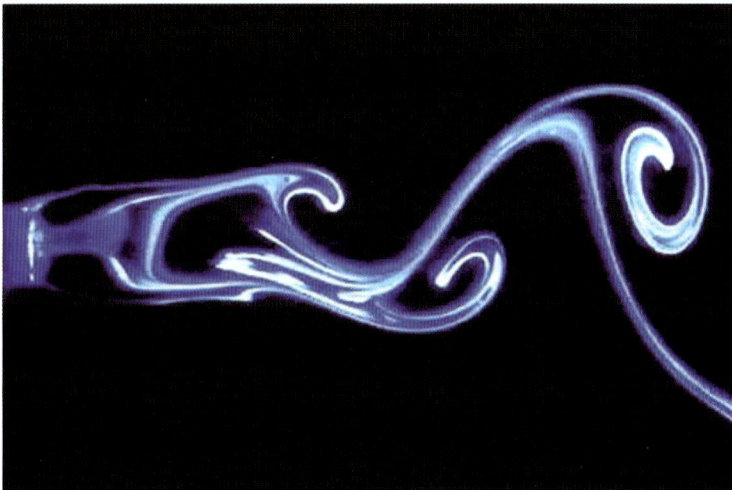

彩图36　穿孔板后面的尾迹结构垂直于自由流从左到右流动。使用电解沉淀技术和第3章中讨论的盐桥使流动结构可见。注意在板的下游流体流出。与非穿孔板相比,流体流出使涡流板向下游卷入卡门涡街。β(开口面积/总面积) $= 0.365$ 并且 $Re = 174$(Ong,2000)

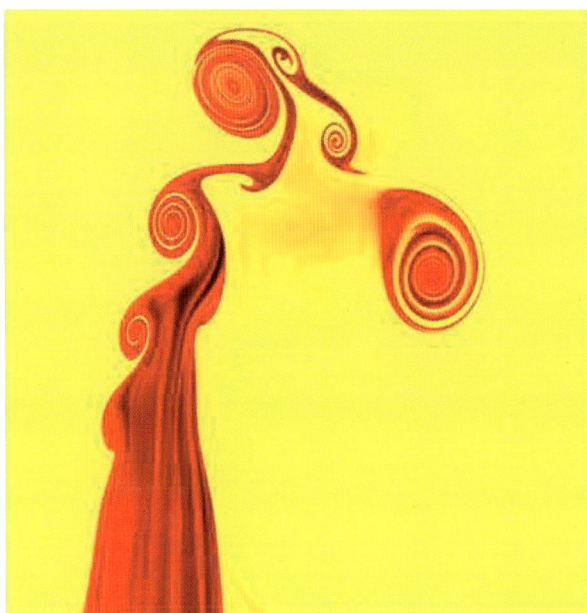

彩图 37　该图像显示了在横流中脉冲启动的射流的假彩色定性平面激光诱导荧光。通过在圆筒内冲击的平移活塞而产生的射流从直径为 25mm 的管子喷射成均匀的横流。在 Nd:Yag 激光下发荧光的罗丹明 6G 染料用于标记射流。喷射雷诺数为 2300,射流与横流速度比为 4.1。图像记录在 Kodak Megaplus ES 1.0 10 位 CCD 相机上,开始流动后约 4s(Eyad,2010)

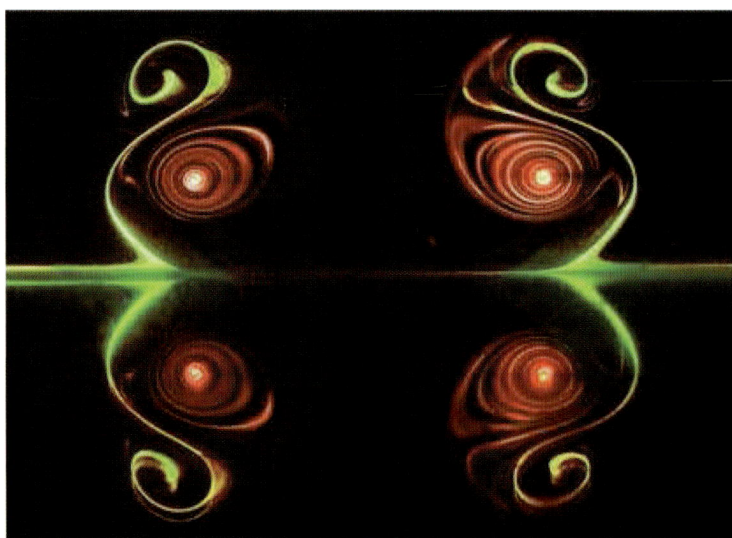

彩图 38　反向旋转涡旋对的横截面接近地平面。当涡流非常接近地面时,它们的诱导速度与地面上的无滑移条件共同产生边界层,该边界层分离形成相反轨迹(绿色)的次级涡旋。该图像清楚地显示了主要涡旋周围的二级涡旋的平流(红色)。(经 D.M.Harris 等人的许可,流体物理学,Vol.22,091106,版权 2010,美国物理学会)

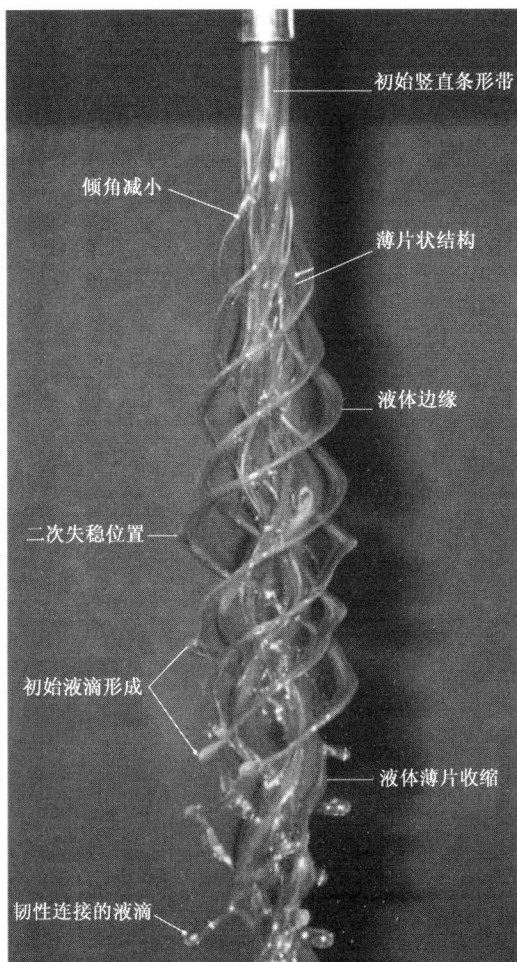

图 39　黏性液体射流(SA,30 油)以 2.2m/s 的速度从长旋转管中流出。当旋转足够大时，射流显示出不稳定的图案，具有明显的结构。上图显示了当射流以 3500r/min 旋转时 $n=4$ 方位角模式。可以观察到，由旋转管下游的垂直条纹标记的初始平面扰动迅速转变为螺旋波。

（Reprinted with permission from J. P. kubitschek & P. D. Weidman,physics of Fluids, Vol. 20,091104,Copyright 2008,American Institute of Physics.）

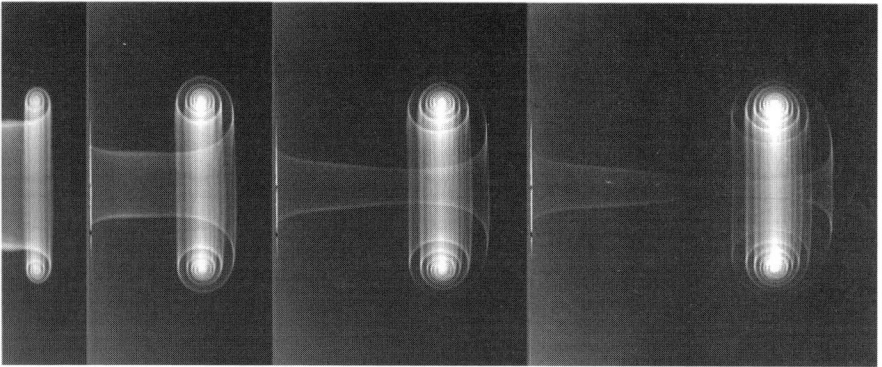

图 40　使用蓝色染料在 Re_N = 1000 和 L/D=2.0 的水中形成圆形层状涡环的可视化。当涡环从左向右对流时,照片清晰地显示出明显的染料卷。使用 Lim(1997a)中给出的气缸-活塞装置产生涡环,并使用索尼 3CCD 彩色摄像机(型号 DXC-930P)和索尼数字录像机(型号 DSR-45P)拍摄。上面呈现的黑白图像是在原始蓝色图像被"反转"并使用商业图形软件(Adhilkari 和 Lim,2009;Adhikari,2010)转换为灰度之后获得的

图 41　黏性水/甘油滴落,其顶部破裂落到 35μm 的乙醇薄膜上。该液滴为 89%质量的甘油,并且是由外部直径为 4.9mm 的不锈钢管在重力作用下夹断产生的。下落的高度为 4.37m,速度为 7.7m/s。Re_d = 460,We_d = 5720。使用数码相机(Nikon D100,3008 像素×2000 像素)和闪光持续时间为 2μs 的氙闪光灯拍摄图像

(Reprinted with Permission from Journal of fluid Mechanics,Thoroddsen et al.,2006)

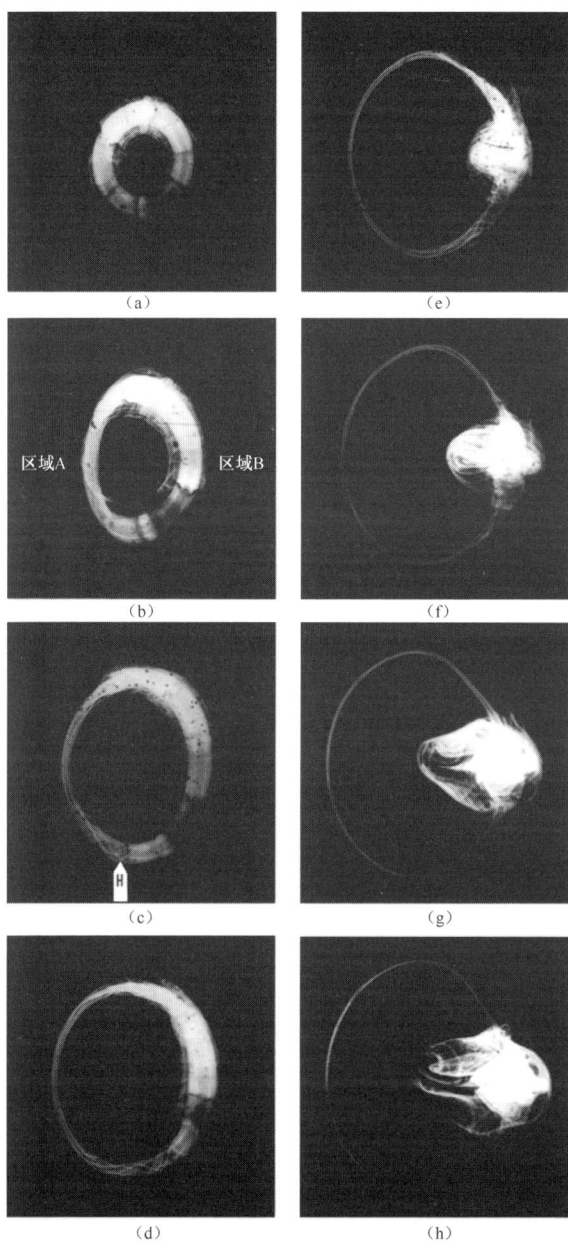

图 42　主视图照片显示了一个靠近由透明玻璃板制成的倾斜壁的涡环。实验在一个水箱中进行,该板与涡环运动方向的夹入方向为 51.5°。涡环向读取器移动,涡环的左侧首先接触区域 A 处的板(图(b))。连续照片之间的时间间隔为 0.42s。通过牛奶/酒精混合物使涡环可见,并且使用 16mm 的电影摄像机记录它们的相互作用。基于初始速度和喷嘴直径的流量计算的雷诺数约为 600。注意,差分涡旋拉伸如何导致双螺旋涡流线的形成(见图(c)),它们不断地沿着环绕轴线移动并朝向远离墙壁的环形区域移动(Lim,1989)。

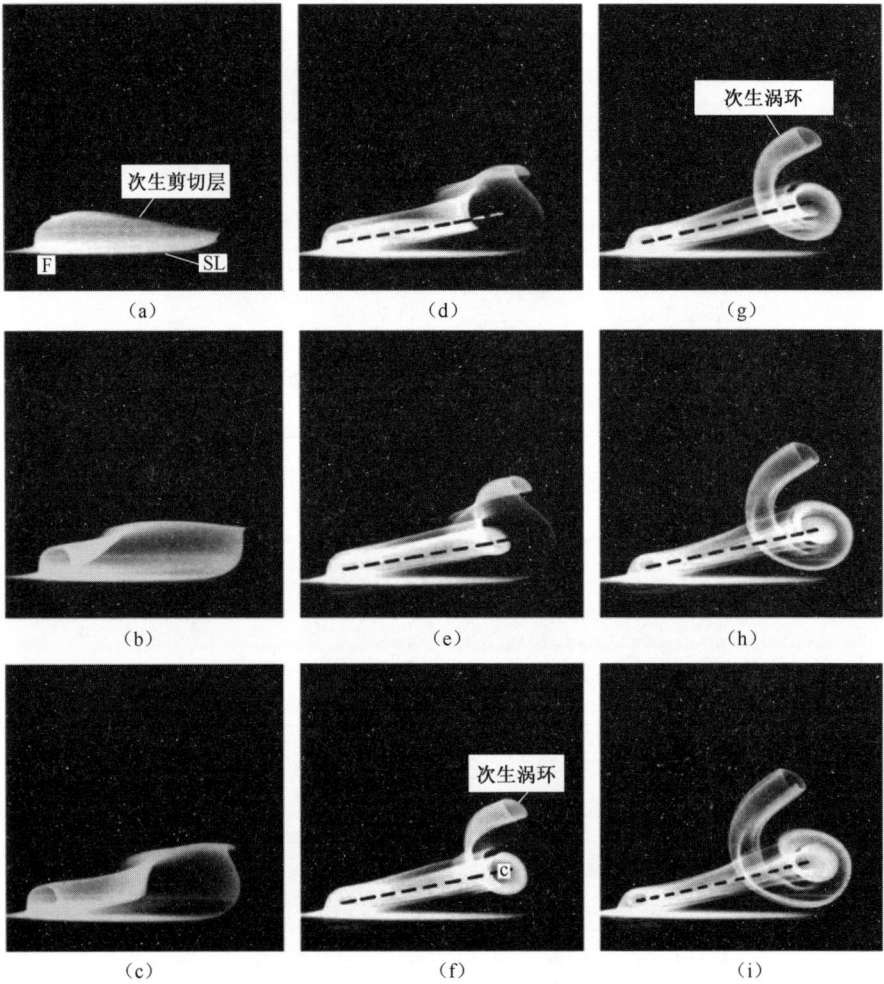

图43 侧视照片显示当涡环与实心边界倾斜相互作用时边界层材料的发展。
涡环从左上角向图片底部移动。除了染料仅放在地板上之外,这种相互作用与上图所示的相互作用相似。连续照片之间的时间间隔为1s。(d)~(i)中的虚线表示主涡环的圆周轴的近似位置(Lirm,1989)

298

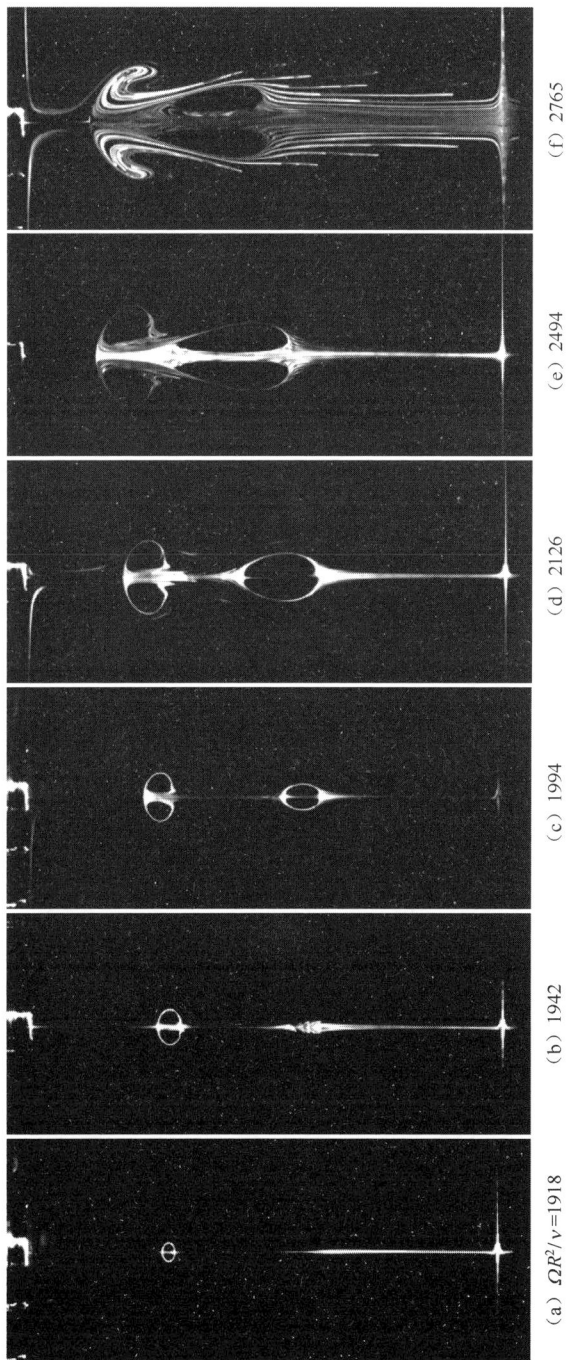

图 44 旋流：通过一个端壁的旋转在封闭的圆柱形容器中产生的稳态流场由纵横比 H/R 和雷诺数 $\Omega R^2/\nu$ 确定。H 为圆柱高度，R 为半径，$\Omega=$ 端壁的旋转角速度，ν 为流体黏度。上述照片显示了 $H/R=2.5$ 时随着雷诺数的增加涡旋结构的变化。这里，旋转壁位于每张照片的底部。使用 5W 氩激光和荧光素染料辅助进行流动可视化，所述荧光染料从皮下注射器通过非旋转端壁的中心引入（Escudier，1984）

(a) $\Omega R^2/\nu=1918$ (b) 1942 (c) 1994 (d) 2126 (e) 2494 (f) 2765

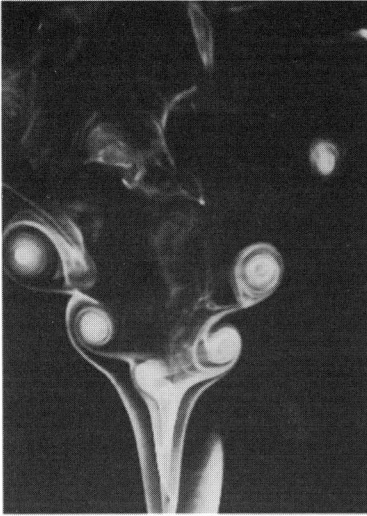

(a)

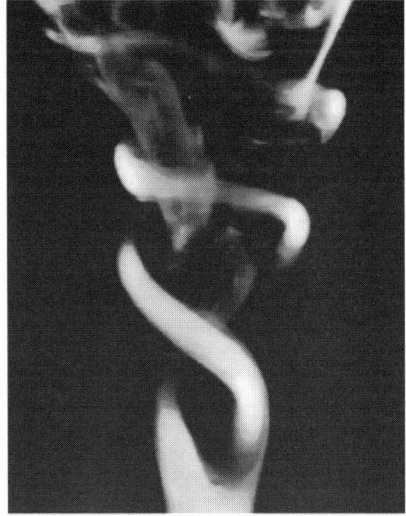

(b)

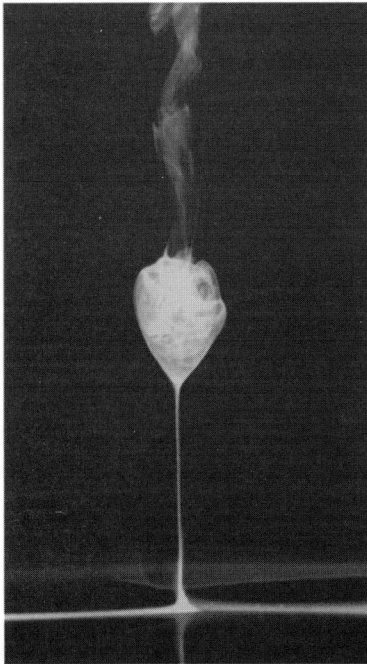

(c)

图45 无约束涡旋破裂:无约束涡旋是指不受在垂直设备壁上形成的边界层直接影响的涡旋。
涡旋是从在固定水平表面上方旋转的轴对称流场产生的,在中心处具有垂直体积吸力。与流场
相关联的压力梯度导致流体径向朝向中心流动,并且通过黏性的作用,在固定表面旁边形成涡
边界层。径向流入的涡流在到达中心时垂直向上流动,形成涡核(泻核)。(a)激光横截面的空
气击穿。雷诺数定义为 $(\varGamma/2\pi\upsilon) \approx 1000$,旋涡数 $S \approx 9.0$。(b)双螺旋涡旋破裂
$Re < 750, 1.5 < S < 3$。(c)封闭气泡破裂。$Re \approx 2500, S = 2.5$(Khoo et al.,1997)

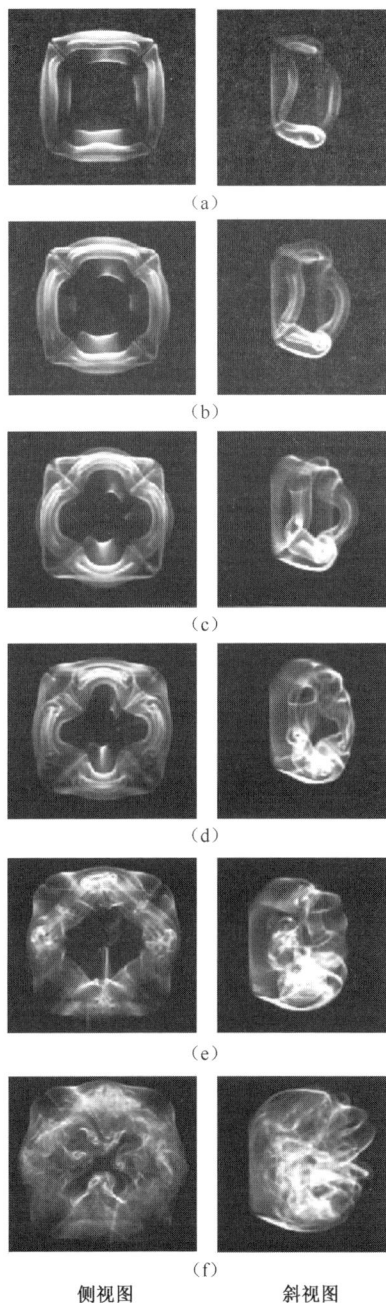

图 46　在方形板后面的三维尾迹形成。实验在低速水道中进行。在板的固定上游位置
注入荧光素染料,并用紫外光照射以显示流动结构。这些照片显示了从两个摄像机
角度获得的方形板后面的尾迹发展的两个序列

(a)在流动开始后 $t=1.5$ s;(b)$t=2.0$ s;(c)$t=2.5$ s;(d)$t=3.0$ s;(e)$t=4.0$ s;(f)$t=6.0$ s(Higuchi et al. ,1996)。

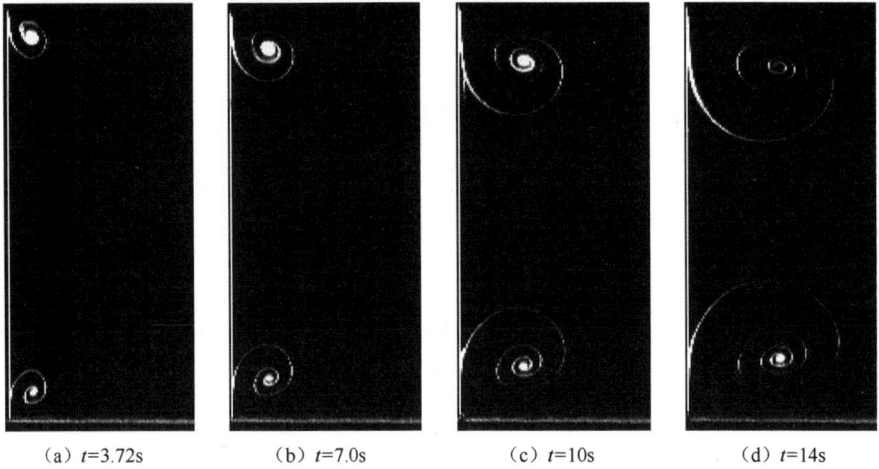

(a) t=3.72s　　　　(b) t=7.0s　　　　(c) t=10s　　　　(d) t=14s

图 47　这些照片显示了活塞在圆筒中移动时形成的涡流环。活塞位于每张照片的左侧。基于活塞速度和活塞直径的雷诺数约为 3164。使用薄片氩离子激光照射的荧光染料进行流动可视化。形成该涡流的机理是去除在前进活塞前面的静止表面上形成的边界层。涡旋的大小仅仅是黏性和时间的函数,并且似乎遵循相似性缩放(Allen,Chong,2000)

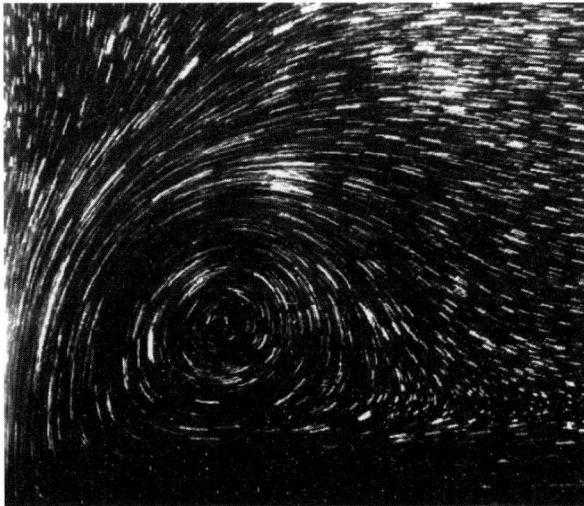

图 48　围绕前进活塞前面产生的一个涡流流动的粒子路径。活塞的速度遵循 $U=At^m$,其中 $m=0.69,A=2.4$cm/s。基于活塞速度和直径的雷诺数为 8632。照片显示在活塞开始后 4.8s 的瞬间(Allen,Chong,2000)

302

图 49 一个圆柱体后面流线和全部条纹线

雷诺数为 100。圆柱体直径为 2.2cm,以 0.5cm/s 的速度在静水中移动。使用铝粉法
和电解沉淀法同时显示流动。水中的铝粉悬浮液显示出"瞬时"流线,通过电解沉淀
在圆筒表面产生的白烟显示出全部条纹(Taneda,1985)

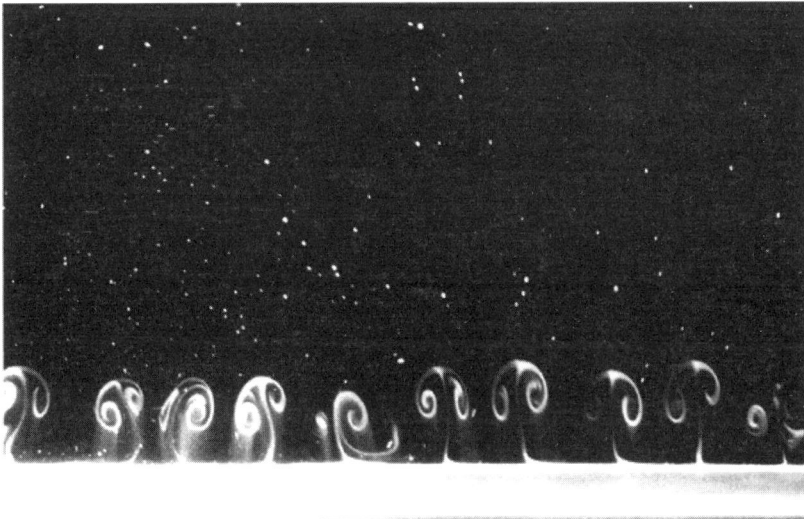

图 50 圆形圆柱体上的边界层的横截面在静止水中围绕其中心轴线旋转地摆动。圆柱直径为
3.2cm,振荡频率为 0.1Hz,角振幅为 270°,自振荡开始经过的时间为 13.9s。
通过电解沉淀法使边界层可见(Taneda,1977)

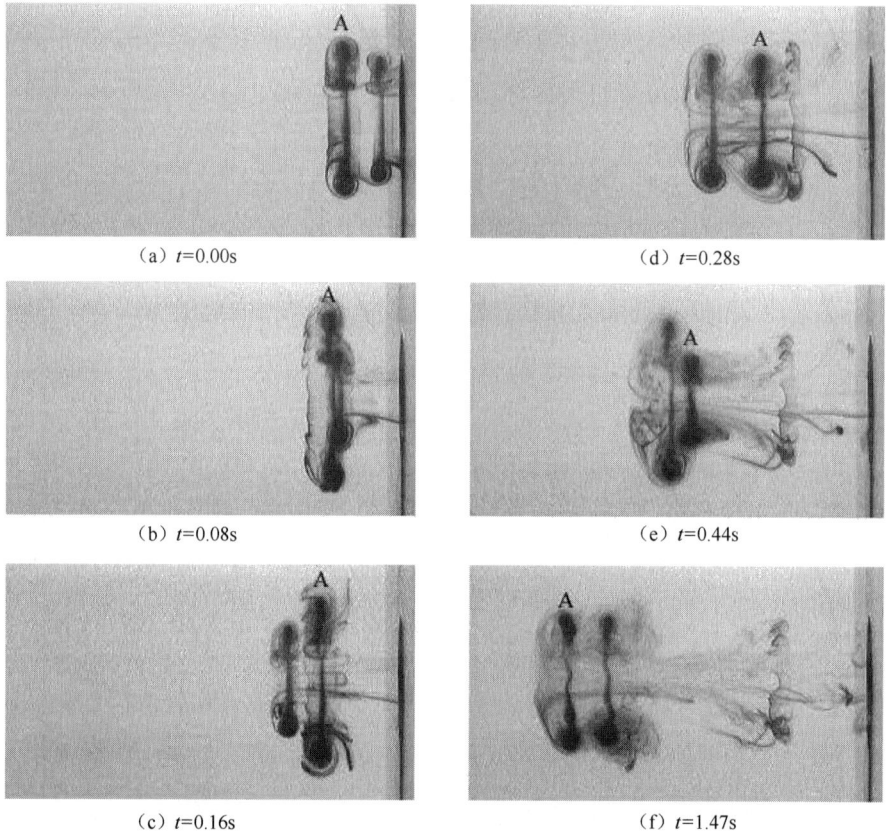

(a) $t=0.00$s　　　　　　　　　　(d) $t=0.28$s

(b) $t=0.08$s　　　　　　　　　　(e) $t=0.44$s

(c) $t=0.16$s　　　　　　　　　　(f) $t=1.47$s

图 51　这些照片显示了两个相同的涡旋环在水中的同轴演变。使用活塞圆筒装置快
速连续地产生涡环(Lim,1997)。基于平移速度和环直径的雷诺数约 2077
(a)$t=0.00$s,以指示交替前进过程的开始。Rickett"bluo"用作示踪剂。
在交替前进过程中,前环的诱导速度导致后环收缩和加速。相反,后环导致前环膨胀和
减速;后环赶上了前环,并从前环的中心滑出并出现在它前面。当发生这种情况时,环的
运动相互替换,并且该过程重复,如图(d)~(f)所示。在这个实验中,使用索尼 DXC-930P
摄像机和 SVO-9620 S-VHS 记录仪(Lim,1997b)捕获了这一流动现象。

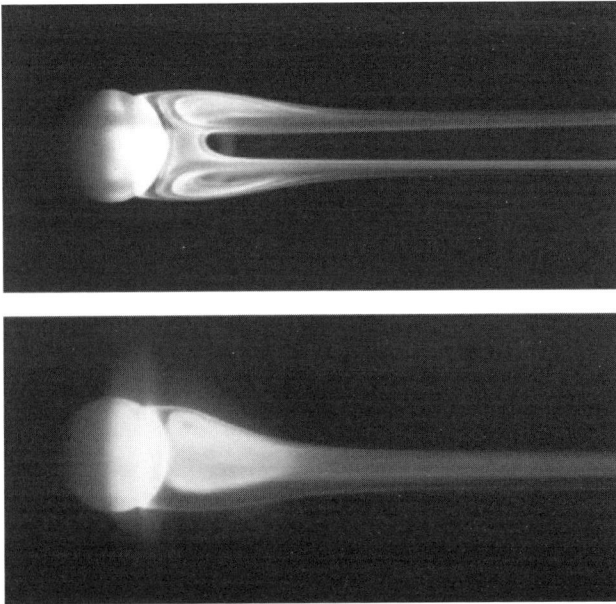

图 52 放置在雷诺数为 270 的均匀流中球体的尾迹结构。通过位于球体后滞点处的小孔引入的荧光染料使流动可见。使用 5W 氩离子激光器照射流动。这对照片显示了从两个垂直角度观察的尾流结构。顶部照片描绘了再循环区域分裂成两个涡旋线,而底部照片显示了尾迹的不对称性(Leweke,1999)

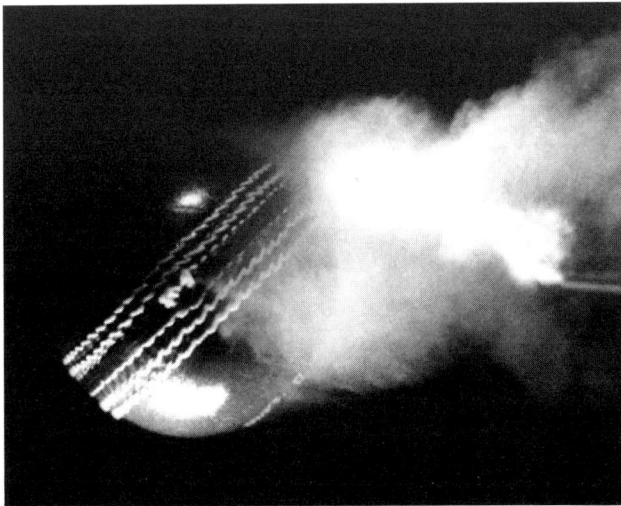

图 53 在风洞中固定的板球,其中缝与气流成 40°的入射角。将烟雾注入球后面的分离区域,烟雾随流动到分离点。流体的雷诺数约为 $0.85×10^5$(Mehta et al.,1983)

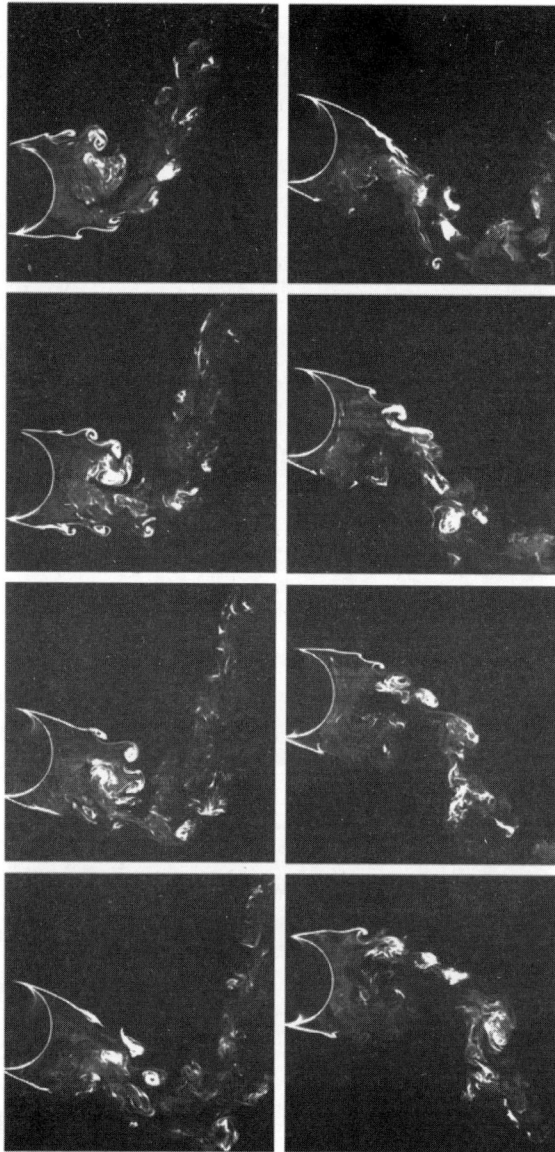

图 54　自由振荡圆柱体后面的尾迹发展,其特点是质量比低(圆柱密度与流体密
度之比)和有剪切层涡旋与冯·卡门涡旋之间的复杂相互作用。时间从图的顶部到底部以
及从左到右增加。近尾迹涡旋与圆柱运动的同步是共振作用的结果,由此振动的幅度和冯
卡门涡旋的强度相互放大。此外,振荡和涡旋脱落的频率随着自由流速度的增加呈线性增加。
雷诺数为 4400。降低速度 $U/f_n D$ 为 5.4(f_n 为机械系统的固有频率),连续帧之间的时
间为 1/15s。流动显示技术利用薄激光片照射的荧光染料,照片采用数码摄像机
(Kodak Megaplus ES1.0)拍摄,帧速率为 30 帧/s(Atsavapranee,Wei,1998)

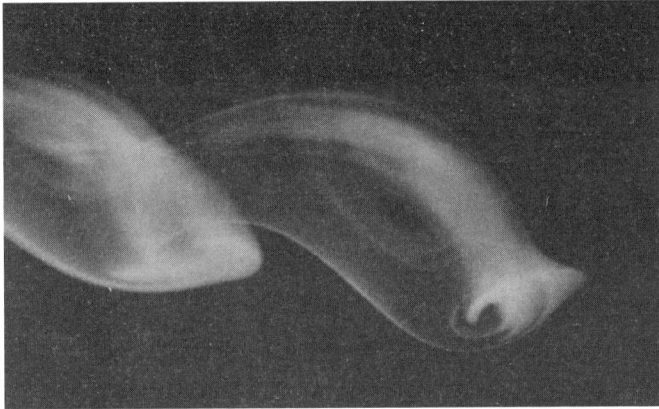

图 55　负向浮力的尾流结构,当小的低频振荡施加到发出烟雾的玻璃管时产生。
流程从左到右。管的内部流动低于风洞中的周围外部流动。这些结构类似于互锁
环的"菊花链",与球体后面的尾迹相似。基于外部流速和管直径的雷诺数约为 350,
振动频率约为 8Hz(Perry,Lim,1978)

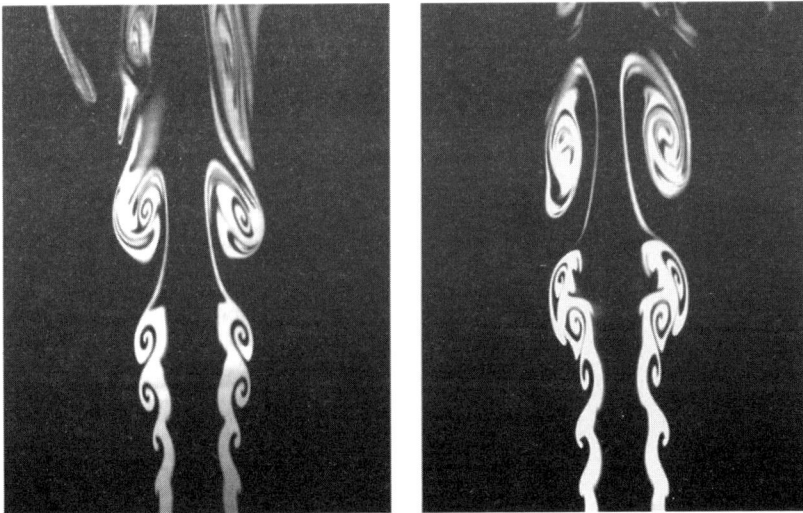

(a)　　　　　　　　　　　　　　　(b)

图 56　共流射流结构的横截面视图来自沿着风洞中心线定位的圆管。流动从底部流向顶部。
基于管直径的雷诺数约为 500。仅在管的圆周周围均匀地注入烟雾,并且使用薄激光片来照射底部
(a)剪切层涡流的形成;(b)涡旋 3 倍的过程(Lim,1989)。

（a）   （b）

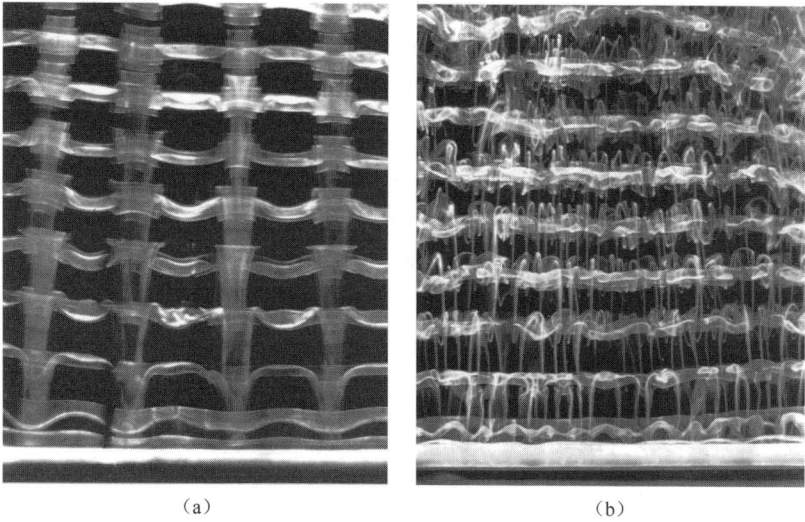

图 57 模式 A 和 B 三维涡旋脱落。使用荧光染料进行流动可视化

（a）模式 A 代表流向涡环的开始，雷诺数为 180 及以上。展向方向的长度约为 3~4 个涡环的直径；
（b）模式 B 表示在雷诺数为 230 及以上，在约一个涡环直径的长度范围内形成更细的流向涡流对。
实验证据表明，模式 A 是涡核心不稳定性，而模式 B 是位于主涡旋之间的"编织"涡度的不稳定性。

模式 A 是核心的"椭圆"不稳定性，而模式 B 是编织涡度的"双曲线"不稳定性。

请注意，这两张照片的尺寸相同（Leweke，Williamson，1998；Williamson，1988，1996）

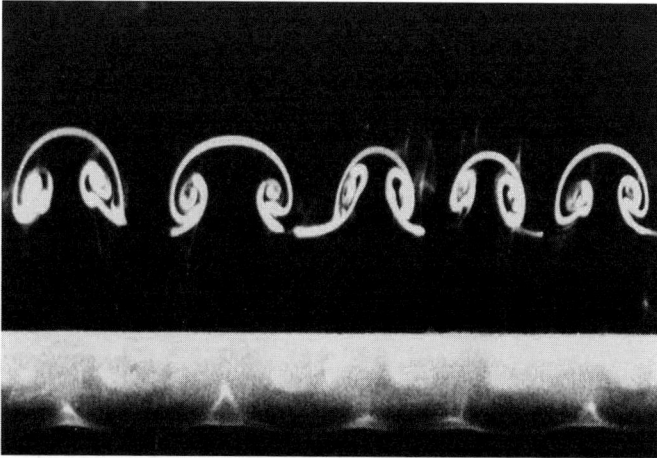

图 58 使用激光诱导荧光（LIF）技术获得的模式 B 流向涡旋结构的横截面图。流动方向

是从底部到顶部。在这里可以清楚地看到较小尺寸的"蘑菇"涡旋对。$\lambda/D = 0.98$；

雷诺数为 300（Williamson，1996）

308

(a)

(b)

图 59 圆柱体远端尾部的"斜波共振"机理。在两种情况下,流动都在右侧。使用
烟线技术可视化流动。烟线位于圆柱下游 $x/D = 50$ 处,在图(a)中人们可以在左侧
观察到倾斜(涡旋)的脱落波。这些波与图片中间的二维不稳定波相互作用,当向下游
流动时,这些波被激发,产生右边的大角度"倾斜共振波"。图(b)中的下部照片显示,
如果烟雾进一步在下游 $x/D = 100$ 处引入,则几乎观察到完整强烈的斜共振波。Cimbala、
Nagib 和 Roshko(1988)也清楚地指出,特定下游位置的可视化流动受到烟雾引入的上游
点很大程度上的影响,这是该方法的"历史"效应(Williamson,Prasad,1993a,b)

309

图 60　通过使用烟线技术可视化横流中的横向射流。横流是从左到右。线在横流的中心平面
处定向并且位于射流的上游。照片显示射流的初始部分由剪切层涡旋支配,这是由于环形剪
切层与喷射孔边缘分离的开尔文-亥姆霍兹不稳定性的结果。射流-横流速度比 $VR=2$,
基于横流速度的雷诺数为 3800(Fric,Roshko,1994)

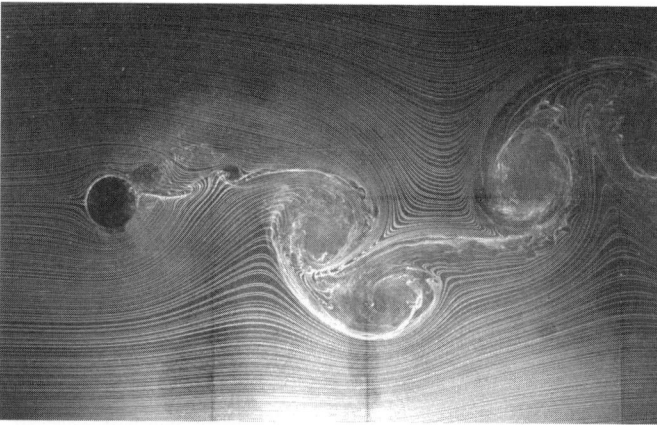

图 61　横向射流周围的流动的横截面视图。$VR=4$ 和 $Re=11400$。其中,烟线与
$Z_{sw}/D = 0.5$ 平面对齐,Z_{sw} 为与壁面的垂直距离,D 为射流直径(Fric,Roshko,1994)

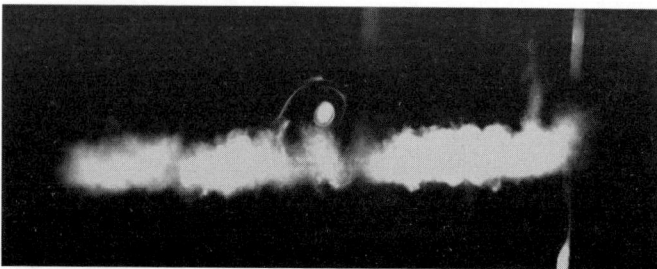

图 62　涡旋/混合层相互作用。烟雾可视化照片显示嵌入双流混合层中的流动涡流,速度
比为 0.5。涡旋由安装在风洞试验段中的半三角翼产生(Mehta,1984)

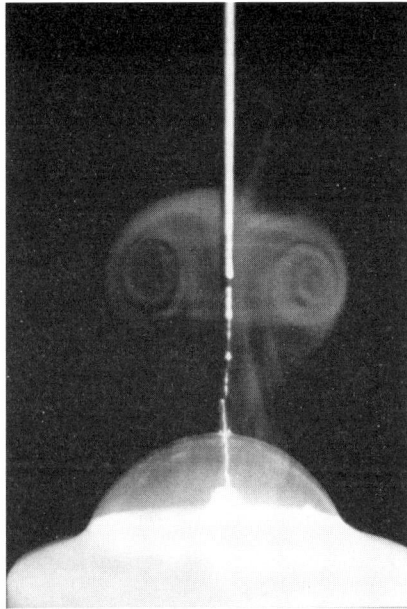

图 63   涡流环是由一个悬浮在液体表面上的雾化破裂的肥皂泡产生的。这类似于出现气泡穿
透自由表面的简单情况;滴落水滴撞击自由表面的"反弹"实验(B.Peck,L.W.Sigurdson,*Phys.*
Fluids A3,2032(1991))。在这两种情况下,通常都会产生一个涡流环。这是三重曝光照明:用
于打破气泡的火花,显示原始气泡形状的闪光灯,以及稍后再次显示产生的涡流环的闪光灯。气
泡的底部宽度为 15mm。中间的垂直白色条纹是从上电极反射的闪光灯(Buchholz et al. ,1995)

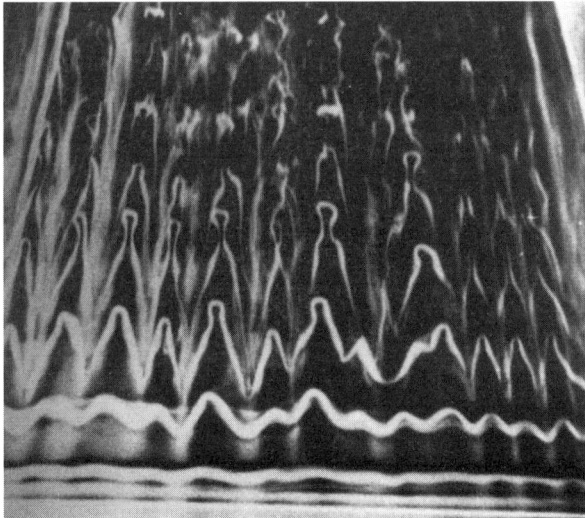

图 64   由直径 4.15mm 的振荡钢棒浸没在烟雾层中产生的 A 形或发夹涡旋的烟雾图案。
流动位于图片的顶部。杆位于边界层厚约 2mm 的位置。振荡的无量纲频率为 2.85×10^{-5},
基于位移厚度的雷诺数约为 320。图中清楚地表明,产生的涡旋细线很大程度上向三维
发展,图中给出了涡度的纵向分量(Perry et al. ,1981)

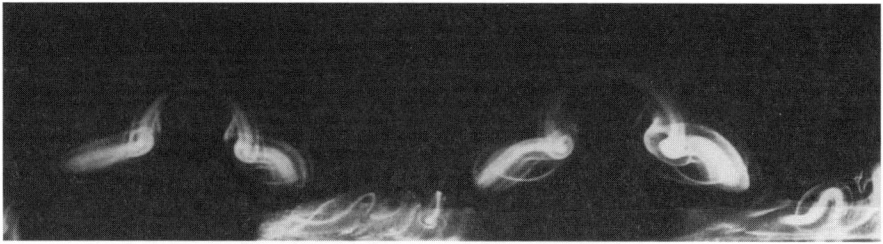

图 65　两个 A 形或发夹旋涡的主视图,具有 Ω 形状的二级涡旋(Perry et al. ,1981)

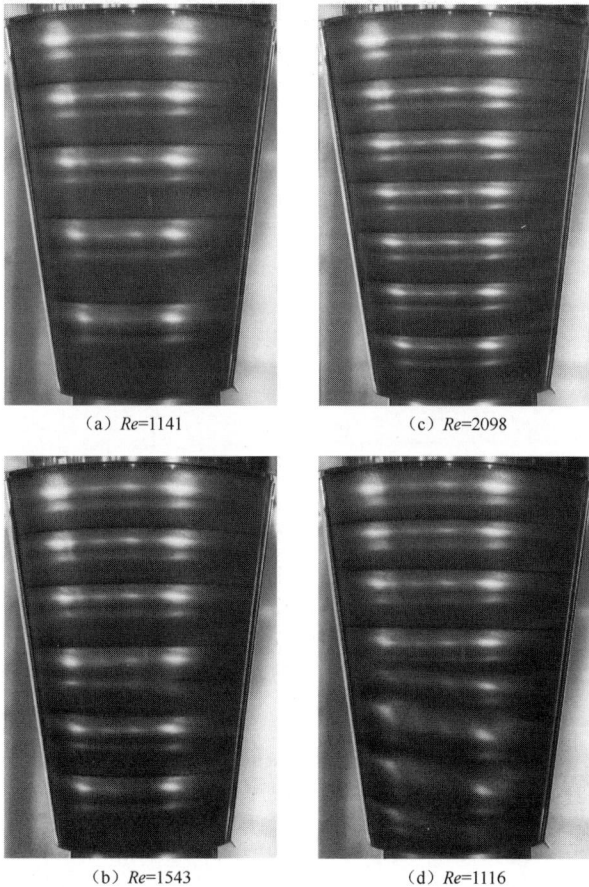

（a）*Re*=1141

（c）*Re*=2098

（b）*Re*=1543

（d）*Re*=1116

图 66　泰勒涡在锥形圆柱体之间形成,其中内锥体旋转、外圆锥体静止。两个锥体的顶角均为 16.03°,为同轴旋转提供恒定的宽度。外锥体的底部半径为 50mm,内锥体的底部半径为 40mm, 因此间隙尺寸为 10mm。流体柱的长度固定为 L = 125mm。内部流体是硅油。通过少量铝薄片 可以看到流动,典型的尺寸为 30μm。(a)是在准稳态条件下获得的;(b)和(c)是在不同的加速 度下获得的。(a)～(c)中的涡旋对的数量分别为 5 个、6 个和 7 个。(d)中的是流动模式是在 不同的初始条件下获得的。这里,在环形涡流下方形成不稳定的螺旋涡流(Wimmer,1995)

312

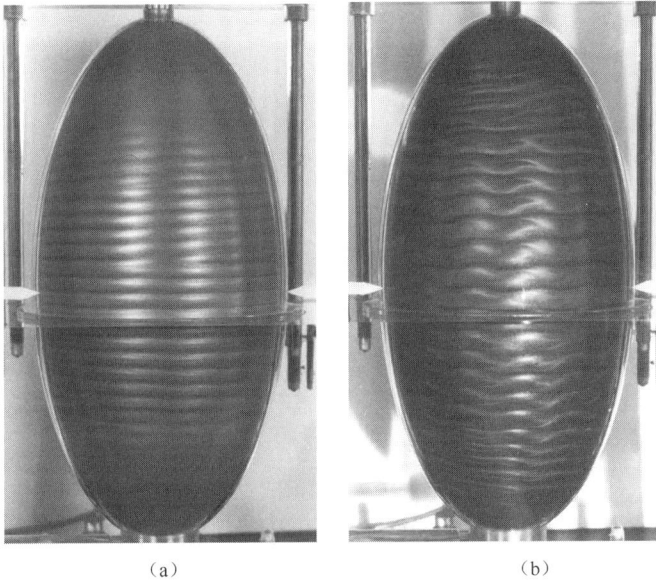

(a)   (b)

图 67 泰勒涡在同心长椭球体之间形成,内椭球体旋转,外部椭球体静止。轴比为 $B:A=2:1$。
外椭圆体 $B=80\text{mm}$ 的垂直长轴是旋转轴。间隙宽度 $s=A-a=4.9\text{mm}$,A 和 a 分别表示外椭圆
体和内椭圆体的短轴。通过悬浮在硅油中的铝薄片实现流动可视化

(a)赤道区域的规则泰勒涡旋,$Re=4650$;(b)整个间隙中的波浪泰勒涡,$Re=28800$(Wimmer,1989)

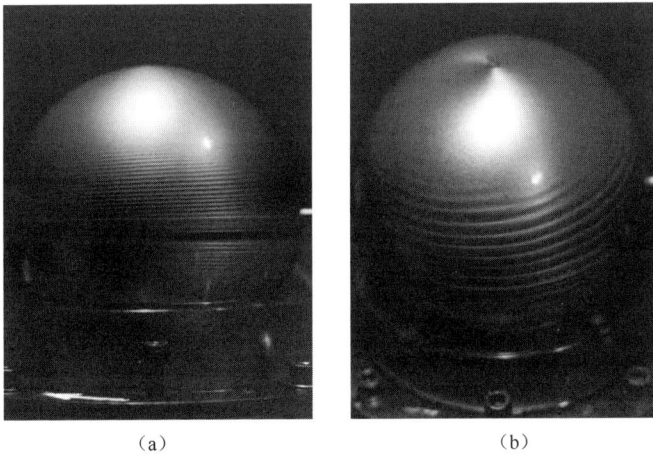

(a)   (b)

图 68 泰勒涡在同心旋转球体间形成

通过悬浮在硅油中的铝薄片(典型平均尺寸为 $50\mu\text{m}$)来实现流动可视化。

(a)$\sigma = s/R_1 = 0.0133$,$Re=27000$,s 为间隙宽度,R_1 为内球的半径;(b)$s=0.046$,$Re=7600$(Wimmer,1976)。

图 69　当射流接触波前时形成椭圆形空气管。在初始阶段,除了在射流和波前之间的
接触区域附近之外,管的表面相对平滑。与波传播有关,空气管在波传播方向上向前移动,
与射流的方向一致。由于接触区域的扰动,不稳定流动出现。当空气管向前滚动时,空气
管的表面发展成波状表面(Kway,Chan,1998)

314

图 70　空气管的破裂。空气管的连续滚动与管的浮力相互作用是非常不稳定的。
随着射流的发展,水在顶部附近向上喷射,并相对于波传播方向向后喷射。向后喷射表明
空气管在顶部附近破裂。部分空气被留下并分解成最终分散的气泡(Kway,Chan,1998)

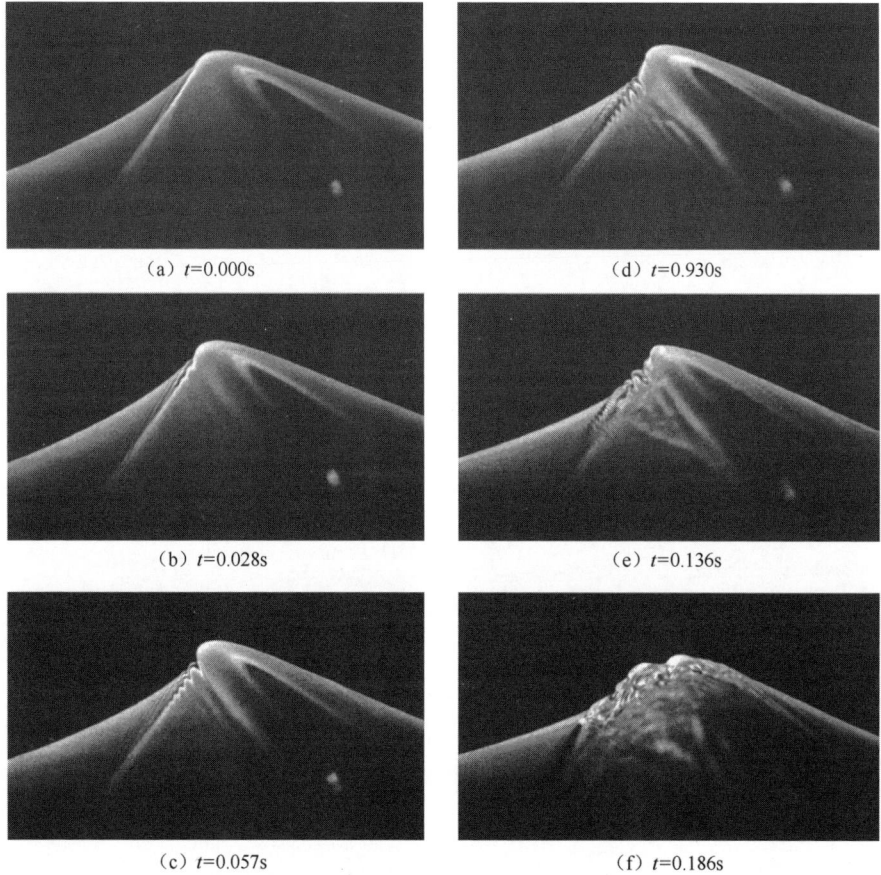

（a）t=0.000s

（d）t=0.930s

（b）t=0.028s

（e）t=0.136s

（c）t=0.057s

（f）t=0.186s

图 71　使用色散聚焦技术机械产生的轻微溢出破裂的表面轮廓随时间变化。波的
平均频率为 f_0 = 1.42，标称波长 λ_0 = 77.43cm，幅值与波长比 A/λ_0 = 0.0487

（a）破碎过程开始标志是波峰在波前表面的剖面上形成一个凸起，这个凸起的前缘称为尖端；
（b）随着破碎过程的继续，凸起更加明显，而尖端相对于顶部位置几乎保持固定，在尖端前面形
成毛细波；（c）在凸起第一次变得可见之后大约 0.1/f 时，尖端开始向下移动到波面并且非
常快地加速到恒定的速度，该速度随着波峰速度而变化；（e）在破碎发展阶段，尖端和
顶部之间的表面轮廓形成波纹，最终留在波峰后面（Duncan et al.,1999）。

316

图 72 对应于一个振荡的平面液体薄片与同向流动的气流相互作用的主视图。
液体(水)通过 0.9mm 宽、80mm 长的喷嘴排出。空气沿着两片水板流过 1cm 的孔。
这里,出水速度为 2.4m/s,空气速度为 18m/s。在这些条件下,薄片以正弦波和
膨胀波的混合物振荡,雾化质量相当差。为了获得瞬时图像,使用 0.5ms 的闪
光灯"冻结"水的运动。在这种情况下,薄片从正面照射(Lozano et al.,1996)

图 73 对于相同的实验设施,出水速度降至 1m/s,空气出口速度增加至 30m/s。在这种情况下,
薄片主要以正弦模式振荡,波幅增长率较高,雾化过程更有效。这张照片是用背光照明获得的。虽
然流动是向下的,但是倒置显示的图像显示出与夜景相似的奇特景象(Lozano et al.,1994)

317

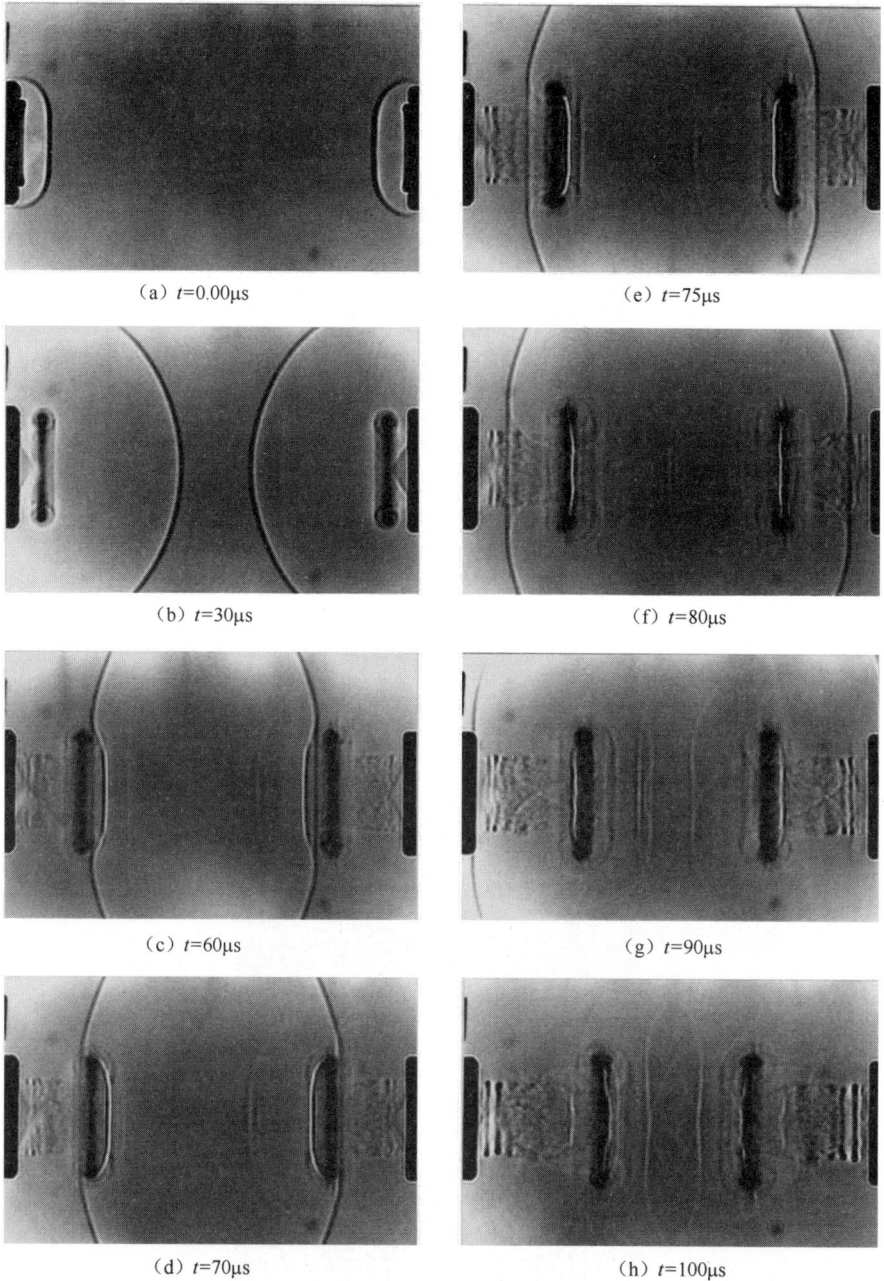

(a) $t=0.00\mu s$ (e) $t=75\mu s$

(b) $t=30\mu s$ (f) $t=80\mu s$

(c) $t=60\mu s$ (g) $t=90\mu s$

(d) $t=70\mu s$ (h) $t=100\mu s$

图 74　光学阴影图显示了涡流环和激波之间相互作用中流场的时间顺序。喷嘴内激波马赫数为1.34。(a) 和 (b) 中,从喷嘴发出的激波在轴上的边缘处衍射,演变成球形,并朝向彼此行进。涡流环由剪切层卷起在喷嘴出口产生,并以自激速度向另一个方向运动。激波穿过涡环,但激波与环正面碰撞的部分被延迟((c)),并被捕获在涡环内((d)~(f))(Minota et al. ,1997)

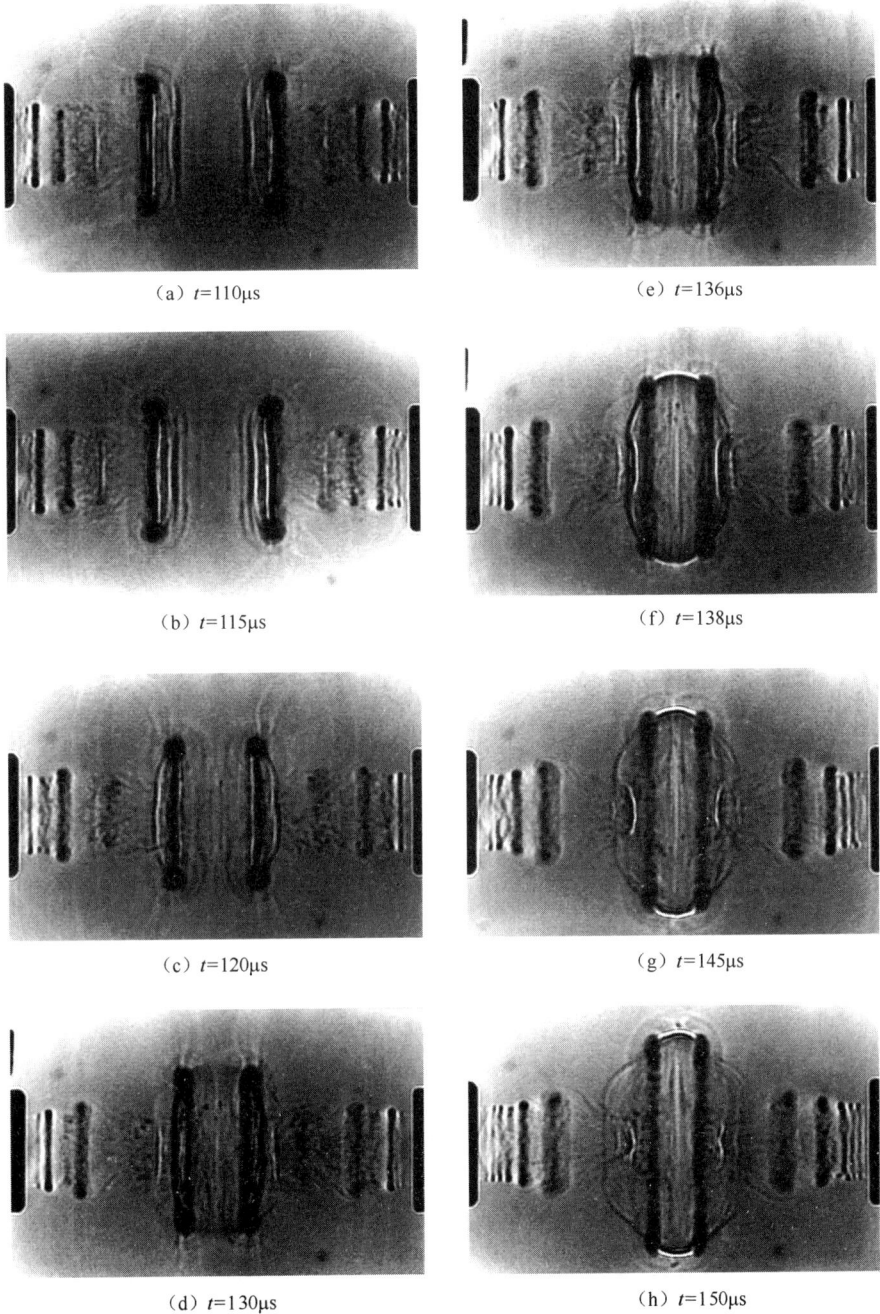

（a）t=110μs

（e）t=136μs

（b）t=115μs

（f）t=138μs

（c）t=120μs

（g）t=145μs

（d）t=130μs

（h）t=150μs

图 75　光学阴影图显示两个涡环的相互作用。在(a)中,冲击衍射激波阵面被加强并压在环表面上。穿过环的衍射激波(a)~(c)变得非常弱。当涡流环彼此靠近时,前向运动被阻挡,径向运动被加速。(d)和(e)中,涡环的前表面接触并且在两个环的涡核间看到暗的曲线,表明密度低。这成为一个向内的激波(f),并与涡核(f)~(h)一起移动(Minota et al. ,1998)

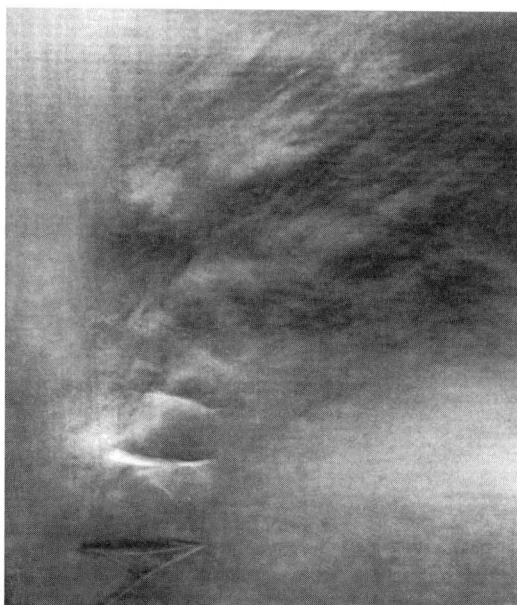

图76 风洞中射流的逆向反射聚焦纹影(RFS)图像。照片显示来自桌面的高压空气喷射向上吹入横流。喷射马赫数为1.07,风洞速度为170英里/h,风洞温度为78.9°F。逆向反射材料和光源栅格放置在窗户后面的测试部分之外。光源、摄像机、分束器和截止栅格安装在风洞的另一侧。光源是氙闪光,持续时间为1ms(Heineck,Jaegex,1997)

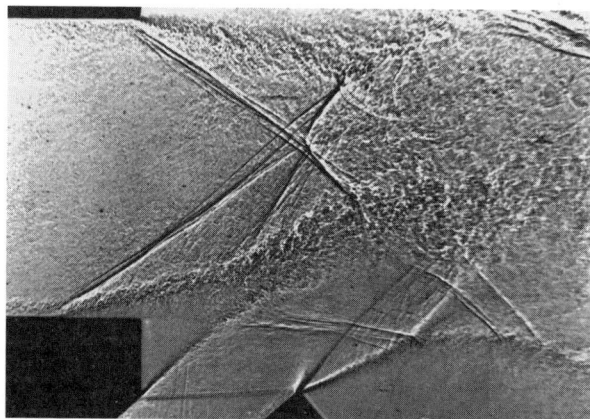

图77 阴影图显示了平面的二维流场,其由上游马赫数2.5,单位雷诺数48.9×10⁶/m和下游马赫数1.5,单位雷诺数36.2×10⁶/m的流动,以40°会聚在12.7mm高的基面上。流场的展向宽度和上游流的高度为50.8mm。上游类似于围绕火箭后体的超声速自由流,而下游类似于未膨胀的排气羽流。使用437B型氙气纳米脉冲发生器产生的25ns脉冲在两股流动之间的喷射静压比为2.35时产生阴影差(Shaw,1995)

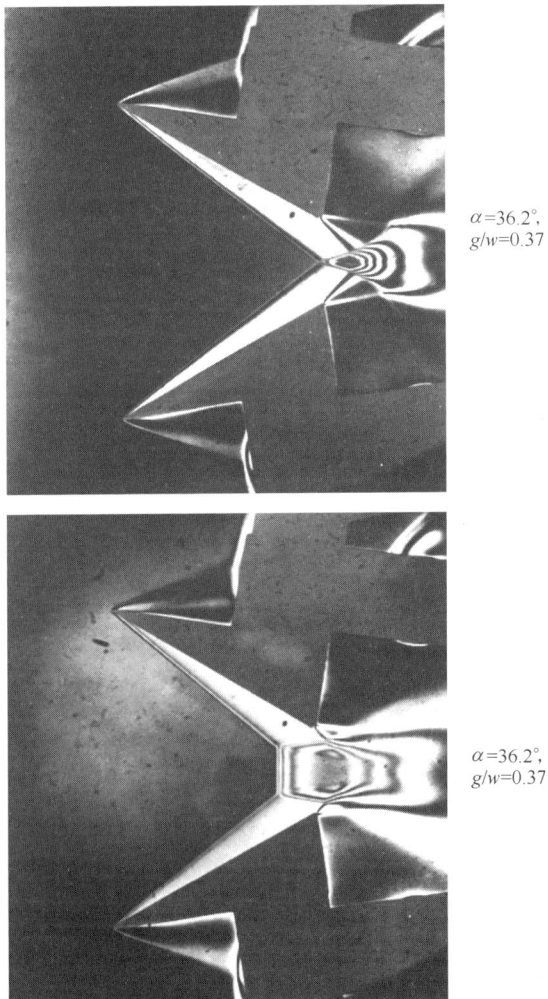

$\alpha=36.2°$,
$g/w=0.37$

$\alpha=36.2°$,
$g/w=0.37$

图 78 二氧化碳解离中稳流冲击反射的干涉图。$U_\infty = 3.6\text{km/s}$，$\rho_\infty = 3.8 \times 10^{-6}\text{ g/cm}^3$，$M_\infty = 5.5$，$g$ 是楔形后缘之间的距离，w 是楔面的流向长度，a 是楔面与水平轴之间的角度。

自由流组成：C，10^{-11} mol/g；O，10^{-6} mol/g；CO_2，0.0089mol/g；CO，0.0138mol/g；

O_2，0.0069mol/g（Hornung et al. ,1979）

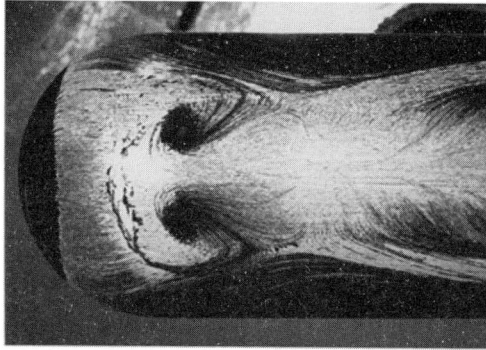

图 79 半球形模型的表面油流图案,攻角为 25°。流动从左到右, $M_\infty = 0.55$, $Re_D = 1.6 \times 10^6$ 。边界层过渡是通过靠近突出部分的可见碳化硅砂粒人工固定的。图为气缸迎风面上熟悉的"猫头鹰"流动图案。黑暗区域(猫头鹰的"眼睛")是高剪切区域,描绘了流入流体漩涡的来源(Fairlie,1980)

图 80 圆柱体垂直于平板安装。流动围绕圆柱从左到右, $M_\infty = 0.55$, $Re_D = 1.6 \times 10^6$ 。附近的边界层是湍流的并且大约是圆柱体高度的 2 倍。该照片显示了圆柱体上游项链涡旋的经典形成,并且在圆柱体上游清晰可见的两条三维分离线在下游某处合并。在圆柱体后面也可以看到两个旋涡结构的形成(Fairlie,1980)

图 81 涡旋/分离边界层相互作用:表面油流图案显示流动涡旋对分离边界层的定性影响。流动从左到右,马赫数约为 0.8,刚好低于临界马赫数。在相互作用的区域产生了两个焦点。在测试过程中,当超过临界马赫数时,流动图案发生巨大变化(Mehta,1988)

322

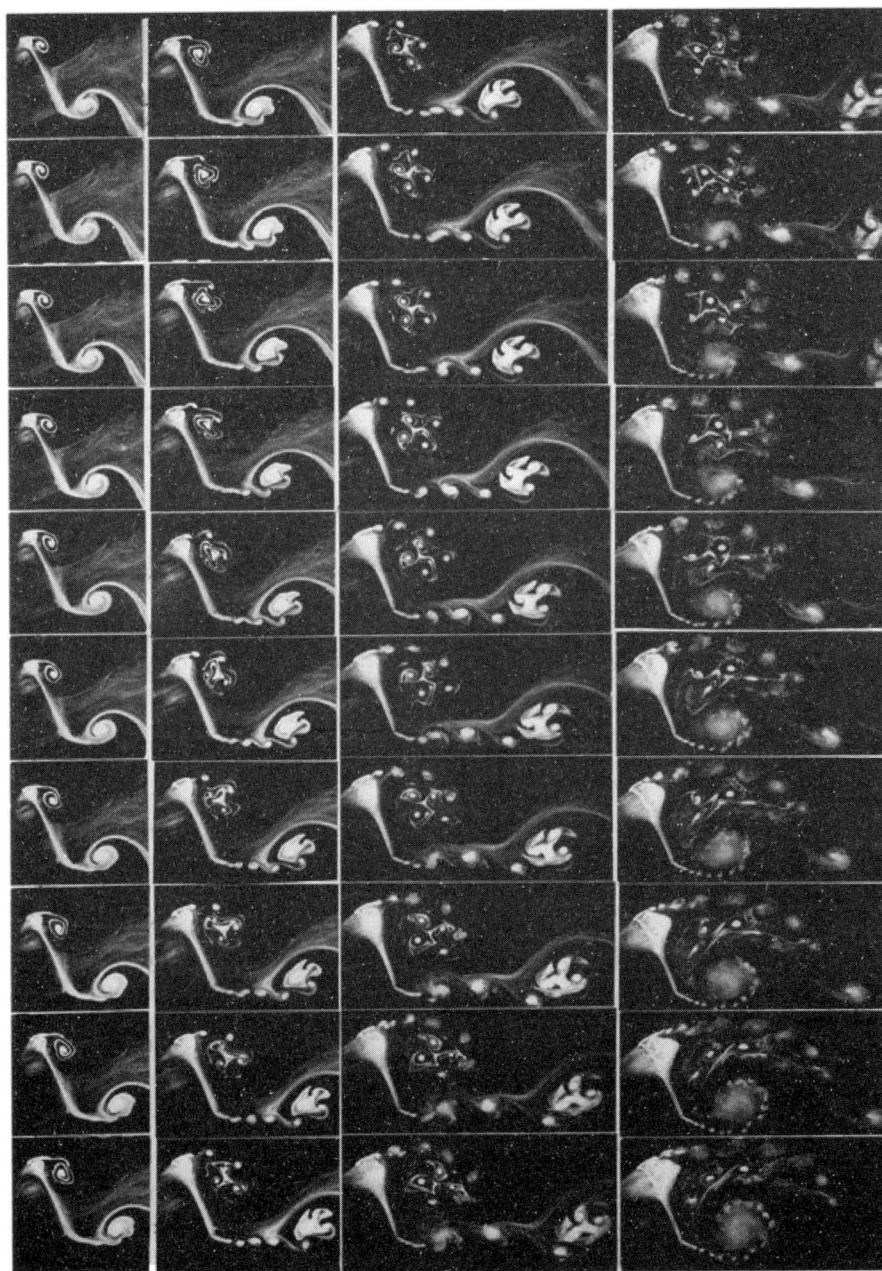

图 82　一个电影序列显示了在 60° 攻角下, NACA 0015 翼型周围加速气流的动态分离过程中的涡流图案发展。流动从左向右以 2.4m/s² 加速。基于翼展长度的雷诺数为 5200。从流动开始到第一帧 t_1 的时间是 26/64s, 并且从上到下逐渐增加, 然后从左到右跨列, 在连续帧之间 Δt 为 1/64s。通过使用四氯化钛技术使流动可视化。这里, 前缘起始涡流形成螺旋, 其在线不稳定性的影响下呈现在第二列上部呈三角形。三角形在第二列的下半部分经历了一次变形, 在第三列中, 通过合并更多的涡流, 形成了一个四爪形。第四列产生湍流和分裂(Freymuth, 1985)

参 考 文 献

Adhikari, D. and Lim, T.T. 2009. The impact of a vortex ring on a porous screen. *Fluid Dyn. Res.*, **41**, 051404.

Adhikari, D. 2010. *Some Experimental Studies of Vortex Ring Formation and Interaction*. M. Eng. Thesis, National University of Singapore, Singapore.

Afenchenko, V.O., Ezersky, A.B., Kiyashko, S.V., Rabinovich, M.I. and Weidman, P.D. 1998. The generation of two-dimensional vortices by transverse oscillation of a soap film. *Phys. Fluids*, **10** (2), 390-399.

Allen, J.J. and Chong, M.S.2000. Vortex formation in front of a piston moving through a cylinder. *J. Fluid Mech.*, **416**, 1-28.

Atsavapranee, P. and Wei, T. 1998. *Buletin of American Phgysical Society/Division of Fluid Dynamics*.

Buchholz, J., Sigurdson, L. and Peck, W. 1995. Bursting soap bubble. In *Gallery of Fluid Motion*, ed. H. Reed, *Phys. Fluids*, 7, S3.

Duncan, J.H., Qiao, H, Philomin, V. and Wenz, A. 1999. Gentle spilling breakers: crest profile evolution. *J. Fluid Mech.*, **352**, 191-222.

Escudier, M.P. 1984. Observations of the flow produced in a cylindrical container by a rotating end wall. *Exp. Fluids*, **2**, 189-196.

Fairlie, B.D. 1980. Flow separation on bodies of revolution at incidence. *7th Australasian Conference on Hydraulics and Fluid Mechanics*, Brisbane, Australia, August 18-22.

Freymuth, P. 1985. The vortex patterns of dynamic separation: A parametric and comparative study. *Prog. Aerosp. Sci.*, **22**, 161-208.

Fric, T.F. and Roshko, A. 1994. Vortical structure in the wake of a transverse jet. *J. Fluid Mech*, **279**, 1-47.

Gad-el-Hak, M., Blackwelder, R.F. and Riley, J.J. 1981. On the growth of turbulent regions in laminar boundary layens. *J. Fluid Mech.*, **110**, 73-96.

Gendrich, C.P., Koochesfahani, M.M. and Nocera, D.G. 1997. Molecular tagging velocimetry and other novel applications of a new phosphorescent supramolecule. *Exp. Fluids*, **23**, 261-372.

Harris, D.M., Miller, V.A. and Williamson, C.H.K. 2010. A short wave instability caused by the approach of a vortex pair to a ground plane. *Phys. Fluids*, **22**, 091106.

Hassan, E. 2010. *Impulsively Started Transverse Jet Flows*. Ph.D Thesis, University of Adelaide, Australia.

Heineck, J.T. and Jaeger, S. 1997. One-sided focusing schlieren system with reflective grid. *NASA Technical Briefs*, **21**(7).

Higuchi, H, Anderson, R.W. and Zhang, J. 1996. Three-dimensional wake formations behind a family of regular polygonal plates. *AIAA J.*, **34**, 1138-1145.

Hornung, H.G., Oertel, H. and Sandeman, R.J. 1978. Transition to Mach reflexison of shock waves in steady and pseudosteady flow with and without relaxation. *J. Fluid Mech.*, **90**, 541-560.

Kelso, R.M, Lim, T.T. and Perry, A.E. 1996. An experimental study of a round jet in cross-flow.*J. Fluid Mech.*, 306, 111-144.

Kelso, R.M., Lim, T.T. and Perry, A.E. 1992. A round jet in cross-flow.*Album of Visualization*, **9**, 30.

Khoo, B.C., Yeo, K.S., Lim, D.F. and He, X. 1997. Vortex breakdown in an unconfined vortical flow. *Exp. Thermal Fluid Sci.*, **14**, 131-148.

Kubitschek, J.P. and Weidman, P.D. 2008. Helical instability of a rotating liquid jet. *Phys. Fluids*, **20**, 091104.

Kway, J.H.L. and Chan, E.S. 1998. Air entrainment and bubble breakdown in plunging waves. *Technical Report GR6414-6-96*, 1-22.

Lozano, A., Call, C.J. and Dopazo, C. 1994. Atomization of a planar liquid sheet. *Phys. Fluids*, **6** (9), S5.

Lozano, A, Call, C.J, Dopazo, C. and Garcia-Olivares, A. 1996. Atomization of a planar liquid sheet. *Atomization and Sprays*, **6**, 77-94.

Leweke, T. and Williamson, C.H.K. 1996. The long and short of vortex pair instability. *Phys. Fluids*, **8**, S5.

Leweke, T. and Williamson, C. H. K. 1998. Three-dimensional instabilities in wake transition. *European J. Mech. B-Fluid*, **17**(4), 571-586.

Leweke, T. 1999. The wake structure of a sphere placed in a uniform flow (private communication).

Lim, T.T. 1989. An experimental study of a vortex ring interacting with an inclined wall. *Exp. Fluids*, **7**(7), 453-463.

Lim, T.T. and Nickels, T.B. 1992. Instability and reconnection in head-on collision of two vortex rings. *Nature*, **357**, 225-227.

Lim, T.T. 1977. On the role of Kelvin-Helmholtz-like instability in the formation of turbulent vortex rings. *Fluid Dyn. Res.*, **21**, 47-56.

Lim, T.T. 1997.A note on the leapfrogging between two coaxial vortex rings at low Reynolds numbers. *Phys. Fluids*, **9**, 239-241.

Lopez, J.M., Cui, Y.D., Marques, F. and Lim, T.T. 2008. Quenching of vortex breakdown oscillations via harmonic modulation. *J. Fluid Mech.*, **599**, 441-464.

Lopez, J.M. and Perry, A.D. 1992. Axisymmetric vortex breakdown. Part 3. Onset of periodic flow and chaotic advection.*J. Fluid Mech.*, **234**, 449-471.

Luo, S.C., Lim, T.T., Lua, K.B., Chia, H.T., Goh, E.K.R. and Ho, Q.W. 1998. Flowfield around ogive/elliptic-tip cylinder at high angle of attack. *AIAA J.*, **36**, 1778-1787.

Mehta, R.D., Bentley, K., Proudlove, M. and Varty, P. 1983. Factors affecting cricket ball swing. *Nature*, **30**, 787-788.

Mehta, R.D. 1984. An experimental study of a vortex/mixing layer interaction, Paper 84-1543. *AIAA 17th Fluid Dynamics, Plasma Dynamics and lasers Conference*, Snowmass, CO, June 25-27.

Mehta, R.D. 1988. Vortex/separated boundary-layer interactions at transonic Mach numbers. *AIAA J.*, **26**, 15-26.

Miller, G.D. and Williamson, C.H.K. 1995. Free flight of a delta wing. *Phys. Fluids*, **7**, S9.

Minota, T., Nishida, M. and Lee, M.G. 1997. Shock formation by compressible vortex ring impinging on a wall. *Fluid Dyn. Res.*, **21**(3), 139–157.

Minota, T., Nishida, M. and Lee, M.G. 1998. Head-on collision of two compressible vortex rings. *Fluid Dyn. Res.*, **22**(1), 43–60.

Ong, L.L. 2000. *An Experimental Study of the Wake Structure of Two-dimensional Perforated Plates Normal to Freestream*. B. Eng. Thesis, National University of Singapore, Singapore.

Perry, A.E. and Lim, T.T. 1978. Coherent structures in coflowing jets and wakes. *J. Fluid Mech.*, **88**, 451–463.

Perry, A.E. Lim, T.T. and Teh, E.W. 1981. A visual study of turbulent spots. J. *Fluid Mech.*, **104**, 387–405.

Perry, A.E., Chong, M.S. and Lim, T.T. 1982. Two vortex shedding process behind two-dimensional blunt bodies. *J. Fluid Mech.*, **116**, 77–90.

Shaw, R.J. 1995. An experimental investigation of unsteady separation shock wave motion in a plume-induced, separated flowfield. Ph.D. Thesis, University of Illinois, USA.

Taneda, S. 1977. Visual study of unsteady separated flows around bodies. *Prog. Aerosp. Sci.*, **17**, 287–348.

Taneda, S. 1985. Flow field visualization. *Proceedings of the XVIth International Congress of Theoretical and Applied Mechanics*, Lyngby, Denmark, August 19–25, 399–410.

Thoroddsen, S.T., Etoh, T.G. and Takehara, K. 2006. Crown breakup by Marangoni instability. *J. Fluid Mech.*, **557**, 63–72.

van Heijst, G.J.F. and Kloosterziel, R.C. 1989. Tripolar vortices in a rotating fluid. *Nature*, **338**, 567–571.

van Heijst, G.J.F. and Flor, J.B. 1989. Dipole formation and collision in a stratified fluid. *Nature*, **340**, 212–215.

Williamson, C.H.K. 1988. The existence of two stages in the transition to three-dimensionality of a cylinder wake. *Phys. Fluids*, **31**(11), 3165–3168.

Williamson, C.H.K. 1992. The natural and forced formation of spot-like "vortex dislocations" in the transition of a wake. J. *Fluid Mech.*, **243**, 393–441.

Williamson, C.H.K. and Prasad, A. 1993. A new mechanism for oblique wave resonance in the "natural" far wake. *J. Fluid Mech.*, **256**, 269–313.

Williamson, C.H.K. and Prasad, A. 1993. Acoustic forcing of oblique wave resonance in the far wake. *J. Fluid Mech.*, **256**, 313–341.

Williamson, C.H.K. 1996. Three-dimensional wake transition. *J. Fluid Mech.*, **306**, 345–407.

Wimmer, M. 1976. Experiments on a viscous fluid flow between concentric rotating spheres. *J. Fluid Mech.*, **78**, 317–335.

Wimmer, M. 1989. Strömungen zwischen rotierenden ellipsen. *Z. agnew Math. Mech.*, **69**, T616–T619.

Wimmer, M. 1995. An experimental investigation of Taylor vortex flow between conical cylinders. *J. Fluid Mech.*, **292**, 205–227.